PONTES EM CONCRETO ARMADO

Blucher

Gustavo Henrique Ferreira Cavalcante

PONTES EM CONCRETO ARMADO
Análise e dimensionamento

Pontes em concreto armado: análise e dimensionamento
© 2019 Gustavo Henrique Ferreira Cavalcante
Editora Edgard Blücher Ltda.

1ª reimpressão – 2020

Imagem da capa: iStockphoto

Blucher

Rua Pedroso Alvarenga, 1245, 4º andar
04531-934 – São Paulo – SP – Brasil
Tel.: 55 11 3078-5366
contato@blucher.com.br
www.blucher.com.br

Segundo o Novo Acordo Ortográfico, conforme 5. ed.
do *Vocabulário Ortográfico da Língua Portuguesa*,
Academia Brasileira de Letras, março de 2009.

É proibida a reprodução total ou parcial por quaisquer
meios sem autorização escrita da editora.

Todos os direitos reservados pela Editora
Edgard Blücher Ltda.

Dados Internacionais de Catalogação na Publicação (CIP)
Angélica Ilacqua CRB-8/7057

Cavalcante, Gustavo Henrique Ferreira
    Pontes em concreto armado : análise e dimensionamen-
to / Gustavo Henrique Ferreira Cavalcante. -- São Paulo : Blucher, 2019.
    462 p. : il.

    Bibliografia
    ISBN 978-85-212-1861-6 (impresso)
    ISBN 978-85-212-1862-3 (e-book)

    1. Pontes de concreto - Projetos e construção 2. Engenha-
ria civil (Estruturas) 3. Construção civil I. Título.

19-1799   CDD 624.20284

Índice para catálogo sistemático:
    1. Pontes de concreto armado

CONTEÚDO

Agradecimentos	**11**
Prefácio	**13**
Conversão de unidades	**15**

I Referencial teórico 17

1 Introdução 19
1.1 Definições 19
1.2 Tipos de seções transversais 22
    1.2.1 Seções maciças 22
    1.2.2 Seções vazadas 23
    1.2.3 Seções T 23
    1.2.4 Seções celulares 25
1.3 Sistemas estruturais 26
    1.3.1 Pontes em laje 26
    1.3.2 Pontes em viga 28
    1.3.3 Pontes em pórtico 30
1.4 Linhas de influência 32
    1.4.1 Método das longarinas indeslocáveis 32
    1.4.2 Método de Engesser-Courbon 34
    1.4.3 Método de Leonhardt 35
    1.4.4 Método de Guyon-Massonet-Bares 38
1.5 Aparelhos de apoio elastoméricos 45
Referências e bibliografia recomendada 52

2 Dimensionamento de vigas e lajes 55
2.1 Dimensionamento de armaduras longitudinais 55
    2.1.1 Dimensionamento de seções retangulares 58
    2.1.2 Dimensionamento de seções T 64

6   Pontes em concreto armado: análise e dimensionamento

> 2.1.3   Dimensionamento de armaduras de pele 70
>
> 2.2   Dimensionamento de armaduras transversais 71
>
> 2.3   Verificação de dispensa de estribos 75
>
> Referências e bibliografia recomendada 76

3   Verificação de fadiga   79

3.1   Ruptura das armaduras longitudinais 79

3.2   Ruptura das armaduras transversais 85

3.3   Esmagamento do concreto 87

3.4   Ruptura do concreto em tração 88

Referências e bibliografia recomendada 89

4   Verificação de fissuração e flechas   91

4.1   Formação de fissuras 92

4.2   Abertura de fissuras 93

4.3   Flecha elástica imediata no estádio I 97

4.4   Flecha elástica imediata no estádio II 99

4.5   Flecha diferida no tempo 101

Referências e bibliografia recomendada 105

5   Análise de efeitos de segunda ordem   107

5.1   Não linearidades 107

5.2   Efeitos de segunda ordem 108

> 5.2.1   Efeitos globais de segunda ordem 110
>
> 5.2.2   Imperfeições geométricas 115
>
> 5.2.3   Efeitos locais de segunda ordem 124

Referências e bibliografia recomendada 133

6   Dimensionamento de pilares   135

6.1   Flexão composta normal 135

6.2   Flexão composta oblíqua 141

6.3   Momentos fletores mínimos de primeira ordem 148

6.4   Detalhamento 148

> 6.4.1   Coeficientes de segurança para pilares esbeltos 148
>
> 6.4.2   Dimensões mínimas 149
>
> 6.4.3   Diâmetros e taxas de aço mínimos 149
>
> 6.4.4   Armaduras transversais 150
>
> 6.4.5   Proteção contra flambagem das barras 151

Referências e bibliografia recomendada 151

7   Dimensionamento de aparelhos de apoio   153

7.1   Verificação de deformação por cisalhamento 154

7.2   Verificação das tensões normais 155

7.3   Verificação das tensões de cisalhamento 157

Conteúdo 7

7.4 Verificação dos recalques por deformação 159
7.5 Verificação de espessura mínima e estabilidade 159
7.6 Verificação de segurança contra o deslizamento 160
7.7 Verificação de levantamento da borda menos carregada 161
7.8 Verificação das chapas de aço 162
Referências e bibliografia recomendada 163

II Análise e dimensionamento da ponte 165

8 Caracterização geométrica e física da ponte 167
8.1 Propriedades físicas dos materiais 167
8.2 Caracterização geométrica da ponte 168
Referências e bibliografia recomendada 173

9 Ações e combinações 175
9.1 Cargas permanentes 175
9.2 Carga móvel 177
9.3 Carga de frenagem e/ou aceleração 181
9.4 Carga de vento 182
9.5 Estados-limite 189
    9.5.1 Estado-limite último 190
    9.5.2 Estado-limite de serviço 190
    9.5.3 Combinações de ações 191
Referências e bibliografia recomendada 196

10 Dimensionamento das lajes 199
10.1 Dimensionamento à flexão simples 199
    10.1.1 Obtenção dos esforços 199
    10.1.2 Dimensionamento no estado-limite último 214
    10.1.3 Verificação de fadiga 217
10.2 Dimensionamento quanto às forças cortantes 225
    10.2.1 Obtenção dos esforços 225
    10.2.2 Resumo dos esforços cortantes 230
    10.2.3 Verificação de dispensa de estribos 230
10.3 Verificações nos estados-limite de serviço 232
    10.3.1 Flecha elástica imediata 233
    10.3.2 Formação de fissuras 236
    10.3.3 Abertura de fissuras 238
    10.3.4 Flecha imediata no estádio II 242
    10.3.5 Flecha diferida no tempo 245
Referências e bibliografia recomendada 247

11 Dimensionamento das defensas 249

8   Pontes em concreto armado: análise e dimensionamento

11.1 Dimensionamento e detalhamento das armaduras 250
    11.1.1 Combinações últimas excepcionais 250
    11.1.2 Dimensionamento das armaduras 251
    11.1.3 Detalhamento das armaduras 252
11.2 Verificação de dispensa de estribos 253
    11.2.1 Combinações últimas excepcionais 253
    11.2.2 Verificação de dispensa de estribos 253
Referências e bibliografia recomendada 254

12 Dimensionamento das transversinas — 255
12.1 Obtenção dos esforços internos solicitantes 255
12.2 Dimensionamento no estado-limite último 256
    12.2.1 Combinações últimas normais 256
    12.2.2 Dimensionamento das armaduras longitudinais 256
    12.2.3 Dimensionamento das armaduras transversais 258
12.3 Verificações nos estados-limite de serviço 260
    12.3.1 Flecha elástica imediata no estádio I 261
    12.3.2 Formação de fissuras 262
    12.3.3 Flecha diferida no tempo 262
Referências e bibliografia recomendada 263

13 Dimensionamento das longarinas — 265
13.1 Obtenção das reações de apoio 265
    13.1.1 Cargas permanentes 265
    13.1.2 Carga móvel 269
13.2 Obtenção dos esforços internos solicitantes 277
    13.2.1 Cargas permanentes 277
    13.2.2 Carga móvel 279
    13.2.3 Resumo dos esforços internos solicitantes 280
13.3 Dimensionamento no estado-limite último 285
    13.3.1 Dimensionamento das armaduras negativas 287
    13.3.2 Dimensionamento das armaduras positivas 290
    13.3.3 Dimensionamento das armaduras de pele 294
    13.3.4 Dimensionamento das armaduras transversais 295
13.4 Verificação de fadiga 298
    13.4.1 Verificação das armaduras negativas 301
    13.4.2 Verificação das armaduras positivas 303
    13.4.3 Verificação das armaduras transversais 305
    13.4.4 Verificação de esmagamento do concreto 308
    13.4.5 Verificação de ruptura do concreto em tração 309
13.5 Verificações nos estados-limite de serviço 310
    13.5.1 Flecha elástica imediata 310
    13.5.2 Formação de fissuras 313
    13.5.3 Abertura de fissuras 315

13.5.4 Flecha imediata no estádio II 320

13.5.5 Flecha diferida no tempo 325

Referências e bibliografia recomendada 326

14 Dimensionamento dos aparelhos de apoio   329

14.1 Obtenção dos esforços 330

    14.1.1 Forças verticais 330

    14.1.2 Rotações 331

    14.1.3 Forças horizontais 333

14.2 Verificações dos aparelhos de apoio 335

    14.2.1 Verificação de deformação por cisalhamento 335

    14.2.2 Verificação das tensões normais 336

    14.2.3 Verificação das tensões de cisalhamento 337

    14.2.4 Verificação dos recalques por deformação 338

    14.2.5 Verificação de espessura mínima e estabilidade 338

    14.2.6 Verificação de segurança contra deslizamento 339

    14.2.7 Verificação de levantamento da borda menos carregada 339

    14.2.8 Verificação das chapas de aço 340

Referências e bibliografia recomendada 341

15 Dimensionamento dos pilares   343

15.1 Obtenção de esforços e combinações 343

    15.1.1 Efeitos globais de segunda ordem 346

    15.1.2 Efeitos locais de segunda ordem 351

15.2 Dimensionamento das armaduras longitudinais 353

15.3 Dimensionamento das armaduras transversais 356

15.4 Proteção contra a flambagem das barras 357

Referências e bibliografia recomendada 357

A Tabelas de flechas e rotações   359

B Tabelas de Leonhardt   361

C Tabelas de Rüsch   367

D Tabelas de flexão composta normal   409

E Linhas de influência de longarinas isostáticas   417

F Lajes com continuidade   423

G Transversinas acopladas ao tabuleiro   441

i Exercícios propostos   451

ii Projetos propostos   459

AGRADECIMENTOS

Agradeço aos meus pais Ernesto e Vilma e ao meu irmão Ernesto Filho por todo o apoio fornecido ao longo do tempo e sem eles não teria a formação necessária para escrever este material.

Pela ótica acadêmica, os professores Gustavo Henrique Siqueira, Aline da Silva Ramos Barboza e Luciano Barbosa dos Santos foram essenciais para minha formação, assim os dedico um agradecimento em especial. Os grandes amigos que fiz durante meu período de graduação e pós-graduação na Universidade Federal de Alagoas e Universidade Estadual de Campinas (RELab), estes tornaram essa jornada mais agradável e mais rica em conhecimento, muito obrigado pelos auxílios nas correções e sugestões. Agradeço à Engenheira Andreia Fanton pelas inúmeras revisões no texto ao longo destes últimos meses.

Profissionalmente, agradeço aos Engenheiros Daniel Almeida Tenório, George Magno Bezerra Peixoto e José Denis Gomes Lima da Silva pelas inúmeras orientações durante meu aprendizado enquanto projetista de estruturas.

Campinas, maio de 2019

Gustavo Henrique Ferreira Cavalcante

PREFÁCIO

Cada vez mais convencida de que fiz a escolha certa quando decidi ser engenheira civil e, posteriormente, professora do ensino superior na área de estruturas, confesso que fiquei emocionada e lisonjeada ao receber o convite para prefaciar o livro de Gustavo Henrique Ferreira Cavalcante, um dos meus ex-alunos que consegui motivar para a paixão pelas estruturas de pontes. Sendo hoje na maioria dos cursos de graduação em Engenharia Civil uma disciplina eletiva, poucos são os que se arvoram a cursá-la num momento em que o pensamento principal é ir para o mercado de trabalho. Gustavo não só decidiu pela aproximação com o tema na graduação, como também desenvolveu uma dissertação com o tema "Contribuição ao estudo da influência de transversinas no comportamento de sistemas estruturais de pontes". Nesse momento, com a paixão já em completo enraizamento, ele nos presenteia com a produção de um texto que muito claramente demonstra a preocupação em partilhar o que vivenciou com seu aprendizado que, da forma materializada, servirá de apoio a discentes e profissionais que se interessam pela área de projetos estruturais de pontes, com ênfase nas pontes de concreto com sistema estrutural em viga. Materiais bibliográficos como o que aqui se apresenta são escassos no Brasil e por consequência limita o conhecimento de uma área tão importante para o progresso de um povo, como já afirmava o ex-presidente dos Estados Unidos, Franklin Delano Roosevelt.

O livro é dividido em duas partes, sendo a primeira denominada "Referencial teórico", a qual se inicia com o capítulo de Introdução onde são abordadas as definições e conceitos básicos para o conhecimento e análise de sistemas de pontes. Em seguida, são descritos procedimentos e verificações para dimensionamento de armaduras, fadiga, materiais e deformações. Nesse momento, o autor intenciona promover a fixação de conceitos teóricos e ao mesmo tempo introduzir a aplicação prática desses conceitos. Reforça-se nessa parte a importância de um aprendizado consolidado de disciplinas básicas da área de estruturas e sua integração com o comportamento dos materiais aço e concreto.

A segunda parte, denominada "Análise e dimensionamento da ponte", é composta por sete capítulos direcionados à prática das etapas de dimensionamento de elementos estruturais para um sistema de ponte em concreto. Nesse momento, o autor permite a atuação do leitor como projetista de um sistema estrutural cuja utilização é frequente em qualquer parte do mundo. Aspectos de dimensionamento e detalhamento de armaduras de pontes capacitam o leitor para o cuidado com as devidas informações e descrições normativas que devem ser obedecidas quando da execução de um projeto.

Todo o corpo principal do livro é ainda apoiado por uma compilação de referências bibliográficas a cada capítulo e ainda sete apêndices que complementam as informações usadas ao longo das aplicações de modo a permitir ampliação de conteúdo e conhecimento quando o leitor se deparar com aplicações diferentes das que foram descritas. Trata-se, portanto, de uma referência obrigatória para qualquer iniciante em projeto de pontes, assim como uma referência atualizada em conceitos e práticas para aqueles que já detêm a prática de projeto.

Maceió, 15 de janeiro de 2019

Aline da Silva Ramos Barboza, Dra.

Professora Titular da Universidade Federal de Alagoas

CONVERSÃO DE UNIDADES

Este espaço tem como objetivo ilustrar as conversões de unidades usuais empregadas nos dimensionamentos estruturais. Destaca-se que as unidades kgf e tf são abstrações criadas na engenharia de estruturas para representar a força gravitacional gerada por unidade de massa, também conhecidas como quilograma-força ou tonelada-força. Por fim, foi empregado simplificadamente que a aceleração da gravidade é igual a 10 m/s^2.

Fatores de conversão de unidades

Força ou carga pontual:
1 kN = 100 kgf = 0.1 tf = 1 000 N
1 tf = 10 kN = 1000 kgf = 10 000 N
Força por unidade de comprimento ou carga distribuída linearmente:
1 kN/cm = 10 000 kgf/m = 10 tf/m = 100 000 N/m = 100 kN/m
1 tf/cm = 1 000 kN/m = 100 000 kgf/m = 1 000 000 N/m
Força por unidade de área ou carga distribuída em área:
1 kN/cm^2 = 1 000 000 kgf/m^2 = 1 000 tf/m^2=10 000 000 N/m^2 = 10 000 kN/m^2
1 tf/cm^2 = 100 000 kN/m^2 = 10 000 000 kgf/m^2 = 100 000 000 N/m^2
1 kN/cm^2 = 100 kgf/cm^2 = 10 MPa = 0.01 GPa
Força vezes unidade de comprimento:
1 kNcm = 1 kgfm = 0.001 tfm = 10 Nm = 0.01 kNm
1 tfcm = 0.1 kNm = 10 kgfm = 100 Nm = 0.01 tfm

Toma-se como exemplo o cálculo dos deslocamentos em uma viga e a força distribuída linearmente q é igual a 2.7 tfm e é desejado efetuar a conversão para kNcm. Logo, conforme verificado na tabela anterior: 1 kNcm = 0.001 tfm. Posto isto, deve-se dividir a carga por 0.001, gerando assim, $q = 2.7/0.001 = 2700$ kNcm.

Ao longo do livro as unidades usuais utilizadas foram em kN e cm, exceto quando indicado. Posto isto, deve-se ter um cuidado especial as conversões.

Parte I

Referencial teórico

CAPÍTULO 1

Introdução

"Denomina-se *Ponte* a obra destinada a permitir a transposição de obstáculos à continuidade de uma via de comunicação qualquer. Os obstáculos podem ser: rios, braços de mar, vales profundos, outras vias etc." (MARCHETTI, 2008, p. 1). Nas situações em que o obstáculo a ser transposto não tem água a ponte é chamada de viaduto.

As pontes têm grande fator de importância na evolução da engenharia civil, visto que exigem tecnologias cada vez mais inovadoras e criativas para vencer os desafios impostos por condições climáticas, arquitetônicas, geológicas, logísticas etc. Além disso, relacionam-se diretamente ao grau de desenvolvimento de cidades, sendo indispensáveis economicamente para diversas situações de transporte de pessoas e mercadorias.

1.1 Definições

Os elementos estruturais que compõem uma ponte podem ser divididos nos componentes listados a seguir, conforme ilustrado na sequência Figura 1.1:

A superestrutura é formada pelas estruturas principais e secundárias. As principais são compostas pelas peças estruturais que têm a função de vencer o vão livre, enquanto as secundárias são constituídas pelos tabuleiros, que são os membros que recebem as ações diretas das cargas e as transmitem para a estrutura principal.

A mesoestrutura é composta pelos aparelhos de apoio e estes fazem a ligação entre a superestrutura e os elementos de suporte, quais sejam: (a) pilares; (b) encontros; e (c) elementos de fundação. Os aparelhos de apoio devem ser dimensionados e construídos de forma que apresentem condições de vinculação compatíveis com as ligações utilizadas em projeto.

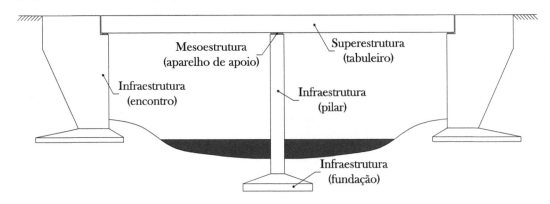

Figura 1.1: Esquema ilustrativo da composição de pontes. Fonte: adaptada de El Debs e Takeya (2009).

A infraestrutura é constituída por encontros, pilares e elementos de fundação, estes podem ser caracterizados como: (a) sapatas; (b) tubulões; (c) blocos superficiais; e (d) blocos estaqueados. Os encontros são situados nas extremidades e ficam em contato com aterros da via, trabalhando como muros de arrimo e suporte da superestrutura. Os pilares encontram-se nos vãos intermediários com função de apoio da superestrutura. Simplificadamente, a infraestrutura transmitirá os esforços provenientes da superestrutura para o material com capacidade de carga resistente, neste caso o solo ou a rocha.

A seção transversal de um tabuleiro de pontes rodoviárias pode ser dividida e caracterizada como a seguir, conforme citam El Debs e Takeya (2009):

A pista de rolamento é dividida em faixas e estas compreendem o espaço de tráfego mais intenso dos automóveis. O acostamento é a região adicional às faixas que pode ser utilizado em situações emergenciais e deverá seguir com defensas que servem como objetos de proteção em impactos de automóveis. Os passeios destinam-se ao tráfego de pedestres e devem ser protegidos por guarda-rodas que impedirão o acesso dos veículos ao passeio, e de guarda-corpos para prevenir acidentes.

As defensas são constituídas por barreiras de concreto ou defensas metálicas. O *Manual de Projetos de Obras-de-Arte Especiais* (1996) define as barreiras de concreto como sendo dispositivos rígidos, de concreto armado, para proteção lateral de veículos. Elas devem possuir altura, capacidade resistente e geometria adequadas para impedir a queda do veículo, absorver o choque lateral e propiciar sua recondução à faixa de tráfego.

As defensas metálicas excercem as mesmas funções das barreiras de concreto, porém possuem aplicações distintas, visto que as metálicas são utilizadas nas vias de acesso e as barreiras de concreto ao longo da ponte. O Departamento Nacional de Estradas de Rodagem (DNER) recomenda que:

As defensas metálicas, dispositivos de proteção lateral nas rodovias, não fazem parte, propriamente, das obras-de-arte especiais; entretanto, a transição entre as defensas metálicas, flexíveis, da rodovia, e as barreiras de concreto, rígidas, das obras-de-arte especiais, deve ser feita sem solução de continuidade e sem superfícies salientes (DNER, 1996, p. 42).

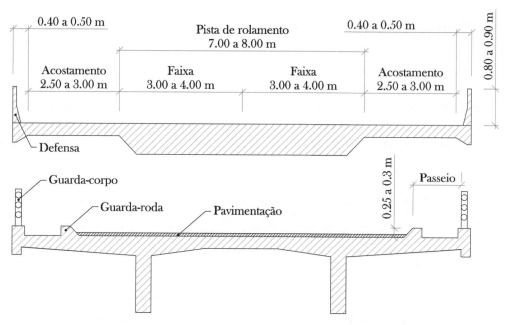

Figura 1.2: Dimensões e caracterizações de elementos que compõem seções transversais de pontes. Fonte: adaptada de El Debs e Takeya (2009).

Outros componentes secundários também são importantes na caracterização de uma ponte, dentre eles, os quais se destacam:

a) lajes de transição: são as unidades que realizam a transição entre o tabuleiro e a via de acesso à ponte;

b) cortinas e alas: são estruturas que servem de suporte para as lajes de transição em pontes sem encontros, em geral diminuindo os problemas gerados por aterros mal compactados;

c) juntas de dilatação: são espaços entre elementos estruturais preenchidos por materiais com alta capacidade de deformação e baixo módulo de elasticidade.

Para maiores detalhes de membros que constituem uma estrutura de ponte, o *Manual de Projeto de Obras-de-Arte Especiais* (DNER, 1996) traz uma série de recomendações para dimensões, critérios de dimensionamento, caracterização de cargas, tipos de materiais a serem utilizados e outros aspectos para que se evitem problemas em juntas de dilatação, lajes de transição, defensas, guarda-rodas, guarda-corpos etc.

Diversas pontes no estado de São Paulo encontram-se em manutenção para a criação de acostamentos ou novas faixas, pois ocorrem diversos acidentes em pontes que possuem menos faixas que as vias de acesso ou não possuem acostamentos.

1.2 Tipos de seções transversais

1.2.1 Seções maciças

São seções típicas de pontes em laje, nas quais se tem um peso próprio elevado, tornando o sistema estrutural pouco eficiente em virtude da baixa relação do momento de inércia pela área da seção transversal. A Figura 1.3 aponta seções maciças típicas.

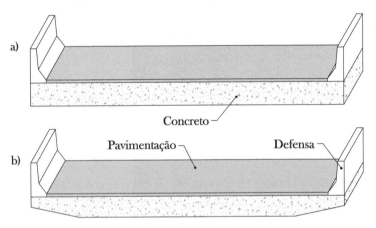

Figura 1.3: Seções típicas para pontes em lajes maciças moldadas no local: (a) sem balanços; (b) com balanços.

São pontes comumente executadas em concreto armado ou protendido e de simples execução. Possuem uma melhor relação custo-benefício para vãos de até 20 m de acordo com O'Brien e Keogh (1999). Enquanto isso, Chen e Duan (2000) alegam que se tornam econômicas em vãos simplesmente apoiados de até 9 m e em vãos contínuos de até 12 m.

O uso de balanços com espessuras reduzidas melhora o comportamento estrutural, diminuindo o peso do conjunto sem diminuir excessivamente os momentos de inércia, entretanto é uma medida adotada principalmente para melhorar a estética.

Em alguns casos, são utilizados elementos pré-moldados que podem dispensar escoramentos e aceleram a execução da obra, tornando o sistema mais competitivo. O'Brien e Keogh (1999) ilustram um caso de tabuleiro composto por vigas pré-moldadas justapostas com adição posterior de concreto *in loco*. Assim, o escoramento pode ser dispensado sem comprometimento da estrutura (Figura 1.4).

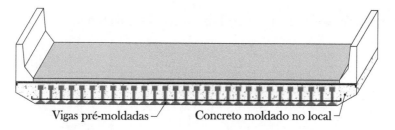

Figura 1.4: Seções maciças com vigas pré-moldadas.

1.2.2 Seções vazadas

As seções vazadas apresentam redução da massa e maior momento de inércia quando comparadas às maciças, sendo executadas em concreto armado ou por sistemas de protensão com pós-tração. São preferíveis em situações nas quais o projetista requer espessuras pequenas quando comparadas a outros tipos de seções transversais. O'Brien e Keogh (1999) caracterizam esse sistema como vantajoso financeiramente para vãos entre 20 m e 30 m. Aponta-se como desvantagem a maior complexidade de execução em relação as seções maciças pelos furos ao longo da peça. A Figura 1.5 ilustra uma seção vazada típica para pontes em laje.

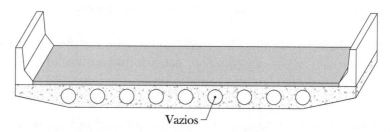

Figura 1.5: Seções vazadas para pontes em laje. Fonte: O'Brien e Keogh, 1999.

1.2.3 Seções T

Esse tipo de seção é caracterizado pelas longarinas, que costumam ser: (a) treliçadas; (b) em perfis metálicos com seção (Figura 1.6a); (c) em vigas pré-moldadas ou pré-fabricadas em concreto armado ou protendido com seção I ou T (Figura 1.6b); e (d) em vigas de concreto armado ou protendido retangulares moldadas *in loco*. As lajes apresentam espessuras reduzidas e consolidam a seção, conferindo monoliticidade, uma vez que são unidirecionais com o sentido predominante de flexão perpendicular ao fluxo de automóveis.

São seções menos vantajosas estruturalmente que as vazadas, pois possuem mais matéria próximo à linha neutra. O'Brien e Keogh (1999) afirmam que são mais utilizadas para vãos entre 20 m e 40 m; e Chen e Duan (2000) indicam que são geralmente mais econômicas em vãos entre 12 m e 18 m. Para vigas pré-fabricadas ou pré-moldadas tem-se o peso como limitação desse sistema.

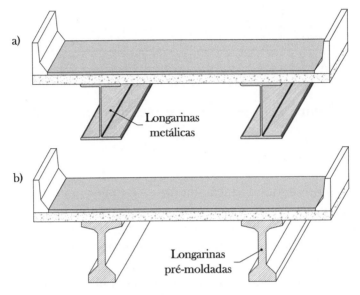

Figura 1.6: Seção para pontes em viga: (a) vigas metálicas; (b) vigas pré-moldadas.

Esse tipo de seção transversal apresenta como vantagens:

a) flexibilidade na escolha dos materiais a serem utilizados: possibilidade de usar vigas em concreto armado ou protendido, em aço ou mistas e lajes em concreto armado ou protendido;
b) flexibilidade na escolha da seção transversal das vigas;
c) possibilidade de utilização de elementos pré-moldados, pré-fabricados ou moldados no local, conferindo maior flexibilização quanto à logística do canteiro;
d) possibilidade de desprezar o uso de escoramentos em determinadas situações;
e) facilidade na determinação dos esforços, obtendo-se bons resultados com cálculos simplificados;
f) execução rápida.

Tonias e Zhao (2007) explanam que as transversinas são unidades secundárias que atuam, geralmente, sem receber carregamentos principais da superestrutura, mas são dimensionadas para prevenir deformações nas seções transversais dos pórticos da superestrutura e fornecem melhor distribuição de cargas verticais entre as longarinas, permitindo que o tabuleiro trabalhe de forma única.

Tonias e Zhao (2007) declaram ainda que o espaçamento longitudinal das transversinas depende do tipo de elementos primários escolhido e do comprimento dos vãos, já a escolha varia com o tipo de estrutura e a preferência do projetista.

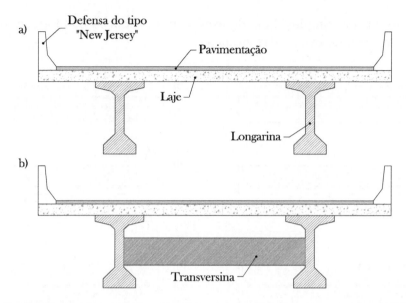

Figura 1.7: Seção para pontes em viga de concreto: (a) sem transversinas; (b) com transversinas.

Algumas desvantagens no uso de transversinas são:

a) aumento do custo;
b) aumento do tempo de execução.

Isso acontece uma vez que ocorre aumento do consumo de concreto e aço, além de as transversinas geralmente serem moldadas no local, ou seja, reduz-se a velocidade da construção, posto que é comum o emprego de longarinas pré-moldadas nesse tipo de seção transversal. Todavia, podem-se executar as transversinas com protensão posterior, agilizando o processo e gerando maior complexidade no processo construtivo.

1.2.4 Seções celulares

São extensões da concepção de seções vazadas e possuem alto momento polar de inércia, conferindo rigidez elevada à torção com pequena taxa de massa. Tornam-se convenientes para vãos superiores a 40 m (O'BRIEN; KEOGH, 1999).

Exigem altura suficiente para inspeção e recuperação, uma vez que são suscetíveis à ocorrência de patologias internas à seção, que não seriam vistas externamente. Na prática, surgiram muitos problemas com pessoas morando nesses locais, agravando as patologias.

A Figura 1.8 expõe a evolução da concepção das seções transversais com redução de massa e ganhos na eficiência estrutural. A desvantagem desse tipo de seção transversal está na maior complexidade de execução e produção das fôrmas, o que pode torná-la inviável em determinadas situações.

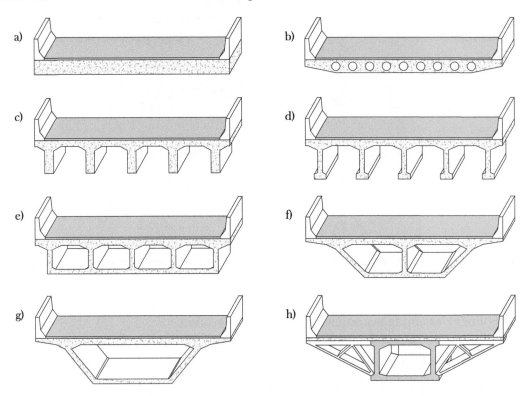

Figura 1.8: Evolução das seções transversais: (a) seção maciça; (b) seção vazada; (c) seção T; (d) seção T com alargamento da mesa inferior; (e) seção multicelular; (f) seção multicelular com redução de espessura nos balanços; (g) seção unicelular com redução de espessura nos balanços; (h) seção caixão treliçada.

Para estudar a distribuição dos esforços ao longo da seção transversal nesse tipo de estrutura, simulam-se diferentes posições de carregamentos para que seja possível caracterizar momentos fletores e de torção, esforços cortantes e axiais nas mesas e almas da seção celular. Schlaich e Scheef (1982) descrevem com maiores detalhes os locais em que ocorrem os maiores esforços ao longo da seção transversal.

1.3 Sistemas estruturais

1.3.1 Pontes em laje

De acordo com Hambly (1991), a superestrutura de pontes em laje é composta por elementos estruturais contínuos em planos bidimensionais, onde as cargas aplicadas são suportadas por distribuições bidimensionais de forças cortantes, momentos fletores e momentos de torção. Logo, os esforços são mais complexos que em sistemas usuais de barras unidimensionais.

São sistemas que apresentam boa capacidade de redistribuição de esforços, podendo ser lajes contínuas ou biapoiadas, maciças ou vazadas. A Figura 1.9 ilustra como esse sistema é caracterizado usualmente.

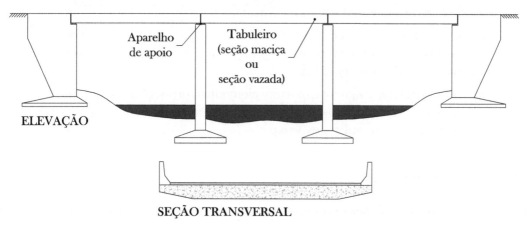

Figura 1.9: Ponte em laje com seção maciça.

O estudo dos esforços e dos deslocamentos costuma ser realizado por métodos analíticos simplificados ou aproximados por diferenças finitas, analogia de grelha, elementos finitos ou elementos de contorno. As soluções analíticas são baseadas na teoria de placas na teoria de cascas. A primeira é mais simples e reproduz bons resultados. A segunda é mais complexa e considera esforços horizontais no tabuleiro.

Nesse tipo de tabuleiro com apoios nas extremidades, a seção deforma nos sentidos ortogonal e longitudinal a depender da rigidez da seção, sendo os momentos fletores principais no sentido do tráfego, nos quais os esforços são transmitidos para os apoios diretamente pela rigidez da seção. Fu e Wang (2015) relatam que os momentos de torção devidos às curvaturas em ambos os sentidos são de pequena intensidade e podem ser desprezados.

Como vantagens desse sistema estrutural, citam-se:

a) o tabuleiro apresenta espessura reduzida quando comparado às pontes em viga, ou seja, facilita o fluxo de veículos ou barcos que possam transitar pela parte inferior;

b) é preferível em algumas situações por questões estéticas, transmitindo uma sensação de esbeltez e leveza;

c) o sistema construtivo é simples e ágil;

d) pode ou não apresentar juntas de dilatação;

e) os esforços nos pilares são reduzidos, uma vez que não há transferência de momentos fletores em virtude do emprego de aparelhos de apoio.

Porém, há algumas desvantagens que tornam esse sistema estrutural pouco eficiente para grandes vãos:

a) possui elevado peso próprio em virtude da baixa relação do momento de inércia pela área da seção transversal;

b) para vencer vãos maiores, torna-se necessária a introdução de seções vazadas para reduzir o peso próprio, porém isso torna a execução mais complexa e demorada;

c) para sistemas construtivos com elementos pré-moldados ou em balanços sucessivos, as aduelas tornam-se muito pesadas, o que acaba limitando o tamanho dos vãos.

1.3.2 Pontes em viga

As pontes em viga constituem sistemas estruturais compostos por longarinas com ou sem transversinas servindo como suporte para lajes, que receberão os carregamentos diretamente.

As longarinas se apoiam sobre os pilares sem transmissão de momentos fletores. Assim, é comum o tratamento da análise estrutural separando a superestrutura da mesoestrutura e considerando os apoios indeformáveis.

A Figura 1.10 exibe os componentes de uma ponte em viga com vigas em seções I, indicando os aparelhos de apoio.

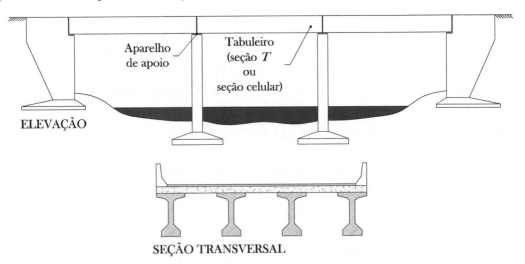

Figura 1.10: Ponte em viga com seção T.

O dimensionamento dos esforços e dos deslocamentos das longarinas pode ser realizado analítica ou numericamente pela teoria de vigas, acrescida dos métodos das forças ou dos deslocamentos para estruturas hiperestáticas. Em análises numéricas, é uma prática geral discretizar as lajes e as vigas como elementos de barras, formando grelhas, ou utilizar soluções em elementos finitos para o tabuleiro.

Analiticamente, é usual o emprego de linhas de influência criadas a partir do estudo da variabilidade gerada pela carga móvel ao longo da seção transversal nos esforços das longarinas. Segundo Abreu e Aguiar (2016), uma linha de influência representa a variação de um determinado efeito elástico em uma seção de uma estrutura reticulada, devido a uma força vertical orientada para baixo e unitária que percorre toda a estrutura.

Quando se adotam transversinas intermediárias, sugere-se o uso de métodos que considerem as longarinas como apoios deslocáveis, como: (a) Engesser-Courbon; (b) Leonhardt; (c) Guyon-Massonet-Bares e outros. Porém, quando a viga não possui travamentos intermediários, Hambly (1991) sugere a análise dos esforços e dos deslocamentos longitudinais a partir de simples combinações de vigas, considerando parte da laje como elementos da viga, atuando como mesas superiores (Figura 1.11a). Todavia, alguns cuidados devem ser tomados ao estudar os deslocamentos transversais nas longarinas, visto que surgem rotações que não são determinadas quando se considera a teoria de vigas convencional (Figura 1.11b).

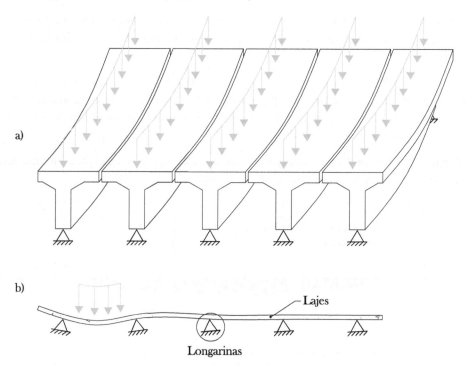

Figura 1.11: Análise estrutural de pontes em viga: (a) tratamento do tabuleiro como sendo diversas vigas isoladas; (b) deslocamentos transversais da seção considerando as lajes como barras contínuas e as longarinas como apoios indeslocáveis. Fonte: adaptada de Hambly (1991).

Destaca-se que esses métodos para tratamento das longarinas podem ser substituídos por modelos numéricos mais robustos, como: (a) modelo de pórtico; (b) modelo de grelha; (c) associação pórtico-grelha; (d) método das diferenças finitas; (e) método dos elementos finitos; e (f) método dos elementos de contorno. Para maiores detalhes sobre a aplicação em estruturas de pontes, consultar Cavalcante (2016).

Esse é o sistema estrutural mais utilizado em pontes, uma vez que apresenta as vantagens citadas para seções T e celulares, porém costumam ser limitadas em função do tamanho do vão, pois precisam de alturas consideráveis para as longarinas ou para a seção celular. Além disso, costumam ser executadas com sistemas construtivos pré-moldados e, assim, grandes vãos exigem equipamentos maiores e mais caros, o que costuma inviabilizar a sua utilização.

Todavia, em pontes com vãos pequenos, acaba sendo o sistema mais vantajoso financeiramente pela agilidade e pela simplicidade no dimensionamento e na execução, além de ser normalmente mais barato quando comparado às pontes em laje.

1.3.3 Pontes em pórtico

As pontes em pórtico diferenciam-se das pontes em laje e em viga por apresentarem ligações rígidas ou semirrígidas entre as partes do tabuleiro e dos pilares ou paredes dos encontros.

Leonhardt (1979) explica que a extremidade da viga é engastada, assim, uma parcela do momento é diminuída pelo momento negativo do engastamento, o que conduz à redução da altura necessária do vão. É comum o uso desse tipo de sistema estrutural em pontes com tramo único.

A Figura 1.12 expõe um exemplo de ponte em pórtico, no qual há um aumento da altura da seção transversal próximo aos pilares.

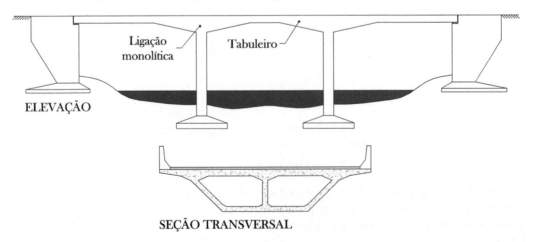

Figura 1.12: Exemplo de ponte em pórtico.

O método de análise estrutural para esse sistema deve integrar os pilares com a superestrutura, fazendo com que modelos de grelha já não sejam viáveis. Para tanto, seriam necessários modelos de pórticos, associação pórtico-grelha ou elementos finitos. O cálculo das linhas de influência emprega os métodos abordados no tópico sobre pontes em viga.

A Figura 1.13 ilustra casos típicos de distribuições de momentos fletores para pontes em viga, laje ou pórtico que podem apresentar rótulas (Figura 1.13a), continuidades entre tabuleiros (Figura 1.13b) e continuidades com pilares e encontros (Figura 1.13c). Estes podem ser interpretados como casos usuais de tabuleiros pré-moldados quando são simplesmente apoiados nos pilares e moldados no local ou quando possuem ligações monolíticas e contínuas com os pilares e/ou encontros.

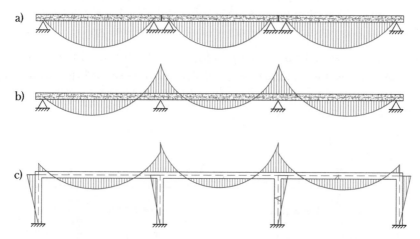

Figura 1.13: Típica distribuição de momentos fletores para pontes em laje, viga e pórtico: (a) tabuleiros simplesmente apoiados; (b) tabuleiros contínuos nos apoios intermediários; (c) tabuleiros com ligações rígidas nos apoios.

As ligações devem ser executadas para que o desempenho real seja compatível com as vinculações utilizadas no modelo de cálculo, sendo comum o uso de aparelhos de apoio para desvincular o tabuleiro dos pilares e o emprego de concretagens posteriores entre vigas pré-moldadas para que se tenha ou não continuidade nas transmissões de esforços entre vãos. Porém, em pontes em pórtico, as ligações devem ser realizadas sem aparelhos de apoio, conforme apresentado.

Esse sistema estrutural é interessante quando é preciso tornar a estrutura mais rígida e em situações nas quais a execução possa ser efetuada com concreto moldado no local sem grandes empecilhos. Além disso, as ligações monolíticas com os pilares reduzem as flechas no tabuleiro, possibilitando a redução da altura.

Contudo, é um sistema estrutural cuja execução é mais lenta quando comparado às pontes em viga e em laje e nem sempre é viável concretar a ligação do tabuleiro com os pilares no local.

1.4 Linhas de influência

Neste item são expostos os métodos para obtenção das linhas de influência, ferramenta essencial para obtenção do comportamento estrutural das longarinas ou de estruturas sujeitas a cargas móveis. Neste livro são apresentadas apenas as linhas de influência para obtenção das reações de apoio nas longarinas, todavia podem ser empregadas com o intuito de lograr esforços normais, cortantes e momentos fletores em longarinas, pilares e outros elementos estruturais.

1.4.1 Método das longarinas indeslocáveis

Este método considera as longarinas ou apoios indeslocáveis e é bastante didático e de fácil interpretação, porém resulta em valores superiores aos reais.

Inicialmente, deve-se definir a seção transversal da ponte e introduzir apoios fixos no centro de gravidade das longarinas e, interpretando-se as lajes como vigas. Portanto, uma carga unitária P é posicionada sobre a seção transversal a uma distância x da extremidade (Figura 1.14).

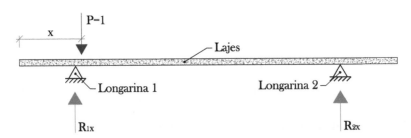

Figura 1.14: Modelo para obtenção das reações de apoio nas longarinas a partir do emprego de linhas de influência.

As reações de apoio R_{1x} e R_{2x} indicam os valores obtidos para cada longarina quando a carga P está posicionada na distância x.

Portanto, com os resultados obtidos, desenham-se as linhas de influência para o número de longarinas utilizadas na seção transversal (Figura 1.15). As funções η_1 e η_2 representam as linhas de influência para as reações de apoio nas longarinas do modelo exposto.

Posto isso, a carga de interesse é introduzida no ponto desejado ao longo da seção transversal e os resultados das reações de apoio R_1 e R_2 são introduzidos ao longo do sentido longitudinal da longarina para determinação dos esforços (Figura 1.16).

Quando se tem apenas duas longarinas, os resultados serão os mesmos independentemente do modelo usado, uma vez que o sistema é isostático. Aparentemente, o processo pode ser dispensado porque os valores máximos são obtidos em locais de fácil visualização. Mas quando se tem mais de duas longarinas, o problema fica mais complexo e os resultados não são obtidos diretamente sem os métodos descritos neste item.

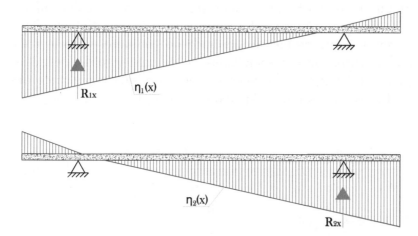

Figura 1.15: Resultados das linhas de influência para as reações de apoio nas longarinas do modelo anterior.

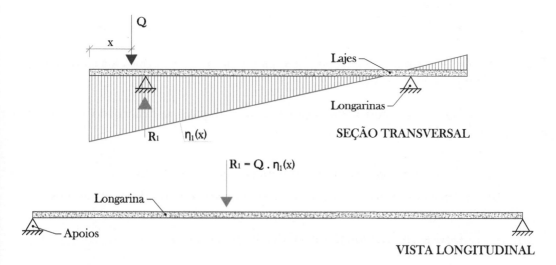

Figura 1.16: Modelo para obtenção dos esforços nas longarinas.

Na maioria dos casos as longarinas podem apresentar flechas consideráveis, tornando os resultados do método das longarinas indeslocáveis menos exatos. Logo, existem alguns métodos simplificados que consideram os deslocamentos verticais das longarinas, dentre eles:

a) método de Engesser-Courbon;

b) método de Leonhardt;

c) método de Guyon-Massonet-Bares.

1.4.2 Método de Engesser-Courbon

O método de Engesser-Courbon trata as transversinas com rigidez infinita, tornando as deformações da seção transversal desprezíveis. Segundo Rebouças et al. (2016), isso fez com que o comportamento mecânico do conjunto à flexão transversal, na região das transversinas, ficasse semelhante ao de uma viga deslocando como corpo rígido sob apoios elásticos. Essa consideração foi criada em virtude das pequenas deformações elásticas do tabuleiro quando comparadas às das longarinas. (Figura 1.17).

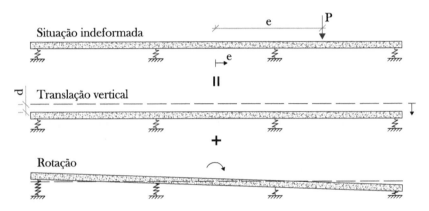

Figura 1.17: Deslocamento de corpo rígido para uma seção com cinco longarinas. Fonte: adaptada de Rebouças et al. (2016).

As restrições na geometria da seção transversal para aplicação do modelo são citadas por Stucchi (2006):

a) a largura da seção transversal é menor que metade do vão;

b) a altura das transversinas é da mesma ordem de grandeza que aquela das longarinas;

c) as espessuras das longarinas e das lajes são pequenas.

Além disso, adotam-se as mesmas hipóteses simplificadoras relativas à teoria de vigas e de acordo com Alves et al. (2004):

a) as longarinas são paralelas, ligadas entre si perpendicularmente por transversinas e possuem seções transversais com dimensões constantes ao longo do comprimento;

b) as transversinas estão simplesmente apoiadas nas longarinas e admite-se que possuem rigidez infinita à flexão, desprezando-se suas deformações em relação às das longarinas;

c) desprezam-se os efeitos de torção.

Assim, obtêm-se as reações de apoio para cada longarina (R_i) a partir da seguinte formulação:

$$R_i = \frac{P}{n}\left[1 + 6\,\frac{(2\,i - n - 1)\,e}{(n^2 - 1)\,\xi}\right] \tag{1.1}$$

Sendo:

i = número da ésima longarina, contada a partir da esquerda;

P = carga atuante na seção transversal com transversina;

n = número de longarinas;

e = excentricidade horizontal da carga P em relação ao baricentro da seção transversal, sendo o sentido positivo da esquerda para direita;

ξ = distância entre eixos das longarinas, consideradas igualmente espaçadas.

Por fim, obtém-se o coeficiente de repartição transversal de cada longarina a partir da consideração de que P é uma carga unitária, ou seja, esse valor é uma parcela da totalidade da carga P que é absorvida individualmente.

$$r_{ie} = \frac{1}{n}\left[1 + 6\,\frac{(2\,i - n - 1)\,e}{(n^2 - 1)\,\xi}\right] \tag{1.2}$$

Em que:

r_{ie} = coeficiente de repartição de carga da longarina i.

1.4.3 Método de Leonhardt

De acordo com Rebouças et al. (2016), o método desenvolvido pelo alemão Leonhardt nas décadas de 1940 e 1950 é considerado bastante prático e de tratamento matemático relativamente simples. Nele, considera-se a flexibilidade das transversinas, ou seja, não existe a consideração de que o tabuleiro é indeformável.

Segundo Neto (2015), Leonhardt estuda o efeito de grelha aplicando a teoria das deformações elásticas considerando apenas uma transversina central e supondo as longarinas com momento de inércia constante e simplesmente apoiadas nos extremos.

Como no método anterior, as simplificações da teoria de vigas também são válidas com os seguintes acréscimos, segundo Alves et al. (2004):

a) todas as transversinas do tabuleiro são representadas por uma única transversina fictícia, apoiada no meio dos vãos das diversas longarinas;

36   Pontes em concreto armado: análise e dimensionamento

   b) essa transversina fictícia é considerada simplesmente apoiada nas lon-
      garinas;

   c) desprezam-se os efeitos de torção.

O cálculo da inércia equivalente da transversina central é realizado a partir da
equação:

$$I_{eq,t} = K I_t \tag{1.3}$$

Sendo:

$I_{eq,t}$ = momento de inércia equivalente da transversina central;

I_t = momento de inércia da transversina central;

K = coeficiente de majoração do momento de inércia da transversina
central.

O coeficiente K é definido de acordo com a Tabela 1.1.

Tabela 1.1: Obtenção do coeficiente de majoração do momento de inércia da transversina
central a partir do número de transversinas intermediárias.

Nº de transversinas intermediárias	Coeficiente K
1 ou 2	1
3 ou 4	1.6
5 ou mais	2

Logo, determina-se o grau de rigidez da grelha. Esse é um parâmetro que verifica
a eficiência do conjunto de transversinas intermediárias na distribuição transversal
dos carregamentos, ou seja, quanto maior o grau, maior é a distribuição de cargas.

$$\zeta = \frac{I_l}{I_{eq,t}} \left(\frac{L}{2\xi} \right)^3 \tag{1.4}$$

Em que:

ζ = grau de rigidez da grelha;

I_l = momento de inércia das longarinas;

L = tamanho do vão das longarinas, consideradas simplesmente apoiadas.

Para Neto (2015), ainda existem considerações a serem feitas para alguns casos:

a) quando a viga principal tem momento de inércia variável, o cálculo dos coeficientes de distribuição deve ser feito diretamente pelo processo de grelhas, porém de modo aproximado. O problema poderá ser resolvido multiplicando-se o momento de inércia no centro da viga pelos coeficientes ψ_c e ψ_v;

b) se existirem mais de duas transversinas intermediárias, substituem-se estas por uma só transversina virtual com momento de inércia majorado pelo coeficiente K;

c) para as vigas contínuas com momento de inércia constante, podem-se utilizar fatores dados em tabelas, permitindo, assim, corrigir os momentos de inércia da viga real, para efeito do uso das tabelas de coeficientes de distribuição;

d) algumas tabelas não podem ser usadas para casos com longarinas externas mais reforçadas, sendo necessário utilizar dados fornecidos por Leonhardt.

A partir do grau de rigidez da grelha, obtêm-se os coeficientes de repartição transversal do tabuleiro. Estes são denominados r_{ji}, em que o índice j indica a longarina que se está avaliando, e i, o ponto onde está sendo aplicada a carga unitária. Uma vez obtidos os valores dos coeficientes r_{ji}, as linhas de influência e os esforços são obtidos de forma análoga ao método de Engesser-Courbon.

A Figura 1.18 apresenta um exemplo de aplicação do método de Leonhardt para uma ponte com quatro longarinas.

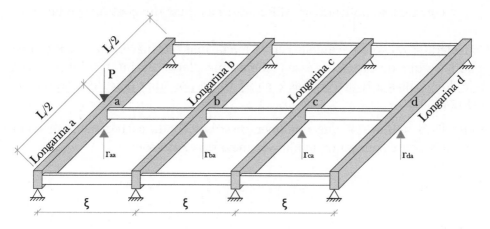

Figura 1.18: Exemplo de aplicação do método de Leonhardt.

Estando a carga P no ponto a:

r_{aa} = quinhão de carga de P no ponto a que solicita a longarina a;

38   Pontes em concreto armado: análise e dimensionamento

r_{ba} = quinhão de carga de P no ponto a que solicita a longarina b;

r_{ca} = quinhão de carga de P no ponto a que solicita a longarina c;

r_{da} = quinhão de carga de P no ponto a que solicita a longarina d.

Por equilíbrio de forças, sabe-se que:

$$r_{aa} + r_{ba} + r_{ca} + r_{da} = 1 \tag{1.5}$$

1.4.4   Método de Guyon-Massonet-Bares

O método de Guyon-Massonet-Bares difere dos apresentados até agora pela consideração da torção nas vigas e por tratar o sistema contínuo como uma placa ortotrópica. Em harmonia com Alves et al. (2004), são admitidas as hipóteses:

a) a espessura da placa é constante e pequena em relação às demais dimensões;

b) as deformações são puramente elásticas e obedecem à lei de Hooke e os deslocamentos são pequenos em relação à espessura da laje;

c) pontos alinhados segundo uma normal à superfície média da laje indeformada encontram-se também linearmente dispostos em uma normal à superfície média na configuração deformada;

d) pontos situados na superfície média da laje deslocam-se somente normalmente a ela;

e) em relação ao material, admite-se que as propriedades elásticas sejam constantes, podendo ser diferentes nas duas direções ortogonais.

Considera-se que o espaçamento entre longarinas e transversinas é suficientemente pequeno para que o sistema se assemelhe a uma placa. Assim, o tabuleiro composto por laje, longarinas e transversinas é substituído por uma placa ortotrópica equivalente (Figura 1.19).

Além disso, admite-se que qualquer distribuição de carregamento ao longo do sistema equivalente seja aproximada por meio da expressão:

$$p(x) = p\,sen\left(\frac{\pi\,x}{L}\right) \tag{1.6}$$

Em que:

$p(x)$ = função senoidal do carregamento distribuído;

p = valor máximo do carregamento distribuído;

x = distância longitudinal, partindo de uma borda.

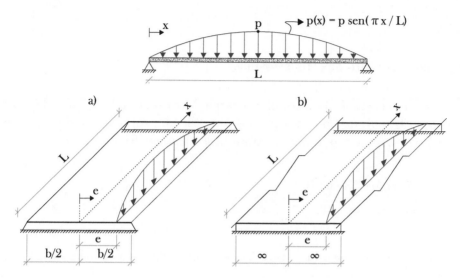

Figura 1.19: Simplificação do carregamento distribuído para tabuleiros com (a) larguras finitas; (b) larguras infinitas. Fonte: adaptada de San Martin (1981).

A partir dessas considerações, logra-se a formulação de superfície elástica para uma placa ortotrópica equivalente:

$$\rho_x \frac{\partial^4}{\partial x^4} w(x,y) + 2\varphi \sqrt{p_x p_y} \frac{\partial^4}{\partial y^2 \partial x^2} w(x,y) + \rho_y \frac{\partial^4}{\partial y^4} w(x,y) = p(x,y) \quad (1.7)$$

Sendo:

ρ_x = rigidez à flexão das longarinas;

ρ_y = rigidez à flexão das transversinas;

φ = parâmetro de torção;

$w(x,y)$ = função que representa os deslocamentos elásticos.

Os parâmetros podem ser obtidos a partir das equações:

$$\rho_x = \frac{EI_l}{L} \quad (1.8)$$

$$\rho_y = \frac{EI_t}{L_t} \quad (1.9)$$

$$\varphi = \frac{\rho_x + \rho_y}{2\sqrt{p_x p_y}} \quad (1.10)$$

Sendo:

L_t = comprimento das transversinas.

Utiliza-se uma carga P para simular a carga linear senoidal e é aplicada a premissa de que a seção transversal possui diversas longarinas, propondo, assim, a solução do sistema análogo a uma viga apoiada sobre base elástica (Figura 1.20).

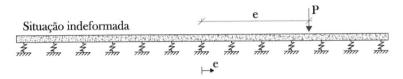

Figura 1.20: Transversina sobre base elástica. Fonte: adaptada de Rebouças et al. (2016).

Obtém-se então a equação:

$$\frac{d^4}{dy^4}v(y) + \frac{\rho_x \pi}{\rho_y L^4}v(y) = 0 \qquad (1.11)$$

Sendo:

$v(y)$ = função do deslocamento vertical da viga.

Observa-se que a solução do sistema com uma viga apoiada sobre base elástica com uma carga concentrada é semelhante à solução de uma viga simplesmente apoiada sobre base elástica com módulo de recalque (μ_o):

$$\mu_o = \frac{\rho_x \pi}{\rho_y L^4} \qquad (1.12)$$

Logo, calculam-se os índices de repartição transversal (χ_φ) a partir da solução da equação da superfície elástica da placa ortotrópica equivalente, utilizando tabelas propostas pelos autores. Para isso, determinam-se os seguintes parâmetros na continuidade:

a) coeficiente de travejamento (θ), definido na Equação (1.13);
b) parâmetro de torção (φ), definido na Equação (1.10);
c) posição da carga, definida por sua excentricidade (e);
d) pontos situados na superfície média da laje são deslocados apenas na direção normal a ela;
e) posição da viga da qual se quer conseguir os índices de repartição transversal.

O coeficiente θ é dado por:

$$\theta = \frac{b}{L} \sqrt[4]{\frac{\rho_x}{\rho_y}} \qquad (1.13)$$

Enfim, com os valores dos coeficientes de distribuição de cargas, podem-se traçar as linhas de influência e, assim, determinar os esforços e os deslocamentos correspondentes.

Além desses métodos, existem outros como: (a) método de Homberg-Trenks e (b) método de Fauchart, descritos em Alves et al. (2004) e Stucchi (2006), respectivamente. Além desses, sugere-se a leitura de San Martin (1981).

EXEMPLO 1.1: Dada a seção transversal a seguir, calcule e desenhe as linhas de influência a partir dos métodos:

a) longarinas indeslocáveis;

b) Engesser-Courbon;

c) Leonhardt.

Considere que o vão é biapoiado e possui comprimento igual a 30 m e as transversinas possuem largura igual a 20 cm e são espaçadas a cada 15 m. Ao final, compare e discuta os resultados.

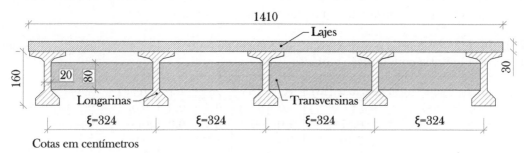

Figura 1.21: Geometria da seção transversal.

SOLUÇÃO: Inicialmente, precisa-se desenhar o modelo estrutural (Figura 1.22) constituído pelas lajes (elemento de barra) e pelas longarinas (apoios) e introduzir os eixos de referência, sendo R_1, R_2, R_3, R_4 e R_5 as reações de apoio nas longarinas para a carga unitária P.

Posto isso, é possível observar que o eixo de referência e utilizado para o método de Engesser-Courbon Equação (1.1) é calculado em função do eixo x por meio da Equação (1.14), sendo expresso em centímetros.

$$e = x - 705 \qquad (1.14)$$

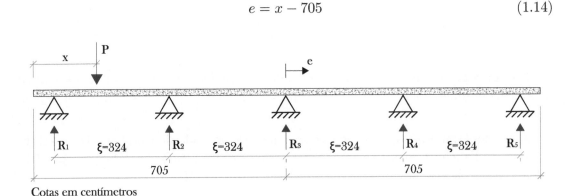

Cotas em centímetros

Figura 1.22: Modelo estrutural para obtenção das linhas de influência.

a) Método das longarinas indeslocáveis: calculam-se as reações de apoio para alguns pontos específicos conforme ilustrado na tabela a seguir. Destaca-se ainda que o sistema é hiperestático, sendo necessário utilizar o método das forças, o método dos deslocamentos, o método dos trabalhos virtuais ou alguma ferramenta computacional como o FTOOL, por exemplo. Apesar da hiperestaticidade, como as lajes possuem espessuras e propriedades físicas constantes, qualquer valor obtido para rigidez dos elementos apresentará os mesmos resultados.

Após a determinação das reações para os pontos descritos na Tabela 1.2, estes são traçados para cada longarina e ligados por curvas, sendo estas simplificadas por retas e calculadas a partir de equações do primeiro grau.

Tabela 1.2: Obtenção das reações de apoio pelo método das longarinas indeslocáveis para uma carga unitária com posição variável.

Posição x (m)	R_1	R_2	R_3	R_4	R_5
0	1.2	-0.3	0.1	0.0	0.0
0.57	1.0	0.0	0.0	0.0	0.0
2.19	0.4	0.7	-0.2	0.0	0.0
3.81	0.0	1.0	0.0	0.0	0.0
5.43	-0.1	0.6	0.6	-0.1	0.0
7.05	0.0	0.0	1.0	0.0	0.0
8.67	0.0	-0.1	0.6	0.6	-0.1
10.29	0.0	0.0	0.0	1.0	0.0
11.91	0.0	0.0	-0.2	0.7	0.4
13.53	0.0	0.0	0.0	0.0	1.0
14.1	0.0	0.0	0.1	-0.3	1.2

A Figura 1.23 ilustra os resultados das linhas de influência para as reações de apoio das longarinas R_1, R_2 e R_3, sendo as reações R_4 e R_5 similares a R_1 e R_2, porém espelhadas.

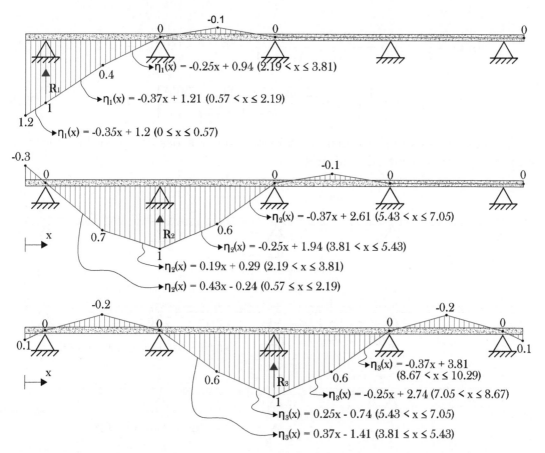

Figura 1.23: Resultado das linhas de influência das reações de apoio das longarinas para o método das longarinas indeslocáveis.

b) Método de Engesser-Courbon: para esse método, utiliza-se a equação a seguir. Destaca-se que n é o número de longarinas, sendo duas neste caso, i é o número da longarina avaliada, contada a partir da esquerda, e ξ é a distância entre eixos das longarinas (Figura 1.22).

$$\eta_i(x) = \frac{1}{n}\left[1 + 6\frac{(2\,i - n - 1)\,(x - 7.05)}{(n^2 - 1)\,\xi}\right] \qquad (1.15)$$

Portanto, sabe-se que a carga P é unitária, o número n de longarinas é igual a 5 e a distância entre eixos ξ das longarinas é igual a 3.24 m. Assim, encontram-se as equações na continuidade.

$$\eta_1(x) = \frac{1}{5}\left[1 + 6\frac{(2 \cdot 1 - 5 - 1)\,(x - 7.05)}{(5^2 - 1) \cdot 3.24}\right] = -0.062x + 0.64 \qquad (1.16)$$

$$\eta_2(x) = \frac{1}{5}\left[1 + 6\frac{(2\cdot 2 - 5 - 1)(x - 7.05)}{(5^2 - 1)\cdot 3.24}\right] = -0.031x + 0.42 \quad (1.17)$$

$$\eta_3(x) = \frac{1}{5}\left[1 + 6\frac{(2\cdot 3 - 5 - 1)(x - 7.05)}{(5^2 - 1)\cdot 3.24}\right] = 0.2 \quad (1.18)$$

A Figura 1.24 expõe as linhas de influência das reações de apoio das longarinas para uma carga concentrada unitária.

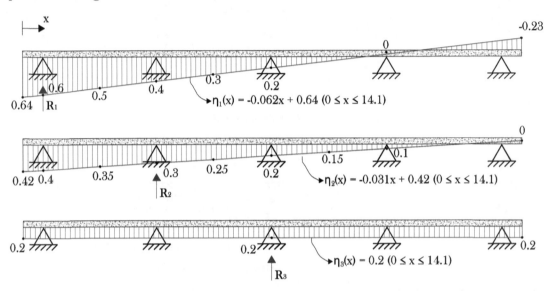

Figura 1.24: Resultados das linhas de influência das reações de apoio das longarinas para o método de Engesser-Courbon.

c) Método de Leonhardt: calcula-se inicialmente o momento de inércia equivalente da transversina central, sendo esta representada por uma seção retangular de 20 cm x 80 cm. Além disso, foi definido que as transversinas são espaçadas a cada 15 m, ou seja, existe apenas uma transversina intermediária e duas de apoio. Posto isso o valor de K é igual a 1 (Tabela 1.1).

$$I_t = \frac{bh^3}{12} = \frac{0.2\cdot 0.8^3}{12} = 0.0085 \text{ m}^4 \quad (1.19)$$

$$I_{eq,t} = KI_t = 1\cdot 0.0085 = 0.0085 \text{ m}^4 \quad (1.20)$$

Além disso, deve-se determinar o momento de inércia das longarinas. Estas foram consideradas como seções T, apresentando as seguintes dimensões: (a) largura colaborante $b_f = 3.24$ m, (b) largura da alma b_w é igual a 0.2 m, (c) altura total h é igual a 1.9 m e (d) altura da mesa h_f é igual a 0.3 m. O momento de inércia é calculado na continuidade. A metodologia de obtenção da largura colaborante é descrita no item

Introdução   45

2.1.2, enquanto as equações do momento de inércia para uma seção T estão expostas no item 4.1. Além disso, o Capítulo 13 descreve com mais detalhes como se obter esses resultados.

$$I_l = 0.29 \text{ m}^4 \tag{1.21}$$

Com isso, é possível obter o grau de rigidez da grelha, no qual o comprimento L é o tamanho do vão biapoiado que é igual a 30 m.

$$\zeta = \frac{I_l}{I_{eq,t}} \left(\frac{L}{2\xi}\right)^3 = \frac{0.29}{0.0085} \cdot \left(\frac{30}{2 \cdot 3.4}\right)^3 = 2930 > 500 \rightarrow \boxed{\zeta \cong \infty} \tag{1.22}$$

Utilizando o valor de ζ na tabela com 5 longarinas exposta no Apêndice B, encontram-se os valores na continuidade.

Tabela 1.3: Obtenção das reações de apoio pelo método de Leonhardt para uma carga unitária com posição variável.

Posição x (m)	R_1	R_2	R_3	R_4	R_5
0.57	0.6	0.4	0.2	0.0	-0.2
3.81	0.4	0.3	0.2	0.1	0.0
7.05	0.2	0.2	0.2	0.2	0.2
10.29	0.0	0.1	0.2	0.3	0.4
13.53	-0.2	0.0	0.2	0.4	0.6

A Figura 1.25 expõe os resultados das linhas de influência para as reações de apoio das longarinas pelo método de Leonhardt. Avalia-se que os métodos de Engesser-Courbon e Leonhardt apresentam valores bastante inferiores ao método das longarinas indeslocáveis, ou seja, para este caso a deformabilidade do tabuleiro acaba reduzindo as reações, gerando resultados mais econômicos. Além disso, os métodos de Engesser-Courbon e Leonhardt apresentam valores similares pelo fato de o parâmetro ζ ser muito alto e considerado infinito para o uso das tabelas.

Por fim, o método das longarinas indeslocáveis só deve ser empregado na prática em tabuleiros com 2 longarinas, em razão de o sistema ser isostático e apresentar os mesmos resultados independentemente do modelo analítico utilizado.

1.5   Aparelhos de apoio elastoméricos

"O termo ligação é aplicado a todos os detalhes construtivos, os quais promovam a união de partes da estrutura entre si ou a sua junção com elementos externos a ela" (CBCA, 2003). Assim, as transmissões dos esforços entre peças estruturais devem-se às ligações entre elas. Dessa forma, as referidas peças possuem fundamental importância no comportamento global da estrutura.

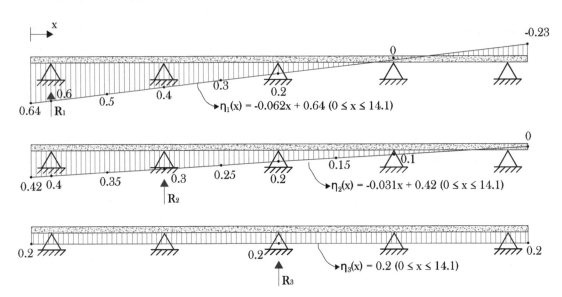

Figura 1.25: Resultado das linhas de influência das reações de apoio das longarinas para o método de Leonhardt.

Para a calibração do modelo estrutural, faz-se necessário definir com clareza as ligações entre os membros estruturais e, assim, definir as restrições cinemáticas do problema. "Na interação superestrutura e mesoestrutura são introduzidos aparelhos de apoio, que são dispositivos que fazem a transição entre esses elementos" (DNIT, 2006).

Os aparelhos de apoio elastoméricos, mais conhecidos como neoprene, são os mais empregados. Estes, segundo Machado e Sartorti (2010), geram entre a superestrutura e a mesoestrutura uma ligação flexível apresentando grandes deformações e deslocamentos. Com isso, as principais características desse elastômero à base de policloropreno (borracha sintética) são:

a) baixo valor de módulo de deformação transversal;

b) baixo valor de módulo de deformação longitudinal;

c) grande resistência a intempéries.

Em virtude da alta deformação do elastômero mediante cargas verticais, a NBR 9062 (ABNT, 2017) determina que as chapas podem ser de aço inoxidável. Quando a utilização dos apoios se der em ambientes protegidos e não agressivos, recomenda-se a utilização de chapas de aço-carbono desde que as faces laterais das chapas estejam revestidas com elastômero, com cobrimento mínimo de 4 mm e as demais com 2.5 mm. Por fim, as chapas devem ser solidarizadas por vulcanização ou colagem especial e possuir espessura mínima igual a 2 mm, enquanto cada camada de elastômero pode ter espessura mínima de 5 mm.

A Figura 1.26 ilustra dois tipos de aparelhos de apoio, sendo o primeiro (a) sem chapas de reforço e o segundo (b) com chapas de reforço.

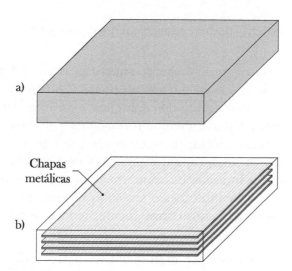

Figura 1.26: Aparelhos de apoio elastoméricos: (a) sem reforço de chapas; (b) com reforço de chapas.

A NBR 9062 (ABNT, 2017) afirma ainda que, na falta de ensaios conclusivos, recomenda-se utilizar os valores indicativos de correspondência entre a dureza Shore A e o módulo de elasticidade transversal G, à temperatura de 20 °C dispostos na Tabela 1.4.

Tabela 1.4: Valores da dureza Shore A em função do módulo G, à temperatura de 20 °C. Fonte: adaptada da NBR 9062 (ABNT, 2017).

Dureza Shore (A)	50	60	70
Módulo G (MPa)	0.8	1.0	1.2

Os aparelhos de apoio custam em torno de 1% do valor da obra, porém costumam causar muitos problemas, uma vez que quando dimensionados inadequadamente podem danificar as juntas de dilatação e os elementos estruturais que estão sendo conectados. Alguns desses problemas podem ocorrer em virtude de:

a) danos intrínsecos não detectados durante a instalação: podem surgir fissuras, reduzindo a vida útil do aparelho, ou patologias na ligação com o berço ou longarina, ocasionando escorregamento relativo entre os elementos;

b) posicionamento incorreto no berço: tende a provocar sobrecargas adicionais localizadas;

c) carregamentos superiores ao previsto: podem causar grandes deslocamentos e fissurar o aparelho, danificando o recobrimento das chapas;

d) agressividade não prevista no meio ambiente e ataque por produtos químicos: reduzem a vida útil;

48   Pontes em concreto armado: análise e dimensionamento

e) erros de projeto: podem causar colapsos da estrutura.

Vale destacar que nem sempre é preciso substituir os aparelhos de apoio, sendo o trabalho de monitoração desses elementos na ponte Rio-Niterói um exemplo. Nesse serviço, foi verificado como o estado dos aparelhos estava interferindo no comportamento global da estrutura a partir de monitoramentos e ensaios em alguns aparelhos. Ao final, não foi necessário realizar as intervenções, já que as patologias detectadas estavam no deterioramento das camadas externas da borracha elastomérica (até 2 cm), enquanto as regiões internas estavam em bom estado e permaneciam funcionando perfeitamente. A conclusão desse trabalho foi que, se esses elementos forem projetados, produzidos e instalados corretamente, tendem a ter durabilidade similar à da obra.

Contudo, nos casos em que for imprescindível a troca dos aparelhos de apoio, alguns procedimentos devem ser seguidos (MACHADO; SARTORTI, 2010):

a) desviar o tráfego durante a realização do serviço;

b) a estrutura necessita ser macaqueada seguindo projeto executivo específico para que não seja danificada;

c) as juntas de dilatação precisam ser limpas antes do início dos procedimentos de macaqueamento;

d) para substituição de aparelhos de apoio nos encontros, deve-se remover uma faixa de aterro da cabeceira, com posterior preenchimento com solo-cimento e compactação manual para consolidação antes do início do trabalho;

e) ainda sobre os aparelhos de apoio nos encontros, quando existirem lajes de aproximação, estas devem ser removidas, posto que dificultam o procedimento pela dificuldade de acesso aos aparelhos;

f) à medida que a estrutura se desliga dos aparelhos, devem ser inseridos calços ou equipamentos de autotravamento de modo a evitar acidentes;

g) após a substituição dos aparelhos de apoio, a operação deve ocorrer de modo inverso, com a retirada gradual dos calços.

A Figura 1.27 ilustra alguns dispositivos para substituição dos aparelhos de apoio conforme descrito em DNER (1996). O tipo A apresenta a utilização das travessas como elemento de suporte para colocação dos macacos e posterior elevação das transversinas. Todavia, nessa situação as travessas devem ser dimensionadas para essa condição e os pontos de macaqueamento devem ser previstos e explicitados em projeto.

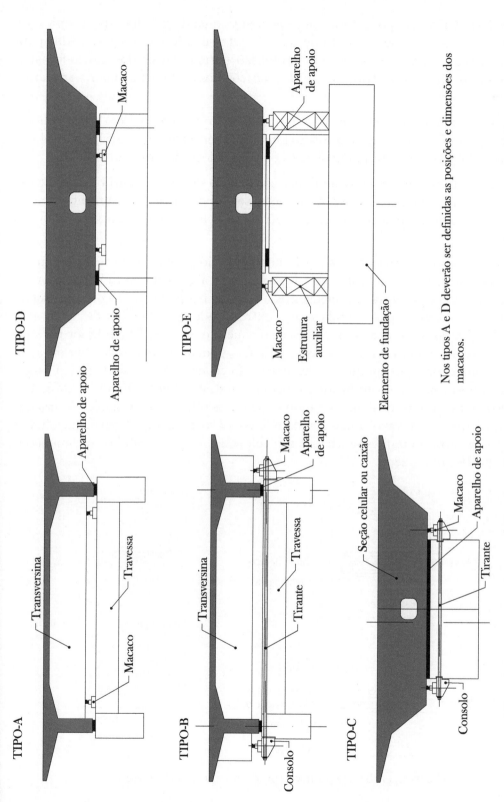

Figura 1.27: Dispositivos para substituição de aparelhos de apoio. Fonte: adaptada de DNER (1996).

Já o dispositivo do tipo B torna-se interessante quando não há espaço suficiente entre as travessas e as transversinas ou quando estas não forem dimensionadas para tal esforço, sendo novos consolos com protensão (tirante) inseridos para efetuar a ligação com os pilares e as travessas, e os macacos posicionados acima desses novos elementos.

O tipo C é similar ao anterior, porém o emprego é em pontes com seção celular, enquanto o tipo D adota a mesma estratégia do primeiro com a redução do nível das travessas ou pilares em determinados trechos para colocação dos equipamentos.

Por fim, o tipo E é caracterizado pela construção de uma estrutura auxiliar externa e temporária como suporte dos macacos, sendo viável economicamente quando os pilares possuem alturas relativamente pequenas e as soluções anteriores não são favoráveis.

Em determinadas situações, os aparelhos de apoio podem sofrer escorregamentos que comprometem sua segurança. Nesses casos, alguns mecanismos podem ser empregados na colocação desses elementos. O primeiro pode ser a colagem, sendo necessário introduzir chapas metálicas nas extremidades do aparelho de apoio, que são coladas por epóxi ao concreto, e apicoar o concreto da superfície inferior para introdução da cola (Figura 1.28a). Na continuidade, podem ser realizados por encaixe, sendo esta uma condição em que os elementos são concretados e são deixadas caixas para que a borracha seja introduzida, impedindo o deslizamento (Figura 1.28b). Por fim, o uso de calços é interessante quando a viga é metálica, uma vez que são criadas chapas que trabalham como caixas impedindo o escorregamento da borracha, similar ao caso de encaixe, porém essas chapas são soldadas ao perfil metálico e chumbadas ao concreto (Figura 1.28c).

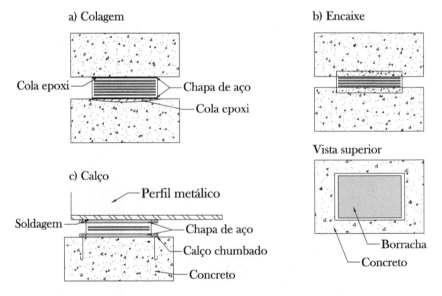

Figura 1.28: Dispositivos para impedir o deslizamento.

Para os aparelhos de elastômero simples, não fretados, são empregadas usualmente espessuras de 5.0 mm, 6.3 mm, 10 mm, 12.5 mm, 16 mm, 20 mm, 22 mm e 25 mm. Todavia, são recomendadas espessuras mínimas de 12.5 mm. Já os fretados são determinados em catálogos comerciais, sendo a Tabela 1.5 retirada da empresa Neoprex. As dimensões a e b representam os comprimentos e as larguras dos aparelhos quando retangulares, e ϕ, o diâmetro quando circulares.

Tabela 1.5: Dimensões padronizadas de aparelhos de apoio fretados da empresa Neoprex.

Dimensões $a \times b$ ou ϕ (mm)	Altura do aparelho		Espessuras (mm)		Camadas de elastômero	Número de chapas de aço	Número de camadas	
			Cobrimento					
	Mín.	Máx.	Vertical	Lateral			Mín.	Máx.
100 x 100	14	35	2.5	4	5	2	1	4
100 x 150	14	35	2.5	4	5	2	1	4
100 x 200	14	35	2.5	4	5	2	1	4
150 x 200	21	42	2.5	4	5	2	2	5
ϕ 200	21	42	2.5	4	5	2	2	5
150 x 250	21	42	2.5	4	5	2	2	5
150 x 300	21	42	2.5	4	5	2	2	5
ϕ 250	30	63	2.5	4	8	3	2	5
200 x 250	30	63	2.5	4	8	3	2	5
200 x 300	30	63	2.5	4	8	3	2	5
200 x 350	30	63	2.5	4	8	3	2	5
ϕ 300	30	63	2.5	4	8	3	2	5
200 x 400	30	63	2.5	4	8	3	2	5
250 x 300	30	74	2.5	4	8	3	2	6
300 x 400	47	86	2.5	4	10	3	3	6
ϕ 400	47	86	2.5	4	10	3	3	6
300 x 500	47	86	2.5	4	10	3	3	6
ϕ 450	47	86	2.5	4	10	3	3	6
300 x 600	47	86	2.5	4	10	3	3	6
350 x 450	47	86	2.5	4	10	3	3	6
ϕ 500	57	105	2.5	4	12	4	3	6
400 x 500	57	105	2.5	4	12	4	3	6
ϕ 550	57	105	2.5	4	12	4	3	6
400 x 600	57	105	2.5	4	12	4	3	6
450 x 600	57	105	2.5	4	12	4	3	6
ϕ 600	73	105	2.5	4	12	4	4	6
500 x 600	73	105	2.5	4	12	4	4	6
ϕ 650	90	150	2.5	4	15	5	4	7
600 x 600	90	150	2.5	4	15	5	4	7

Referências e bibliografia recomendada

ABREU, R. O. A.; AGUIAR, E. A. B. Determinação da Envoltória dos Esforços de uma Laje Protendida através de uma Metodologia Alternativa para Produzir Superfícies de Influência. In: CONGRESSO BRASILEIRO DE PONTES E ESTRUTURAS, 9, Rio de Janeiro, Brasil. *Anais [...]* 2016.

ALVES, E. V.; ALMEIDA, S. M.; JUDICE, F. M. S. Métodos de Análise Estrutural de Tabuleiros de Pontes em Vigas Múltiplas de Concreto Protendido. *ENGEVISTA*, v. 6, n. 2, p. 48-58. 2004.

ASSOCIAÇÃO BRASILEIRA DE NORMAS TÉCNICAS (ABNT). *NBR 9062*. Projeto e execução de estruturas de concreto pré-moldado. Rio de Janeiro, Brasil. 2017.

CENTRO BRASILEIRO DA CONSTRUÇÃO EM AÇO (CBCA). *Ligações em estruturas metálicas*. 4. ed. Rio de Janeiro: Instituto Aço Brasil, 2003. v. II.

CHEN, W.; DUAN, L. *Bridge Engineering Handbook*. Boca Raton: CRC Press, 2000.

DEPARTAMENTO NACIONAL DE ESTRADAS E RODAGEM (DNER). *Manual de Projeto de Obras-de-arte Especiais*. Rio de Janeiro, 1996.

DEPARTAMENTO NACIONAL DE INFRAESTRUTURA DE TRANSPORTES (DNIT). *Norma DNIT 091*. Tratamento de aparelhos de apoio: concreto, neoprene e metálicos – Especificações de serviço. Rio de Janeiro, Brasil. 2006.

EL DEBS, M. K. *Concreto Pré-moldado*: Fundamentos e Aplicações. 2 ed. São Paulo: Editora Oficina de Textos, 2017.

EL DEBS, M. K.; TAKEYA, T. Introdução às Pontes de Concreto. *Notas de Aula*. Departamento de Engenharia de Estruturas, Escola de Engenharia de São Carlos, Universidade de São Paulo. São Carlos, 2009.

FU, C. C.; WANG, S. *Computational Analysis and Design of Bridge Structures*. Boca Raton: CRC Press, 2015.

HAMBLY, E. C. *Bridge Deck Behaviour*. 2. ed. London: E & FN Spon, 1991.

LEONHARDT, F. *Princípios Básicos da Construção de Pontes de Concreto*. Rio de Janeiro: Editora Interciência, 1979.

MACHADO, R. N.; SARTORTI, A. L. Pontes: Patologias dos Aparelhos de Apoio. In: VI CONGRESO INTERNACIONAL SOBRE PATOLOGÍA Y RECUPERACIÓN DE ESTRUCTURAS, 6, Argentina. *Anais [...]* 2010.

MARCHETTI, O. *Pontes de Concreto Armado*. São Paulo: Blucher, 2008.

NETO, A. G. A. *Notas de Aula*. Método de Leonhardt. Universidade Presbiteriana Mackenzie. São Paulo, Brasil. 2015.

O'BRIEN, E.; KEOGH, D. *Bridge Deck Analysis*. London: E & FN Spon, 1999.

REBOUÇAS, A. S.; JOVEM, T. P.; FILHO, J. N.; DIÓGENES, H. J. F.; MATA, R. C. Análise Comparativa da Distribuição de Carga em Pontes Hiperestáticas de Concreto Armado com Múltiplas Longarinas por Meio de Modelos Analíticos Clássicos e do Método do Elementos Finitos. In: CONGRESSO BRASILEIRO DE PONTES E ESTRUTURAS, 9, Rio de Janeiro, Brasil. *Anais* [...] 2016.

SAN MARTIN, F. J. *Cálculo de Tabuleiros de Pontes*. São Paulo: Livraria Ciência e Tecnologia Editora, 1981.

SCHLAICH, J.; SCHEEF, H. *Concrete Box-Girder Bridges*. Zurich: International Association for Bridge and Structural Engineering, 1982.

STUCCHI, F. R. *Notas de Aula*. Pontes e Grandes Estruturas. Departamento de Estruturas e Fundações, Escola Politécnica, Universidade de São Paulo São Paulo, Brasil. 2006.

TONIAS, D. E.; ZHAO, J. J. *Bridge Engineering*: Design, Rehabilitation, and Maintenance of Modern Highway Bridges. 2. ed. New York: McGraw-Hill Professional, 2007.

CAPÍTULO 2

Dimensionamento de vigas e lajes

Neste capítulo são ilustrados os roteiros de dimensionamento de armaduras longitudinais e transversais para seções retangulares e seções T segundo as considerações da NBR 6118 (ABNT, 2014) para vigas e lajes. Destaca-se que os esforços a serem considerados no dimensionamento são determinados a partir dos estados limites últimos, sendo estes detalhados nos capítulos a seguir.

2.1 Dimensionamento de armaduras longitudinais

O dimensionamento das armaduras longitudinais em seções submetidas a flexão simples parte do pressuposto de que o elemento estrutural atingiu o estádio III, ou seja, a zona comprimida encontra-se plastificada enquanto a tracionada está fissurada e apenas o aço está trabalhando. Para tal, algumas hipóteses são consideradas:

a) admite-se a perfeita aderência entre as armaduras e o concreto;

b) a resistência do concreto à tração é desprezada;

c) adota-se a condição em que a peça quando sofre deformações, mantém as seções transversais planas até a ruptura.

Assim, a Figura 2.1 apresenta o equilíbrio de forças em uma seção retangular com armaduras simples submetida a flexão simples, sendo possível observar na figura que a tração do concreto foi desprezada e o diagrama parábola-retângulo foi substituído por um diagrama retangular com área equivalente. Essas considerações são abordadas na NBR 6118 (ABNT, 2014), cujos parâmetros são: d é a distância do centro de gravidade das armaduras de tração até a borda comprimida; d' é a distância do centro de gravidade das armaduras de tração até a borda tracionada; h é a altura da seção transversal; f_{cd} é a resistência à compressão de cálculo do concreto; A_s é a área de aço tracionada da seção transversal; LN é a abreviação de linha neutra; ϵ_c é a deformação do concreto; ϵ_s é a deformação do aço; f_{yd} é a tensão de escoamento de cálculo do aço; M_d é o momento fletor de cálculo atuante na seção transversal; R_{cc} é a força resultante de compressão atuante no concreto em virtude do momento fletor; R_{st} é a força resultante de tração atuante nas armaduras em virtude do momento fletor; α_c é o parâmetro de redução da resistência do concreto na compressão; λ é a relação entre a profundidade y do diagrama retangular de compressão equivalente e a profundidade efetiva x da linha neutra.

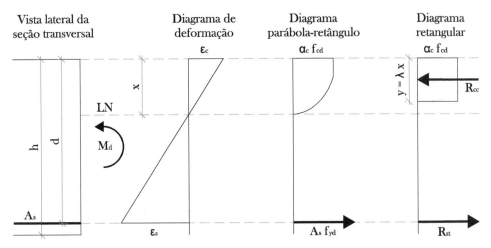

Figura 2.1: Esquema ilustrativo do equilíbrio de forças em uma seção sob flexão.

A NBR 6118 (ABNT, 2014) determina que para concretos de classe até C50, ou seja, com $f_{ck} \leq 50$ MPa, são utilizados: $\lambda = 0.8$ e $\alpha_c = 0.85$. Caso o concreto utilizado seja de classe superior ao C50 e inferior ou igual ao C90, adotam-se as equações a seguir com f_{ck} em MPa.

$$\lambda = 0.8 - \frac{(f_{ck} - 50)}{400} \qquad (2.1)$$

$$\alpha_c = 0.85 \left[1 - \frac{(f_{ck} - 50)}{200}\right] \qquad (2.2)$$

Além disso, se a largura da seção transversal, medida paralelamente à linha neutra, diminuir a partir desta para a borda comprimida, deve-se multiplicar o parâmetro α_c por 0.9. Essa condição não será tratada aqui, uma vez que não é usual para as peças em concreto armado.

A determinação da distância entre o centro de gravidade das armaduras longitudinais até as bordas depende principalmente do cobrimento, sendo este determinado a partir da Tabela 2.1 obtida da NBR 6118 (ABNT, 2014).

Tabela 2.1: Relação entre a classe de agressividade ambiental e o cobrimento nominal. Fonte: adaptada da NBR 6118 (ABNT, 2014).

Tipo de estrutura	Componente ou elemento	Classe de agressividade ambiental			
		Classe I	Classe II	Classe III	Classe IV
		Cobrimento nominal (mm)			
Concreto armado	Laje	20	25	35	45
	Viga/pilar	25	30	40	50
	Elementos estruturais em contato com o solo	30	30	40	50
Concreto protendido	Laje	25	30	40	50
	Viga/pilar	30	35	45	55

Além disso, a NBR 6118 (ABNT, 2014) introduz algumas observações:

a) Os cobrimentos nominais referentes ao concreto protendido são os valores mínimos a serem respeitados para bainhas ou fios, cabos e cordoalhas. Enquanto isso, sempre o cobrimento da armadura passiva deve respeitar os cobrimentos para concreto armado.

b) Nas superfícies expostas a ambientes agressivos, como reservatórios, estações de tratamento de água e esgoto, condutos de esgoto, canaletas de efluentes e outras obras em ambientes química e intensamente agressivos, devem ser respeitados os cobrimentos da classe de agressividade IV.

c) No trecho dos pilares em contato com o solo junto aos elementos de fundação, a armadura deve ter cobrimento nominal maior ou igual a 4.5 cm;

d) Por fim, para elementos pré-fabricados, os valores dos cobrimentos nominais devem respeitar as recomendações da NBR 9062.

As classes de agressividade segundo a NBR 6118 (ABNT, 2014) são descritas como:

a) classe I: agressividade fraca, ambientes rurais ou submersos com risco insignificante de deterioração da estrutura;

b) classe II: agressividade moderada, ambientes urbanos ou marinhos com risco pequeno de deterioração da estrutura;

c) classe III: agressividade forte, ambientes marinhos ou industriais com risco grande de deterioração da estrutura;

58   Pontes em concreto armado: análise e dimensionamento

    d) classe IV: agressividade elevada, ambientes industriais ou com respingo de maré com alto risco de deterioração da estrutura.

Segundo a classificação da NBR 6118 (ABNT, 2014), as estruturas de pontes podem se enquadrar em mais de uma classe de agressividade, a depender do ambiente onde será implantada a estrutura.

2.1.1 Dimensionamento de seções retangulares

Para dimensionamento das armaduras longitudinais de uma seção retangular em concreto armado, deve-se inicialmente calcular a posição da linha neutra e, posteriormente, determinar em qual domínio de deformação está a peça.

Portanto, o parâmetro a ser calculado é a distância da linha neutra até a borda comprimida (x), que pode ser dimensionado a partir do parâmetro de ductilidade (ξ) por meio do equilíbrio de forças seguindo o esquema da Figura 2.1:

$$\xi = \frac{x}{d} = \frac{x}{h - d'} \tag{2.3}$$

Em que:

$$\left(\frac{\lambda}{2}\right)\xi^2 - \xi + \frac{M_d}{\lambda\alpha_c b_w d^2 f_{cd}} = 0 \tag{2.4}$$

Porém, é necessário determinar a largura da seção transversal (b_w) e a resistência à compressão de cálculo do concreto (f_{cd}) a partir do coeficiente de ponderação da resistência do concreto (γ_c) e da resistência característica do concreto à compressão (f_{ck}):

$$f_{cd} = \frac{f_{ck}}{\gamma_c} = \frac{f_{ck}}{1.4} \tag{2.5}$$

Após isso, verificam-se os domínios de deformações da seção transversal na ruptura, descritos na Figura 2.2, na qual a peça está submetida aos momentos fletores de cálculo M_d e aos esforços normais de cálculo N_d.

Os domínios são definidos como:

    a) domínio I: caracteriza-se pela seção submetida à tração apenas, tendo a ruptura plástica excessiva das armaduras $(\epsilon_s = 10\text{‰})$;

    b) domínio II: caracteriza-se pela seção submetida a flexão simples ou composta, tendo a ruptura por deformação plástica excessiva das armaduras $(\epsilon_s = 10\text{‰})$, enquanto o concreto não atinge o encurtamento limite de ruptura $(\epsilon_c < \epsilon_{cu})$;

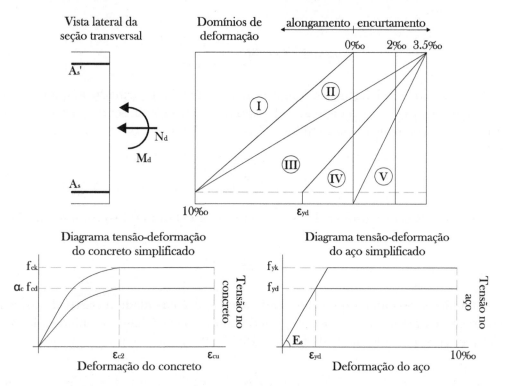

Figura 2.2: Diagramas dos domínios de deformações e das relações constitutivas simplificadas sugeridas pela NBR 6118 (ABNT, 2014) para o concreto e para armadura passiva.

c) domínio III: caracteriza-se pela seção submetida a flexão simples ou composta, tendo a ruptura no concreto ($\epsilon_c = \epsilon_{cu}$), porém ocorre escoamento das armaduras sem ruptura ($\epsilon_{yd} \leq \epsilon_s < 10\text{\textperthousand}$);

d) domínio IV: caracteriza-se pela seção submetida a flexão simples ou composta, tendo a ruptura no concreto ($\epsilon_c = \epsilon_{cu}$), porém as armaduras não sofrem escoamento ($\epsilon_s < \xi_{yd}$);

e) domínio V: caracteriza-se pela seção submetida à compressão apenas, ocorrendo ruptura de forma brusca no concreto, uma vez que a peça não apresenta trincas nem deslocamentos visíveis, portanto a deformação é limitada à deformação no início do patamar plástico ($\epsilon_c = \epsilon_{c2}$) por razão de segurança.

Os valores-limite da deformação específica de encurtamento do concreto no início do patamar elástico ϵ_{c2} e na ruptura ϵ_{cu} para concretos com $f_{ck} \leq 50$ MPa correspondem a: $\epsilon_{c2} = 2\text{\textperthousand}$ e $\epsilon_{cu} = 3.5\text{\textperthousand}$, enquanto aqueles em concretos com valores dentro do intervalo de 50 MPa $< f_{ck} \leq 90$ MPa são expostos na continuidade, sendo os valores de f_{ck} expressos em MPa.

$$\epsilon_{c2} = 2\text{\textperthousand} + 0.085\text{\textperthousand}(f_{ck} - 50)^{0.53} \tag{2.6}$$

60   Pontes em concreto armado: análise e dimensionamento

$$\epsilon_{cu} = 2.6\text{‰} + 35\text{‰} \left[\frac{90 - f_{ck}}{100}\right]^4 \tag{2.7}$$

Destaca-se que a deformação longitudinal de cálculo da armadura, quando atinge o escoamento (ϵ_{yd}), varia a depender do tipo de aço utilizado, sendo para os aços com patamar de escoamento bem definido (CA-25 e CA-50):

$$\epsilon_{yd} = \frac{f_{yd}}{E_s} \tag{2.8}$$

Para os aços sem patamar de escoamento bem definido (CA-60), esse valor é:

$$\epsilon_{yd} = \frac{f_{yd}}{E_s} + 2\text{‰} \tag{2.9}$$

A tensão de escoamento de cálculo do aço (f_{yd}) é calculada a partir da tensão de escoamento característica do aço (f_{yk}) reduzida pelo coeficiente de minoração do aço (γ_s), que é preconizado na NBR 6118 (ABNT, 2014) como 1.15.

$$f_{yd} = \frac{f_{yk}}{\gamma_s} = \frac{f_{yk}}{1.15} \tag{2.10}$$

Então, os valores do módulo de elasticidade longitudinal E_s, das deformações axiais de cálculo ϵ_s e das tensões de escoamento características e de cálculo das armaduras no escoamento, quando utilizadas no Brasil em estruturas de concreto armado, estão descritos na Tabela 2.2.

Tabela 2.2: Deformações longitudinais de cálculo das armaduras quanto atingem o escoamento.

Tipo de aço	E_s (kN/cm^2)	f_{yk} (kN/cm^2)	f_{yd} (kN/cm^2)	ϵ_{yd} (‰)
CA-25		25	21.74	1.035
CA-50	21000	50	43.5	2.071
CA-60		60	52.17	4.484

Para uma seção submetida à flexão simples apenas, os domínios de deformação II, III e IV são alcançáveis. Todavia, o último apresenta ruptura frágil ou brusca, uma vez que as armaduras longitudinais não escoaram e, consequentemente, a peça não apresenta grandes deslocamentos antes da ruptura, podendo romper sem sofrer trincas visíveis.

Caso $\xi \leq \xi_{2-3}$, a peça se encontra no domínio II; se $\xi_{2-3} < \xi \leq \xi_{3-4}$, está no domínio III; e se $\xi > \xi_{3-4}$, está no domínio IV. Porém, se a peça estiver no IV, é sugerido utilizar armaduras duplas e, assim, reduzir ξ até valores preestabelecidos.

Os limites dos domínios estão determinados na Tabela 2.3. Além disso, a NBR 6118 (ABNT, 2014) determina os limites de ductilidade (ξ_{lim}) a depender da resistência característica do concreto à compressão (f_{ck}), sendo definidos na Tabela 2.4.

Tabela 2.3: Limites entre domínios de deformação a partir da ductilidade ξ.

Tipo de	$f_{ck} \leq 50$ MPa		$50 < f_{ck} \leq 90$ MPa	
aço	ξ_{2-3}	ξ_{3-4}	ξ_{2-3}	ξ_{3-4}
CA-25		0.772		
CA-50	0.259	0.628	$\frac{\epsilon_{cu}}{10\%_{00}+\epsilon_{cu}}$	$\frac{\epsilon_{cu}}{\epsilon_{yd}+\epsilon_{cu}}$
CA-60		0438		

Tabela 2.4: Limites de ductilidade a partir das recomendações da NBR 6118 (ABNT, 2014).

Classe do concreto	ξ_{lim}
$f_{ck} \leq 50$ MPa	0.45
$f_{ck} > 50$ MPa	0.35

Assim, em geral se $\xi \leq \xi_{lim}$ adotam-se armaduras simples (Figura 2.3a) e quando $\xi > \xi_{lim}$ empregam-se armaduras duplas (Figura 2.3b).

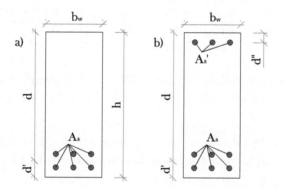

Figura 2.3: Seção retangular com armaduras (a) simples; (b) duplas.

Sendo:

d'' = distância do centro de gravidade das armaduras comprimidas até a borda comprimida;

A'_s = área de aço das armaduras longitudinais comprimidas.

Dessa forma, no caso de seções com armaduras simples ($\xi \leq \xi_{lim}$ e $\xi \leq \xi_{3-4}$) determina-se a área de aço necessária (A_s) para equilibrar a seção:

$$A_s = \frac{\lambda \alpha_c b_w d \xi f_{cd}}{f_{yd}} \qquad (2.11)$$

62   Pontes em concreto armado: análise e dimensionamento

No caso de armaduras duplas, a área de aço necessária de tração (A_s) é:

$$A_s = \frac{\lambda \alpha_c b_w d \xi_{lim} f_{cd}}{f_{yd}} + A'_s \qquad (2.12)$$

E a área de aço necessária comprimida (A'_s) é:

$$A'_s = \frac{M_d - \lambda \alpha_c b_w d^2 \xi_{lim} f_{cd}(1 - 0.4\xi_{lim})}{f_{yd}(d - d'')} \qquad (2.13)$$

Porém, a área de aço de tração deve ser maior ou igual à área de aço mínima, sendo esta empregada para melhorar o desempenho e a ductilidade à flexão, bem como controlar a fissuração (ABNT, 2014). Para tal, as taxas mínimas de armaduras longitudinais (ρ_{min}) para cada valor de resistência característica à compressão do concreto (f_{ck}) são descritas na Tabela 2.5 para vigas.

Tabela 2.5: Taxas mínimas de armaduras de flexão para vigas com seções retangulares. Fonte: adaptada da NBR 6118 (ABNT, 2014).

Forma da seção	Valores de ρ_{min} (%)						
	C20	C25	C30	C35	C40	C45	C50
Retangular	0.15	0.15	0.15	0.164	0.179	0.194	0.208
	C55	C60	C65	C70	C75	C80	C85
	0.211	0.219	0.226	0.233	0.239	0.245	0.251

Destaca-se que a nomenclatura C20, C25, ..., C90 significa a classe do concreto, ou seja, o concreto da classe C20 apresenta a resistência característica à compressão igual a 20 MPa.

Por fim, a área de aço mínima $(A_{s,min})$ pode ser determinada em função da área da seção transversal (A_c), conforme descrito na Equação (2.14).

$$A_{s,min} = \rho_{min} A_c \qquad (2.14)$$

Caso a seção transversal adotada não seja retangular, deve-se respeitar o dimensionamento da seção a momento fletor mínimo, dado pela expressão a seguir, e a taxa mínima absoluta de 0.15%.

$$M_{d,min} = 0.8\, W_0\, f_{ctk,sup} \qquad (2.15)$$

Sendo W_0 o módulo de resistência da seção transversal bruta do concreto, relativo à fibra mais tracionada, e $f_{ctk,sup}$ a resistência característica superior do concreto à tração. Para concretos de classes até C50, adote f_{ck} em MPa:

$$f_{ctk,sup} = 0.39\, f_{ck}^{2/3} \qquad (2.16)$$

Para concretos de classes C55 até C90:

$$f_{ctk,sup} = 2.756 \, ln(1 + 0.11 \, f_{ck}) \tag{2.17}$$

A área da seção transversal pode ser calculada considerando a altura total (h) ou apenas a altura efetiva da seção (d), sendo que a primeira gera resultados mais conservadores.

$$A_c = b_w h \tag{2.18}$$

$$A_c = b_w d \tag{2.19}$$

Para lajes as armaduras longitudinais de flexão são dimensionadas com os mesmos equacionamentos descritos anteriormente, considerando $b_w = 100$ cm, porém as taxas mínimas finais (ρ_s) são determinadas a partir da Tabela 2.6. Enquanto isso, as taxas mínimas (ρ_{min}) são calculadas segundo a Tabela 2.5.

Tabela 2.6: Taxas mínimas de armaduras passivas de flexão para lajes com e sem protensão. Fonte: adaptada da NBR 6118 (ABNT, 2014).

Tipo de armadura	Lajes sem protensão	Lajes com protensão aderente	Lajes com protensão não aderente
Armaduras negativas	$\rho_s \geq \rho_{min}$	$\rho_s \geq \rho_{min} - \rho_p$ $\rho_s \geq 0.67\rho_{min}$	$\rho_s \geq \rho_{min} - 0.5\rho_p$ $\rho_s \geq 0.67\rho_{min}$
Armaduras negativas de bordas sem continuidade	$\rho_s \geq 0.67\rho_{min}$		
Armaduras positivas de lajes armadas nas duas direções	$\rho_s \geq 0.67\rho_{min}$	$\rho_s \geq 0.67\rho_{min} - \rho_p$ $\rho_s \geq 0.5\rho_{min}$	$\rho_s \geq \rho_{min} - 0.5\rho_p$ $\rho_s \geq 0.5\rho_{min}$
Armaduras positivas (principais) de lajes armadas em uma direção	$\rho_s \geq \rho_{min}$	$\rho_s \geq \rho_{min} - \rho_p$ $\rho_s \geq 0.5\rho_{min}$	$\rho_s \geq \rho_{min} - 0.5\rho_p$ $\rho_s \geq 0.5\rho_{min}$
Armaduras positivas (secundárias) de lajes armadas em duas direções	$A_s/s \geq 20\%$ da armadura principal $A_s/s \geq 0.9$ cm^2/m $\rho_s \geq 0.5\rho_{min}$	-	

Assim, as equações para lajes são:

$$A_{s,min} = \rho_s b_w h \tag{2.20}$$

$$A_{p,min} = \rho_p b_w h \tag{2.21}$$

64 Pontes em concreto armado: análise e dimensionamento

Sendo:

s = espaçamento entre barras longitudinais;

$A_{p,min}$ = área de aço da armadura de protensão.

$\rho_{p,min}$ = taxa geométrica da armadura de protensão.

Por fim, a soma das armaduras de tração e de compressão $(A_s + A'_s)$ não pode ter valor maior que $4\%A_c$, calculada na região fora da zona das emendas (ABNT, 2014), ou seja:

$$A_s + A'_s \leq 4\%A_c = 4\%b_w h \tag{2.22}$$

Em lajes maciças, qualquer barra da armadura de flexão deve ter diâmetro no máximo igual a $h/8$. Caso sejam principais devem apresentar espaçamento menor que $2h$ e 20 cm e se forem secundárias devem respeitar um espaçamento entre barras de no máximo 33 cm (ABNT, 2014).

2.1.2 Dimensionamento de seções T

Quando as vigas possuem ligações monolíticas e devidamente armadas com as lajes, surge a contribuição das lajes no comportamento estrutural. Assim, caso existam conectores de cisalhamento (Figura 2.4a) ou as armaduras negativas das vigas estejam dentro das lajes (Figura 2.4b), é possível tratar a seção como T. Caso a viga e a laje estejam ligadas sem armaduras para transferência dos esforços de cisalhamento, a viga deve ser abordada como seção retangular, desconsiderando a altura da laje (Figura 2.4c).

Destaca-se que a seção só trabalha como T quando a mesa (laje) está trabalhando sob compressão, enquanto a alma (viga) está sob tração. Dessa forma, em casos usuais, apenas nos trechos em que os momentos são positivos pode-se considerar a colaboração da laje, exceto quando a viga é em formato de I (ver capítulo sobre dimensionamento das longarinas).

Portanto, nesse tipo de seção é preciso determinar o valor da largura colaborante (b_f) que depende da geometria da estrutura. A figura 2.5 ilustra os parâmetros necessários para o cálculo de b_f.

Dessa forma, a largura colaborante (b_f) é calculada em função da altura da mesa (h_f), das dimensões descritas na Figura 2.5 e do comprimento do trecho em que o momento fletor for positivo para o vão considerado (a).

Para vigas de borda com lajes em balanço e intermediárias, segue a Equação (2.23), e para vigas de borda sem lajes em balanço, a Equação (2.24).

$$b_f = b_1 + b_w + b_2 \tag{2.23}$$

$$b_f = b_w + b_2 \tag{2.24}$$

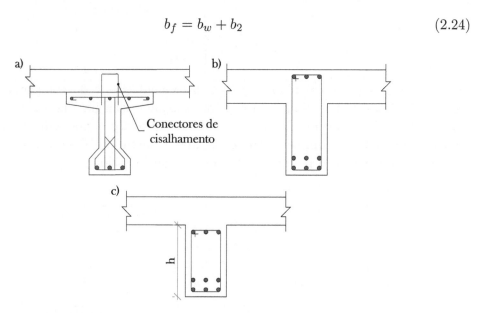

Figura 2.4: Tipos de ligações entre vigas e lajes: (a) com conectores de cisalhamento; (b) com armaduras negativas dentro das lajes; (c) com armaduras negativas fora da laje.

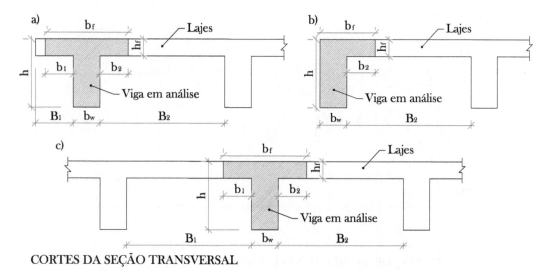

CORTES DA SEÇÃO TRANSVERSAL

Figura 2.5: Determinação da largura colaborante para: (a) viga de borda com laje em balanço; (b) viga de borda sem laje em balanço; (c) viga intermediária.

As dimensões b_1 e b_2 são definidas nas Equações (2.25) e (2.26).

$$b_1 \leq \begin{cases} 0.1a \\ 0.5B_1 \\ 8h_f \end{cases} \tag{2.25}$$

$$b_2 \leq \begin{cases} 0.1a \\ 0.5B_2 \\ 8h_f \end{cases} \quad (2.26)$$

Já a dimensão a é calculada a partir das vinculações e do comprimento da viga (L), cujos casos e suas simplificações estão explicitados na Figura 2.6. Assim, os valores de a são determinados para cada vão da viga e dependem das vinculações, podendo ser obtidos com seus valores exatos a partir dos diagramas de momentos fletores ou aproximados pelo tamanho do vão considerado.

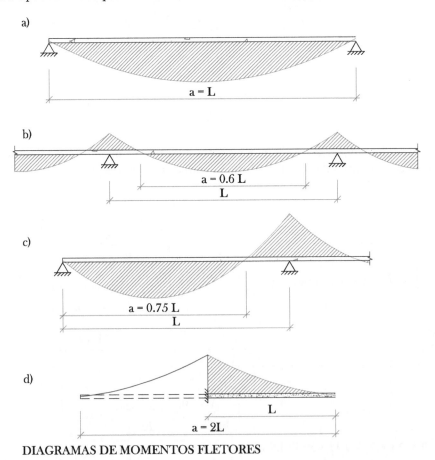

DIAGRAMAS DE MOMENTOS FLETORES

Figura 2.6: Cálculo da dimensão a para os modelos com: (a) viga biapoiada; (b) viga com continuidade nas duas extremidades; (c) viga com continuidade apenas em uma extremidade; (d) viga engastada e livre em uma extremidade.

Com a seção definida, calcula-se o parâmetro ξ, considerando incialmente a seção retangular com dimensões $b_f \times h$.

$$\left(\frac{\lambda}{2}\right)\xi^2 - \xi + \frac{M_d}{\lambda \alpha_c b_f d^2 f_{cd}} = 0 \quad (2.27)$$

Na sequência, determina-se a posição da linha neutra para os diagramas parábola-retângulo (x) e retangular (y).

$$x = \xi d \tag{2.28}$$

$$y = \lambda x \tag{2.29}$$

Com isso, pretende-se determinar se a região comprimida está inteiramente na mesa (Figura 2.7a) ou se parte da alma também está comprimida (Figura 2.7b), sendo o primeiro chamado de **caso 1**, e o segundo, de **caso 2**.

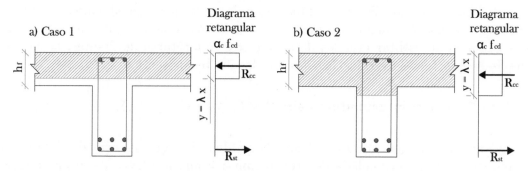

Figura 2.7: Determinação da localização da linha neutra na viga, sendo: (a) caso 1 – posicionada na mesa; (b) caso 2 – posicionada na alma da viga.

Se a seção estiver com a linha neutra posicionada na mesa $y \leq h_f$ (**caso 1**), utiliza-se o ξ calculado na Equação (2.27). Todavia, se a seção estiver no **caso 2** ($y > h_f$), deve-se corrigir o parâmetro de ductibilidade ξ pelas equações na sequência.

$$M_{d1} = \alpha_c f_{cd}(b_f - b_w)h_f(d - 0.5h_f) \tag{2.30}$$

$$M_{d2} = M_d - M_{d1} \tag{2.31}$$

$$\left(\frac{\lambda}{2}\right)\xi^2 - \xi + \frac{M_{d2}}{\lambda \alpha_c b_w d^2 f_{cd}} = 0 \tag{2.32}$$

Sendo:

M_d = parcela do momento fletor total atuante na viga;

M_{d1} = parcela do momento fletor resistido pela mesa da viga;

M_{d2} = parcela do momento fletor resistido pela alma da viga.

68   Pontes em concreto armado: análise e dimensionamento

Posteriormente, efetua-se a verificação de ξ. Se $\xi \leq \xi_{lim}$, utilizam-se armaduras simples. Caso $\xi > \xi_{lim}$, empregam-se armaduras duplas.

Por fim, para o dimensionamento de armaduras duplas, a posição da linha neutra é corrigida em função do ξ_{lim}. Logo, a distância limite da linha neutra até a borda comprimida para o diagrama retangular (y_{lim}) é:

$$y_{lim} = \lambda \xi_{lim} d \tag{2.33}$$

Caso $y_{lim} \leq h_f$ e $\xi > \xi_{lim}$, tem-se o **caso 1** com armaduras duplas, enquanto para $y_{lim} > h_f$ e $\xi > \xi_{lim}$ emprega-se o **caso 2** com armaduras duplas. Os roteiros de dimensionamento das armaduras longitudinais para ambas as situações são descritos na sequência. Porém, é importante destacar que normalmente, quando as vigas necessitam de armaduras duplas, principalmente quando tratadas como seção T, costumam apresentar grandes deslocamentos e aberturas de fissuras, sendo imprescindível efetuar as verificações dos estados limites de serviço.

a) Caso 1 com armaduras simples $(y \leq h_f$ e $\xi \leq \xi_{lim})$

Quando a linha neutra está posicionada na alma da viga com armaduras simples, a área de aço (A_s) é calculada de acordo com a Equação (2.34), de forma análoga às seções retangulares com armaduras simples, porém a largura da seção adotada é igual a b_f.

$$A_s = \frac{\lambda \alpha_c b_f d \xi \, f_{cd}}{f_{yd}} \tag{2.34}$$

Sendo ξ calculado na Equação (2.27).

b) Caso 2 com armaduras simples $(y > h_f$ e $\xi \leq \xi_{lim})$

No caso 2 com armaduras simples, a área de aço é dividida em duas parcelas A_{s1} e A_{s2}, as quais são dimensionadas na sequência. A metodologia é baseada na condição em que A_{s1} é a área de aço necessária para equilibrar a força de compressão atuante na mesa da viga $(b_f - b_w)$, enquanto a área de aço A_{s2} é aquela que equibilibra a força de compressão resistida pela alma da viga (b_w).

$$A_{s1} = \frac{\alpha_c f_{cd}(b_f - b_w)h_f}{f_{yd}} \tag{2.35}$$

Para o cálculo de A_{s2}, utiliza-se a parcela de momento fletor resistida pela alma da viga (M_{d2}), que foi definida na Equação (2.31). Além disso, utiliza-se o parâmetro ξ determinado na Equação (2.32).

$$A_{s2} = \frac{\lambda \alpha_c b_w d\xi \, f_{cd}}{f_{yd}} \tag{2.36}$$

Por fim, a área de aço longitudinal necessária A_s para resistir ao momento fletor M_d é calculada a partir da soma das duas parcelas:

$$A_s = A_{s1} + A_{s2} \tag{2.37}$$

c) Caso 1 com armaduras duplas ($y_{lim} \leq h_f$ **e** $\xi > \xi_{lim}$)

Nessa condição, utilizam-se as mesmas equações usadas para armaduras duplas em seções retangulares, Equações (2.12) e (2.13). Contudo, adota-se a largura da seção transversal igual à largura da mesa, ou seja:

$$A_s = \frac{\lambda \alpha_c b_f d\xi_{lim} \, f_{cd}}{f_{yd}} + A_s' \tag{2.38}$$

$$A_s' = \frac{M_d - \lambda \alpha_c b_f d^2 \xi_{lim} \, f_{cd}(1 - 0.5\lambda\xi_{lim})}{f_{yd}(d - d'')} \tag{2.39}$$

d) Caso 2 com armaduras duplas ($y_{lim} > h_f$ **e** $\xi > \xi_{lim}$)

Para o caso 2 com armaduras duplas, deve-se inicialmente considerar os momentos fletores resistidos pela mesa M_{d1}, Equação (2.30), e recalcular os momentos fletores atuantes na mesa M_{d2}, posto que são limitados pela posição da linha neutra y_{lim}, sendo:

$$M_{d2} = \lambda \alpha_c b_w d^2 \xi_{lim} \, f_{cd}(1 - 0.5\lambda\xi_{lim}) \tag{2.40}$$

Dessa forma, o momento fletor resistido pelas armaduras longitudinais de compressão (M_d') é:

$$M_d' = M_d - M_{d1} - M_{d2} \tag{2.41}$$

A área de aço das armaduras longitudinais de compressão (A_s') é calculada na Equação (2.42).

$$A_s' = \frac{M_d'}{f_{yd}(d - d'')} \tag{2.42}$$

Por fim, a área de aço das armaduras longitudinais de tração (A_s) é determinada a seguir.

$$A_s = A_{s1} + A_{s2} + A'_s \qquad (2.43)$$

A Figura 2.8 ilustra o equilíbrio de forças gerado pelo momento fletor atuante na seção transversal (M_d) para cada caso descrito, sendo R_{sc} a força de compressão resistida pela armadura de compressão A'_s.

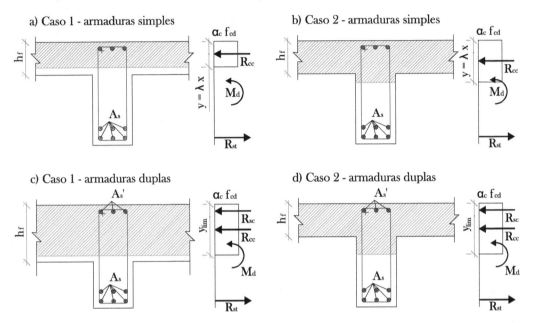

Figura 2.8: Equilíbrio de forças em seções T em: (a) caso 1 com armaduras simples; (b) caso 2 com armaduras simples; (c) caso 1 com armaduras duplas; (d) caso 2 com armaduras duplas.

2.1.3 Dimensionamento de armaduras de pele

Quando a viga apresenta altura maior ou igual a 60 cm, torna-se necessário introduzir armaduras longitudinais nas faces laterais com espaçamentos menores ou iguais a 20 cm. O objetivo dessas armaduras é evitar eventuais fissuras. Estas podem ocorrer em virtude das variações de tensão ao longo da altura, que podem ser geradas por variações térmicas, retração ou fluência do concreto, ações externas e outros fatores.

A Figura 2.9 ilustra uma distribuição de armaduras de pele, também conhecidas como costelas, ao longo da altura da seção transversal.

A área de aço da armadura de pele necessária por face ($A_{SP/face}$) é dada pela Equação (2.44). Destaca-se que mesmo em vigas com seções T utiliza-se a largura da viga (b_w), desprezando-se a mesa.

$$A_{SP/face} = 0.1\%(b_w h) \qquad (2.44)$$

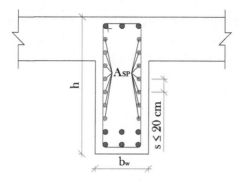

Figura 2.9: Disposição das armaduras de pele em uma seção de viga.

2.2 Dimensionamento de armaduras transversais

O dimensionamento dos estribos para vigas se baseia na teoria da treliça generalizada, desenvolvida a partir da teoria clássica de Ritter-Mörsch, de banzos paralelos, associada a mecanismos resistentes complementares desenvolvidos no interior do elemento estrutural e traduzidos por uma componente adicional V_c (ABNT, 2014).

O modelo de Ritter-Mörsch foi idealizado considerando que a viga quando fissurada apresenta comportamento similar ao de uma treliça (Figura 2.10) e as diagonais de compressão estão inclinadas a 45° (modelo I da NBR 6118), enquanto a teoria de treliça generalizada considera que esse ângulo pode variar (modelo II da NBR 6118).

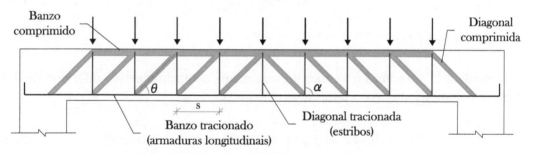

Figura 2.10: Modelo da treliça generalizada.

Dessa forma, são componentes desse sistema:

a) banzo comprimido: formado pela zona comprimida de concreto (cordão de concreto comprimido);

b) diagonal comprimida: formada pelas bielas comprimidas de concreto com inclinação em relação ao eixo longitudinal da viga igual a θ;

c) banzo tracionado: formado pelas barras da armadura longitudinal de tração (armadura de flexão);

d) diagonal tracionada: formada pela armadura transversal (estribo) com inclinação em relação ao eixo longitudinal da viga igual a α.

72   Pontes em concreto armado: análise e dimensionamento

Devem ser realizadas duas verificações, sendo: (a) esmagamento do concreto nas diagonais comprimidas e (b) escoamento das armaduras transversais. Portanto, para que não haja ruptura por compressão diagonal do concreto, a Equação (2.45) deve ser satisfeita.

$$V_{Sd} \leq V_{Rd2} \tag{2.45}$$

Em que:

V_{Rd2}= força cortante resistente de cálculo, relativa à ruína das diagonais comprimidas de concreto, de acordo com os modelos I e II.

a) Modelo I

A força resistente de cálculo da biela do concreto (V_{Rd2}) é definida no item 17.4.2.2 da NBR 6118 (ABNT, 2014) conforme exposto na Equação (2.46).

$$V_{Rd2} = 0.27 \, \alpha_{V2} \, f_{cd} \, b_w \, d \tag{2.46}$$

O parâmetro α_{V2} é calculado em função do f_{ck}, sendo este expresso em MPa.

$$\alpha_{V2} = 1 - \frac{f_{ck}}{250} \tag{2.47}$$

b) Modelo II

O modelo II apresenta o ângulo das diagonais comprimidas (θ) diferente de 45°, alterando o equacionamento para determinação de V_{Rd2}.

$$V_{Rd2} = 0.54 \, \alpha_{V2} \, f_{cd} \, b_w \, d \, (sen^2\theta) \, [cotg(\alpha) + cotg(\theta)] \tag{2.48}$$

Em que:

α = ângulo de inclinação dos estribos em relação ao eixo longitudinal da viga, sendo tomado como $45° \leq \alpha \leq 90°$;

θ = ângulo de inclinação das diagonais comprimidas em relação ao eixo longitudinal da viga ($30° \leq \theta \leq 45°$).

Na sequência, é preciso dimensionar as armaduras transversais, fazendo-se necessária a obtenção da força de cálculo que será resistida por esses elementos (V_{sw}).

$$V_{Sd} \leq V_{Rd3} = V_c + V_{sw} \tag{2.49}$$

Sendo:

V_{Rd3} = força cortante resistente de cálculo, relativa à ruína por tração diagonal;

V_c = parcela de força cortante absorvida por mecanismos complementares ao da treliça;

V_{sw} = parcela resistida pela armadura transversal, de acordo com os modelos I e II.

Posto isso, iguala-se a força solicitante de cálculo V_{Sd} à força resistente de cálculo V_{Rd3} e obtém-se a força aplicada aos estribos V_{sw}.

$$V_{sw} = V_{Sd} - V_c \tag{2.50}$$

A parcela resistida pelos mecanismos complementares ao de treliça V_c para seções submetidas à flexão simples no modelo I é expressa na Equação (2.51).

$$V_c = V_{c0} = 0.6\ f_{ctd}\ b_w\ d \tag{2.51}$$

O parâmetro f_{ctd} é a resistência à tração direta de cálculo do concreto relativa ao quantil inferior $f_{ctk,inf}$, sendo definida na Equação (2.52). A resistência característica à compressão do concreto f_{ck} é expressa em MPa.

$$f_{ctd} = \frac{f_{ctk,inf}}{\gamma_c} = \frac{0.7(0.3\sqrt[3]{f_{ck}^2})}{1.4} \tag{2.52}$$

Caso seja considerado o modelo II, em uma peça submetida a flexão simples: $V_c = V_{c0}$ quando $V_{Sd} \leq V_{c0}$ e $V_c = 0$ quando $V_{Sd} = V_{Rd2}$, interpolando-se linearmente para valores intermediários, conforme a Equação (2.53).

$$0 \leq V_c = V_{c0}\left(1 - \frac{V_{Sd} - V_{c0}}{V_{Rd2} - V_{c0}}\right) \leq V_{c0} \tag{2.53}$$

A área de aço dos estribos por unidade de comprimento (A_{sw}/s) é calculada com base no modelo que está sendo adotado.

a) Modelo I

Para o modelo I, a área de aço dos estribos é:

$$\frac{A_{sw}}{s} = \frac{V_{sw}}{0.9\ d\ f_{ywd}\ [sen(\alpha) + cos(\alpha)]} \tag{2.54}$$

74   Pontes em concreto armado: análise e dimensionamento

Em que:

f_{ywd} = tensão na armadura transversal passiva, limitada ao valor da tensão de escoamento de cálculo f_{yd} e até 435 MPa;

s = espaçamento entre elementos da armadura transversal A_{sw}, medido segundo o eixo longitudinal do elemento estrutural;

A_{sw} = área de aço da armadura transversal.

b) Modelo II

Para o modelo II, a área de aço A_{sw}/s é definida na Equação (2.55).

$$\frac{A_{sw}}{s} = \frac{V_{sw}}{0.9 \, d \, f_{ywd} \, [cotg(\alpha) + cotg(\theta)]sen(\alpha)} \tag{2.55}$$

Independentemente do modelo escolhido, deve-se verificar a área de aço mínima dos estribos por unidade comprimento $\left(\frac{A_{sw}}{s}\right)_{min}$ a partir da Equação (2.56).

$$\frac{A_{sw}}{s} \geq \left(\frac{A_{sw}}{s}\right)_{min} = 0.2 \, \frac{f_{ct,m}}{f_{ywk}} \, b_w \, sen(\alpha) \tag{2.56}$$

Sendo:

f_{ywk}= resistência característica ao escoamento do aço da armadura transversal;

$f_{ct,m}$= resistência média à tração do concreto.

A resistência média à tração do concreto é determinada na sequência, tomando a resistência característica do concreto à tração em MPa.

$$f_{ct,m} = 0.3 \sqrt[3]{f_{ck}}^2 \tag{2.57}$$

O diâmetro adotado dos estribos (ϕ_t) deve obedecer à seguinte relação:

$$5mm \leq \phi_t \leq \frac{b_w}{10} \tag{2.58}$$

Por fim, avalia-se o espaçamento adotado (s) para que não seja maior que o valor máximo, sendo este determinado a depender das forças relativas à ruína das bielas de compressão.

Caso $V_{Sd} \leq 0.67 V_{Rd2}$, então utiliza-se a Equação (2.59).

$$s \leq s_{max} = 0.6d \geq 300 \text{ mm} \qquad (2.59)$$

Caso $V_{Sd} > 0.67 V_{Rd2}$, então utiliza-se a Equação (2.60).

$$s \leq s_{max} = 0.3d \geq 200 \text{ mm} \qquad (2.60)$$

Destaca-se que para seções T deve-se desprezar a mesa e a considerar como uma seção retangular com dimensões b_w x h.

2.3 Verificação de dispensa de estribos

A NBR 6118 (ABNT, 2014) indica a Equação (2.62) para verificação de dispensa de estribos em lajes. Essa equação também é válida caso o elemento seja linear e obedeça à seguinte relação:

$$b_w \geq 5d \qquad (2.61)$$

Assim, a Equação (2.62) indica que, se a força cortante solicitante de cálculo na seção (V_{Sd}) for menor ou igual à força cortante resistente de cálculo (V_{Rd1}), relativa a elementos sem armaduras para esforços cortantes, então não é necessário o uso de estribos nas lajes.

$$V_{Sd} \leq V_{Rd1} \qquad (2.62)$$

A força cortante resistente de cálculo é dada a seguir.

$$V_{Rd1} = [\tau_{Rd} \ k \ (1.2 + 40\rho_1) + 0.15 \ \sigma_{cp}] \ b_w \ d \qquad (2.63)$$

Em que:

τ_{Rd} = tensão resistente de cálculo do concreto ao cisalhamento;

k = coeficiente que leva em consideração a porcentagem de armaduras inferiores que chegam ao apoio;

σ_{cp} = tensão normal gerada em virtude da protensão ou de um carregamento de compressão;

ρ_1 = taxa de armadura de tração que se estende até não menos que o comprimento de ancoragem necessário mais a distância da face comprimida ao centro de gravidade das armaduras.

76   Pontes em concreto armado: análise e dimensionamento

O coeficiente k é determinado para duas condições. A primeira ocorre quando 50% da armadura longitudinal positiva chega até o apoio, e o coeficiente é determinado pela Equação (2.64). Destaca-se que as unidades são expressas em m. Para os demais casos, tem-se $k = 1$.

$$k = |1.6 - d| \geq 1 \qquad (2.64)$$

A taxa de armadura ρ_1 leva em consideração a área de aço adotada para as armaduras longitudinais de tração A_{s1} que se estende até não menos que $d + l_{b,nec}$ além da seção considerada, sendo $l_{b,nec}$ o comprimento de ancoragem necessário da armadura definido no item 9.4.2.5 da NBR 6118 (ABNT, 2014).

$$\rho_1 = \frac{A_{s1}}{b_w d} \leq 0.02 \qquad (2.65)$$

A tensão normal de compressão é calculada a seguir, em que N_{Sd} é a força de compressão atuante na seção transversal.

$$\sigma_{cp} = \frac{N_{Sd}}{b_w h} \qquad (2.66)$$

A determinação da tensão resistente de cálculo do concreto ao cisalhamento (τ_{Rd}) é descrita na sequência. Ressalta-se que as unidades são expressas em MPa.

$$\tau_{Rd} = 0.25 f_{ctd} = 0.25 \frac{\left[0.7 \left(0.3 \sqrt[3]{f_{ck}^2} \right) \right]}{\gamma_c} = 0.25 \frac{\left[0.7 \left(0.3 \sqrt[3]{f_{ck}^2} \right) \right]}{1.4} \qquad (2.67)$$

Em que:

f_{ctd} = resistência à tração direta de cálculo do concreto com o quantil inferior.

Referências e bibliografia recomendada

ASSOCIAÇÃO BRASILEIRA DE NORMAS TÉCNICAS (ABNT). *NBR 6118*. Projeto de estruturas de concreto - Procedimento. Rio de Janeiro, 2014.

BASTOS, P. S. S. *Notas de Aula*. Fundamentos do Concreto Armado. Departamento de Engenharia Civil, Faculdade de Engenharia, Universidade Estadual Paulista, Bauru, São Paulo. 2006.

CAMPOS FILHO, A. *Notas de Aula*. Dimensionamento de Seções Retangulares de Concreto Armado à Flexão Composta Normal. Escola de Engenharia, Departamento de Engenharia Civil, Universidade Federal do Rio Grande do Sul. Rio Grande do Sul, Brasil. 2014.

CARVALHO, R. C.; FIGUEIREDO FILHO, J. R. *Cálculo e Detalhamento de Estruturas Usuais de Concreto Armado segundo a NBR 6118:2014*. 4 ed. São Carlos: Editora EdUFSCAR, 2014.

FUSCO, P. B. *Estruturas de Concreto*: Solicitações Tangenciais. São Paulo: Pini, 2008.

PINHEIRO, L. M.; MUZARDO, C. D. *Estruturas de Concreto*. Departamento de Engenharia de Estruturas, Universidade de São Paulo. São Paulo, 2003.

CAPÍTULO 3

Verificação de fadiga

A fadiga pode ser entendida como um fenômeno que altera progressiva e permanentemente a estrutura interna de um material (concreto e aço). Isso ocorre em virtude das variações de tensões internas causadas por ações dinâmicas que atuam frequentemente ao longo da vida útil da estrutura (tráfego de veículos).

Os esforços gerados pelos veículos são devidos às cargas cíclicas, causando efeitos deletérios que não apenas tornam os elementos estruturais mais deformáveis, mas também podem provocar ruptura. Dessa forma, torna-se essencial a avaliação das estruturas (lajes de tabuleiro, longarinas e transversinas) que estejam recebendo diretamente esses carregamentos quanto à fadiga. As verificações de fadiga quanto ao estado limite último podem ser realizadas considerando uma única intensidade de solicitação, expressa pela combinação frequente de ações (Capítulo 9). Por fim, elas podem ser separadas em quatro etapas:

a) ruptura das armaduras longitudinais;

b) ruptura das armaduras transversais;

c) esmagamento do concreto;

d) ruptura do concreto em tração.

3.1 Ruptura das armaduras longitudinais

A verificação de fadiga das armaduras longitudinais passivas segundo a NBR 6118 (ABNT, 2014) é satisfeita quando a Equação (3.1) é respeitada.

$$\gamma_f \Delta\sigma s_s \leq \Delta f_{sd,fad} \qquad (3.1)$$

Em que:

γ_f = coeficiente de majoração das ações, sendo adotado como 1 de acordo com a NBR 6118 (ABNT, 2014);

$\Delta\sigma s_s$ = variação máxima de tensão calculada nas armaduras passivas;

$\Delta f_{sd,fad}$ = variação máxima de tensão adotada para as armaduras passivas preconizada pela Tabela 3.1.

As armaduras longitudinais do concreto armado comumente apresentam fissuras iniciais antes da aplicação dos carregamentos externos, geradas a partir de imperfeições no processo de fabricação e conformação do aço. Todavia, esSas fissuras podem não comprometer a integridade estrutural da peça por um determinado período.

A avaliação da evolução dessas fissuras é realizada simplificadamente pela NBR 6118 (ABNT, 2014) por meio da curva S-N (Figura 3.1), sendo: a_i o comprimento da fissura inicial, a_{cr} o comprimento da fissura crítica, N o número de ciclos, N_i o número de ciclos que dá início à propagação da fissura, N_f o número de ciclos em que a fissura torna-se instável. A região I é aquela em que as fissuras não crescem, a II é aquela em que há propagação da fissura, porém de forma estável, enquanto a III apresenta o crescimento instável da fissura.

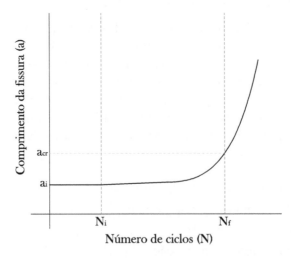

Figura 3.1: Evolução do comprimento de uma fissura em função do número de ciclo. Fonte: adaptada de Schreurs (2012).

Assim, a NBR 6118 (ABNT, 2014) limita o número de ciclos em 2 x $cdot 10^6$ e toma valores de variação de tensões $\Delta f_{sd,fad}$ conservadores, ou seja, valores mínimos obtidos experimentalmente para que a fissura não atinja o comprimento crítico a_{cr}, evitando assim a ruptura por fadiga. A variação máxima de tensão nas armaduras passivas adotada em projeto é determinada pela Tabela 3.1.

Tabela 3.1: Variações de tensões mínimas em armaduras passivas para causar ruptura segundo as curvas S-N de Woeller em 2 x 10^6 ciclos. Fonte: adaptada da NBR 6118 (ABNT, 2014).

Armaduras passivas (aço CA-50)
Valores de $\Delta f_{sd,fad,min}$ para 2 x 10^6 ciclos, expressos em MPa

Caso	ϕ, expresso em mm							
	10	12.5	16	20	22	25	32	40
Barras retas ou dobradas com: $D \geq 25\phi$	190	190	190	185	180	175	165	150
Barras retas ou dobradas com: $D < 25\phi$ $D = 5\phi < 20$ mm $D = 8\phi \geq 20$ mm	105	105	105	105	100	95	90	85
Estribos: $D = 3\phi \leq 10$ mm	85	85	85	-	-	-	-	-
Ambiente marinho classe IV	65	65	65	65	65	65	65	65
Barras soldadas (incluindo solda por ponto ou das extremidades) e conectores mecânicos	85	85	85	85	85	85	85	85

O cálculo da variação das tensões atuantes nas armaduras longitudinais é realizado a partir da Equação (3.2).

$$\Delta \sigma s_s = \alpha_e \frac{\Delta M_{d,freq}(d - x_{II})}{I_{II}} \tag{3.2}$$

Em que:

α_e = razão modular entre os módulos de elasticidade do aço e do concreto. A NBR 6118 (ABNT, 2014) sugere esse valor como sendo igual a 10;

$\Delta M_{d,freq}$ = variação entre os momentos fletores máximos e mínimos a partir das combinações frequentes;

x_{II} = posição da linha neutra no estádio II de deformação;

I_{II} = momento de inércia em relação ao eixo de flexão no estádio II de deformação.

De acordo com Bastos (2006), os estádios podem ser definidos como vários estágios de tensão pelos quais um elemento fletido passa, desde o carregamento inicial até a ruptura. Eles são classificados como:

a) estádio Ia: o concreto resiste à tração com diagrama triangular ($\sigma_t \leq f_{ct}$);

b) estádio Ib: corresponde ao início da fissuração no concreto tracionado, no qual as armaduras longitudinais de tração começam a ser solicitadas ($\sigma_t = f_{ct}$);

c) estádio II: despreza-se a colaboração do concreto à tração e apenas as armaduras longitudinais resistem à tração;

d) estádio III: condiz com o início da plastificação (esmagamento) do concreto à compressão ($\sigma_c = 0.85 f_{cd}$).

A Figura 3.2 apresenta os diagramas de tensão para cada estádio de cálculo descrito anteriormente.

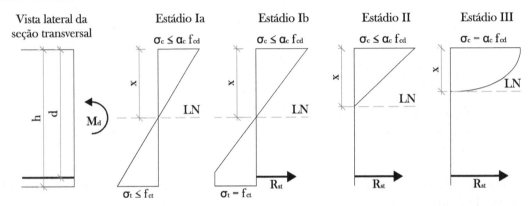

Figura 3.2: Diagramas de tensão indicativos dos estádios de cálculo. Fonte: adaptada de Bastos, 2006).

Os parâmetros apresentados são descritos na continuidade.

σ_c = tensão máxima de compressão na seção;

σ_t = tensão máxima de tração na seção;

R_{st} = componente resultante das tensões de tração resistidas pela armadura passiva;

f_{cd} = resistência à compressão de cálculo do concreto;

f_{ct} = resistência à tração direta do concreto com o quantil apropriado a cada verificação particular, sendo adotado para determinação do momento de fissuração o $f_{ctk,inf}$ no estado limite de formação de fissuras e o $f_{ct,m}$ no estado limite de deformação excessiva;

LN = linha neutra;

x = distância da face comprimida até a linha neutra.

O cálculo da posição da linha neutra no estádio II (x_{II}) e do momento de inércia no estádio II (I_{II}) depende da geometria da seção transversal. Assim, são expostos os equacionamentos para seções retangulares e T.

a) Seções retangulares

Para determinação da posição da linha neutra no estádio II de deformação, a seção já deve ter sido dimensionada e detalhada, conforme ilustra a Figura 3.3, sendo $A_{s,ef}$ a área de aço das armaduras longitudinais de tração adotada em projeto e $A'_{s,ef}$ a área de aço das armaduras longitudinais de compressão adotada em projeto.

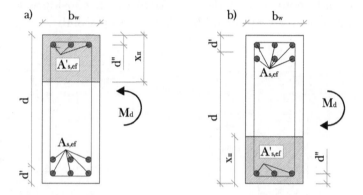

Figura 3.3: Caracterização geométrica da seção retangular, sendo: (a) momento fletor positivo; (b) momento fletor negativo.

Assim, a equação para cálculo da posição da linha neutra no estádio II está descrita a seguir.

$$\frac{b_w}{2}x_{II}^2 + (\alpha_e A_{s,ef} + \alpha_e A'_{s,ef})x_{II} - (\alpha_e A_{s,ef} d + \alpha_e A'_{s,ef} d'') = 0 \qquad (3.3)$$

Caso se desprezem as armaduras de compressão $A'_{s,ef}$, simplifica-se a equação para:

$$\frac{b_w}{2}x_{II}^2 + \alpha_e A_{s,ef} x_{II} - \alpha_e A_{s,ef} d = 0 \qquad (3.4)$$

$$x_{II} = \frac{-\alpha_e A_{s,ef} + \sqrt{(\alpha_e A_{s,ef})^2 + 2 b_w \alpha_e A_{s,ef} d}}{b_w} \qquad (3.5)$$

Dessa forma, o momento de inércia no estádio II é calculado na Equação (3.6).

$$I_{II} = \frac{b_w x_{II}^3}{3} + \alpha_e A_{s,ef}(d - x_{II})^2 + \alpha_e A'_{s,ef}(d'' - x_{II})^2 \qquad (3.6)$$

Desprezando as armaduras longitudinais de compressão, obtém-se:

$$I_{II} = \frac{b_w x_{II}^3}{3} + \alpha_e A_{s,ef}(d - x_{II})^2 \tag{3.7}$$

b) Seções T

Como efetuado no capítulo anterior, deve-se determinar a posição da linha neutra e verificar em qual caso se encontra a seção. Todavia, conforme é visto na Figura 3.2, o estádio II de cálculo possui diagrama triangular de compressão, ou seja, a verificação é efetuada com o valor de x_{II}. Além disso, considera-se apenas a seção como T quando a mesa está comprimida (Figuras 3.4a e 3.4b).

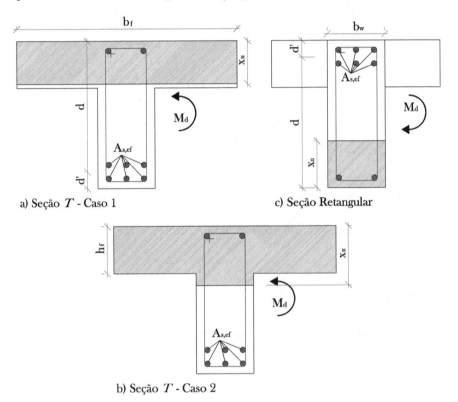

Figura 3.4: Posições de linha neutra para diferentes momentos fletores em seções T: (a) mesa comprimida e linha neutra posicionada na mesa – **caso 1**; (b) mesa comprimida e linha neutra posicionada na alma – **caso 2**; (c) mesa tracionada e seção tratada como retangular.

Posto isso, inicialmente é preciso calcular a posição da linha neutra no estádio II, considerando a seção como retangular de dimensões $b_f \times h$. Destaca-se que as formulações aqui apresentadas, desprezam a colaboração das armaduras longitudinais de compressão.

$$x_{II} = \frac{-\alpha_e A_{s,ef} + \sqrt{(\alpha_e A_{s,ef})^2 + 2b_f \alpha_e A_{s,ef} d}}{b_f} \tag{3.8}$$

Na sequência é verificado se $x_{II} \le h_f$ e a seção está no **caso 1** ou se $x_{II} > h_f$ e a seção está no **caso 2**. Assim, para o **caso 1**, o momento de inércia no estádio II é calculado com o valor de x_{II} encontrado na Equação (3.8).

$$I_{II} = \frac{b_f x_{II}^3}{3} + \alpha_e A_{s,ef}(d - x_{II})^2 \tag{3.9}$$

Todavia, se a seção estiver no **caso 2**, torna-se necessário recalcular o valor de x_{II} com as equações na sequência, descritas em Marchetti (2008).

$$x_{II} = A \left(-1 + \sqrt{1 + 2\frac{d_o}{A}} \right) \tag{3.10}$$

Em que:

$$d_o = \frac{A_{s,ef}d + \left[\frac{(b_f - b_w)h_f}{\alpha_e} \right] \frac{h_f}{2}}{A_{s,ef} + \frac{(b_f - b_w)h_f}{\alpha_e}} \tag{3.11}$$

$$A = \alpha_e \frac{\left[A_{s,ef} + \frac{(b_f - b_w)h_f}{\alpha_e} \right]}{b_w} \tag{3.12}$$

Por fim, o momento de inércia no estádio II para o **caso 2** é determinado na Equação (3.13), empregando-se o valor de x_{II} calculado na Equação (3.10).

$$I_{II} = \frac{b_f x_{II}^3}{3} - \frac{(b_f - b_w)(x_{II} - h_f)^3}{3} + \alpha_e A_{s,ef}(d - x_{II})^2 \tag{3.13}$$

3.2 Ruptura das armaduras transversais

As verificações de fadiga nas armaduras transversais utilizam a mesma equação das armaduras longitudinais, sendo os limites de tensões definidos na Tabela 3.1

$$\gamma_f \Delta \sigma s_w \le \Delta f_{sd,fad} \tag{3.14}$$

A NBR 6118 (ABNT, 2014) afirma que o cálculo das tensões decorrentes da força cortante em vigas deve ser realizado pela aplicação dos modelos I ou II com redução da contribuição do concreto (V_c), como a seguir:

a) no modelo I, o valor de V_c deve ser multiplicado pelo fator redutor 0.5;

b) no modelo II, o valor de V_c deve ser multiplicado pelo fator redutor 0.5 e a inclinação das diagonais de compressão (θ) deve ser corrigida (θ_{cor}) pela Equação (3.15).

$$tg(\theta_{cor}) = \sqrt{tg(\theta)} \leq 1 \tag{3.15}$$

Dessa forma, a variação das tensões normais atuantes nos estribos ($\Delta\sigma s_w$) segundo as combinações frequentes é dada como:

$$\Delta\sigma s_w = \sigma s_{w,max} - \sigma s_{w,min} \tag{3.16}$$

Sendo:

$\sigma s_{w,max}$ - tensões normais máximas atuantes nos estribos em virtude das combinações frequentes, Equação (3.17);

$\sigma s_{w,min}$ = tensões normais mínimas atuantes nos estribos em virtude das combinações frequentes, Equação (3.18).

$$\sigma s_{w,max} = \frac{V_{Sd,max,freq} - 0.5\,V_c}{\left(\frac{A_{sw}}{s}\right)_{ef}(0.9d)} \tag{3.17}$$

$$\sigma s_{w,min} = \frac{V_{Sd,min,freq} - 0.5V_c}{\left(\frac{A_{sw}}{s}\right)_{ef}(0.9d)} \tag{3.18}$$

Em que:

$V_{Sd,max,freq}$ = força cortante máxima atuante na seção transversal em virtude das combinações frequentes;

$V_{Sd,min,freq}$ = força cortante mínima atuante na seção transversal em virtude das combinações frequentes;

$\left(\frac{A_{sw}}{s}\right)_{ef}$ = área de aço efetiva de estribos adotada nas proximidades da seção transversal de análise por unidade de comprimento.

Por fim, o limite da variação das tensões normais nos estribos de acordo com a Tabela 3.1 deve ser igual a 85 MPa em condições normais e 65 MPa em ambientes marinhos com classe de agressividade IV.

3.3 Esmagamento do concreto

Para verificação do concreto em compressão, recomenda-se utilizar o procedimento descrito na NBR 6118 (ABNT, 2014). Logo, a Equação (3.19) deve ser respeitada.

$$\eta_c \gamma_f \sigma_{c,max} \leq f_{cd,fad} \tag{3.19}$$

Em que:

$\eta_c=$ fator que considera o gradiente de tensões de compressão no concreto;

$f_{cd,fad}=$ resistência de cálculo à compressão do concreto para efeitos de fadiga;

$\sigma_{c,max}=$ tensão máxima de cálculo de compressão do concreto em virtude das combinações frequentes de fadiga.

As tensões máximas de cálculo $f_{cd,fad}$ devidas aos efeitos da fadiga são encontradas na Equação (3.20), enquanto o fator η_c é determinado na Equação (3.21).

$$f_{cd,fad} = 0.45 f_{cd} \tag{3.20}$$

$$\eta_c = \frac{1}{1.5 - 1.5 \left| \frac{\sigma_{c1}}{\sigma_{c2}} \right|} \tag{3.21}$$

Sendo:

$|\sigma_{c1}| =$ menor valor, em módulo, da tensão de compressão a uma distância não maior que 300 mm da face sob as combinações frequentes (Figura 3.5);

$|\sigma_{c2}| =$ maior valor, em módulo, da tensão de compressão a uma distância não maior que 300 mm da face sob as combinações frequentes (Figura 3.5).

A Figura 3.5 apresenta o posicionamento das tensões σ_{c1} e σ_{c2} para uma seção com flexão simples que tracionem a borda inferior, considerando a posição da linha neutra $x_{II} \leq 30$ cm ($\sigma_{c1} = 0$) e $x_{II} > 30$ cm ($\sigma_{c1} \neq 0$).

Posto isso, as tensões σ_{c1} e σ_{c2} são determinadas a seguir.

$$\sigma_{c1} = \frac{M_{d,min,freq}(x_{II} - 30)}{I_{II}} \tag{3.22}$$

$$\sigma_{c2} = \frac{M_{d,max,freq} x_{II}}{I_{II}} \tag{3.23}$$

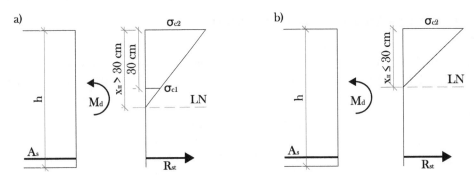

Figura 3.5: Definição das tensões σ_{c1} e σ_{c2}, sendo as condições: (a) com $x_{II} > 30$ cm; (b) com $x_{II} \leq 30$ cm.

Em que:

$M_{d,min,freq}$= momento fletor mínimo devido às combinações frequentes;

$M_{d,max,freq}$= momento fletor máximo devido às combinações frequentes.

Por fim, as tensões máximas $\sigma_{c,max}$ de compressão atuantes na seção são iguais às tensões σ_{c2}.

$$\sigma_{c,max} = \sigma_{c2} \qquad (3.24)$$

3.4 Ruptura do concreto em tração

A verificação de fadiga do concreto em tração pode ser efetuada seguindo a NBR 6118 (ABNT, 2014), todavia não foi considerada, uma vez que as verificações anteriores foram feitas partindo da premissa de que a tração do concreto foi desprezada (estádio II), ou seja, não há necessidade de avaliar a fadiga no concreto em tração.

Porém, considera-se satisfeita a verificação se a Equação (3.25) for respeitada.

$$\gamma_f \sigma_t \leq f_{ctd,fad} = 0.3 f_{ctd} = 0.3 \frac{0.7(0.3\sqrt[3]{f_{ck}^2})}{1.4} \qquad (3.25)$$

Dessa forma, é preciso considerar o concreto no estádio I, determinar o valor das tensões normais máximas de tração σ_t e compará-lo com a resistência à tração direta do concreto na fadiga $f_{ctd,fad}$.

Referências e bibliografia recomendada

ALBUQUERQUE, I. M. *Determinação da Vida Útil à Fadiga em Ponte de Concreto Armado Considerando o Espectro de Veículos Reais*. Trabalho de Conclusão de Curso. Departamento de Estruturas, Universidade Federal do Rio de Janeiro. Rio de Janeiro, 2012.

ASSOCIAÇÃO BRASILEIRA DE NORMAS TÉCNICAS (ABNT). *NBR 6118*. Projeto de estruturas de concreto - Procedimento. Rio de Janeiro, 2014.

BASTOS, P. S. S. *Notas de Aula*. Fundamentos do Concreto Armado. Departamento de Engenharia Civil, Faculdade de Engenharia, Universidade Estadual Paulista, Bauru, São Paulo. 2006.

MARCHETTI, O. *Pontes de Concreto Armado*. São Paulo: Blucher, 2008.

SCHREURS, P. J. G. *Notas de Aula*. Fracture Mechanics. Eindhoven University of Technology, Departament of Mechanical Engineering. Eindhoven, Holanda. 2012.

Referências e bibliografia recomendada

CAPÍTULO 4

Verificação de fissuração e flechas

As verificações nos estados-limite de serviço são realizadas de acordo com a NBR 6118 (ABNT, 2014) e são imprescindíveis para o bom funcionamento da estrutura, devendo garantir sua durabilidade. Dessa forma, são abordadas neste capítulo:

a) formação de fissuras;

b) abertura de fissuras;

c) flecha elástica imediata;

d) flecha imediata no estádio II;

e) flecha diferida no tempo.

Segundo a NBR 6118 (ABNT, 2014), o modelo de comportamento da estrutura pode admitir o concreto e o aço como materiais de comportamento elástico e linear, de modo que as seções ao longo do elemento estrutural tenham as deformações específicas determinadas no estádio I. Isso acontece quando os esforços não superam aqueles que dão início à fissuração; caso ultrapassem, deve-se considerar o estádio II.

Posto isso, inicialmente obtém-se o momento de fissuração no intuito de avaliar se ocorre a abertura de fissuras. Caso estas surjam, determina-se o valor do comprimento da fissura e compara-se este com valores-limite impostos pela NBR 6118 (ABNT, 2014). Na continuidade são calculadas as flechas, usualmente no estádio I a partir da consideração de que a estrutura trabalha no regime elástico e linear, e caso a peça fissure são realizadas correções na rigidez da peça para determinação da flecha no estádio II. Por fim, são estudadas as flechas no tempo infinito com base

92   Pontes em concreto armado: análise e dimensionamento

nas simplificações da NBR 6118 (ABNT, 2014), ou seja, são estimados os efeitos de deformação lenta e retração na evolução das deflexões ao longo tempo.

Portanto, neste capítulo são explicitados os roteiros de verificações nos estados-limite de serviço mencionados para seções retangulares e seções T, em razão de, nas análises efetuadas no estádio II, as seções I serem tratadas como seções T e T invertido, uma vez que a resistência do concreto à tração é desprezada.

4.1   Formação de fissuras

De acordo com a NBR 6118 (ABNT, 2014), nos estados-limite de serviço as estruturas trabalham parcialmente no estádio I e parcialmente no estádio II, sendo a separação entre esses dois comportamentos definida pelo momento de fissuração (M_r) descrito na Equação (4.1).

$$M_r = \frac{\alpha f_{ct} I_c}{y_t} \tag{4.1}$$

Em que:

α = fator que correlaciona aproximadamente a resistência à tração na flexão com a resistência à tração direta, definido na NBR 6118 (ABNT, 2014) como 1.5 para seções retangulares, 1.2 para seções T ou duplo T e 1.3 para seções I ou T invertido;

I_c = momento de inércia da seção bruta de concreto, ou seja, sem fissuração (estádio Ia);

y_t = distância do centro de gravidade da seção à fibra mais tracionada;

f_{ct} = resistência à tração direta do concreto com o quantil apropriado a cada verificação particular, sendo adotado para determinação do momento de fissuração o $f_{ctk,inf}$ no estado-limite de formação de fissuras e o $f_{ct,m}$ no estado-limite de deformação excessiva.

A resistência à tração direta do concreto (f_{ct}) para o estado-limite de formação de fissuras é expressa a seguir.

$$f_{ct} = f_{ctk,inf} = 0.7 \left(0.3 \sqrt[3]{f_{ck}^2} \right) \tag{4.2}$$

A determinação da distância do centro de gravidade da seção à fibra mais tracionada (y_t) e do momento de inércia em relação ao eixo fletido (I_c) é feita a partir da geometria da seção transversal.

a) Seções retangulares

O momento de inércia da seção bruta em seções retangulares é calculado de acordo com a Equação (4.3).

$$I_c = \frac{b_w h^3}{12} \tag{4.3}$$

Já a distância do centro de gravidade da seção à fibra mais tracionada é definida na sequência.

$$y_t = \frac{h}{2} \tag{4.4}$$

b) Seções T

As propriedades geométricas de seções T são expressas a seguir, em que b_f é a largura da mesa colaborante, b_w é a largura da alma, h é a altura da seção transversal e h_f é a altura da mesa (Figura 3.4).

$$y_t = \frac{\frac{b_w h^2}{2} + (b_f - b_w)h_f(h - \frac{h_f}{2})}{b_w h + (b_f - b_w)h_f} \tag{4.5}$$

$$I_c = (b_f - b_w)h_f \left(h - \frac{h_f}{2} - y_t \right)^2 + b_w h \left(\frac{h}{2} - y_t \right)^2 + \frac{b_w h^3}{12} + \frac{(b_f - b_w)h_f^3}{12} \tag{4.6}$$

Logo, se o momento fletor atuante na seção devido às combinações raras ($M_{d,rara}$) for superior ao momento fletor de fissuração (M_r), surgirão fissuras, ou seja, se $M_{d,rara} \leq M_r$ a peça trabalha no estádio I e as verificações de abertura de fissuras e flechas imediatas no estádio II são desprezadas.

4.2 Abertura de fissuras

Caso $M_{d,rara} > M_r$, ocorre a abertura das fissuras e esta deve ser controlada, uma vez que pode comprometer a durabilidade e a integrabilidade da estrutura. Fissuras com espessuras maiores que os limites fazem com que a corrosão seja intensa e, assim, reduzem a resistência das armaduras.

Todavia, a NBR 6118 (ABNT, 2014) acrescenta que o valor da abertura das fissuras pode sofrer a influência de restrições às variações volumétricas da estrutura, difíceis de serem consideradas nessa avaliação de forma suficientemente precisa. Além

94   Pontes em concreto armado: análise e dimensionamento

disso, essa abertura sofre também a influência das condições de execução da estrutura. Assim, os valores calculados servem como avaliações aceitáveis do comportamento geral do elemento, mas isso não garante que sejam respeitados na prática.

Dessa forma, o valor característico da abertura de fissuras (w_k) é o menor obtido pelas Equações (4.7) e (4.8).

$$w_k = \frac{\phi_i}{12.5\eta_1} \frac{\sigma_{Si}}{E_{Si}} \frac{3\sigma_{Si}}{f_{ct,m}} \tag{4.7}$$

$$w_k = \frac{\phi_i}{12.5\eta_1} \frac{\sigma_{Si}}{E_{Si}} \left(\frac{4}{\rho_{ri}} + 45 \right) \tag{4.8}$$

Em que:

E_{Si} = módulo de elasticidade do aço da barra considerada, de diâmetro ϕ_i;

ϕ_i = diâmetro da barra que protege a região de envolvimento considerada;

ρ_{ri} = taxa de armadura passiva ou ativa aderente (que não esteja dentro da bainha) em relação à área da região de envolvimento (A_{cri});

σ_{si} = tensão de tração no centro de gravidade da armadura considerada, calculada no estádio II;

$f_{ct,m}$ = resistência média do concreto à tração, Equação (2.57);

η_1 = coeficiente de conformação superficial da armadura considerada.

Para a determinação de w_k analisa-se cada elemento ou grupo de elementos das armaduras passivas, que controlam a fissuração do elemento estrutural. Deve ser considerada uma área A_{cri} do concreto de envolvimento, constituída por um retângulo cujos lados não distem mais de $7.5\phi_i$ do eixo da barra da armadura (ABNT, 2014).

A Figura 4.1 ilustra a determinação simplificada de A_{cri} para seções retangulares e seções T, considerando duas camadas de armaduras longitudinais de tração.

Os parâmetros da Figura 4.1 são:

ϕ_i = diâmetro das armaduras consideradas; nesses casos, são as longitudinais de tração (ϕ_l);

cob = cobrimento das armaduras;

e_v = distância vertical livre entre as armaduras longitudinais de tração;

$A_{s,ef}$ = área de aço efetiva (adotada) das armaduras longitudinais de tração;

ϕ_t = diâmetro das armaduras transversais.

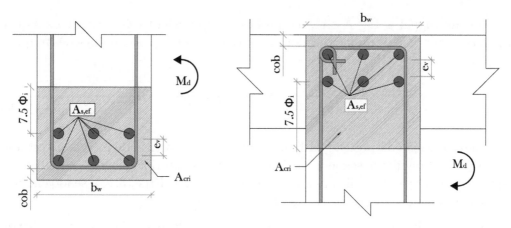

Figura 4.1: Área de envolvimento do concreto para seções retangulares e seções T, considerando duas camadas de armaduras longitudinais.

Posto isso, a taxa de armadura passiva ρ_{ri} na área da região de envolvimento no concreto é exposta na Equação (4.9).

$$\rho_{ri} = \frac{A_{s,ef}}{A_{cri}} \qquad (4.9)$$

Já a área do concreto de envolvimento é calculada simplificadamente a depender da quantidade de camadas de armaduras longitudinais (n_c).

$$A_{cri} = b_w[cob + 8\phi_i + \phi_t + (n_c - 1)(e_v + \phi_i)] \qquad (4.10)$$

O coeficiente de conformação superficial é descrito na Tabela 4.1 conforme a NBR 6118 (ABNT, 2014). Destaca-se que os aços CA-50 e CA-60 são barras nervuradas.

Tabela 4.1: Valores do coeficiente de conformação superficial do aço segundo a NBR 6118 (ABNT, 2014).

Tipo de barra	Lisa	Entalhada	Nervurada
η_1	1.0	1.4	2.25

O módulo de elasticidade do aço pode ser admitido igual a 210 GPa. Convertendo unidades, obtém-se:

$$E_{Si} = 210 \text{ GPa} = 210000 \text{ MPa} = 2100 \text{ kN/cm}^2 \qquad (4.11)$$

Para o cálculo da tensão de tração no centro de gravidade das armaduras (σ_{Si}) determinada no estádio II, a NBR 6118 (ABNT, 2014) afirma que nesse estádio (que admite o comportamento linear dos materiais e despreza a resistência à tração do concreto) pode-se considerar a relação α_e entre os módulos de elasticidade do aço

96 Pontes em concreto armado: análise e dimensionamento

e do concreto igual a 15. Assim, as tensões σ_{si} são calculadas a partir da Equação (4.12), considerando os momentos fletores obtidos a partir das combinações frequentes ($M_{d,freq}$).

$$\sigma_{Si} = \alpha_e \frac{M_{d,freq}(d - x_{II})}{I_{II}} \tag{4.12}$$

A determinação da posição da linha neutra e do momento de inércia no estádio II para seções retangulares segue o roteiro do capítulo anterior, Equações (3.3) e (3.6), enquanto para seções T utilizam-se as Equações (3.9), (3.10) e (3.13), sendo em ambos os casos empregado o valor de α_e igual a 15.

Por fim, a abertura característica de fissuras w_k deve ser menor que a abertura-limite descrita na Tabela 4.2.

Tabela 4.2: Exigências mínimas de durabilidade relacionadas à fissuração e à proteção da armadura em função das classes de agressividade ambiental. Fonte: adaptada da NBR 6118, (ABNT, 2014).

Tipo de concreto estrutural	Classe de agressividade e tipo de protensão	Exigências relativas à fissuração	Combinações a serem utilizadas
Concreto simples	CAA I	Não há	-
Concreto armado	CAA I	ELS-W $w_k \leq 0.4$ mm	Frequente
	CAA II e CAA III	ELS-W $w_k \leq 0.3$ mm	
	CAA IV	ELS-W $w_k \leq 0.2$ mm	
Concreto protendido nível 1(PP)	Pré-tração (CAA I) ou Pós-tração (CAA I e II)	ELS-W $w_k \leq 0.2$ mm	Frequente
Concreto protendido nível 2 (PL)	Pré-tração e CAA II ou Pós-tração (CAA III e IV)	Verificar as duas condições abaixo	
		ELS-F	Frequente
		ELS-D	Quase permanente
Concreto protendido nível 3 (PC)	Pré-tração (CAA III e IV)	Verificar as duas condições abaixo	
		ELS-F	Rara
		ELS-D	Frequente

Algumas notas são necessárias para entendimento do projetista:

a) CAA: classe de agressividade ambiental;

b) PP: protensão parcial;

c) PL: protensão limitada;

d) PC: protensão completa;

e) ELS-W: estado-limite de abertura de fissuras;

f) LS-F: estado-limite de formação de fissuras;

g) ELS-D: estado-limite de descompressão;

h) para classes de agressividade ambiental CAA III e CA IV, exige-se que as cordoalhas não aderentes tenham proteção especial na região de suas ancoragens;

i) no projeto de lajes lisas e cogumelos protendidas, basta ser atendido o ELS-F para as combinações frequentes das ações, em todas as classes de agressividade ambiental.

4.3 Flecha elástica imediata no estádio I

Os deslocamentos verticais em elementos lineares podem ser simplificados e obtidos por meio da teoria de vigas, a qual é uma derivação da teoria de placas de Kirchhoff, apresentando as seguintes simplificações:

a) o comportamento microscópico do corpo é ignorado;

b) os comportamentos não lineares físicos e geométricos são desprezados;

c) o estudo se restringe às deformações elásticas e lineares do material, desprezando-se os efeitos devidos ao tempo;

d) as dimensões da peça são limitadas em função do comprimento da barra;

e) os elementos são estudados em um plano, descartando-se os esforços e as tensões no plano perpendicular ao analisado;

f) a hipótese de Navier-Bernoulli é adotada, na qual a seção transversal permanece plana após a deformação.

As tensões e as deformações estão diretamente relacionadas à curvatura da curva de deflexão (k). Define-se curvatura como o inverso do raio de curvatura (ρ), que é o raio formado pela deformação longitudinal da seção transversal após a aplicação de cargas transversais à linha neutra da seção $q(x)$. Dessa forma, obtém-se:

$$k = \frac{1}{\rho} = \frac{d^2}{dx^2}w(x) = -\frac{M(x)}{EI} \tag{4.13}$$

$$\frac{d}{dx}w(x) = -\theta(x) \tag{4.14}$$

$$\frac{d^3}{dx^3}w(x) = -\frac{V(x)}{EI} \tag{4.15}$$

$$\frac{d^4}{dx^4}w(x) = \frac{q(x)}{EI} \tag{4.16}$$

98   Pontes em concreto armado: análise e dimensionamento

Em que:

E = módulo de elasticidade longitudinal da peça, sendo considerado o módulo de elasticidade secante do concreto para valores de projeto;

I = momento de inércia da seção transversal em torno do eixo de flexão;

$V(x)$ = função dos esforços cortantes ao longo do eixo x;

$M(x)$ = função dos momentos fletores ao longo do eixo x;

$\theta(x)$ = função dos ângulos de rotação em relação ao eixo longitudinal da peça ao longo do eixo x;

$w(x)$ = função dos deslocamentos verticais da peça ao longo do eixo x.

Posto isso, observa-se que a obtenção dos deslocamentos verticais é realizada a partir da solução da Equação (4.13), ou seja, calculam-se o diagrama de momentos fletores e a função $M(x)$, porém exige-se a utilização de condições de contorno. Os apoios mais comuns são:

a) apoio do primeiro gênero: é aquele no qual os deslocamentos verticais são restritos e os momentos fletores são nulos;

b) apoio do segundo gênero: é aquele no qual os deslocamentos verticais e horizontais são restritos e os momentos fletores são nulos;

c) apoio do terceiro gênero ou engaste: é aquele no qual os deslocamentos verticais e horizontais e as rotações são restritos.

Para os apoios do primeiro e do segundo gêneros, as condições de contorno são:

$$w(x) = 0 \tag{4.17}$$

$$\frac{d^2}{dx^2}w(x) = -\frac{M(x)}{EI} = 0 \tag{4.18}$$

Os apoios do terceiro gênero (engastes) possuem as seguintes condições de contorno:

$$w(x) = 0 \tag{4.19}$$

$$\frac{d}{dx}w(x) = -\theta(x) = 0 \tag{4.20}$$

A Figura 4.2 ilustra o comportamento dos diagramas de momentos fletores (DMF), esforços cortantes (DEC), rotações e deflexões de um modelo geral com as orientações dos sinais positivos e negativos das equações anteriores, ou seja, os deslocamentos verticais positivos ($\downarrow$) e os carregamentos externos positivos ($\downarrow$).

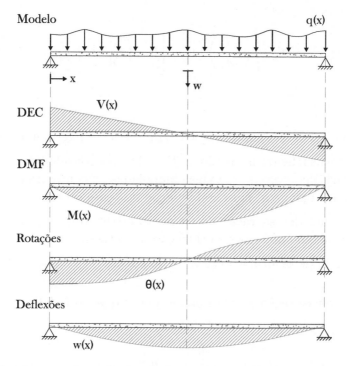

Figura 4.2: Modelo para obtenção dos deslocamentos verticais em vigas a partir da teoria de flexão em vigas.

Por fim, os deslocamentos verticais em lajes podem ser obtidos a partir da teoria de Kirchhoff para placas e cascas ou da teoria de Mindlin e Reissner. Em casos de carregamentos distribuídos e vinculações e geometria bem definidas, os resultados são obtidos simplificadamente por meio de tabelas como as de Bares, Marcus, Rüsch e outras. Todavia, se a laje for unidirecional, ou seja, com uma dimensão inferior a duas vezes a outra e muito maior que a espessura, costuma-se utilizar as equações descritas neste tópico com $b_w = 100$ cm.

4.4 Flecha elástica imediata no estádio II

A flecha elástica imediata no estádio II só é determinada caso $M_{d,rara} > M_r$, uma vez que a abertura das fissuras promove redução da rigidez a flexão inicial ($E_{cs}I_c$) e, consequentemente, aumento dos deslocamentos verticais.

Segundo a NBR 6118 (ABNT, 2014), pode-se avaliar aproximadamente a flecha imediata a partir da expressão de rigidez equivalente $(EI)_{eq,t0}$ dada na Equação (4.21). Vale destacar que nessa condição as armaduras longitudinais são consideradas na rigidez da seção, o que poderia elevar a rigidez inicial mesmo com o aparecimento de fissuras. Dessa forma, limita-se a rigidez a flexão a partir da seção composta apenas por concreto e sem fissuras ($E_{cs}I_c$).

100   Pontes em concreto armado: análise e dimensionamento

$$(EI)_{eq,t0} = E_{cs} \left\{ \left(\frac{M_r}{M_a} \right)^3 I_c + \left[1 - \left(\frac{M_r}{M_a} \right)^3 \right] I_{II} \right\} \leq E_{cs} I_c \qquad (4.21)$$

Em que:

I_{II} = momento de inércia da seção fissurada de concreto no estádio II;

M_a = momento fletor na seção crítica do vão considerado, ou seja, o momento máximo no vão para vigas biapoiadas ou contínuas e o momento no apoio para balanços, para combinação de ações quase permanentes;

M_r = momento de fissuração do elemento estrutural, cujo valor deve ser reduzido a metade no caso de utilização de barras lisas;

E_{cs} = módulo de deformação secante do concreto.

O momento de fissuração é determinado pela Equação (4.22):

$$M_r = \frac{\alpha f_{ct} I_c}{y_t} \qquad (4.22)$$

Porém, a resistência à tração direta do concreto (f_{ct}) para o estado-limite de deformação excessiva é calculada na sequência.

$$f_{ct} = f_{ctk,m} = 0.3 \sqrt[3]{f_{ck}}^2 \qquad (4.23)$$

O módulo de deformação secante do concreto é definido em função do módulo de deformação tangencial inicial do concreto.

$$E_{cs} = \alpha_i E_{ci} \qquad (4.24)$$

O parâmetro α_i depende da resistência característica à compressão do concreto (f_{ck}). O valor de f_{ck} deve ser utilizado em MPa nas Equações (4.25), (4.26) e (4.27).

$$\alpha_i = 0.8 + 0.2 \left(\frac{f_{ck}}{80} \right) \leq 1 \qquad (4.25)$$

O módulo de deformação tangencial inicial do concreto para valores de f_{ck} entre 20 MPa e 50 MPa é calculado pela Equação (4.26).

$$E_{ci} = \alpha_E \, 5600 \sqrt{f_{ck}} \qquad (4.26)$$

Para valores de f_{ck} entre 55 MPa e 90 MPa, o módulo de deformação tangencial inicial do concreto é:

$$E_{ci} = 21500 \, \alpha_E \left(\frac{f_{ck}}{10} + 1.25 \right)^{1/3} \tag{4.27}$$

sendo α_E determinado a partir da origem dos agregados graúdos: (a) 1.2 para basalto e diabásio; (b) 1.0 para granito e gnaisse; (c) 0.9 para calcário; e (d) 0.7 para arenito.

A Tabela 4.3 ilustra os valores estimados de módulo de elasticidade em função da resistência característica à compressão do concreto, considerando o uso de granito como agregado graúdo.

Tabela 4.3: Valores estimados de módulo de elasticidade em função da resistência característica à compressão do concreto, considerando o uso de granito como agregado graúdo. Fonte: adaptada da NBR 6118 (ABNT, 2014).

Classe de resistência	C20	C25	C30	C35	C40	C45	C50	C60	C70	C80	C90
E_{ci} (GPa)	25	28	31	33	35	38	40	42	43	45	47
E_{cs} (GPa)	21	24	27	29	32	34	37	40	42	45	47
α_i	0.85	0.86	0.88	0.89	0.90	0.91	0.93	0.95	0.98	1.0	1.0

A determinação da posição da linha neutra (x_{II}) e do momento de inércia no estádio II (I_{II}) para seções retangulares segue o roteiro do capítulo anterior, Equações (3.3) e (3.6), enquanto para seções T utilizam-se as Equações (3.9), (3.10) e (3.13), sendo em ambos os casos empregado o valor de α_e definido na Equação (4.28).

$$\alpha_e = \frac{E_s}{E_{cs}} \tag{4.28}$$

O módulo de elasticidade longitudinal do aço E_s é tomado como igual a 210 GPa. Portanto, a flecha no estádio II é calculada pela Equação (4.29).

$$\Delta_{II,t0} = \Delta_{I,t0} \frac{E_{cs} I_c}{(EI)_{eq,t0}} \tag{4.29}$$

Em que:

$\Delta_{I,t0}$ = flecha elástica imediata obtida no estádio I;

$\Delta_{II,t0}$ = flecha elástica imediata obtida no estádio II.

4.5 Flecha diferida no tempo

Por fim, a flecha adicional diferida, decorrente das ações de longa duração em função da fluência, pode ser determinada de maneira aproximada pela multiplicação da flecha imediata pelo fator α_f (ABNT, 2014), sendo este expresso pela Equação (4.30).

102   Pontes em concreto armado: análise e dimensionamento

$$\alpha_f = \frac{\Delta\xi}{1 + 50\rho'} \qquad (4.30)$$

Em que:

ξ = coeficiente em função do tempo, que pode ser obtido diretamente da Tabela 4.4;

ρ' = taxa de armadura de compressão, que pode ser obtida da Equação (4.34).

A Tabela 4.4 ilustra os valores do coeficiente ξ em função do tempo.

Tabela 4.4: Valores do coeficiente ξ em função do tempo. Fonte: adaptada da NBR 6118 (2014).

Tempo (t) em meses	0	0.5	1	2	3	4	5	10	20	40	≥ 70
Coeficiente $\xi(t)$	0	0.54	0.68	0.84	0.95	1.04	1.12	1.36	1.64	1.89	2

Os valores do coeficiente ξ também podem ser tomados pela Equação (4.31) para um tempo de análise inferior a 70 meses. Caso seja igual ou superior a esse período, adota-se $\xi = 2$.

$$\xi(t) = 0.68 \left(0.996^t\right) t^{0.32} \qquad (4.31)$$

Dessa forma, obtém-se a variação do coeficiente ξ conforme ilustrado a seguir.

$$\Delta\xi = \xi(t) - \xi(t_0) \qquad (4.32)$$

Sendo:

t = tempo, em meses, quando se deseja o valor da flecha diferida;

t_0 = idade, em meses, relativa à data de aplicação da carga de longa duração.

No caso de parcelas da carga de longa duração serem aplicadas em idades diferentes, pode-se adotar para t_0 o valor ponderado na Equação (4.33).

$$t_0 = \frac{\sum P_i t_{0i}}{\sum P_i} \qquad (4.33)$$

Em que:

P_i = parcelas de carga;

t_{0i} = idade em que se aplicou cada parcela P_i, expressa em meses.

A taxa de armadura ρ' é determinada pela expressão a seguir.

$$\rho' = \frac{A'_s}{b_w d} \tag{4.34}$$

Sendo:

A'_s = área de aço da armadura de compressão.

A flecha final considerando o estádio II e no tempo de avaliação t é definida na sequência.

$$\Delta_{II,tf} = \Delta_{I,t0}\frac{(EI)_{eq,t0}}{E_{cs}I_c}(1 + \alpha_f) = \Delta_{II,t0}(1 + \alpha_f) \tag{4.35}$$

Caso a peça se encontre no estádio I, adota-se a seguinte formulação:

$$\Delta_{I,tf} = \Delta_{I,t0}(1 + \alpha_f) \tag{4.36}$$

Em que:

$\Delta_{II,tf}$ = flecha elástica final no estádio II no tempo t;

$\Delta_{I,tf}$ = flecha elástica final no estádio I no tempo t.

De forma simplificada, pode-se considerar que as cargas foram aplicadas após 1 mês, ou seja, após a desforma da estrutura, e o período que está sendo avaliado é superior a 70 meses. Se forem desprezadas as armaduras de compressão, tem-se que o parâmetro α_f é dado pela Equação (4.37).

$$\alpha_f = \frac{\xi(t) - \xi(t_0)}{1 + 50\rho'} = \frac{2 - 0.68}{1 + 0} = 1.32 \tag{4.37}$$

Por fim, a flecha final $\Delta_{I,tf}$ ou $\Delta_{II,tf}$ calculada deve ser inferior à flecha-limite Δ_{lim} imposta pela NBR 6118 (ABNT, 2014). A Tabela 4.5 ilustra alguns casos que devem ser verificados.

104   Pontes em concreto armado: análise e dimensionamento

Tabela 4.5: Limites para deslocamentos. Fonte: adaptada da NBR 6118 (ABNT, 2014).

Tipo de efeito	Razão da limitação	Deslocamento a considerar	Deslocamento-limite
Aceitabilidade sensorial	Visual	Total	$l/250$
	Outro (vibrações)	Devido a cargas acidentais	$l/350$
Efeitos estruturais em serviço	Superfícies que devem drenar água	Total	$l/250$
	Pavimentos que devem permanecer planos	Total	$l/350 + c.f.$
		Ocorrido após a construção do piso	$l/600$
	Elementos que suportam equipamentos sensíveis	Ocorrido após o nivelamento do equipamento	De acordo com recomendação do fabricante
Efeitos em elementos não estruturais	Pontes rolantes	Deslocamento provocado pelas ações decorrentes de frenação	$H/400$
	Paredes	Movimento lateral de edifícios	$H/1700$ $H_i/850$ (entre pavimentos)
Efeitos em elementos estruturais	Afastamento em relação às hipóteses de cálculo adotadas	Se os deslocamentos forem relevantes para o elemento considerado, seus efeitos sobre as tensões ou sobre a estabilidade da estrutura devem ser considerados, incorporando-os ao modelo estrutural adotado.	

Seguem algumas notas sobre a Tabela 4.5:

a) H é altura total do edifício e H_i é o desnível entre dois pavimentos vizinhos;

b) no caso de superfícies que drenam água, estas devem ser suficientemente inclinadas ou ter o deslocamento previsto compensado por contraflechas ($c.f.$), de modo a impedir acúmulo de água;

c) para superfícies que devem permanecer planas, os deslocamentos podem ser parcialmente compensados pela especificação de contraflechas. Entretanto, a atuação isolada da contraflecha não pode ocasionar um desvio do plano maior que $l/350$;

d) todos os valores-limite de deslocamentos supõem elementos de vão l suportados em ambas as extremidades por apoios indeslocáveis. Quando se tratar de balanços, o vão equivalente a ser considerado deve ser o dobro do comprimento em balanço;

e) para o caso de elementos de superfície, os limites prescritos consideram que o valor l é o menor vão, exceto em casos de verificação de paredes e divisórias, em que interessa a direção na qual a parede ou divisória se desenvolve, limitando-se esse valor a duas vezes o vão menor;

f) os deslocamentos excessivos podem ser parcialmente compensados por contraflechas.

Ressalta-se que não foram expressos limites para verificações de alvenarias e divisórias, uma vez que são análises desprezíveis em estruturas de pontes, mas não menos importantes em estruturas usuais prediais.

Referências e bibliografia recomendada

ABNT – ASSOCIAÇÃO BRASILEIRA DE NORMAS TÉCNICAS. *NBR 6118*. Projeto de estruturas de concreto – Procedimento. Rio de Janeiro, 2014.

CARVALHO, R. C. *Estruturas em Concreto Protendido*. São Paulo: Pini, 2012.

PINHEIRO, L. M.; MUZARDO, C. D. *Estruturas de concreto*. Departamento de Engenharia de Estruturas, Universidade de São Paulo. São Paulo, 2003.

SILVA, V. M.; EL DEBS, A. L. H. C.; GIONGO, J. S. *Concreto armado*: Estados Limites de Serviço – ELS. Departamento de Engenharia de Estruturas, Escola de Engenharia de São Carlos, Universidade de São Paulo. São Paulo, 2009.

CAPÍTULO 5

Análise de efeitos de segunda ordem

Neste capítulo são descritos brevemente os conceitos de não linearidades e efeitos de segunda ordem, aplicando-os na obtenção dos esforços em pilares. São tratados com mais detalhes os efeitos globais e locais de segunda ordem conforme exposto nas normas vigentes.

De acordo com a NBR 6118 (ABNT, 2014), os pilares são elementos lineares de eixo reto, usualmente dispostos na vertical, em que as forças normais de compressão são preponderantes. Portanto, a sua ruptura ocorre normalmente de forma frágil (domínio 4 ou 5), tornando-os os principais elementos resistentes em uma estrutura. As metodologias de dimensionamento variam bastante em grau de complexidade, gerando dúvidas no projetista sobre quais devem ser utilizadas,podendo ser estas mais simples e conservadoras ou mais complexas e exatas. Ao longo do capítulo são discutidos quais procedimentos devem ser empregados para cada situação, porém é de escolha do engenheiro a melhor opção para solução de cada problema em questão.

5.1 Não linearidades

As estruturas são comumente analisadas por modelos lineares, nos quais as relações entre tensões e deformações ou forças e deslocamentos são proporcionais. Porém, no estudo de pilares essas considerações podem ser bastante inseguras, surgindo as análises que consideram as não linearidades. Estas não apresentam proporcionalidade entre efeito e resposta, sendo divididas na continuidade.

108   Pontes em concreto armado: análise e dimensionamento

a) Não linearidade física: ocorre pela alteração das propriedades dos materiais que compõem a estrutura, ou seja, o material para de obedecer a Lei de Hooke.

b) Não linearidade geométrica: ocorre pela alteração da configuração da geometria da peça, gerando esforços adicionais ao analisado em comparação à configuração inicial não deformada;

c) Não linearidade das condições de contorno: ocorre quando as condições de contorno se alteram durante o processo de deslocamento da estrutura.

A figura a seguir ilustra exemplos de comportamentos de não linearidades geométricas, físicas e das condições de contorno. A não linearidade geométrica é notada quando é determinado um deslocamento Δ para uma estrutura submetida a um carregamento q e esse carregamento é aumentado para $2q$, sendo o deslocamento final diferente de 2Δ (Figura 5.1a). Enquanto isso, a não linearidade física é ilustrada em um diagrama de tensão-deformação que normalmente é descrito por dois trechos, sendo o primeiro linear representado por uma reta e o segundo não linear representado por uma curva (Figura 5.1b). Por fim, um modelo com condições de contorno não lineares é exposto na Figura 5.1c, na qual é demonstrada uma ligação de longarinas com os encontros por juntas de dilatação. Na primeira situação não há contato direto entre a longarina e o encontro, gerando uma reação de apoio nos aparelhos de apoio igual à força aplicada p, e na segunda ocorre o contato com um aumento do carregamento fictício para $2p$, alterando as reações de apoio nos aparelhos de apoio e criando novas reações nos encontros.

5.2   Efeitos de segunda ordem

Os efeitos de primeira ordem são as respostas obtidas pela estrutura quando esta é analisada na configuração inicial, enquanto os de segunda ordem são logrados na posição deformada, gerando esforços adicionais. Partindo desse pressuposto, os efeitos de segunda ordem são caracterizados pelas seguintes classificações:

a) globais: tratam a estrutura como um todo, avaliando os deslocamentos de todos os nós com a aplicação das cargas verticais e horizontais totais;

b) locais: tratam apenas da barra isoladamente a partir das cargas que atuam nela;

c) localizados: tratam de regiões específicas da barra em condições especiais quando as hipóteses de seções planas não podem ser consideradas.

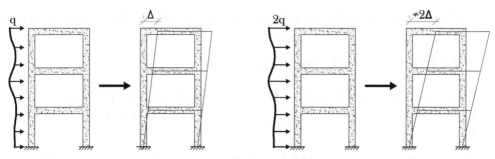

a) Modelo de comportamento com não linearidade geométrica

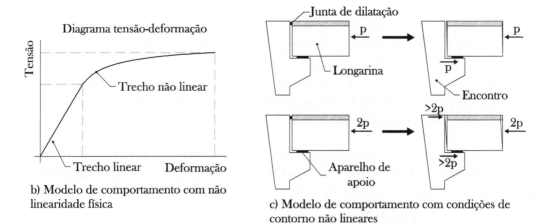

b) Modelo de comportamento com não linearidade física

c) Modelo de comportamento com condições de contorno não lineares

Figura 5.1: Exemplos de não linearidades, sendo: (a) geométricas, (b) físicas e (c) das condições de contorno.

A Figura 5.2 apresenta os efeitos de segunda ordem para cada caso, sendo possível observar que as análises são efetuadas separadamente a partir dos efeitos globais e, após a obtenção destes esforços, os pilares são analisados para cada lance.

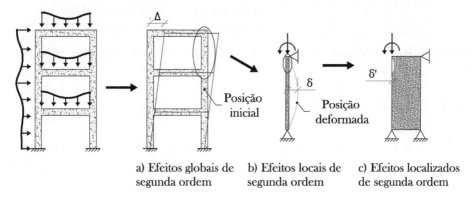

a) Efeitos globais de segunda ordem
b) Efeitos locais de segunda ordem
c) Efeitos localizados de segunda ordem

Figura 5.2: Esquema ilustrativo dos efeitos de segunda ordem: (a) globais, (b) locais e (c) localizados.

Na continuidade os efeitos de segunda ordem são abordados com mais detalhes.

5.2.1 Efeitos globais de segunda ordem

Os efeitos globais de segunda ordem estão diretamente relacionados à estabilidade da estrutura, uma vez que quanto mais estável for a estrutura, menores são os efeitos de segunda ordem.

Duas classificações foram criadas para simplificar esta análise quando os efeitos globais de segunda ordem são de pequena intensidade:

a) estruturas de nós fixos: caraterizam-se quando os nós não são considerados indeslocáveis frente aos deslocamentos laterais e os efeitos de segunda ordem podem ser desprezados;

b) estruturas de nós móveis: tratam de situações em que os nós possuem deslocamentos laterais relevantes e devem ter os efeitos globais de segunda ordem determinados.

A Figura 5.3 ilustra as situações de nós fixos e móveis para estruturas. Posto isso, é possível utilizar o parâmetro de instabilidade α para esta análise de deslocabilidade dos nós.

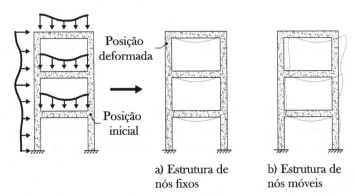

Figura 5.3: Classificação quanto à deslocabilidade dos nós: (a) fixos e (b) móveis.

a) Parâmetro de instabilidade α

De acordo com a NBR 6118 (ABNT, 2014), uma estrutura reticulada simétrica pode ser considerada de nós fixos se seu parâmetro de instabilidade α for menor que o valor α_1, conforme a expressão:

$$\alpha = H_{tot}\sqrt{\frac{N_k}{(E_{cs}I_c)_{eq}}} \tag{5.1}$$

Sendo:

$$\alpha_1 = \begin{cases} 0.2 + 0.1n & \text{se } n \le 3 \\ 0.6 & \text{se } n > 3 \end{cases} \quad (5.2)$$

Os parâmetros são:

n = número de níveis de barras horizontais (pavimentos) acima da fundação ou de um nível pouco deslocável do subsolo;

H_{tot} = altura total da estrutura, medida a partir do topo da fundação ou de um nível quase indeformável;

N_k = somatório de todas as cargas verticais atuantes na estrutura com seus valores característicos;

$(E_{cs}I_c)_{eq}$ = somatório dos valores de rigidez de todos os pilares na direção considerada ou pode ser adotado o valor da rigidez de um pilar equivalente.

O pilar equivalente (Figura 5.4) é uma simplificação de um pórtico que está submetido às cargas externas, o qual apresenta o mesmo valor de deslocamento horizontal no topo do pórtico. Portanto, é preciso determinar a rigidez à flexão desse elemento para se utilizar a Equação (5.1).

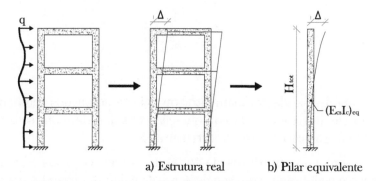

Figura 5.4: Representação de um pilar equivalente.

Outro parâmetro que pode determinar a deslocabilidade dos nós é o γ_z, porém também é possível quantificar o acréscimo dos esforços de segunda ordem em relação aos de primeira ordem.

Os métodos abordados na continuidade consideram apenas a não linearidade geométrica, enquanto a não linearidade física pode ser empregada de maneira aproximada. De acordo com a NBR 6118 (ABNT, 2014), para estruturas reticuladas com no mínimo quatro andares podem ser utilizados os valores de rigidez secante $(EI)_{sec}$ dos elementos estruturais, como:

a) lajes: $(EI)_{sec} = 0.3\, E_{ci}\, I_c$;

112   Pontes em concreto armado: análise e dimensionamento

b) vigas: $(EI)_{sec} = 0.4\, E_{ci}\, I_c$ para $A'_s \neq A_s$; $(EI)_{sec} = 0.5\, E_{ci}\, I_c$ para $A'_s = A_s$;

c) pilares: $(EI)_{sec} = 0.8\, E_{ci}\, I_c$.

O momento de inércia da seção bruta I_c deve incluir, quando for o caso, as mesas colaborantes. Além disso, é importante observar que esses valores são recomendados para estruturas de edifícios, porém servem como valores indicativos para pontes, uma vez que não existem valores propostos em normas brasileiras para esse tipo de estrutura. Por fim, essas aproximações não podem ser usadas para os efeitos locais de segunda ordem.

b) Coeficiente γ_z

Este é um método bastante difundido, sendo relativamente simples e eficiente para avaliação de efeitos de segunda ordem, desenvolvido pelos engenheiros brasileiros Augusto Carlos de Vasconcelos e Mário Franco. Além disso, é obtido a partir de uma análise linear de primeira ordem para cada caso de carregamento. Porém, a NBR 6118 (ABNT, 2014) limita a aplicação desse coeficiente para estruturas reticuladas de no mínimo quatro andares. A expressão para obtenção do γ_z é exposta a seguir:

$$\gamma_z = \frac{1}{1 - \dfrac{\Delta M_{tot,d}}{M_{1,tot,d}}} \tag{5.3}$$

Em que:

$M_{1,tot,d}$ = momento de tombamento, ou seja, a soma dos momentos de todas as forças horizontais da combinação considerada, com seus valores de cálculo, em relação à base da estrutura;

$\Delta M_{tot,d}$ = soma dos produtos de todas as forças verticais atuantes na combinação considerada, com seus valores de cálculo, pelos deslocamentos horizontais de seus respectivos pontos de aplicação, obtidos da análise de primeira ordem.

Caso $\gamma_z \leq 1.1$, a estrutura é considerada de nós fixos e os efeitos de segunda ordem podem ser ignorados, enquanto se $\gamma_z > 1.3$ deve-se utilizar outro método, uma vez que a resposta apresentará instabilidade numérica. Por fim, a NBR 6118 (ABNT, 2014) recomenda para obtenção dos esforços finais (1ª ordem + 2ª ordem) uma majoração adicional dos carregamentos horizontais da combinação considerada, calculada como $0.95\gamma_z$.

c) Processo P-Delta

O processo P-Delta é um método iterativo de análise não linear geométrica, o qual avalia o efeito das forças axiais quando existem forças nas direções longitudinais ou transversais da peça. Existem diversas metodologias para resolver o problema, porém aqui só será abordado o método da carga lateral fictícia, em razão de ser o mais utilizado.

Em suma, é efetuada uma análise de primeira ordem com a imposição do equilíbrio na posição inicial. Na sequência, são efetuadas iterações com forças laterais fictícias e, com essas novas forças, volta-se a efetuar a análise, até atingir a posição de equilíbrio. Essas iterações são realizadas até os deslocamentos no topo convergirem.

A Figura 5.5 ilustra um caso de aplicação para um pilar engastado na base e livre no topo submetido às cargas N_d (vertical) e H_d (horizontal).

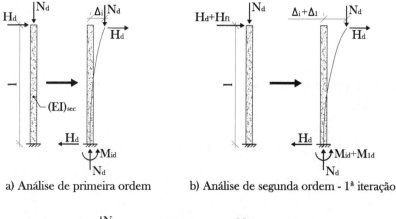

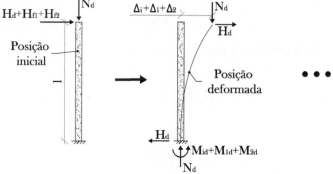

Figura 5.5: Exemplo de aplicação do método das cargas laterais fictícias para um pilar engastado na base e livre no topo.

O método aplicado nessa situação específica se inicia pelo cálculo do deslocamento horizontal Δ_i no topo do pilar para uma análise de primeira ordem, como:

114   Pontes em concreto armado: análise e dimensionamento

$$\Delta_i = \frac{H_d l^3}{3(EI)_{sec}} \tag{5.4}$$

Então, determina-se o momento fletor inicial na base M_{id}.

$$M_{id} = H_d l + N_d \Delta_i \tag{5.5}$$

Logo, efetua-se a primeira iteração com a obtenção da força horizontal fictícia H_{f1}:

$$H_{f1} = \frac{N_d \Delta_i}{l} \tag{5.6}$$

Depois, calcula-se o deslocamento horizontal no topo Δ_1 devido à força fictícia H_{f1} da primeira iteração.

$$\Delta_1 = \frac{H_{f1} l^3}{3(EI)_{sec}} \tag{5.7}$$

O momento fletor final na base para a primeira iteração $M_{id} + M_{1d}$ é determinado na Equação (5.8).

$$M_{id} + M_{1d} = H_d l + N_d(\Delta_i + \Delta_1) \tag{5.8}$$

O erro (e_1) da primeira iteração é dado por:

$$e_1 = \frac{M_{1d}}{M_{id}} \tag{5.9}$$

Repete-se o processo para a segunda iteração:

$$H_{f2} = \frac{N_d \Delta_1}{l} \tag{5.10}$$

$$\Delta_2 = \frac{H_{f2} l^3}{3(EI)_{sec}} \tag{5.11}$$

O momento fletor final na base é dado por:

$$M_{id} + M_{1d} + M_{2d} = H_d l + N_d(\Delta_i + \Delta_1 + \Delta_2) \tag{5.12}$$

O erro (e_2) da segunda iteração é calculado como:

$$e_2 = \frac{M_{2d}}{M_{1d} + M_{id}} \tag{5.13}$$

São realizadas novas iterações até que $e_k \leq e_{lim}$, sendo e_k o erro na iteração k e e_{lim} um erro-limite que pode ser adotado em torno de 10^{-4}. Então, o momento fletor final na base é determinado como a soma dos demais, Equação (5.14), sendo N o número de iterações calculadas.

$$M_d = M_{id} + \sum_{k=1}^{N} M_{kd} \tag{5.14}$$

Quando se faz a análise de estruturas com mais nós, determinam-se os deslocamentos horizontais usualmente a partir de métodos numéricos e as forças horizontais fictícias são expressas como:

$$H_{fk,j} = \frac{N_{d,j}\Delta_{k,j}}{l_j} \tag{5.15}$$

em que j representa o nó que está sendo avaliado. Os momentos fletores e os erros são determinados analogamente para cada nó.

$$M_{kd,j} = \sum N_{d,j}\Delta_{k,j} \tag{5.16}$$

$$e_{k,j} = \frac{M_{kd,j}}{M_{d,j} - M_{kd,j}} \tag{5.17}$$

A Figura 5.6 ilustra um exemplo de uma barra engastada na base e livre no topo com dois nós, excluindo-se o da base. É importante observar que os momentos fletores iniciais na análise de primeira ordem dependem do modelo e do posicionamento dos nós, sendo de simples obtenção em estruturas de edifícios bem comportadas. Isso se repete com a obtenção dos deslocamentos horizontais, para os quais não há formulações diretas na maioria dos casos.

5.2.2 Imperfeições geométricas

Um fator importante a ser observado nas análises globais de segunda ordem são as imperfeições devidas ao desaprumo dos elementos verticais, conforme apresentado na Figura 5.7.

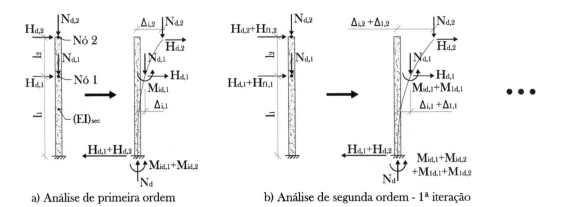

a) Análise de primeira ordem   b) Análise de segunda ordem - 1ª iteração

Figura 5.6: Exemplo de aplicação do método das cargas laterais fictícias para um pilar engastado na base e livre no topo com dois nós, excluindo-se o da base.

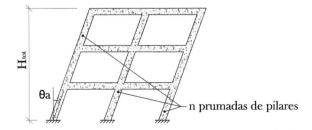

Figura 5.7: Representação do desaprumo dos elementos verticais.

As rotações são calculadas como:

$$\theta_a = \theta_1 \sqrt{\frac{1 + 1/n}{2}} \tag{5.18}$$

$$\theta_{1min} = \frac{1}{300} \leq \theta_1 = \frac{1}{100\sqrt{H_{tot}}} \leq \theta_{1max} = \frac{1}{200} \tag{5.19}$$

Sendo:

n = número de prumadas de pilares no pórtico plano;

θ_a = rotação devida ao desaprumo dos elementos verticais;

H_{tot} = altura total da edificação, expressa em metros.

Além disso, o valor de θ_{1min} foi definido para estruturas reticuladas e imperfeições locais. Em edifícios com predominância de lajes lisas ou cogumelos, considerar $\theta_a = \theta_1$ e, para pilares isolados em balanço, adotar $\theta_1 = 1/200$.

A NBR 6118 (ABNT, 2014) afirma que:

a) considera-se somente a ação do vento quando 30% dela for maior que a ação do desaprumo;

b) emprega-se somente o desaprumo, respeitando a consideração de θ_{1min}, quando a ação do vento for inferior a 30% da ação do desaprumo;

c) nos demais casos, combinam-se a ação do vento e o desaprumo, sem necessidade do emprego de θ_{1min}.

A comparação pode ser feita com os momentos totais na base da construção e em cada direção e sentido da aplicação da ação do vento, com desaprumo calculado com θ_a, sem a consideração do θ_{1min}. Além disso, o desaprumo não precisa ser considerado nos estados-limite de serviço.

De acordo com a NBR 6118 (ABNT, 2014), nas estruturas reticuladas usuais admite-se que o efeito das imperfeições locais esteja atendido se for respeitado o valor de momento fletor mínimo de primeira ordem com o acréscimo dos efeitos locais de segunda ordem.

EXEMPLO 5.1: Dado o pilar submetido à carga do vento q_d e à carga axial N_d com a seção transversal e o módulo de elasticidade inicial descritos na Figura 5.8.

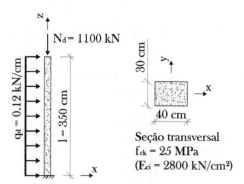

Figura 5.8: Estrutura do Exemplo 5.1.

Determine:

a) o deslocamento final do topo e o momento fletor na base a partir do processo P-Delta (adote $e_{lim} = 10^{-4}$);

b) o deslocamento final do topo e o momento fletor na base a partir do método γ_z;

c) se o desaprumo pode ser desprezado em função da ação do vento.

SOLUÇÃO: Inicialmente, determina-se a rigidez à flexão secante do pilar a partir da consideração simplificada da não linearidade física descrita anteriormente, sendo o momento de inércia da seção bruta I_c na direção do vento calculado na continuidade.

$$I_c = \frac{30 \cdot 40^3}{12} = 1.6 \cdot 10^5 \text{ cm}^4 \qquad (5.20)$$

Como o elemento estrutural é um pilar e o módulo de deformação tangencial inicial é igual a 2800 kN/cm², então:

$$(EI)_{sec} = 0.8 E_{ci} I_c = 0.8 \cdot 2800 \cdot 1.6 \cdot 10^5 = 3.584 \cdot 10^8 \text{ kNcm}^2 \qquad (5.21)$$

a) Processo P-Delta: calcula-se inicialmente o deslocamento no topo devido à ação do vento; esta formulação está exposta nos apêndices, Equação (A.1).

$$\Delta_i = \frac{q_d l^4}{8(EI)_{sec}} = \frac{0.12 \cdot 350^4}{8 \cdot 3.584 \cdot 10^8} = 0.628 \text{ cm} \qquad (5.22)$$

Então, o momento fletor inicial na base é:

$$M_{id} = \frac{q_d l^2}{2} + N_d \Delta_i = \frac{0.12 \cdot 350^2}{2} + 1100 \cdot 0.628 = 8040.9 \text{ kNcm} \qquad (5.23)$$

A Figura 5.9 apresenta a resposta da estrutura para a análise inicial de primeira ordem.

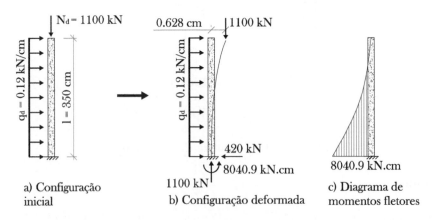

a) Configuração inicial
b) Configuração deformada
c) Diagrama de momentos fletores

Figura 5.9: Análise inicial de primeira ordem do pilar, na qual: (a) configuração inicial, (b) configuração deformada e (c) diagrama de momentos fletores.

Na sequência, é efetuada a primeira iteração com a obtenção da carga lateral fictícia H_{f1}.

$$H_{f1} = \frac{N_d \Delta_i}{l} = \frac{1100 \cdot 0.628}{350} = 1.974 \text{ kN} \quad (5.24)$$

O deslocamento gerado pela carga fictícia utiliza a Equação (5.7), uma vez que não é uma força distribuída.

$$\Delta_1 = \frac{H_{f1} l^3}{3(EI)_{sec}} = \frac{1.974 \cdot 350^3}{3 \cdot 3.584 \cdot 10^8} = 7.87 \cdot 10^{-2} \text{ cm} \quad (5.25)$$

Portanto, o acréscimo de momento fletor na base M_{1d} gerado pela carga fictícia H_{f1} é calculado a seguir:

$$M_{1d} = N_d \Delta_1 = 1100 \cdot 7.87 \cdot 10^{-2} = 86.58 \text{ kNcm} \quad (5.26)$$

O erro da primeira iteração é:

$$e_1 = \frac{M_{1d}}{M_{id}} = \frac{86.58}{8040.9} = 1.07 \cdot 10^{-2} > e_{lim} = 10^{-4} \quad (5.27)$$

Os resultados da primeira iteração estão demonstrados na Figura 5.10.

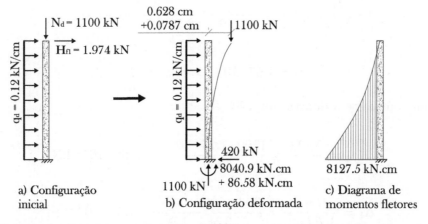

Figura 5.10: Análise de segunda ordem do pilar para a primeira iteração, na qual: (a) configuração inicial, (b) configuração deformada e (c) diagrama de momentos fletores.

Repetindo o procedimento para segunda iteração, obtém-se:

$$H_{f2} = \frac{N_d \Delta_1}{l} = \frac{1100 \cdot 7.87 \cdot 10^{-2}}{350} = 0.247 \text{ kN} \quad (5.28)$$

$$\Delta_2 = \frac{H_{f2} l^3}{3(EI)_{sec}} = \frac{0.247 \cdot 350^3}{3 \cdot 3.584 \cdot 10^8} = 9.86 \cdot 10^{-3} \text{ cm} \quad (5.29)$$

120   Pontes em concreto armado: análise e dimensionamento

$$M_{2d} = N_d\Delta_2 = 1100 \cdot 9.86 \cdot 10^{-3} = 10.85 \text{ kNcm} \tag{5.30}$$

$$e_2 = \frac{M_{2d}}{M_{id} + M_{1d}} = \frac{10.85}{8040.9 + 86.58} = 1.34 \cdot 10^{-3} > e_{lim} = 10^{-4} \tag{5.31}$$

Então, é necessário continuar com a terceira iteração, em razão de o erro-limite não ter sido atingido.

$$H_{f3} = \frac{N_d\Delta_2}{l} = \frac{1100 \cdot 9.86 \cdot 10^{-3}}{350} = 0.031 \text{ kN} \tag{5.32}$$

$$\Delta_3 = \frac{H_{f3}l^3}{3(EI)_{sec}} = \frac{0.031 \cdot 350^3}{3 \cdot 3.584 \cdot 10^8} = 1.24 \cdot 10^{-3} \text{ cm} \tag{5.33}$$

$$M_{3d} = N_d\Delta_3 = 1100 \cdot 1.24 \cdot 10^{-3} = 1.36 \text{ kNcm} \tag{5.34}$$

$$e_3 = \frac{M_{3d}}{M_{id} + M_{1d} + M_{2d}} = \frac{1.36}{8040.9 + 86.58 + 10.85} = 1.67 \cdot 10^{-4} \tag{5.35}$$

$$e_3 = 1.67 \cdot 10^{-4} > e_{lim} = 10^{-4} \tag{5.36}$$

Por fim, efetua-se a quarta iteração.

$$H_{f4} = \frac{N_d\Delta_3}{l} = \frac{1100 \cdot 1.24 \cdot 10^{-3}}{350} = 3.88 \cdot 10^{-3} \text{ kN} \tag{5.37}$$

$$\Delta_4 = \frac{H_{f4}l^3}{3(EI)_{sec}} = \frac{3.88 \cdot 10^{-3} \cdot 350^3}{3 \cdot 3.584 \cdot 10^8} = 1.54 \cdot 10^{-4} \text{ cm} \tag{5.38}$$

$$M_{4d} = N_d\Delta_4 = 1100 \cdot 1.54 \cdot 10^{-4} = 0.17 \text{ kNcm} \tag{5.39}$$

$$e_4 = \frac{M_{4d}}{M_{id} + M_{1d} + M_{2d} + M_{3d}} \tag{5.40}$$

$$e_4 = \frac{0.17}{8040.9 + 86.58 + 10.85 + 1.36} = 2.09 \cdot 10^{-5} \tag{5.41}$$

Portanto, o erro encontrado na quarta iteração é inferior ao erro-limite.

$$e_4 = 2.09 \cdot 10^{-5} \leq e_{lim} = 10^{-4} \tag{5.42}$$

Os deslocamentos finais no topo do pilar são:

$$\Delta = \Delta_i + \Delta_1 + \Delta_2 + \Delta_3 + \Delta_4 \tag{5.43}$$

$$\boxed{\Delta = 0.628 + 7.87 \cdot 10^{-2} + 9.86 \cdot 10^{-3} + 1.24 \cdot 10^{-3} + 1.54 \cdot 10^{-4} = 0.718 \text{ cm}} \tag{5.44}$$

O momento fletor final na base do pilar é:

$$M_d = M_{id} + M_{1d} + M_{2d} + M_{3d} + M_{4d} \tag{5.45}$$

$$\boxed{M_d = 8040.9 + 86.58 + 10.85 + 1.36 + 0.17 = 8139.82 \text{ kNcm}} \tag{5.46}$$

A Figura 5.11 ilustra a resposta final da estrutura até a quarta iteração para análise de segunda ordem.

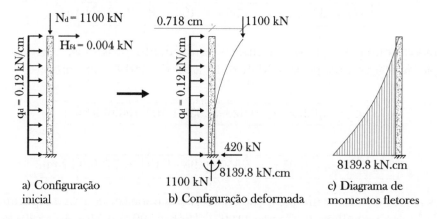

Figura 5.11: Análise final de segunda ordem do pilar para a quarta iteração, na qual: (a) configuração inicial, (b) configuração deformada e (c) diagrama de momentos fletores.

b) Método γ_z: por esse método, emprega-se a equação de forma direta:

$$\gamma_z = \frac{1}{1 - \frac{\Delta M_{tot,d}}{M_{1,tot,d}}} \tag{5.47}$$

O deslocamento inicial gerado pela ação do vento Δ_i já foi calculado pela Equação (5.22). Logo, o momento fletor gerado pela carga vertical na configuração deformada com deslocamento inicial Δ_i é expresso a seguir:

122   Pontes em concreto armado: análise e dimensionamento

$$\Delta M_{tot,d} = N_d \Delta_i = 1100 \cdot 0.628 = 690.86 \text{ kNcm} \tag{5.48}$$

O momento de tombamento é obtido pela ação do vento isoladamente.

$$M_{1,tot,d} = \frac{ql^2}{2} = \frac{0.12 \cdot 350^2}{2} = 7350 \text{ kNcm} \tag{5.49}$$

Com isso, logra-se o coeficiente γ_z:

$$\boxed{\gamma_z = \frac{1}{1 - \frac{690.86}{7350}} = 1.104} \tag{5.50}$$

Como o valor encontrado é superior a 1.1, então a estrutura é considerada de nós móveis e os efeitos de segunda ordem são importantes. Os deslocamentos finais no topo e os momentos fletores finais na base são:

$$\boxed{\Delta = \Delta_i \gamma_z = 0.628 \cdot 1.104 = 0.693 \text{ cm}} \tag{5.51}$$

$$\boxed{M_d = M_{1,tot,d} \gamma_z = 7350 \cdot 1.104 = 8112.53 \text{ kNcm}} \tag{5.52}$$

É possível observar que os resultados estão muito próximos. Caso se utilize a minoração de 5% permitida pela NBR 6118 (ABNT, 2014), obtém-se:

$$\boxed{\Delta = \Delta_i 0.95 \gamma_z = 0.628 \cdot 0.95 \cdot 1.104 = 0.659 \text{ cm}} \tag{5.53}$$

$$\boxed{M_d = M_{1,tot,d} 0.95 \gamma_z = 7350 \cdot 0.95 \cdot 1.104 = 7706.9 \text{ kNcm}} \tag{5.54}$$

Esses resultados ilustram que essa consideração pode ser contra a segurança, como evidenciado nos trabalhos de Carmo (1995), Pinto (1997) e Moncayo (2011).

c) **Desaprumo**: inicialmente, é necessário determinar o ângulo de rotação devido ao desaprumo do pilar, conforme a expressão na sequência.

$$\theta_a = \theta_1 \sqrt{\frac{1 + 1/n}{2}} \tag{5.55}$$

Sabe-se que para um pilar em balanço o valor de θ_1 é:

$$\theta_1 = \frac{1}{200} = 5 \cdot 10^{-3} \text{ rad} \tag{5.56}$$

Além disso, tem-se apenas uma única prumada n. Logo, obtém-se:

$$\theta_a = 5 \cdot 10^{-3}\sqrt{\frac{1 + 1/1}{2}} = 5 \cdot 10^{-3} \text{ rad} \qquad (5.57)$$

Nessa situação, avalia-se inicialmente o pilar sem a ação do vento, considerando apenas o desaprumo conforme apontado na Figura 5.12, e aplica-se o procedimento P-Delta para encontrar os momentos fletores finais. O deslocamento no topo devido ao desaprumo Δ_a é:

$$\Delta_a = tg(\theta_a)l = tg(5 \cdot 10^{-3}) \cdot 350 = 1.75 \text{ cm} \qquad (5.58)$$

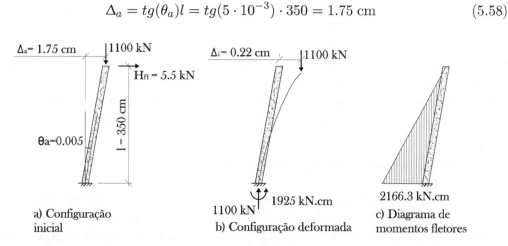

Figura 5.12: Análise de segunda ordem do pilar para a primeira iteração devida ao desaprumo, na qual: (a) configuração inicial, (b) configuração deformada e (c) diagrama de momentos fletores.

Calculando a primeira iteração:

$$H_{f1} = \frac{N_d \Delta_a}{l} = \frac{1100 \cdot 1.75}{350} = 5.5 \text{ kN} \qquad (5.59)$$

$$\Delta_1 = \frac{H_{f1}l^3}{3(EI)_{sec}} = \frac{5.5 \cdot 10^{-3} \cdot 350^3}{3 \cdot 3.584 \cdot 10^8} = 0.22 \text{ cm} \qquad (5.60)$$

$$M_{1d} = N_d \Delta_1 = 1100 \cdot 0.22 = 241.25 \text{ kNcm} \qquad (5.61)$$

Repete-se o procedimento até o erro ser inferior ao limite. A Tabela 5.1 apresenta os resultados da análise pelo processo P-Delta para o desaprumo.

Portanto, o momento fletor final na base devido ao desaprumo é calculado como a soma dos demais.

Tabela 5.1: Resultados da análise do pilar referente ao desaprumo pelo processo P-Delta.

Iteração	H_{fk} (kN)	Δ_k (cm)	M_{kd} (kNcm)	e_k
1	5.5	0.22	241.25	0.125
2	0.7	0.0275	30.24	0.014
3	0.086	$3.45 \cdot 10^{-3}$	3.8	$1.73 \cdot 10^{-3}$
4	$1.1 \cdot 10^{-2}$	$4.32 \cdot 10^{-4}$	0.47	$2.16 \cdot 10^{-4}$
5	$1.36 \cdot 10^{-3}$	$5.41 \cdot 10^{-5}$	$5.95 \cdot 10^{-2}$	$2.7 \cdot 10^{-5}$

$$\boxed{M_d = N_d(\Delta_i + \Delta_1 + \Delta_2 + \Delta_3 + \Delta_4 + \Delta_5) = 2200.83 \text{ kNcm}} \quad (5.62)$$

Logo, o momento fletor final na base devido à ação do vento em conjunto com a força normal é igual a 8139.82 kNcm, e 30% desse valor equivale a 2441.95 kNcm, que é superior ao momento fletor final na base devido ao desaprumo em conjunto com a força normal, calculado como igual a 2200.83 kNcm. Assim, o efeito do desaprumo pode ser dispensado neste caso segundo a NBR 6118 (ABNT, 2014).

5.2.3 Efeitos locais de segunda ordem

Os efeitos locais de segunda ordem são avaliados nos lances dos pilares (Figura 5.1b), sendo necessário avaliar o comprimento efetivo de flambagem l_e de cada lance. A Figura 5.13a ilustra os valores sugeridos para os casos usuais de vinculações, em que o comprimento l é empregado comumente como a distância entre eixos de vigas de pavimentos adjacentes.

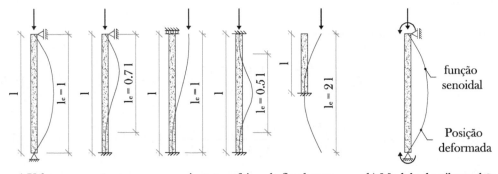

a) Valores propostos para os comprimentos efeitos de flambagem   b) Modelo do pilar-padrão

Figura 5.13: (a) Valores propostos para os comprimentos efetivos de flambagem usuais e (b) modelo do pilar-padrão.

Os métodos de análise de efeitos de segunda ordem levam em consideração o pilar-padrão como modelo de não linearidade geométrica, o qual consiste de um pilar biapoiado submetido a momentos fletores e esforços normais nas extremidades com a configuração deformada representada por uma curva senoidal. Essa simplificação é válida até determinados valores de esbeltez, como apresentado na continuidade. A Figura 5.13b expõe um modelo do pilar-padrão.

O índice de esbeltez λ é dado como a razão entre o comprimento efetivo de flambagem l_e e o raio de giração i, o qual é calculado como a raiz quadrada da razão entre o momento de inércia da seção bruta I_c e a área da seção transversal A.

$$\lambda = \frac{l_e}{i} \tag{5.63}$$

$$i = \sqrt{\frac{I_c}{A}} \tag{5.64}$$

É importante observar que o índice de esbeltez λ é diferente da relação entre os diagramas parábola-retângulo e retangular de compressão equivalente da linha neutra utilizado para dimensionamento de armaduras longitudinais, que também se denomina λ (Figura 2.1). O índice de esbeltez para uma seção retangular é calculado aproximadamente como:

$$\lambda = \frac{3.46\, l_e}{h} \tag{5.65}$$

Sendo h a altura da seção transversal na direção considerada para avaliação da esbeltez. De acordo com a NBR 6118 (ABNT, 2014), quando o índice de esbeltez for igual ou menor que o valor-limite λ_1, então é possível dispensar os efeitos locais de segunda ordem.

$$35 \leq \lambda_1 = \frac{25 + 12.5(e_1/h)}{\alpha_b} \leq 90 \tag{5.66}$$

Em que e_1 é a excentricidade relativa de primeira ordem, determinada como a razão entre o momento fletor máximo de cálculo de primeira ordem atuante no lance M_{1d} e a força normal de cálculo atuante na seção de análise N_d. Destaca-se que o momento fletor M_{1d} é logrado após análise dos efeitos globais de segunda ordem e chamado de primeira ordem para análise dos efeitos locais.

$$e_1 = \frac{M_{1d}}{N_d} \tag{5.67}$$

O parâmetro α_b leva em consideração a forma do diagrama de momentos fletores de primeira ordem para análise local, sendo determinado a depender das cargas transversais e das vinculações. Esse coeficiente é tomado como (ABNT, 2014):

a) Pilares biapoiados sem cargas transversais:

$$0.4 \leq \alpha_b = 0.6 + \frac{0.4 M_B}{M_A} \leq 1 \quad (5.68)$$

em que M_A e M_B são os momentos fletores de primeira ordem nos extremos do pilar, obtidos na análise global de segunda ordem. Deve ser adotado para M_A o maior valor em módulo ao longo do pilar biapoiado, e para M_B, o sinal positivo se tracionar a mesma face que M_A (mesmo sentido), e o negativo em caso contrário.

b) Pilares biapoiados com cargas transversais significativas ao longo da altura:

$$\alpha_b = 1 \quad (5.69)$$

c) Pilares em balanço:

$$0.85 \leq \alpha_b = 0.8 + \frac{0.2 M_C}{M_A} \leq 1 \quad (5.70)$$

sendo M_A o momento fletor de primeira ordem no engaste e M_C o momento fletor de primeira ordem no meio do pilar em balanço, ambos definidos em módulo.

d) Quaisquer pilares com momentos fletores inferiores aos mínimos:

$$\alpha_b = 1 \quad (5.71)$$

A Figura 5.14 ilustra os três primeiros casos para determinação de α_b.

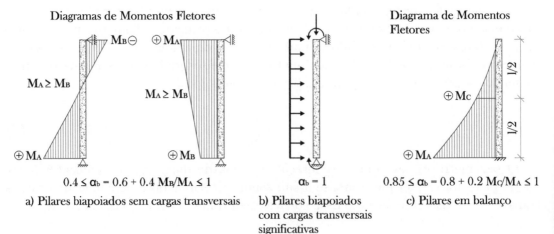

Figura 5.14: Exemplos para obtenção do parâmetro α_b.

Os momentos fletores mínimos de primeira ordem são determinados a seguir (a dimensão do pilar h na direção considerada deve expressa em centímetros).

$$M_{1d,min} = N_d(0.015 + 0.03h) \tag{5.72}$$

É importante observar que essas análises são efetuadas para cada direção isoladamente. Caso $\lambda > \lambda_1$, os efeitos locais devem ser considerados conforme os métodos na continuidade.

a) Método do pilar-padrão com curvatura aproximada

Este método considera a não linearidade geométrica a partir do pilar-padrão, enquanto a não linearidade física é estimada por meio de uma expressão aproximada da curvatura na seção crítica.

De acordo com a NBR 6118 (ABNT, 2014), essa metodologia pode ser empregada apenas no cálculo de pilares com $\lambda \leq 90$, com seção constante e armadura simétrica e constante ao longo de seu eixo. Além disso, não é necessário conhecer a disposição das armaduras longitudinais. A equação do momento fletor final de segunda ordem nessa situação é descrita a seguir:

$$M_{d,tot} = \alpha_b M_{1d} + N_d \frac{l_e^2}{10} \frac{1}{r} \geq \begin{cases} M_{1d} \\ M_{1d,min} \end{cases} \tag{5.73}$$

Sendo a curvatura na seção crítica $1/r$ calculada na equação:

$$\frac{1}{r} = \frac{0.005}{h(v + 0.5)} \leq \frac{0.005}{h} \tag{5.74}$$

O parâmetro adimensional v é definido como:

$$v = \frac{N_d}{A_c f_{cd}} \tag{5.75}$$

Sendo A_c a área da seção transversal do pilar.

b) Método do pilar-padrão com rigidez κ aproximada

Segundo a NBR 6118 (ABNT, 2014), este método pode ser empregado nas mesmas condições do método com curvatura aproximada ($\lambda \leq 90$), porém a seção transversal deve ser retangular. As não linearidades são consideradas de forma análoga, porém a dedução das equações nesse caso é efetuada a partir de uma rigidez adimensional,

128   Pontes em concreto armado: análise e dimensionamento

enquanto no anterior era por meio da curvatura da seção crítica. Dessa forma, o momento fletor final de segunda ordem é definido como:

$$M_{d,tot} = \frac{\alpha_b M_{1d}}{1 - \frac{\lambda^2}{120\kappa/v}} \geq \begin{cases} M_{1d} \\ M_{1d,min} \end{cases} \tag{5.76}$$

A rigidez κ é caracterizada na Equação (5.77), enquanto o parâmetro v foi descrito na Equação (5.75).

$$\kappa = 32 \left(1 + 5 \frac{M_{d,tot}}{hN_d} \right) v \tag{5.77}$$

É possível determinar o valor do momento fletor final de segunda ordem a partir da equação do segundo grau a seguir:

$$19200M_{d,tot}^2 + (3840hN_d - \lambda^2 hN_d - 19200\alpha_b M_{1d})M_{d,tot}$$
$$-3840\alpha_b hN_d M_{1d} = 0 \tag{5.78}$$

Caso o índice de esbeltez seja superior a 90, torna-se necessário efetuar a análise local de segunda ordem de forma mais refinada e considerar o efeito da fluência conforme exposto no item 15.8.4 da NBR 6118 (ABNT, 2014).

c) Método do pilar-padrão acoplado a diagramas M, N, $1/r$

Para a NBR 6118 (ABNT, 2014), a determinação dos esforços locais de segunda ordem em pilares com $\lambda \leq 140$ pode ser feita pelo método do pilar-padrão ou pilar-padrão melhorado, utilizando-se para a curvatura da seção crítica os valores obtidos de diagramas M, N, $1/r$ específicos para o caso.

Em suma, aplica-se a mesma teoria da não linearidade geométrica dos métodos anteriores, porém a não linearidade física é tratada de forma mais refinada com as armaduras da seção transversal conhecidas previamente. Os momentos fletores finais de segunda ordem são determinados pela Equação (5.76), todavia a rigidez κ é obtida pela rigidez secante da seção transversal, definida no diagrama M, N, $1/r$.

$$\kappa = \frac{(EI)_{sec}}{A_c h^2 f_{cd}} \tag{5.79}$$

O efeito da fadiga pode ser considerado de forma aproximada a partir da imposição de uma excentricidade adicional e_{cc} nos esforços locais de segunda ordem, ou seja, o momento fletor de segunda ordem M_{2d} obtido na análise com os efeitos locais de segunda ordem é somado à parcela $e_{cc}N_d$. Portanto, pode ser determinado como:

$$e_{cc} = \left(\frac{M_{sg}}{N_{sg}} + e_a \right) \left(2.718^{\frac{\phi N_{sg}}{N_e - N_{sg}}} - 1 \right) \tag{5.80}$$

A carga crítica de Euller N_e é calculada como:

$$N_e = \frac{10 E_{ci} I_c}{l_e} \tag{5.81}$$

Sendo:

e_a = excentricidade devida às imperfeições locais;

M_{sg} e N_{sg} = esforços solicitantes devidos à combinação quase permanente;

ϕ = coeficiente de fluência, definido na Tabela 8.2 da NBR 6118 (ABNT, 2014).

A excentricidade devida às imperfeições locais pode ser calculada como:

$$e_a = \theta_1 \left(\frac{l}{2} \right) \tag{5.82}$$

O valor de θ_1 é determinado de forma análoga ao caso do desaprumo, porém utiliza-se a altura do lance do pilar l, conforme apontado a seguir:

$$\theta_{1min} = \frac{1}{300} \leq \theta_1 = \frac{1}{100\sqrt{l}} \leq \theta_{1max} = \frac{1}{200} \tag{5.83}$$

d) Método geral

O método geral consiste na análise não linear de segunda ordem efetuada com discretização adequada da barra, consideração da relação momento-curvatura real em cada seção e emprego da não linearidade geométrica de maneira não aproximada (ABNT, 2014). Portanto, é obrigatório seu uso quando $\lambda > 140$.

Por fim, **não** é permitido o uso de pilares com o índice de esbeltez superior a 200 ($\lambda > 200$), exceto nos casos em que estes são pouco comprimidos, obedecendo a relação $N_d \leq 0.1 f_{cd} A_c$, conforme definido na NBR 6118 (ABNT, 2014).

A Tabela 5.2 ilustra um resumo de utilização dos métodos para análise de efeitos locais de segunda ordem, desprezando a exceção de quando os pilares são pouco comprimidos. Sendo NLG as não linearidades geométricas e NLF as não linearidades físicas consideradas em cada modelo.

Tabela 5.2: Resumo dos métodos de análise dos efeitos locais de segunda ordem.

	Esbeltez	NLG	NLF	Cálculo	Armadura
Desprezar efeitos locais 2ª ordem	$\lambda \leq \lambda_1$	-	-	-	-
Pilar-padrão $1/r$ aprox.	$\lambda \leq 90$	Pilar-padrão	$\frac{1}{r} = \frac{0.005}{h(v+0.5)} \leq \frac{0.005}{h}$	Manual	Não conhecida
Pilar-padrão κ aprox.	$\lambda \leq 90$	Pilar-padrão	$\kappa = 32\left(1 + 5\frac{M_{d,tot}}{hN_d}\right)v$	Manual	Não conhecida
Pilar-padrão $M, N, 1/r$	$\lambda \leq 140$	Pilar-padrão	$\kappa = \frac{(EI)_{sec}}{A_c h^2 f_{cd}}$	Iterativo	Conhecida
Método geral	$\lambda \leq 200$	Iterativo	Iterativo	Iterativo	Conhecida

EXEMPLO 5.2: Utilize os dados do Exemplo 5.1 e determine:

a) os esforços finais de segunda ordem, utilizando o método do pilar-padrão com curvatura aproximada, que atuam na direção x;

b) os esforços finais de segunda ordem, utilizando o método do pilar-padrão com rigidez κ aproximada, que atuam na direção x.

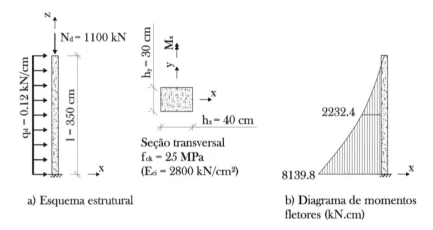

Figura 5.15: Figura do Exemplo 5.2.

SOLUÇÃO: É preciso determinar alguns parâmetros iniciais para solução do problema:

$$f_{cd} = \frac{f_{ck}}{\gamma_c} = \frac{25}{1.4} = 17.86\ MPa = 1.79\ \frac{kN}{cm^2} \tag{5.84}$$

$$A_c = h_x h_y = 30 \cdot 40 = 1200\ cm^2 \tag{5.85}$$

$$v = \frac{N_d}{A_c f_{cd}} = \frac{1100}{1200 \cdot 1.79} = 0.51 \tag{5.86}$$

O momento fletor mínimo de primeira ordem na direção x é calculado na continuidade:

$$M_{1d,min,x} = N_d \left(0.015 + 0.03 h_x\right) = 1100 \left(0.015 + 0.03 \cdot 40\right) = 1336.5 \text{ kNcm} \tag{5.87}$$

Portanto, os momentos fletores locais de primeira ordem são superiores aos mínimos na direção x, ou seja, não necessitam de correções.

$$M_{1d,x} = 8139.8 \ kNcm \geq M_{1d,min,x} = 1336.5 \text{ kNcm} \tag{5.88}$$

Verifica-se o índice de esbeltez na direção x por meio da Equação (5.89). Nota-se que o comprimento efetivo de flambagem na direção x é igual ao dobro do comprimento do pilar conforme apresentado na Figura 5.13.

$$l_{e,x} = 2l = 2 \cdot 350 = 700 \text{ cm} \tag{5.89}$$

$$\boxed{\lambda_x = \frac{3.46 \ l_{e,x}}{h_x} = \frac{3.46 \cdot 700}{40} = 60.6} \tag{5.90}$$

Na sequência, determina-se o valor-limite de esbeltez na direção x.

$$35 \leq \lambda_{1,x} = \frac{25 + 12.5(e_{1,x}/h_x)}{\alpha_{b,x}} \leq 90 \tag{5.91}$$

A excentricidade de primeira ordem na direção x é tomada como:

$$e_{1,x} = \frac{M_{1d,x}}{N_d} = \frac{8139.8}{1100} = 7.4 \text{ cm} \tag{5.92}$$

O parâmetro $\alpha_{b,x}$ na direção x para um pilar engastado é calculado pela Equação (5.93). Observa-se que $M_A = 8139.8$ kNcm e $M_C = 2232.4$ kNcm.

$$0.85 \leq \alpha_{b,x} = 0.8 + \frac{0.2 M_C}{M_A} \leq 1 \tag{5.93}$$

$$\alpha_{b,x} = 0.8 + \frac{0.2 \cdot 2232.4}{8139.8} = 0.85 \tag{5.94}$$

Então, o valor-limite de esbeltez na direção x é:

132   Pontes em concreto armado: análise e dimensionamento

$$\lambda_{1,x} = \frac{25 + 12.5(7.4/40)}{0.85} = 32.1 \geq 35 \tag{5.95}$$

$$\boxed{\lambda_{1,x} = 35} \tag{5.96}$$

Assim, o índice de esbeltez na direção x é superior ao valor-limite, tornando a análise local de segunda ordem necessária.

$$\boxed{\lambda_x = 60.6 > \lambda_{1,x} = 35} \tag{5.97}$$

a) **Método do pilar-padrão com curvatura aproximada**: a curvatura na direção x é expressa na continuidade.

$$\frac{1}{r_x} = \frac{0.005}{h_x(v + 0.5)} \leq \frac{0.005}{h_x} \tag{5.98}$$

$$\frac{1}{r_x} = \frac{0.005}{40(0.51 + 0.5)} = 1.24 \cdot 10^{-4} \leq \frac{0.005}{40} = 1.25 \cdot 10^{-4} \tag{5.99}$$

$$\frac{1}{r_x} = 1.24 \cdot 10^{-4} \tag{5.100}$$

Dessa forma, o momento final de segunda ordem na direção x é:

$$M_{d,tot,x} = \alpha_{b,x} M_{1d,x} + N_d \frac{l_{e,x}^2}{10} \frac{1}{r_x} \geq \begin{cases} M_{1d,x} \\ M_{1d,min,x} \end{cases} \tag{5.101}$$

$$M_{d,tot,x} = 0.85 \cdot 8139.8 + 1100 \cdot \frac{700^2}{10} \cdot 1.24 \cdot 10^{-4} \geq \begin{cases} 8139.8 \\ 1336.5 \end{cases} \tag{5.102}$$

$$M_{d,tot,x} = 13602.4 kNcm \geq \begin{cases} 8139.8 \ kNcm \\ 1336.5 \ kNcm \end{cases} \tag{5.103}$$

$$\boxed{M_{d,tot,x} = 13602.4 \ kNcm} \tag{5.104}$$

b) **Método do pilar-padrão com rigidez κ aproximada**: aplica-se a equação do segundo grau diretamente para determinação do momento fletor final de segunda ordem.

$$19200 M_{d,tot,x}^2 + (3840 h_x N_d - \lambda_x^2 h_x N_d - 19200 \alpha_{b,x} M_{1d,x}) M_{d,tot,x}$$
$$-3840 \alpha_{b,x} h_x N_d M_{1d,x} = 0 \tag{5.105}$$

$$19200 \cdot M_{d,tot,x}^2$$
$$+(3840 \cdot 40 \cdot 1100 - 60.6^2 \cdot 40 \cdot 1100 - 19200 \cdot 0.85 \cdot 8139.8)M_{d,tot,x} \qquad (5.106)$$
$$-3840 \cdot 0.85 \cdot 40 \cdot 1100 \cdot 8139.8 = 0$$

$$19200 \cdot M_{d,tot,x}^2 - 1.25465376 \cdot 10^8 \cdot M_{d,tot,x} - 1.17 \cdot 10^{12} = 0 \qquad (5.107)$$

$$\boxed{M_{d,tot,x} = 11726.7 \text{ kNcm}} \qquad (5.108)$$

Dessa forma, é possível avaliar que o método do pilar-padrão com rigidez κ fornece resultados mais conservadores e cabe ao projetista escolher o método a ser empregado. Essa situação se repete em todos os métodos de análise de efeitos locais de segunda ordem, ou seja, quanto mais simplificado for o método, mais conservadores são os resultados.

Referências e bibliografia recomendada

ABNT – ASSOCIAÇÃO BRASILEIRA DE NORMAS TÉCNICAS. *NBR 6118*. Projeto de estruturas de concreto – Procedimento. Rio de Janeiro, 2014.

BASTOS, P. S. S. *Notas de Aula*. Estruturas de Concreto II. Departamento de Engenharia Civil, Faculdade de Engenharia, Universidade Estadual Paulista. Bauru, 2017.

CARMO, R. M. S. *Efeitos de segunda ordem em edifícios usuais de concreto armado*. Dissertação de mestrado. Departamento de Engenharia de Estruturas, Escola de Engenharia de São Carlos, Universidade de São Paulo. São Paulo, 1995.

CARVALHO, R. C.; PINHEIRO, L. M. *Cálculo e Detalhamento de Estruturas Usuais de Concreto Armado*. 2. ed. São Paulo: Pini, 2014. v. 2.

KIMURA, A. *Informática Aplicada em Estruturas de Concreto Armado*. São Paulo: Pini, 2007.

MONCAYO, W. J. Z. *Análise de segunda ordem global em edifícios com estrutura de concreto armado*. Dissertação de mestrado. Departamento de Engenharia de Estruturas, Escola de Engenharia de São Carlos, Universidade de São Paulo. São Paulo, 2011.

PINTO, R. S. *Não-linearidade física e geométrica no projeto de edifícios usuais de concreto armado*. Dissertação de mestrado. Departamento de Engenharia de Estruturas, Escola de Engenharia de São Carlos, Universidade de São Paulo. São Paulo, 1997.

CAPÍTULO 6

Dimensionamento de pilares

Neste capítulo são introduzidos os conceitos básicos de dimensionamento de seções transversais submetidas à flexão composta oblíqua e as recomendações da NBR 6118 (ABNT, 2014) para detalhamento de pilares. Inicia-se com o estudo da flexão composta normal e, na sequência, mostra-se como a flexão composta oblíqua pode ser tratada a partir de simplificações da referida norma.

6.1 Flexão composta normal

A flexão composta normal (Figura 6.1a) é caracterizada por uma seção transversal que está submetida à força normal no centro de gravidade e ao momento fletor em um sentido, enquanto na flexão composta oblíqua (Figura 6.1b) existem, além da força normal, momentos fletores em dois sentidos.

Nota-se que o momento fletor atuante no eixo x $(M_{d,x})$ e o momento fletor atuante no eixo y $(M_{d,y})$ são comumente tratados de forma invertida, porém foi seguida essa metodologia por tornar a análise mais intuitiva. Além disso, nas situações de flexão composta normal é comum tratar $h_y = b$ e $h_x = h$.

O dimensionamento analítico das armaduras nessa condição é feito de forma análoga ao efetuado para flexão simples, todavia a seção pode ser tratada com armaduras assimétricas ou simétricas (com armaduras de compressão). São determinados três casos quando se trata de flexo-compressão (CAMPOS FILHO, 2014a):

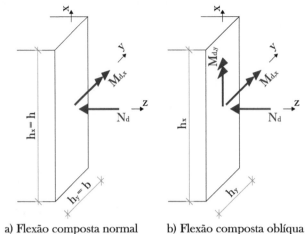

a) Flexão composta normal   b) Flexão composta oblíqua

Figura 6.1: Exemplo de seções submetidas a (a) flexão composta normal e (b) flexão composta oblíqua.

a) flexo-compressão com grande excentricidade: a seção transversal se encontra nos domínios 2 ou 3, somente sendo possível equilibrar os esforços solicitantes utilizando-se armaduras simples (de tração) ou duplas (de tração e compressão);

b) flexo-compressão com pequena excentricidade: a seção transversal se encontra nos domínios 4 ou 5, sendo possível equilibrar os esforços solicitantes utilizando-se apenas armaduras de compressão;

c) compressão composta: a seção transversal se encontra no domínio 5 (toda a seção está comprimida), englobando assim todos os casos em que são necessárias armaduras de compressão em ambas as faces.

É importante observar que existem situações em que não são necessárias armaduras para resistir aos esforços, ou seja, apenas o concreto consegue suportá-los. Quando se utilizam armaduras simétricas, a determinação da posição da linha neutra não é explícita, sendo necessário um processo iterativo. Campos Filho (2014) utiliza uma classificação para esses casos em função da excentricidade da carga normal e da posição da linha neutra:

a) caso 1: o esforço normal atua fora das duas armaduras;

b) caso 2: as armaduras longitudinais estão tracionadas em uma extremidade e comprimidas na outra;

c) caso 3: as armaduras estão comprimidas em ambas as faces e parte da seção transversal atinge o limite de plastificação $\alpha_c f_{cd}$;

d) caso 4: as armaduras estão comprimidas em ambas as faces e toda a seção transversal atinge o limite de plastificação $\alpha_c f_{cd}$.

Não é intuito deste material expor os equacionamentos para dimensionamento analítico da seção tracionada ou tratar a flexo-tração, uma vez que não é comum esse tipo de solicitação em pilares. Portanto, sugere-se a leitura de Campos Filho (2014a) para mais detalhes.

Assim, apresenta-se a metodologia de dimensionamento das armaduras longitudinais para seções submetidas à flexão composta normal por meio de ábacos. Estes foram criados por Venturini et al. (1987) e são amplamente utilizados no dimensionamento de pilares, em razão de serem simples e gerarem bons resultados. Dessa forma, a Figura 6.2 ilustra o esquema para uso dos ábacos. Destaca-se que são tratados os casos de armaduras simétricas e a resistência característica do concreto deve ser igual ou inferior a 50 MPa ($f_{ck} \leq 50$ MPa).

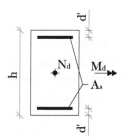

Figura 6.2: Esquema para utilização dos ábacos.

As equações para utilização dos ábacos são descritas na continuidade.

$$\nu = \frac{N_d}{A_c f_{cd}} \qquad (6.1)$$

Sendo:

ν = parâmetro de compressão adimensional utilizado nos ábacos;

N_d = força normal de cálculo atuante na seção transversal;

A_c = área da seção transversal;

f_{cd} = resistência à compressão de cálculo do concreto.

Então:

$$\mu = \frac{M_d}{A_c h f_{cd}} \qquad (6.2)$$

$$A_s = \frac{\omega A_c f_{cd}}{f_{yd}} \qquad (6.3)$$

Em que:

μ = parâmetro de flexão adimensional utilizado nos ábacos;

A_s = área de aço necessária na seção transversal para resistir ao momento fletor de cálculo M_d e à força normal N_d;

h = altura da seção transversal no sentido de atuação do momento fletor de cálculo M_d;

ω = parâmetro obtido nos ábacos para determinação da área de aço A_s;

f_{yd} = tensão de escoamento de cálculo das armaduras.

EXEMPLO 6.1: Utilize os resultados do Exemplo 5.2 (considere os valores obtidos no método do pilar-padrão com curvatura aproximada) e calcule a área de aço necessária para equilibrar a seção transversal submetida à flexão composta normal. A Figura 6.3 expõe os dados para solução da questão.

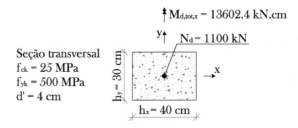

Figura 6.3: Dados para solução do Exemplo 6.1.

SOLUÇÃO: Inicialmente, determinam-se a área da seção transversal A_c, a resistência à compressão de cálculo do concreto f_{cd} e a tensão de escoamento de cálculo das armaduras f_{yd}:

$$A_c = h_x h_y = 30 \cdot 40 = 1200 \text{ cm}^2 \qquad (6.4)$$

$$f_{cd} = \frac{f_{ck}}{\gamma_c} = \frac{25}{1.4} = 17.86 \; MPa = 1.79 \; \frac{kN}{cm^2} \qquad (6.5)$$

$$f_{yd} = \frac{f_{yk}}{\gamma_s} = \frac{500}{1.15} = 434.8 \; MPa = 43.5 \; \frac{kN}{cm^2} \qquad (6.6)$$

Então, calculam-se os parâmetros adimensionais ν e μ_x. Note que está sendo utilizado o índice x para identificar que o momento fletor de cálculo utilizado está atuando no eixo x.

Dimensionamento de pilares   139

$$\nu = \frac{N_d}{A_c f_{cd}} = \frac{1100}{1200 \cdot 1.79} = 0.51 \tag{6.7}$$

$$\mu_x = \frac{M_{d,tot,x}}{A_c h_x f_{cd}} = \frac{13602.4}{1200 \cdot 40 \cdot 1.79} = 0.16 \tag{6.8}$$

Para escolha dos ábacos é preciso determinar a relação d'/h_x conforme exposto a seguir:

$$\frac{d'}{h_x} = \frac{4}{40} = 0.1 \tag{6.9}$$

Portanto, utiliza-se o ábaco A-2 adaptado de Venturini (1987) descrito no Apêndice D, conforme ilustrado na Figura 6.4. Logo, o valor encontrado para ω_x é:

$$\boxed{\omega_x = 0.2} \tag{6.10}$$

É possível observar que a seção transversal se encontra no domínio 4. A área de aço necessária para equilibrar os esforços solicitantes na seção transversal é calculada na continuidade:

$$\boxed{A_s = \frac{\omega_x A_c f_{cd}}{f_{yd}} = \frac{0.2 \cdot 1200 \cdot 1.79}{43.5} = 9.88 \text{ cm}^2} \tag{6.11}$$

Caso se utilizem armaduras com diâmetro ϕ_{adot} igual a 16 mm, então o número de barras n_b é calculado pela Equação (6.12), porém é preciso utilizar um número par, uma vez que as armaduras são simétricas.

$$n_b = A_s \left(\frac{4}{\pi \phi_{adot}^2} \right) = 9.88 \left(\frac{4}{\pi \cdot 1.6^2} \right) = 4.94 \text{ barras} \rightarrow \boxed{6\phi16} \tag{6.12}$$

Assim, são necessárias 3 barras com diâmetros iguais a 16 mm em cada face para resistir aos esforços. Na continuidade é apresentada a metodologia para solução do problema considerando a flexão composta oblíqua. É importante observar que no dimensionamento de pilares é obrigatória a verificação de momentos fletores mínimos em ambos os sentidos, ou seja, **sempre** é necessária a avaliação da seção transversal submetida à flexão composta oblíqua nesses elementos. Porém, ainda é comum o ensino de pilares consistir apenas de verificações de flexão composta normal em algumas situações específicas.

ÁBACO A-2

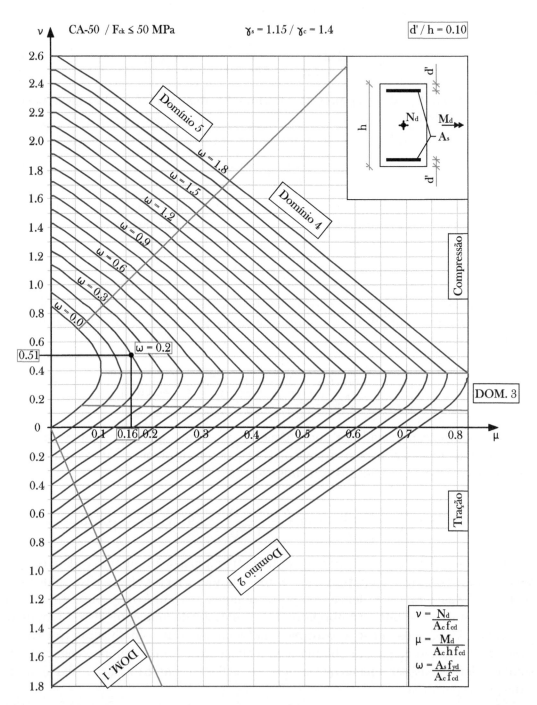

Figura 6.4: Aplicação do ábaco A-2 para solução do Exemplo 6.1. Fonte: adaptada de Venturini et al. (1987).

No ábaco A-2 (Figura 6.4) o eixo das abscissas (horizontal) representa os valores de μ, enquanto o eixo das ordenadas (vertical) indica os valores de ν. Além disso, o quadrante superior indica situações em que está atuando flexo-compressão na peça, ao passo que o inferior é utilizado quando a seção está submetida à flexo-tração. Por fim, o par ordenado μ_x e ν_x corta a curva que indica $\omega_x = \omega = 0.2$.

6.2 Flexão composta oblíqua

O dimensionamento analítico de seções submetidas à flexão composta oblíqua é complexo e exige o uso de métodos iterativos, gerando uma série de dificuldades. Isso acontece porque a posição da linha neutra não é perpendicular ao plano de solicitação e a profundidade da linha neutra não é de fácil obtenção. Sugere-se a leitura de Campos Filhos (2014b) para mais detalhes.

Assim, a NBR 6118 (ABNT, 2014) apresenta um processo aproximado para o dimensionamento de seções submetidas à flexão composta oblíqua, podendo ser aplicado nas situações de flexão oblíqua simples ou composta. A Figura 6.5a ilustra a função simplificada que representa a envoltória de resistência da seção transversal submetida à força axial N_d, enquanto a Figura 6.5b expõe um exemplo de obtenção dos esforços máximos N_d, $M_{d,tot,x}$ e $M_{d,tot,y}$ no pilar para verificação de ruptura.

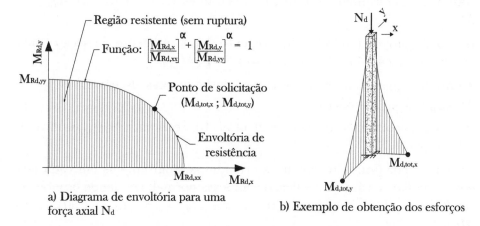

Figura 6.5: (a) Representação do processo simplificado para o dimensionamento de seções submetidas à flexão composta oblíqua descrito na NBR 6118 (ABNT, 2014) e (b) exemplo de obtenção dos esforços internos solicitantes máximos.

A função da envoltória de resistência do pilar é descrita como:

$$\left(\frac{M_{Rd,x}}{M_{Rd,xx}}\right)^\alpha + \left(\frac{M_{Rd,y}}{M_{Rd,yy}}\right)^\alpha = 1 \tag{6.13}$$

142   Pontes em concreto armado: análise e dimensionamento

Sendo:

$M_{Rd,x}$ e $M_{Rd,y}$ = componentes do momento resistente de cálculo em flexão oblíqua composta, segundo os dois eixos principais de inércia x e y da seção bruta, com um esforço normal resistente de cálculo N_{Rd} igual à normal solicitante N_{Sd} (esses são os valores que se deseja obter);

$M_{Rd,xx}$ e $M_{Rd,yy}$ = momentos resistentes de cálculo segundo cada um dos referidos eixos em flexão composta normal, com o mesmo valor de N_{Rd} (esses valores são calculados a partir do arranjo e da quantidade de armaduras em estudo);

α = expoente cujo valor depende de vários fatores, entre eles o valor da força normal, a forma da seção, o arranjo da armadura e de suas porcentagens. Em geral, pode ser adotado $\alpha = 1$ em favor da segurança. No caso de seções retangulares, pode-se adotar $\alpha = 1.2$.

É possível utilizar esse procedimento para dimensionamento de uma seção submetida à flexão composta oblíqua por meio dos ábacos de Venturini et al. (1987) que servem para flexão composta normal seguindo os passos a seguir:

passo 1: determinar os esforços solicitantes de cálculo N_d, $M_{d,tot,x}$ e $M_{d,tot,y}$;

passo 2: propor um valor de momento fletor resistente da seção transversal em função do solicitante $M_{Rd,xx} = \Gamma_x M_{d,tot,x}$;

passo 3: igualar os valores dos momentos fletores de cálculo $M_{Rd,y} = M_{d,tot,y}$ e $M_{Rd,x} = M_{d,tot,x}$;

passo 4: encontrar o valor do momento fletor resistente $M_{Rd,yy}$ utilizando a Equação (6.13);

passo 5: por fim, determinar as armaduras longitudinais em cada eixo com o auxílio dos ábacos de flexão composta normal, igualando os momentos fletores solicitantes com os resistentes $M_{d,tot,x} = M_{Rd,xx}$ e $M_{d,tot,y} = M_{Rd,yy}$.

Os valores dos coeficientes de amplificação dos momentos fletores são sugeridos em dois casos:

a) **Caso 1**: quando $\frac{\mu_{i,x}}{\mu_{i,y}} \geq 1$ e $\alpha = 1.2$,

$$\Gamma_x = 0.94 + 0.84 \left(\frac{\mu_{i,x}}{\mu_{i,y}} \right)^{-1.1} \leq 1.05 \qquad (6.14)$$

Dimensionamento de pilares 143

$$\Gamma_y = \frac{1}{\sqrt[\alpha]{1 - \left(\frac{1}{\Gamma_x}\right)^\alpha}} \tag{6.15}$$

b) **Caso 2:** quando $\frac{\mu_{i,y}}{\mu_{i,x}} > 1$ e $\alpha = 1.2$,

$$\Gamma_y = 0.94 + 0.84 \left(\frac{\mu_{i,y}}{\mu_{i,x}}\right)^{-1.1} \le 1.05 \tag{6.16}$$

$$\Gamma_x = \frac{1}{\sqrt[\alpha]{1 - \left(\frac{1}{\Gamma_y}\right)^\alpha}} \tag{6.17}$$

Em que:

$$\mu_{i,x} = \frac{M_{d,tot,x}}{A_c h_x f_{cd}} \tag{6.18}$$

$$\mu_{i,y} = \frac{M_{d,tot,y}}{A_c h_y f_{cd}} \tag{6.19}$$

Dessa forma, determinam-se separadamente os parâmetros μ_x e μ_y a partir dos coeficientes de amplificação.

$$\mu_x = \Gamma_x \mu_{i,x} \tag{6.20}$$

$$\mu_y = \Gamma_y \mu_{i,y} \tag{6.21}$$

EXEMPLO 6.2: Dimensione e detalhe a seção transversal da Figura 6.6 que está submetida à flexão composta oblíqua. Utilize a simplificação da NBR 6118 (ABNT, 2014) e os dados do Exemplo 6.1.

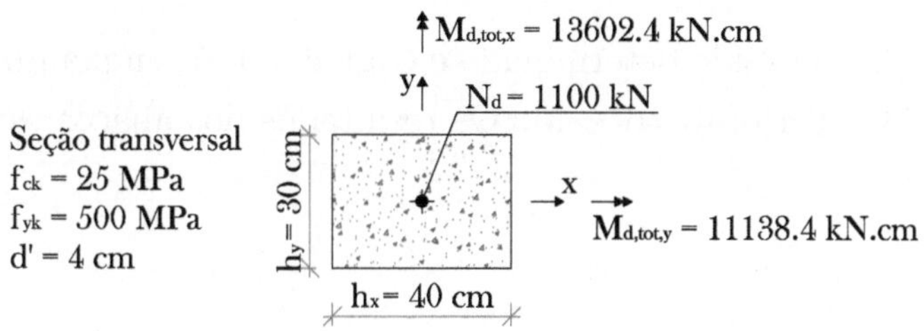

Figura 6.6: Dados para solução do Exemplo 6.2.

144   Pontes em concreto armado: análise e dimensionamento

SOLUÇÃO: Inicialmente, calculam-se os parâmetros $\mu_{i,x}$ e $\mu_{i,y}$.

$$\mu_{i,x} = \frac{M_{d,tot,x}}{A_c h_x f_{cd}} = \frac{13602.4}{1200 \cdot 40 \cdot 1.79} = 0.158 \tag{6.22}$$

$$\mu_{i,y} = \frac{M_{d,tot,y}}{A_c h_y f_{cd}} = \frac{11138.4}{1200 \cdot 30 \cdot 1.79} = 0.173 \tag{6.23}$$

Na sequência, determinam-se os parâmetros Γ_x e Γy. Todavia, como $\frac{\mu_{i,y}}{\mu_{i,x}} > 1$, é calculado Γy.

$$\Gamma_y = 0.94 + 0.84 \left(\frac{\mu_{i,y}}{\mu_{i,x}}\right)^{-1.1} = 0.94 + 0.84 \left(\frac{0.173}{0.158}\right)^{-1.1} = 1.7 \leq 1.05 \tag{6.24}$$

$$\Gamma_y = 1.7 \tag{6.25}$$

Portanto, considera-se $\alpha = 1.2$, uma vez que a seção é retangular.

$$\Gamma_x = \frac{1}{\sqrt[\alpha]{1 - \left(\frac{1}{\Gamma_y}\right)^\alpha}} \tag{6.26}$$

$$\Gamma_x = \frac{1}{\sqrt[1.2]{1 - \left(\frac{1}{1.7}\right)^{1.2}}} = 1.87 \tag{6.27}$$

Na continuidade são obtidos os coeficientes μ_x e μ_y para serem empregados nos ábacos.

$$\mu_x = \Gamma_x \mu_{i,x} = 1.87 \cdot 0.158 = 0.3 \tag{6.28}$$

$$\mu_y = \Gamma_y \mu_{i,y} = 1.7 \cdot 0.173 = 0.3 \tag{6.29}$$

O valor de ν já havia sido determinado e é igual a 0.51, enquanto $\frac{d'}{h_x} = 0.1$ (ábaco A-2) e $\frac{d'}{h_y} = 0.133 \approx 0.15$ (ábaco A-3). Os resultados dos ábacos estão descritos nas Figuras 6.7 e 6.8.

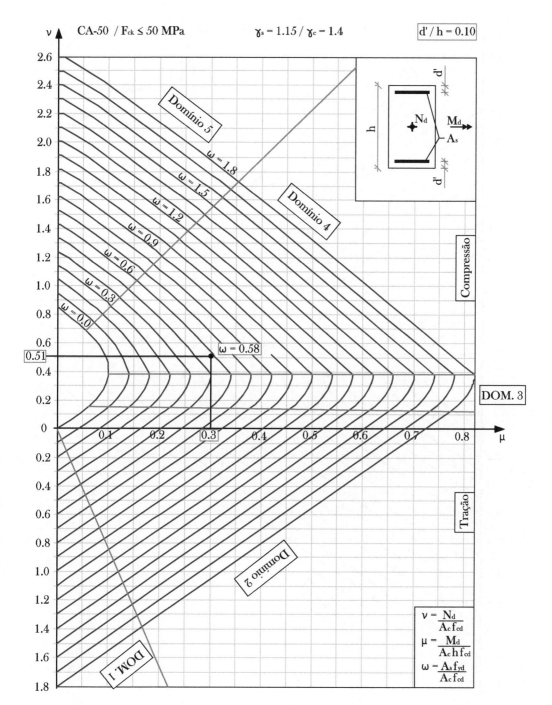

Figura 6.7: Aplicação do ábaco A-2 para solução do Exemplo 6.2 na direção x. Fonte: adaptada de Venturini et al. (1987).

ÁBACO A-3

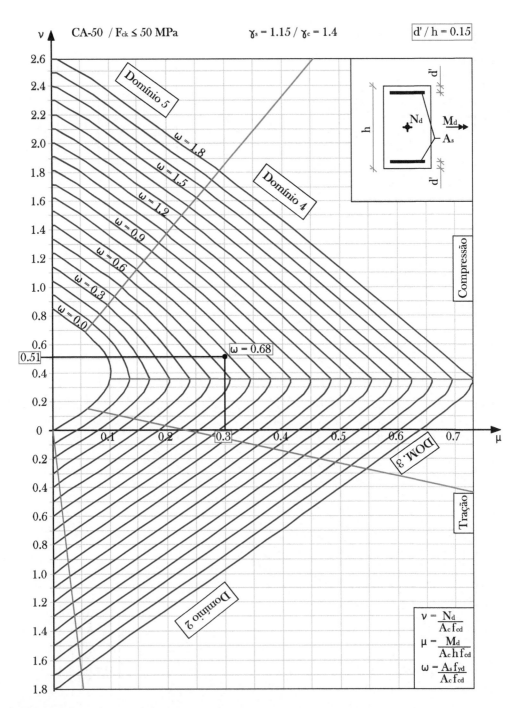

Figura 6.8: Aplicação do ábaco A-3 para solução do Exemplo 6.2 na direção y. Fonte: adaptada de Venturini et al. (1987).

As armaduras longitudinais necessárias nas direções x e y são logradas em função dos valores de ω_x e ω_y fornecidos nos ábacos.

$$\boxed{A_{s,x} = \frac{\omega_x A_c f_{cd}}{f_{yd}} = \frac{0.58 \cdot 1200 \cdot 1.79}{43.5} = 28.6 \text{ cm}^2} \quad (6.30)$$

$$\boxed{A_{s,y} = \frac{\omega_y A_c f_{cd}}{f_{yd}} = \frac{0.68 \cdot 1200 \cdot 1.79}{43.5} = 33.6 \text{ cm}^2} \quad (6.31)$$

Logo, é possível traçar o diagrama de envoltória do pilar (Figura 6.9) para o arranjo das armaduras longitudinais descrito na Figura 6.10.

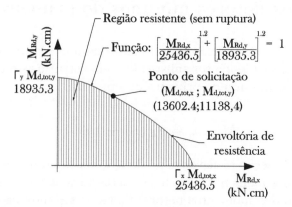

Figura 6.9: Diagrama de envoltória do pilar do Exemplo 6.2.

Posto isso, adotando o diâmetro das armaduras longitudinais como $\phi_{adot} = 25$ mm, obtêm-se os números de barras a seguir:

$$n_{b,x} = A_{s,x} \left(\frac{4}{\pi \phi_{adot}^2} \right) = 28.6 \left(\frac{4}{\pi \cdot 2.5^2} \right) = 5.83 \text{ barras} \rightarrow \boxed{6\phi25} \quad (6.32)$$

$$n_{b,y} = A_{s,y} \left(\frac{4}{\pi \phi_{adot}^2} \right) = 33.6 \left(\frac{4}{\pi \cdot 2.5^2} \right) = 6.85 \text{ barras} \rightarrow \boxed{8\phi25} \quad (6.33)$$

Portanto, é possível observar que as armaduras nos cantos da seção transversal resistem aos esforços em ambas as direções, ou seja, são necessárias ao todo 10 barras de 25 mm, conforme apresentado na Figura 6.10.

É importante observar que os ábacos adotados não consideram as armaduras no outro sentido contribuindo, ou seja, as armaduras $A_{s,x}$ resistem apenas ao momento fletor de cálculo $M_{d,tot,x}$ e na direção y analogamente. Esses resultados são mais conservadores. Além disso, devem ser avaliadas as taxas máximas e mínimas de armaduras longitudinais como a seguir.

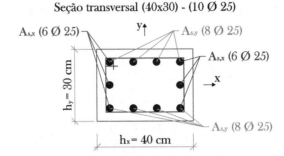

Figura 6.10: Detalhamento da seção transversal do Exemplo 6.2.

6.3 Momentos fletores mínimos de primeira ordem

Na NBR 6118 (ABNT, 2014) está determinado que o efeito das imperfeições locais em pilares e pilares-parede pode ser substituído, em estruturas reticuladas, pela consideração do momento mínimo de primeira ordem, dado como:

$$M_{1d,min} = N_d \left(1.5 + 0.03h\right) \tag{6.34}$$

Sendo h a altura da seção transversal na direção considerada, expressa em centímetros. Observe que esses momentos devem ser acrescidos aos efeitos locais de segunda ordem para obtenção dos momentos fletores finais de segunda ordem, conforme descrito no capítulo anterior. Para pilares retangulares, pode-se definir uma envoltória mínima de primeira ordem, tomada em favor da segurança, conforme ilustrado na Figura 6.11.

6.4 Detalhamento

Nesta seção são descritas algumas verificações que devem ser efetuadas segundo a NBR 6118 (ABNT, 2014) para o dimensionamento de pilares.

6.4.1 Coeficientes de segurança para pilares esbeltos

De acordo com a NBR 6118 (ABNT, 2014), a seção transversal de pilares e pilares-parede maciços, qualquer que seja a sua forma, não pode apresentar dimensão menor que 19 cm. Todavia, em casos especiais, permite-se a consideração de dimensões entre 19 cm e 14 cm, desde que se multipliquem os esforços solicitantes de cálculo considerados no dimensionamento por um coeficiente adicional γ_n.

$$\gamma_n = 1.95 - 0.05b \geq 1 \tag{6.35}$$

Sendo b a menor dimensão da seção transversal h_x ou h_y, expressa em centímetros.

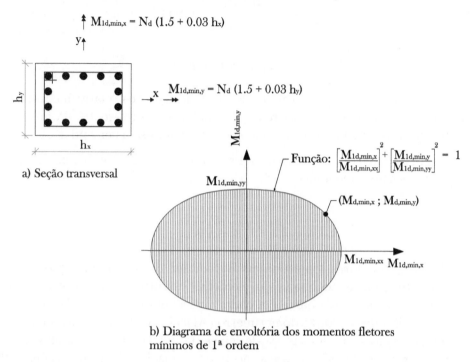

a) Seção transversal

b) Diagrama de envoltória dos momentos fletores mínimos de 1ª ordem

Figura 6.11: Envoltória dos momentos fletores mínimos de primeira ordem.

6.4.2 Dimensões mínimas

Segundo a NBR 6118 (ABNT, 2014), não é possível em nenhuma circunstância adotar uma dimensão da seção transversal do pilar inferior a 14 cm. Além disso, a área da seção transversal deve ser no mínimo igual a 360 cm^2.

De acordo com a NBR 7187 (ABNT, 2003), norma específica para pontes, a menor dimensão transversal dos pilares maciços não deve ser inferior a 40 cm nem a 1/25 de sua altura livre. No caso de pilares com seção transversal celular, a espessura das paredes não deve ser inferior a 20 cm. Quando a execução desses pilares for prevista com a utilização do sistema de fôrmas deslizantes, deve-se aumentar a espessura mínima das paredes para 25 cm, por meio de acréscimos nos cobrimentos de 2.5 cm, não sendo permitido considerar tais acréscimos no dimensionamento.

6.4.3 Diâmetros e taxas de aço mínimos

As áreas de aço máximas e mínimas das armaduras longitudinais dos pilares são determinadas a partir das equações a seguir.

150   Pontes em concreto armado: análise e dimensionamento

$$A_{s,min} = \frac{0.15N_d}{f_{yd}} \geq 0.004A_c \tag{6.36}$$

$$A_{s,max} = 0.08A_c \tag{6.37}$$

A área de aço máxima das armaduras longitudinais dos pilares inclui a sobreposição das barras na região das emendas. Na prática, utiliza-se 4% da área da seção transversal para as áreas de aço máximas, desprezando-se as emendas.

A NBR 6118 (ABNT, 2014) determina que o diâmetro das barras longitudinais (ϕ_l) respeite a seguinte condição:

$$\phi_l = \begin{cases} \geq 10 \text{ mm} \\ \leq b/8 \end{cases} \tag{6.38}$$

Por fim, as armaduras longitudinais devem ser dispostas na seção transversal, garantindo a resistência adequada do elemento estrutural. Em seções poligonais, deve existir pelo menos uma barra em cada vértice; em seções circulares, no mínimo seis barras distribuídas ao longo do perímetro (ABNT, 2014). O espaçamento máximo entre eixos das barras, ou de centros de feixes de barras, deve ser menor ou igual a duas vezes a menor dimensão da seção no trecho considerado, sem exceder 400 mm.

6.4.4   Armaduras transversais

As armaduras transversais de pilares, constituídas por estribos e, quando for o caso, grampos suplementares, devem ser posicionadas em toda a altura do pilar, sendo obrigatória a colocação na região de cruzamento com vigas e lajes (ABNT, 2014). É esse o motivo pelo qual vigas e lajes possuem estribos verticais apenas ao longo do vão livre.

É importante observar que usualmente os esforços cortantes nos pilares são desprezíveis, todavia, quando a estrutura está submetida a terremotos, as armaduras transversais são imprescindíveis no combate aos esforços cortantes nos pilares e exigem cuidados especiais no seu detalhamento.

O diâmetro (ϕ_t) mínimo das armaduras transversais nos pilares deve obedecer à relação (ABNT, 2014):

$$\phi_t \geq \begin{cases} 5 \text{ mm} \\ \phi_l/4 \end{cases} \tag{6.39}$$

O espaçamento longitudinal entre estribos (s_{max}), medido na direção do eixo do pilar para garantir o posicionamento, impedir a flambagem das barras longitudinais e garantir a costura das emendas de barras longitudinais nos pilares usuais, deve ser igual ou inferior ao menor dos seguintes valores:

$$s_{max} \leq \begin{cases} 20 \text{ cm} \\ b \\ 12\phi_l \end{cases} \quad (6.40)$$

Usualmente, adota-se o espaçamento máximo entre os estribos e o diâmetro mínimo para o detalhamento desses elementos ao longo do pilar.

6.4.5 Proteção contra flambagem das barras

Segundo a NBR 6118 (ABNT, 2014), sempre que houver possibilidade de flambagem das barras das armaduras longitudinais situadas junto à superfície do elemento estrutural, devem ser tomadas precauções para evitá-la. Os estribos poligonais garantem que não ocorra flambagem das barras longitudinais situadas em seus cantos e daquelas por eles abrangidas, situadas no máximo à distância de 20 ϕ_t do canto, se nesse trecho de comprimento 20 ϕ_t não houver mais de duas barras (não contando a de canto). Quando houver mais de duas barras nesse trecho ou barra fora dele, deve haver estribos suplementares.

A Figura 6.12 ilustra um exemplo de aplicação dos estribos suplementares ao longo da seção transversal. Estes são usualmente colocados com o mesmo espaçamento dos estribos.

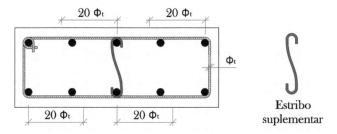

Figura 6.12: Exemplo de aplicação dos estribos suplementares. Fonte: adaptada de Bastos (2017).

Referências e bibliografia recomendada

ABNT – ASSOCIAÇÃO BRASILEIRA DE NORMAS TÉCNICAS. *NBR 7187*. Projeto de pontes de concreto armado e de concreto protendido – Procedimento. Rio de Janeiro, 2003.

ABNT – ASSOCIAÇÃO BRASILEIRA DE NORMAS TÉCNICAS. *NBR 6118*. Projeto de estruturas de concreto – Procedimento. Rio de Janeiro, 2014.

BASTOS, P. S. S. *Notas de Aula*. Estruturas de Concreto II. Departamento de Engenharia Civil, Faculdade de Engenharia, Universidade Estadual Paulista. Bauru, 2017.

CAMPOS FILHO, A. *Notas de Aula*. Dimensionamento de Seções Retangulares de Concreto Armado à Flexão Composta Normal. Departamento de Engenharia Civil, Escola de Engenharia, Universidade Federal do Rio Grande do Sul. Porto Alegre, 2014a.

CAMPOS FILHO, A. *Notas de Aula*. Dimensionamento e Verificação de Seções Poligonais de Concreto Armado Submetidas à Flexão Composta Oblíqua. Departamento de Engenharia Civil, Escola de Engenharia, Universidade Federal do Rio Grande do Sul. Porto Alegre, 2014b.

CARVALHO, R. C.; PINHEIRO, L. M. *Cálculo e Detalhamento de Estruturas Usuais de Concreto Armado*. Vol. 2. 2. ed. São Paulo: Pini, 2014.

VENTURINI, W. S.; ANDRADE, J. R. L.; RODRIGUES, R. O. *Dimensionamento de Peças Retangulares de Concreto Armado Solicitadas à Flexão Reta*. Escola de Engenharia de São Carlos, Universidade de São Paulo. São Carlos, 1987.

CAPÍTULO 7

Dimensionamento de aparelhos de apoio

Este capítulo explicita o roteiro de dimensionamento de aparelhos de apoio elastoméricos simples e fretados de acordo com a NBR 9062 (ABNT, 2017). Para tal, foram realizadas pesquisas em outros materiais sobre o tema, como as de Marchetti (2008) e El Debs (2017). A Figura 7.1 ilustra a geometria dos aparelhos de apoio elastoméricos simples e com chapas de aço.

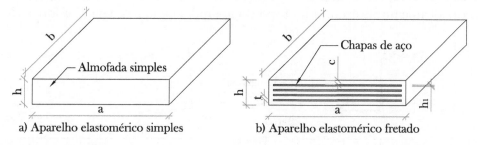

a) Aparelho elastomérico simples b) Aparelho elastomérico fretado

Figura 7.1: Caracterização geométrica dos aparelhos de apoio elastoméricos (a) simples e (b) fretados.

Dessa forma, as dimensões descritas na figura anterior são:

a = largura do aparelho de apoio;

b = comprimento do aparelho de apoio;

h = altura total do aparelho de apoio;

h_1 = espessura das chapas de aço;

t = espessura das camadas de neoprene entre as chapas de aço;

c = recobrimento lateral das chapas de aço (recomenda-se um valor mínimo de 2.5 cm).

Além desses parâmetros, é preciso determinar as forças verticais e horizontais que atuam no aparelho e os ângulos de rotação das longarinas sobre a almofada para cargas permanentes e acidentais. O módulo de elasticidade transversal depende da dureza Shore do elastômero (Tabela 1.4) e a tensão de escoamento das chapas dependem do tipo de aço adotado.

As verificações para os aparelhos de apoio são:

a) deformação por cisalhamento;
b) tensões normais;
c) tensões de cisalhamento;
d) recalque por deformação;
e) espessura mínima e estabilidade;
f) segurança contra o deslizamento;
g) levantamento da borda menos carregada;
h) chapas de aço.

Posto isso, os tópicos a seguir tratam do roteiro de dimensionamento necessário para projetar aparelhos de apoio elastoméricos. A Figura 7.2 demonstra os parâmetros necessários para as verificações, em que N é a força vertical atuante, H é a força horizontal atuante, θ é o ângulo de rotação das longarinas nos apoios (Figura 4.2) e a_h é o deslocamento horizontal no topo do aparelho de apoio devido à força H.

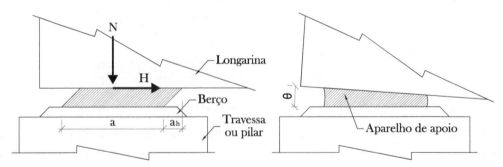

Figura 7.2: Parâmetros referentes ao dimensionamento dos elastômeros.

7.1 Verificação de deformação por cisalhamento

A verificação de deformação por cisalhamento é satisfeita quando a Equação (7.1) for respeitada.

$$tg(\gamma) = \frac{a_h}{h} \leq 0.5 \tag{7.1}$$

Em que γ é o ângulo de distorção devido aos esforços horizontais. Para tal, é preciso determinar o deslocamento horizontal a_h devido às forças horizontais.

a) Aparelho de apoio elastomérico simples

Para almofadas de neoprene sem chapas de reforço, o deslocamento a_h é exposto a seguir.

$$a_h = \frac{(H_g + 0.5H_q)h}{G\,a\,b} \tag{7.2}$$

Sendo:

H_g = força horizontal atuante devida às cargas permanentes;

H_q = força horizontal devida às cargas acidentais (frenagem e/ou aceleração, vento, sismos, impactos laterais e outras);

G = módulo de elasticidade transversal do aparelho de apoio (Tabela 1.4).

b) Aparelho de apoio elastomérico fretado

Para almofadas de neoprene com chapas de reforço, o deslocamento a_h é descrito em Marchetti (2008).

$$a_h = \frac{(H_g + 0.5H_q)n\,t}{G(a - 2c)(b - 2c)} \tag{7.3}$$

Sendo n o número de chapas de aço.

7.2 Verificação das tensões normais

As tensões normais máximas e mínimas atuantes nos aparelhos de apoio são limitadas a partir das recomendações da NBR 9062 (ABNT, 2017) e variam a depender do tipo de aparelho elastomérico utilizado.

156   Pontes em concreto armado: análise e dimensionamento

a) Aparelho de apoio elastomérico simples

As verificações das tensões máximas para almofadas de neoprene simples são dadas nas Equações (7.4) e (7.5), ou seja, devem ser calculadas para os esforços permanentes e totais e, assim, adota-se o maior valor encontrado dentre as duas situações, devendo este ser inferior a 7 MPa.

$$\sigma'_{max} = \frac{N_{min}}{A'} = \frac{N_g}{A'} \leq 7\,\text{MPa} \tag{7.4}$$

$$\sigma'_{max} = \frac{N_{max}}{A'} = \frac{N_g + N_q}{A'} \leq 7\,\text{MPa} \tag{7.5}$$

Sendo:

N_g = forças verticais devidas às cargas permanentes;

N_q = forças verticais devidas às cargas acidentais;

A' = área de contato reduzida do aparelho de apoio, Equação (7.6);

σ'_{max} = tensões normais máximas atuantes no aparelho de apoio.

A área de contato reduzida do aparelho de apoio é determinada na continuidade, porém, para o caso de N_{max}, adota-se o valor de a_h encontrado na Equação (7.2). Todavia, para os valores de tensões máximas com N_{min}, emprega-se o valor de a_h com $H_q = 0$ a partir da mesma formulação.

$$A' = (a - a_h)b \tag{7.6}$$

As tensões normais mínimas σ'_{min} também precisam ser verificadas conforme expressa a Equação (7.7).

$$\sigma'_{min} = \frac{N_{min}}{A'} = \frac{N_g}{A'} \geq \left(1 + \frac{a}{b}\right)\text{MPa} \tag{7.7}$$

b) Aparelho de apoio elastomérico fretado

As equações são similares, porém o limite é determinado em função da menor dimensão do aparelho de apoio, segundo a NBR 9062 (ABNT, 2017).

$$\sigma'_{max} = \frac{N_{min}}{A'} = \frac{N_g}{A'} \leq \begin{cases} 8\,\text{MPa} & \text{para } a \leq 15\,\text{cm} \\ 11\,\text{MPa} & \text{para } 15\,\text{cm} < a \leq 20\,\text{cm} \\ 12.5\,\text{MPa} & \text{para } 20\,\text{cm} < a \leq 30\,\text{cm} \\ 15\,\text{MPa} & \text{para } a > 30\,\text{cm} \end{cases} \tag{7.8}$$

$$\sigma'_{max} = \frac{N_{max}}{A'} = \frac{N_g + N_q}{A'} \leq \begin{cases} 8 \text{ MPa para } a \leq 15 \text{ cm} \\ 11 \text{ MPa para } 15 \text{ cm} < a \leq 20 \text{ cm} \\ 12.5 \text{ MPa para } 20 \text{ cm} < a \leq 30 \text{ cm} \\ 15 \text{ MPa para } a > 30 \text{ cm} \end{cases} \quad (7.9)$$

A área de contato reduzida também segue o mesmo roteiro do caso com almofadas simples, ou seja, para o cálculo de a_h nas tensões com N_{max} emprega-se a Equação (7.3), enquanto nas tensões com N_{min} utiliza-se $H_q = 0$.

$$A' = (a - a_h - 2c)(b - 2c) \quad (7.10)$$

As tensões normais mínimas σ'_{min} são avaliadas conforme expressa a Equação (7.11).

$$\sigma'_{min} = \frac{N_{min}}{A'} = \frac{N_g}{A'} \geq 2 \text{ MPa} \quad (7.11)$$

7.3 Verificação das tensões de cisalhamento

As verificações das tensões de cisalhamento no elastômero são realizadas conforme apresentado na sequência.

$$\tau = \tau_N + \tau_H + \tau_\theta \leq 5G \quad (7.12)$$

Em que:

τ = tensões cisalhantes totais atuantes no elastômero;

τ_N = tensões cisalhantes atuantes no elastômero devidas às forças N;

τ_H = tensões cisalhantes atuantes no elastômero devidas às forças H;

τ_θ = tensões cisalhantes atuantes no elastômero devidas à rotação θ.

a) Aparelho de apoio elastomérico simples

Para os aparelhos de apoio elastoméricos simples, as equações são destacadas a seguir.

$$\tau_N = \frac{1.5 \left(H_g + 1.5 H_q \right)}{S \, a \, b} \geq \frac{1.5 H_g}{S \, a \, b} \quad (7.13)$$

Em que S é um fator de forma determinado na Equação (7.14).

158   Pontes em concreto armado: análise e dimensionamento

$$S = \frac{a\,b}{2h\,(a+b)} \tag{7.14}$$

As demais tensões são calculadas nas Equações (7.15) e (7.16).

$$\tau_H = \frac{H_g + 0.5H_q}{a\,b} \geq \frac{H_g}{a\,b} \tag{7.15}$$

$$\tau_\theta = \frac{G\,a^2}{2h^2}\left[tg(\theta_g) + 1.5tg(\theta_q) + tg(\theta_0)\right] \geq \frac{G\,a^2}{2h^2}tg(\theta_g) \tag{7.16}$$

As variáveis são detalhadas a seguir.

θ_g = ângulo de rotação das longarinas sobre os aparelhos de apoio devida às cargas permanentes;

θ_q = ângulo de rotação das longarinas sobre os aparelhos de apoio devida às cargas acidentais;

θ_0 = rotação inicial devida à imprecisão de montagem, para a qual recomenda-se o valor de 0.01 rad quando os elementos forem pré-moldados.

b) Aparelho de apoio elastomérico fretado

As equações são similares às anteriores com alguns ajustes:

$$\tau_N = \frac{1.5\,(H_g + 1.5H_q)}{S\,(a-2c)\,(b-2c)} \geq \frac{1.5H_g}{S\,(a-2c)\,(b-2c)} \tag{7.17}$$

O fator de forma é dado por:

$$S = \frac{(a-2c)\,(b-2c)}{2t\,[(a-2c)+(b-2c)]} \tag{7.18}$$

As tensões de cisalhamento devidas às forças horizontais e às rotações são descritas nas Equações (7.19) e (7.20).

$$\tau_H = \frac{H_g + 0.5H_q}{(a-2c)(b-2c)} \geq \frac{H_g}{(a-2c)(b-2c)} \tag{7.19}$$

$$\tau_\theta = \frac{G(a-2c)^2}{2t\,h}\left[tg(\theta_g) + 1.5tg(\theta_q) + tg(\theta_0)\right] \geq \frac{G(a-2c)^2}{2t\,h}tg(\theta_g) \tag{7.20}$$

7.4 Verificação dos recalques por deformação

Nesta seção são avaliadas as deformações por compressão (afundamento) geradas pelas cargas verticais. Assim, a NBR 9062 (ABNT, 2017) declara que a deformação por compressão em serviço $\frac{\Delta h}{h}$ pode ser limitada a 15%, recomendando-se utilizar nessa verificação valores experimentais em função da dureza e do fator de forma.

a) Aparelho de apoio elastomérico simples

É possível efetuar essa verificação simplificadamente em aparelhos de apoio elastoméricos simples a partir da Equação (7.21).

$$\frac{\Delta h}{h} = \frac{\sigma'_{max}}{4GS + 3\sigma'_{max}} \leq 0.15 \tag{7.21}$$

O fator de forma S é calculado pela Equação (7.14), e as tensões máximas σ'_{max}, a partir do maior valor encontrado pelas Equações (7.4) e (7.5).

b) Aparelho de apoio elastomérico fretado

No caso de aparelhos de apoio elastoméricos com reforço de chapas metálicas, Marchetti (2008) sugere a utilização da Equação (7.22) com o limite de 25% da deformação, todavia foi utilizado o valor recomendado pela NBR 9062 (ABNT, 2017).

$$\frac{\Delta h}{h} = \frac{(n-1)\,t + 2\,c}{h}\frac{\sigma'_{max}}{4GS + 3\sigma'_{max}} \leq 0.15 \tag{7.22}$$

Adota-se o fator de forma encontrado na Equação (7.18) e o valor das tensões normais máximas como o maior obtido entre as Equações (7.8) e (7.9).

7.5 Verificação de espessura mínima e estabilidade

Marchetti (2008) sugere que a altura do aparelho de apoio h para almofadas simples seja superior ao exposto na Equação (7.23) e que para almofadas fretadas seja satisfeita a Equação (7.24).

$$h > \frac{a - a_h}{10} \tag{7.23}$$

$$h > \frac{a - 2c - a_h}{10} \tag{7.24}$$

160   Pontes em concreto armado: análise e dimensionamento

A verificação de estabilidade é dispensada quando as Equações (7.25) e (7.26) são satisfeitas para aparelhos de apoio elastoméricos simples e fretados, respectivamente.

$$h < \frac{a}{5} \tag{7.25}$$

$$h < \frac{a - 2c}{5} \tag{7.26}$$

Caso $h \geq \frac{a}{5}$ em almofadas simples ou $h \geq \frac{a-2c}{5}$ em aparelhos com chapas de aço, as formulações a seguir devem ser respeitadas para aparelhos de apoio simples, Equação (7.27), e fretados, Equação (7.28).

$$\sigma'_{max} < \frac{2a}{3h} GS \tag{7.27}$$

$$\sigma'_{max} < \frac{2(a - 2c)}{3h} GS \tag{7.28}$$

Para o caso de aparelhos de apoio simples, o fator de forma S é calculado pela Equação (7.14) e as tensões máximas σ'_{max} a partir do maior valor encontrado pelas Equações (7.4) e (7.5). Para os fretados, adota-se o fator de forma encontrado na Equação (7.18) e o valor das tensões normais máximas como o maior obtido entre as Equações (7.8) e (7.9).

7.6   Verificação de segurança contra o deslizamento

Em relação ao deslizamento do aparelho de apoio, a NBR 9062 (ABNT, 2017) declara que o deslizamento da almofada pode ser impedido fixando-se os limites impostos na sequência.

$$H_g < \mu N_{min} = \mu N_g \tag{7.29}$$

$$H_g + H_q < \mu N_{max} = \mu(N_g + N_q) \tag{7.30}$$

Sendo μ o coeficiente de atrito, calculado a seguir, porém o valor das tensões máximas deve ser expresso em MPa.

$$\mu = 0.1 + \frac{0.6}{\sigma'_{max}} \tag{7.31}$$

O valor das tensões máximas normais σ'_{max} para almofadas simples é o maior dentre os obtidos nas Equações (7.4) e (7.5), enquanto para as fretadas é o maior entre os logrados nas Equações (7.8) e (7.9).

Caso as equações anteriores não sejam respeitadas, devem-se empregar mecanismos alternativos de ancoragem das borrachas nos elementos de suporte.

7.7 Verificação de levantamento da borda menos carregada

As condições de levantamento da borda menos carregada são descritas na NBR 9062 (ABNT, 2017), para as quais devem ser avaliadas as tangentes das rotações devidas às cargas permanentes e acidentais.

a) Aparelho de apoio elastomérico simples

Para os aparelhos de apoio elastomérico simples, as verificações a seguir devem ser satisfeitas.

$$tg(\theta_g) < \frac{2}{a} \left(\frac{h\sigma_g}{10\,GS + 2\sigma_g} \right) \qquad (7.32)$$

Sendo:

σ_g = tensões normais devidas às cargas permanentes, Equação (7.33);

σ_t = tensões normais devidas às cargas totais, Equação (7.35).

As tensões normais devidas às cargas permanentes são calculadas a seguir, sendo o valor de a_h determinado a partir da Equação (7.2) considerando $H_q = 0$.

$$\sigma_g = \frac{N_g}{(a - a_h)b} \qquad (7.33)$$

Para as cargas totais, deve ser obedecida a Equação (7.34).

$$tg(\theta_g) + 1.5tg(\theta_q) < \frac{2}{a} \left(\frac{h\sigma_t}{10\,GS + 2\sigma_t} \right) \qquad (7.34)$$

$$\sigma_t = \frac{N_g + N_q}{(a - a_h)b} \qquad (7.35)$$

Por fim, o valor de a_h é calculado a partir da Equação (7.2) adotando-se as forças horizontais totais.

162   Pontes em concreto armado: análise e dimensionamento

b) Aparelho de apoio elastomérico fretado

Para aparelhos de apoio elastomérico fretados, a rotação devida às cargas permanentes deve ser inferior ao valor estabelecido na equação a seguir.

$$tg(\theta_g) < \frac{6}{a - 2c} \left(\frac{n\,t\sigma_g}{4GS^2 + 3\sigma_g} \right) \tag{7.36}$$

As tensões normais devidas às cargas permanentes são determinadas na sequência, em que o valor de a_h é calculado a partir da Equação (7.3) considerando $H_q = 0$.

$$\sigma_g = \frac{N_g}{(a - a_h - 2c)b} \tag{7.37}$$

Já na rotação devida às cargas totais, a Equação (7.38) deve ser satisfeita. O valor de a_h é calculado a partir da Equação (7.3) adotando-se as forças horizontais totais.

$$tg(\theta_g) + 1.5tg(\theta_q) < \frac{6}{a - 2c} \left(\frac{n\,t\sigma_t}{4GS^2 + 3\sigma_t} \right) \tag{7.38}$$

As tensões totais devidas às cargas permanentes e acidentais são expressas na continuidade.

$$\sigma_t = \frac{N_g + N_q}{(a - a_h - 2c)b} \tag{7.39}$$

7.8   Verificação das chapas de aço

Essa verificação é necessária apenas quando o aparelho de apoio elastomérico é cintado. Dessa forma, a espessura das chapas deve satisfazer a Equação (7.40).

$$h_1 \geq \frac{(a - 2c)\sigma'_{max}}{S\sigma_s} \tag{7.40}$$

Sendo σ_s a tensão de escoamento das chapas de aço e σ'_{max} o maior valor encontrado dentre as Equações (7.8) e (7.9).

Referências e bibliografia recomendada

ABNT – ASSOCIAÇÃO BRASILEIRA DE NORMAS TÉCNICAS. *NBR 9062*. Projeto e Execução de Estruturas de Concreto Pré-moldado. Rio de Janeiro, 2017.

EL DEBS, M. K. *Concreto Pré-moldado*: Fundamentos e Aplicações. 2. ed. São Paulo: Oficina de Textos, 2017.

MACHADO, R. N.; SARTORTI, A. L. Pontes: Patologias dos Aparelhos de Apoio. In: VI CONGRESO INTERNACIONAL SOBRE PATOLOGÍA Y RECUPERACIÓN DE ESTRUCTURAS, 6. *Anais...* Argentina, 2010.

MARCHETTI, O. *Pontes de Concreto Armado*. São Paulo: Blucher, 2008.

NEOPREX. *Catálogo Técnico*. São Paulo, [s.d.].

DNIT – DEPARTAMENTO NACIONAL DE INFRAESTRUTURA DE TRANSPORTES. *Norma DNIT 091*. Tratamento de aparelhos de apoio: concreto, neoprene e metálicos — Especificações de serviço. Rio de Janeiro, 2006.

Parte II

Análise e dimensionamento da ponte

CAPÍTULO 8

Caracterização geométrica e física da ponte

Neste capítulo, as características físicas e geométricas da ponte a ser projetada são descritas. Para tal, foi concebida uma ponte em viga com duas longarinas pré-moldadas que pode servir como base para a análise, o dimensionamento e o detalhamento de outras mais complexas.

8.1 Propriedades físicas dos materiais

As propriedades dos materiais que compõem o modelo foram obtidas segundo a NBR 6118 (ABNT, 2014) e a NBR 7480 (ABNT, 2007). São elas:

Tabela 8.1: Valores dos parâmetros dos materiais para os modelos estruturais.

Concreto	
f_{ck} (MPa)	50
Tipo de agregados	Granito e gnaisse
E_{cs} (GPa)	36.6
ν – coeficiente de Poisson	0.2
γ_c (kN/m³) – peso específico	25
Armadura passiva – CA-50	
f_{yk} (MPa)	500
E_s (GPa)	210

Além disso, o cobrimento foi adotado como 3.5 cm para as lajes e 4 cm para as vigas e os pilares a partir da classe de agressividade III de acordo com a Tabela 2.1.

167

8.2 Caracterização geométrica da ponte

A ponte foi concebida a fim de se ter um vão central de 20 m e dois balanços de 5 m cada, sustentados por quatro pilares e pelo sistema estrutural de pontes em viga. Assim, foram definidas duas longarinas pré-moldadas com seções transversais do tipo V, segundo o ASCII (Figura 8.2). Foram empregadas duas faixas, totalizando um tabuleiro com 780 cm de largura. Todavia, as lajes são maciças com espessuras constantes de 25 cm, sendo construídas por sistemas de pré-lajes e apoiadas nas longarinas a partir de conectores de cisalhamento, tornando o sistema monolítico. O item 9.1.1 da NBR 7187 (ABNT, 2003) recomenda: espessura mínima de 20 cm para lajes destinadas à passagem de tráfego ferroviário; espessura mínima de 15 cm para aquelas destinadas à passagem de tráfego rodoviário; e espessura mínima de 12 cm nos demais casos.

A Figura 8.1 ilustra uma visão tridimensional da estrutura da ponte, sendo possível observar lajes, longarinas, transversinas de extremidade, travessas e pilares.

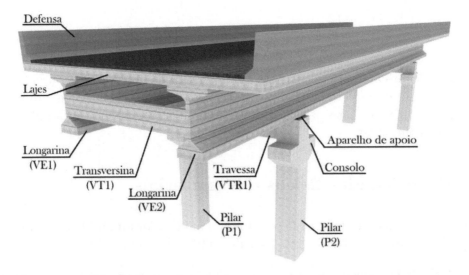

Figura 8.1: Vista tridimensional da estrutura da ponte.

Como visto, foram empregadas transversinas nas extremidades e nos apoios com os pilares, sendo estas retangulares com dimensões de 15 cm x 60 cm (Figura 8.3). Além disso, foram utilizadas defensas de concreto armado do tipo New Jersey e 8 cm de pavimentação para compor o restante do tabuleiro. Os pilares são retangulares com dimensões de 80 cm x 80 cm e travados por travessas retangulares com dimensões de 30 cm x 80 cm (Figura 8.2), criando dois pórticos. Por fim, a ligação entre pilares e longarinas foi realizada a partir de aparelhos de apoio, sendo estes descritos na sequência (Figura 8.3).

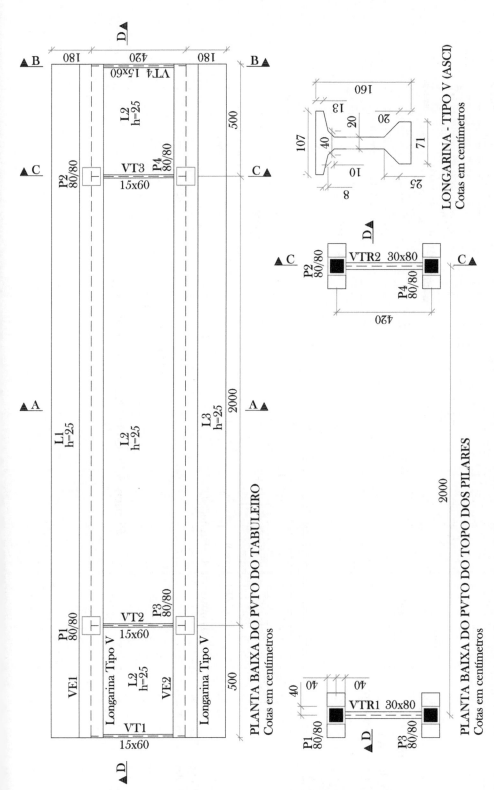

Figura 8.2: Planta baixa do pavimento do tabuleiro e do topo dos pilares, e dimensões das longarinas pré-moldadas.

170 Pontes em concreto armado: análise e dimensionamento

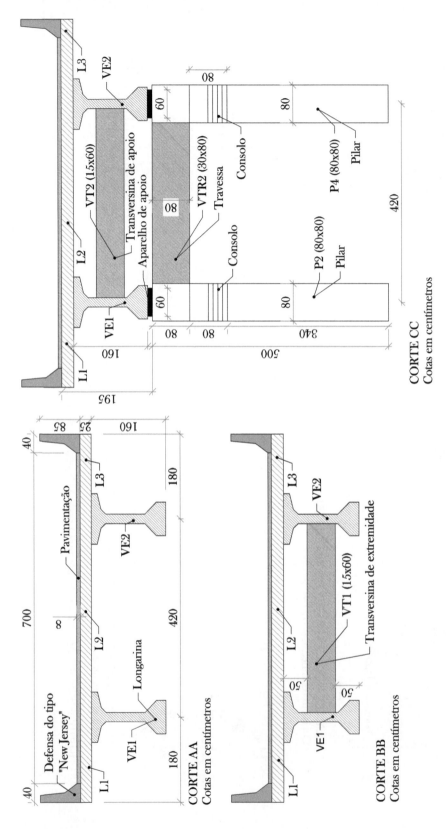

Figura 8.3: Cortes AA, BB e CC da ponte.

Caracterização geométrica e física da ponte 171

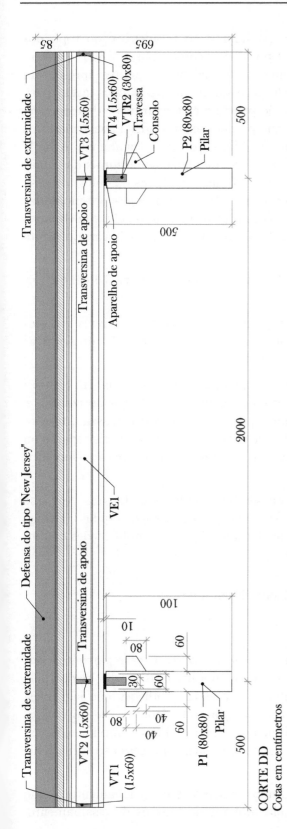

Figura 8.4: Corte DD da ponte.

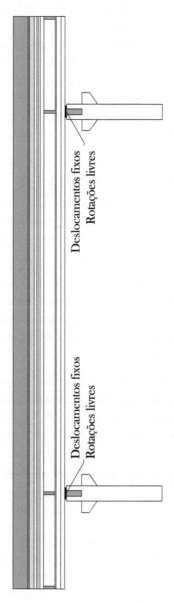

Figura 8.5: Vinculações entre superestrutura, mesoestrutura e infraestrutura.

172   Pontes em concreto armado: análise e dimensionamento

A Figura 8.2 ilustra a planta baixa do pavimento do tabuleiro e do topo dos pilares, e as dimensões das longarinas do tipo V de acordo com o ASCII. Assim, é possível observar que as longarinas comumente utilizadas em pontes apresentam mesas com dimensões distintas em virtude da necessidade de mesas mais largas para aumentar a resistência ao cisalhamento da laje próximo às longarinas e da exigência de mesas com maiores alturas na base para que possam ser inseridas mais armaduras positivas (não é uma prática comum utilizar armaduras passivas nas almas). A NBR 7187 (ABNT, 2003) afirma que as vigas de seção retangular e as nervuras das vigas de seção T, duplo T ou celular concretadas no local, nas estruturas de que trata essa Norma, não devem ter largura de alma menor que 20 cm. Em vigas pré-moldadas de seção T ou duplo T, fabricadas em usina com a utilização de técnicas adequadas e controle da qualidade rigoroso, a largura da alma pode ser reduzida até o limite mínimo de 12 cm.

A Figura 8.3 apresenta os cortes AA, BB e CC, enquanto a Figura 8.4 demonstra o corte DD da estrutura da ponte.

Por fim, as condições de vinculação para o modelo têm rotações livres e deslocamentos fixos nos pilares, funcionando como rótulas. A Figura 8.5 apresenta as vinculações entre pilares e longarinas para a ponte.

Os aparelhos de apoio apresentam dimensões quadradas de 60 cm x 60 cm e altura de 10 cm, sendo quatro ao todo. Estes são dimensionados aos esforços horizontais e verticais transferidos das longarinas aos pilares, permitindo rotações e, assim, funcionando como rótulas. Além disso, foram utilizados consolos para eventuais reparos ou substituições dos aparelhos de apoio, servindo como regiões para "macaqueamento" das longarinas.

Portanto, esse aparelho de apoio tem de ser bem dimensionado, uma vez que permite deslocamentos e rotações elásticas que não podem ser exageradas. Para o dimensionamento analítico da ponte, são consideradas algumas simplificações quanto aos deslocamentos entre pilares e longarinas:

a) os deslocamentos verticais e horizontais são nulos;

b) as rotações são livres.

Dessa forma, é considerado que os pilares recebem todos os carregamentos verticais e horizontais das longarinas, porém os momentos fletores são dissipados pela deformação rotacional dos aparelhos. Avalia-se que essas condições não são reais, em razão de ocorrerem tanto deformações verticais quanto horizontais nas borrachas, todavia são controladas de acordo com o dimensionamento. Essas simplificações facilitam o cálculo estrutural analítico da ponte e, sem elas, o processo se torna mais complexo.

Nas ligações entre vigas e lajes são adotados conectores de cisalhamento, sendo estes necessários para que haja transferência integral de tensões de cisalhamento, trabalhando como uma peça monolítica. Dessa forma, as lajes colaboram para a resistência das longarinas, conforme abordado nos capítulos posteriores.

Referências e bibliografia recomendada

ABNT – ASSOCIAÇÃO BRASILEIRA DE NORMAS TÉCNICAS. *NBR 7187.* Projeto de pontes de concreto armado e de concreto protendido – Procedimento. Rio de Janeiro, 2003.

ABNT – ASSOCIAÇÃO BRASILEIRA DE NORMAS TÉCNICAS. *NBR 7480.* Aço destinado a armaduras para estruturas de concreto armado – Especificação. Rio de Janeiro, 2007.

ABNT – ASSOCIAÇÃO BRASILEIRA DE NORMAS TÉCNICAS. *NBR 6118.* Projeto de estruturas de concreto – Procedimento. Rio de Janeiro, 2014.

ARAUJO, D. L. *Cisalhamento entre viga e laje pré-moldadas mediante nichos preenchidos com concreto de alto desempenho.* Tese. Escola de Engenharia de São Carlos, Universidade de São Paulo. São Carlos, 2002.

CAPÍTULO 9

Ações e combinações

Para estruturas de pontes existem diversas solicitações impostas pela natureza ou pela utilização corrente. Dentre as principais destacam-se as ações dinâmicas devidas ao vento, as cargas devidas aos veículos – que podem ser dinâmicas ou quase estáticas, a depender da velocidade do tráfego no momento – e as cargas puramente estáticas, como o peso próprio e o peso de revestimentos, asfaltos e outros elementos sem fins estruturais. As ações externas e internas da estrutura são definidas seguindo:

a) NBR 7187 (ABNT, 2003b): Projeto de pontes de concreto armado — Procedimento;

b) NBR 6123 (ABNT, 1988): Forças devido ao vento em edificações — Procedimento;

c) NBR 7188 (ABNT, 2013): Carga móvel em ponte rodoviária e passarela de pedestre — Procedimento.

Para o modelo em questão foram desprezadas as ações devidas a variação de temperatura, retração, fluência, deslocamento de fundações e eventos excepcionais como sismos, explosões etc.

9.1 Cargas permanentes

De acordo com a NBR 7187 (ABNT, 2003b), ações permanentes são aquelas cujas intensidades podem ser consideradas como constantes ao longo da vida útil da construção. Para os casos em estudo, são consideradas as cargas devidas ao peso próprio, à pavimentação (Figura 9.1) e às defensas (Figura 9.2). O peso específico considerado nos componentes estruturais e nas defensas é de 25 kN/m³, enquanto na pavimentação é de 24 kN/m³.

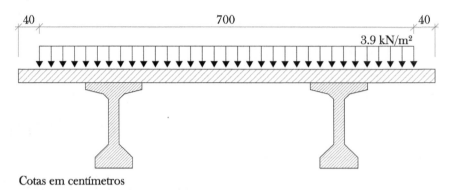

Figura 9.1: Distribuição das cargas devidas à pavimentação.

O cálculo do peso da pavimentação é realizado a seguir. Ressalta-se que é importante considerar uma camada de recapeamento; a NBR 7187 (ABNT, 2003b) sugere utilizar um valor de carga de 2 kN/m² para o recapeamento.

$$q_{pav} = \gamma_{pav} h_{pav} + q_{rec} = 24 \cdot 0.08 + 2 = 3.9 \text{ kN/m}^2 \quad (9.1)$$

Sendo:

q_{pav} = peso do pavimento por unidade de área;

γ_{pav} = peso específico da pavimentação;

h_{pav} = espessura da pavimentação considerando o recapeamento;

q_{rec} = carga adicional para atender a um possível recapeamento da pavimentação.

A determinação das cargas devidas às defensas é feita a partir da área da defensa multiplicada pelo peso específico do concreto armado. Simplificadamente, estas foram aplicadas nas extremidades do tabuleiro, resultando em maiores esforços na estrutura.

As cargas devidas às lajes são obtidas a partir da multiplicação do peso específico do concreto armado pela altura da laje, tendo valores de 6.25 kN/m², enquanto as devidas às longarinas e às transversinas são calculadas pela multiplicação do peso específico do concreto armado pela área da seção transversal, apresentando valores de 16.3 kN/m e 2.25 kN/m, respectivamente.

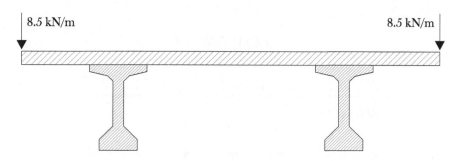

Figura 9.2: Distribuição das cargas devidas às defensas.

9.2 Carga móvel

Em virtude das dificuldades em se obter os carregamentos reais dos veículos em pontes, foram criadas as cargas móveis, um sistema de cargas representativo dos valores característicos dessas ações a que a estrutura está sujeita em serviço.

Em suma, a norma brasileira substitui o carregamento real dos veículos por carregamentos fictícios distribuídos em pequenas áreas a fim de reproduzir as solicitações provocadas pelo tráfego. Segundo a NBR 7187 (ABNT, 2003b), o efeito dinâmico das cargas móveis deve ser analisado pela teoria da dinâmica das estruturas, mas é permitido assimilar as cargas móveis por meio de sua multiplicação por coeficientes adicionais.

O veículo hipotético é admitido como tendo dimensões de 6 m de largura por 3 m de comprimento; já nas áreas restantes é aplicado um carregamento uniformemente distribuído p de sobrecarga. A carga estática P é aplicada pelo veículo-tipo no nível do pavimento, com valor característico e sem qualquer majoração.

Para a análise dos carregamentos foi considerada a carga móvel rodoviária padrão TB-450, que é definida pela NBR 7188 (ABNT, 2013) como um veículo-tipo de 450 kN, com geometria definida a seguir.

A carga móvel deve assumir qualquer posição ao longo de toda a pista rodoviária com as rodas na posição mais desfavorável, inclusive em acostamentos e faixas de segurança. A carga distribuída deve ser introduzida às regiões mais desfavoráveis para a análise de cada elemento estrutural.

Os resultados Q e q são as cargas concentradas e distribuídas, respectivamente. Esses são os valores de carga móvel iguais aos característicos ponderados pelos coeficientes de impacto vertical (CIV), do número de faixas (CNF) e de impacto adicional (CIA), definidos como:

$$Q = P\ CIV\ CNF\ CIA \tag{9.2}$$

$$q = p\ CIV\ CNF\ CIA \tag{9.3}$$

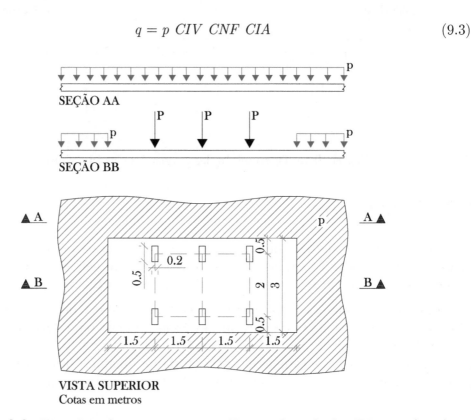

Figura 9.3: Disposição das cargas estáticas. Fonte: adaptada da NBR 7188 (2013).

a) **Coeficiente de impacto vertical**

O CIV majora os carregamentos concentrados P e distribuídos p no dimensionamento das peças estruturais. O coeficiente aumenta a carga estática a partir do efeito de amplificação dinâmica da carga em movimento e da suspensão de veículos. É definido como:

$$CIV = 1 + 1.06\left(\frac{20}{Liv + 50}\right) \leq 1.35 \tag{9.4}$$

Sendo Liv o comprimento do vão, expresso em metros, limitado em 200 m.

Os CIV podem ser calculados para cada vão e, ao final, ser determinado um valor único para toda a ponte a partir da média ponderada, conforme ilustrado a seguir. Eles são obtidos em função do comprimento livre de cada vão, sendo para os vãos em balanço CIV_b e para o central CIV_c. Os comprimentos livres são $Liv_b = 5$ m para os balanços e $Liv_c = 20$ m para o central.

$$CIV_b = 1 + 1.06 \left(\frac{20}{Liv_b + 50} \right) = 1 + 1.06 \left(\frac{20}{5 + 50} \right) = 1.39 \le 1.35 \qquad (9.5)$$

$$CIV_b = 1.35 \qquad (9.6)$$

$$CIV_c = 1 + 1.06 \left(\frac{20}{Liv_c + 50} \right) = 1 + 1.06 \left(\frac{20}{20 + 50} \right) = 1.30 \le 1.35 = 1.30 \qquad (9.7)$$

$$CIV_c = 1.30 \qquad (9.8)$$

$$CIV = \frac{2 \, CIV_b \, Liv_b + CIV_c \, Liv_c}{2 \, Liv_b + Liv_c} = \frac{2 \cdot 1.35 \cdot 5 + 1.3 \cdot 20}{2 \cdot 5 + 20} = 1.32 \qquad (9.9)$$

b) Coeficiente de número de faixas

O CNF ajusta os valores das cargas móveis a partir do número de faixas definido na seção transversal da ponte. O coeficiente leva em consideração a probabilidade de a carga móvel ocorrer em função do número de faixas.

$$CNF = 1 - 0.05(n - 2) > 0.9 \qquad (9.10)$$

Em que n é o número inteiro de faixas de tráfego rodoviário a serem carregadas sobre um tabuleiro transversalmente contínuo (acostamentos e faixas de segurança não são considerados faixas de tráfego).

Logo, para o modelo em questão foram adotadas duas faixas, gerando assim:

$$CNF = 1 - 0.05(2 - 2) = 1.0 \qquad (9.11)$$

c) Coeficiente de impacto adicional

O CIA majora os esforços nas lajes em função de imperfeições ou descontinuidades da superestrutura para seções com afastamento inferior a 5 m desses pontos. Para o caso em questão, foi simplificadamente considerado constante para todas as lajes e está em favor da segurança. Todavia, esse coeficiente poderia ter sido empregado apenas em um comprimento de 5 m contados a partir das extremidades, em razão de serem adotadas juntas de dilatação nessa região. A NBR 7188 (ABNT, 2013b) declara que o CIA deve ser tomado como 1.15 em obras de aço e 1.25 em obras de

180   Pontes em concreto armado: análise e dimensionamento

concreto ou mistas. Então, foi utilizado um valor para as lajes e, para os demais componentes da ponte, foi tomado como 1.

$$CIA = 1.25 \tag{9.12}$$

d) Cargas distribuídas e concentradas finais

As cargas P e p para o tipo TB-450 são:

$$P = 75 \text{ kN} \tag{9.13}$$

$$p = 5 \text{ kN/m}^2 \tag{9.14}$$

Por fim, obtêm-se os valores para o dimensionamento das lajes e dos demais componentes estruturais da ponte. Para as lajes:

$$\boxed{Q = 75 \cdot 1.32 \cdot 1.0 \cdot 1.25 = 123.8 \text{ kN}} \tag{9.15}$$

$$\boxed{q = 5 \cdot 1.32 \cdot 1.0 \cdot 1.25 = 8.3 \text{ kN/m}^2} \tag{9.16}$$

Para os demais componentes (longarinas, transversinas, pilares etc):

$$\boxed{Q = 75 \cdot 1.32 \cdot 1.0 \cdot 1.0 = 99 \text{ kN}} \tag{9.17}$$

$$\boxed{q = 5 \cdot 1.32 \cdot 1.0 \cdot 1.0 = 6.6 \text{ kN/m}^2} \tag{9.18}$$

A distribuição das cargas móveis ao longo do tabuleiro é descrita na Figura 9.4, na qual tem-se o veículo-tipo TB-450 dentro de uma área de 6 m x 3 m, enquanto a sobrecarga é distribuída no restante. Assim, as cargas são aplicadas espaçadas 150 cm no sentido longitudinal do tabuleiro (sentido do fluxo de veículos) e 200 cm no sentido transversal.

Ressalta-se que o trem-tipo deve ser posicionado nos pontos que gerem os maiores esforços para cada componente estrutural a ser verificado.

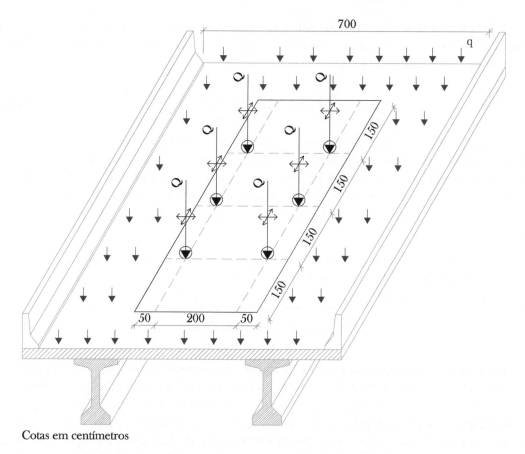

Cotas em centímetros

Figura 9.4: Distribuição das cargas móveis ao longo do tabuleiro.

9.3 Carga de frenagem e/ou aceleração

Em harmonia com a NBR 7188 (ABNT, 2013), as forças horizontais devidas a frenagem e/ou aceleração aplicadas no nível do pavimento são um percentual da carga característica dos veículos aplicados sobre o tabuleiro, na posição mais desfavorável.

$$H_f = 0.25B \; L \; CNF \geq 135 \text{ kN} \tag{9.19}$$

Em que:

H_f = força de frenagem e/ou aceleração, expressa em kN;

B = largura efetiva, expressa em metros, da carga distribuída q;

L = comprimento concomitante, expresso em metros, da carga distribuída q.

A largura efetiva é igual à largura da seção transversal sem as defensas (7 m) e o comprimento equivale à soma dos vãos da ponte (30 m). No final, obtém-se a carga horizontal total, Equação (9.20).

$$H_f = 0.25 \cdot 7 \cdot 30 \cdot 1.0 = 52.5 \ kN \geq 135 \text{ kN} \tag{9.20}$$

A carga total foi aplicada no nível do tabuleiro, dividindo-a igualmente para cada pilar da estrutura. Essa simplificação foi utilizada uma vez que os aparelhos de apoio deformam mediante a carga solicitante, assim, ocorre uma redistribuição de esforços nos pilares. Outra explicação para essa simplificação é o fato de as lajes trabalharem como diafragmas rígidos e transmitirem igualmente os esforços para os elementos de apoio.

Dessa forma, os carregamentos concentrados horizontais no topo do tabuleiro têm intensidade por pilar ($H_{f,pilar}$) expressa na Equação (9.21).

$$H_{f,pilar} = \frac{135}{4} = 33.75 \text{ kN} \tag{9.21}$$

A aplicação das cargas horizontais devidas a frenagem e/ou aceleração no tabuleiro é vista na Figura 9.5. Apesar de as cargas horizontais serem aplicadas no tabuleiro, os esforços não são preponderantes no dimensionamento de lajes e longarinas. Logo, são consideradas apenas nos pilares. Porém, em estruturas mais complexas é necessário ter maiores cuidados; sugere-se a leitura do trabalho de Cavalcante (2016) para mais detalhes.

Figura 9.5: Aplicação das cargas de frenagem e aceleração nos pilares.

9.4 Carga de vento

O vento é uma ação dinâmica que incide sobre a estrutura da ponte preponderantemente no plano transversal à sua seção, sendo preconizado pela NBR 7187 (ABNT, 2003) que essa ação deve ser avaliada pela NBR 6123 (ABNT, 1988). Porém, El Debs e Takeya (2009) afirmam que esta trata da ação do vento em edifícios e, na falta de recomendações para pontes, apresenta-se o procedimento indicado pela antiga norma

Ações e combinações   183

de pontes NB-2 (ABNT, 1961). Para o modelo em questão, foram calculadas as ações devidas ao vento recomendadas por ambas as normas, porém foram consideradas apenas as máximas.

A NBR 6123 (ABNT, 1988) trata as ações devidas ao vento como cargas estáticas, considerando uma velocidade básica dimensionada a partir de uma rajada 3 segundos, excedida em média uma vez em 50 anos.

Para o caso proposto, foi desprezado o efeito dinâmico devido à turbulência atmosférica, fazendo-se as adaptações necessárias do modelo estático para as condições fictícias do problema. Nas situações com edificações de formas usuais, a NBR 6123 (ABNT, 1988) supõe o efeito do vento sobre a construção utilizando coeficientes simplificadores e, em virtude da geometria usual da ponte, são utilizados os mesmos procedimentos de determinação dos esforços de um edifício.

Adota-se a maior dimensão (L_1) igual a 30 m, enquanto a menor (L_2) é igual a 7.8 m com altura (h) de 7.8 m. Como a seção transversal despreza eventuais inclinações na laje, a inclinação foi desconsiderada. Só foi levada em consideração a ação do vento a 90 graus, visto que no outro sentido será impedida pelos encontros.

Para determinar a pressão dinâmica na estrutura é necessário conhecer a velocidade básica do vento da região e aplicar os fatores de influência da topografia, da rugosidade do local e estatístico.

$$V_k = V_0 S_1 S_2 S_3 \tag{9.22}$$

Em que:

V_k = velocidade característica;

V_0 = velocidade básica do vento;

S_1 = fator de influência da topografia da região;

S_2 = fator de influência da rugosidade da região;

S_3 = fator de influência estatístico.

Conhecida a velocidade característica na estrutura, é possível encontrar a pressão dinâmica por uma expressão definida na seção 4.2 da NBR 6123 (ABNT, 1988):

$$q = 0.613 \, V_k{}^2 \tag{9.23}$$

Sendo q a pressão dinâmica do vento.

a) Velocidade básica do vento

A velocidade básica do vento adotada se refere à cidade de Maceió e, segundo as isopletas da NBR 6123 (ABNT, 1988), ilustradas na Figura 9.6, é:

$$V_0 = 30 \text{ m/s} \tag{9.24}$$

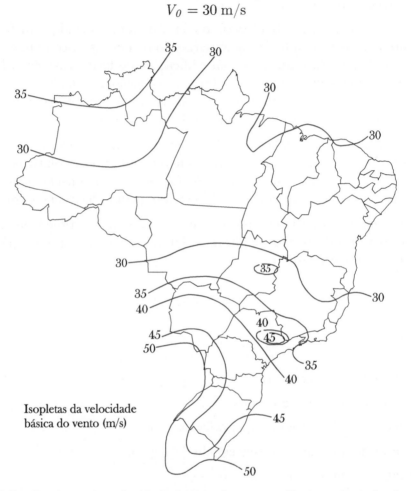

Figura 9.6: Isopletas da velocidade básica do vento. Fonte: adaptada da NBR 6123 (ABNT, 1988).

b) Fator topográfico

Foi considerado que o terreno é plano ou fracamente acidentado, logo:

$$S_1 = 1 \tag{9.25}$$

Ações e combinações   185

c) Fator de rugosidade

Foram adotadas a categoria III, referente a terrenos planos ou ondulados com obstáculos, como sebes e muros, poucos quebra-ventos de árvores, edificações baixas e esparsas; e a classe B, em que a maior dimensão é entre 20 m e 50 m. A partir dos parâmetros retirados da Tabela 2 da NBR 6123 (ABNT, 1988), que relaciona categoria e classe com a altura, é determinado o fator S_2:

$$S_2 = 0.9 \tag{9.26}$$

d) Fator estatístico

Foi empregado o grupo 1, que enquadra as edificações cuja ruína total ou parcial pode afetar a segurança ou a possibilidade de socorro a pessoas após uma tempestade destrutiva, visto que se trata de uma estrutura com alto custo cuja ruína pode gerar muitas perdas materiais e humanas.

$$S_3 = 1.1 \tag{9.27}$$

e) Velocidade característica

A velocidade característica do vento é determinada na Equação (9.28).

$$V_k = 30 \cdot 1 \cdot 0.9 \cdot 1.1 = 29.7 \; \text{m/s} \tag{9.28}$$

f) Pressão dinâmica do vento

A pressão dinâmica é calculada a partir da velocidade característica:

$$q = 0.613 \cdot 29.7^2 = 540 \; N/m^2 = 0.54 \; \text{kN/m}^2 \tag{9.29}$$

g) Força de arrasto

A força de arrasto (F_a) é a componente da força do vento na direção de incidência, sendo assim uma força horizontal. Esta é determinada pela seguinte relação:

$$F_a = q \, C_a A_e \tag{9.30}$$

186   Pontes em concreto armado: análise e dimensionamento

Em que:

F_a = força de arrasto;

C_a = coeficiente de arrasto;

A_e = área da projeção ortogonal da edificação sobre um plano perpendicular à direção do vento.

Para a determinação do coeficiente de arrasto segundo a NBR 6123 (ABNT, 1988), calculam-se previamente as seguintes relações:

$$\frac{h}{L_1} = \frac{7.8}{30} = 0.26 \tag{9.31}$$

$$\frac{L_1}{L_2} = \frac{30}{7.8} = 3.85 \tag{9.32}$$

Os valores obtidos das relações anteriores fornecem o coeficiente de arrasto verificado no ábaco fornecido pela NBR 6123 (ABNT, 1988), que se encontra ilustrado na Figura 9.7. Os valores nas curvas indicam o coeficiente de arrasto para a condição estudada. Destaca-se que para se utilizarem ventos de alta turbulência é necessário avaliar diversos aspectos que são informados na própria NBR 6123 (ABNT, 1988), e estes apresentam valores menores.

Para as relações encontradas não é possível determinar o coeficiente de arrasto pelo gráfico, mas extrapolando e aproximando os valores encontra-se:

$$C_a = 1.2 \tag{9.33}$$

A área frontal efetiva para o cálculo da força de arrasto é definida a partir da largura perpendicular à ação do vento e da soma da altura de longarinas, lajes e defensas. Assim, a área frontal é calculada conforme a seguir.

$$A_e = L_1 H_{tab} = 30 \cdot 2.7 = 81 \text{ m}^2 \tag{9.34}$$

Em que H_{tab} é a altura do tabuleiro considerando longarinas, lajes e defensas.

Por fim, a força total de arrasto é:

$$\boxed{F_a = 0.54 \cdot 1.2 \cdot 81 = 52.5 \text{ kN}} \tag{9.35}$$

É uma prática comum ainda utilizar os valores preconizados na antiga norma de pontes NB-2 (ABNT, 1961) e, assim, adotar os maiores valores obtidos entre as duas normas. Esse procedimento foi empregado na sequência; para mais informações, consultar Catai (2005).

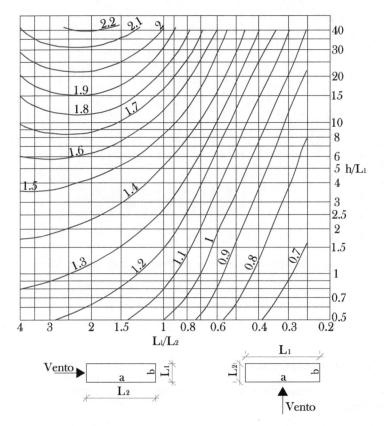

Figura 9.7: Ábaco para cálculo do coeficiente de arrasto para edificações paralelepipédicas em ventos de baixa turbulência. Fonte: adaptada da NBR 6123 (1988).

Segundo a NB-2 (ABNT, 1961) para pontes rodoviárias, as pressões devidas ao vento são consideradas em duas condições, sendo a primeira para pontes descarregadas com intensidades de 1.5 kN/m² na superfície delimitada pela estrutura e a segunda para pontes carregadas com intensidades de 1 kN/m² na superfície delimitada pela estrutura sem as barreiras acrescida de uma projeção de veículos com altura de 2 m (Figura 9.8).

O resultado das forças de arrasto segundo a NB-2 (ABNT, 1961) para o caso da ponte carregada é descrito nas Equações (9.36) e (9.37). Destaca-se que as pressões já consideravam os coeficientes de empuxo na sua dedução.

$$A_e = (H_{tab} - H_{def} + 2)L_1 = (2.7 - 0.85 + 2) \cdot 30 = 115.5 \text{ m}^2 \tag{9.36}$$

$$\boxed{F_a = q_{carregada} A_e = 1 \cdot 115.5 = 115.5 \text{ kN}} \tag{9.37}$$

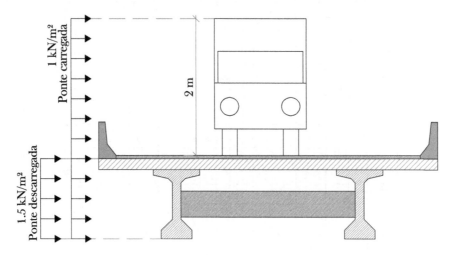

Figura 9.8: Pressões devidas ao vento para pontes rodoviárias de acordo com a NB-2 (1961).

Sendo:

H_{def} = altura das defensas;

$q_{descarregada}$ = pressão devida ao vento para ponte descarregada segundo a NB-2 (1961);

$q_{carregada}$ = pressão devida ao vento para ponte carregada segundo a NB-2 (1961).

Já no caso da ponte descarregada, obtém-se a seguinte força de arrasto:

$$A_e = (H_{tab} - H_{def})L_1 = (2.7 - 0.85) \cdot 30 = 55.5 \text{ m}^2 \qquad (9.38)$$

$$\boxed{F_a = q_{descarregada} A_e = 1.5 \cdot 55.5 = 83.3 \text{ kN}} \qquad (9.39)$$

A carga do vento para o caso da ponte carregada determinada pela NB-2 (1961) apresentou o maior valor. Como na aplicação da carga horizontal devida a frenagem e/ou aceleração, foi adotado que a força de arrasto é aplicada nos dois pórticos com mesma intensidade. Logo, a força devida ao vento em cada é pórtico é:

$$\boxed{H_{vento} = \frac{F_{a,max}}{n_p} = \frac{115.5}{2} = 57.8 \text{ kN}} \qquad (9.40)$$

Em que:

H_{vento} = carga do vento simplificada aplicada em cada pórtico;

$F_{a,mx}$ = força de arrasto máxima, escolhida para o caso da ponte carregada segundo a NB-2 (1961);

n_p = número de pórticos.

A aplicação das cargas na ponte segue conforme ilustrado a seguir. Considerou-se de forma simplificada que as forças atuam no topo dos pilares, uma vez que o tabuleiro trabalha como diafragma rígido. A estrutura é simétrica, logo a aplicação da carga é indiferente ao lado de aplicação.

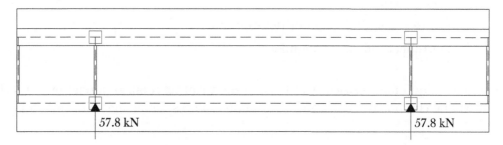

Figura 9.9: Aplicação das cargas devidas ao vento no tabuleiro.

9.5 Estados-limite

A NBR 8681 (ABNT, 2003a) define os estados-limite de uma estrutura como as condições nas quais a estrutura apresenta desempenho inadequado às finalidades da construção. Já a NBR 6118 (ABNT, 2014) indica que uma estrutura ou parte dela atinge um estado-limite quando, de modo efetivo ou convencional, se torna inutilizável ou deixa de satisfazer as condições previstas para sua utilização.

Compreende-se naturalmente que uma estrutura deve atender aos requisitos mínimos esperados de uma construção, onde se espera reunir condições adequadas de segurança, durabilidade e funcionalidade. Quando algum dos itens não é obedecido, afirma-se que ela atingiu um estado-limite. Desse modo, são concebidos dois tipos de estados-limite, a saber:

a) estados-limite últimos;
b) estados-limite de serviço.

190   Pontes em concreto armado: análise e dimensionamento

9.5.1   Estado-limite último

O estado-limite último pode ser caracterizado quando:

a) para a estrutura admitida como um corpo rígido, global ou parcialmente, há perda de equilíbrio;

b) algum material com função estrutural rompe ou deforma plastica-
   mente;

c) a estrutura se transforma em um sistema hipostático, no todo ou em
   parte;

d) há transformação da estrutura, no todo ou em parte, em sistema
   hipostático;

e) acontece instabilidade por deformação;

f) ocorre instabilidade dinâmica.

Esse é o estado mais crítico, visto que poderá causar colapso parcial ou total dos
elementos que compõem a estrutura, causando maiores danos materiais e à vida.

9.5.2   Estado-limite de serviço

O estado-limite de serviço é definido quando:

a) a durabilidade da estrutura e/ou o aspecto estético da construção
   são comprometidos por danos ligeiros ou localizados;

b) o aspecto estético ou a utilização normal da construção são afetados
   por deformações excessivas;

c) a estrutura sofre vibrações excessivas ou que causem desconforto.

O estado-limite de serviço é caracterizado como um estado que pode ou não causar
ruína, mas causa desconforto aos usuários e, em determinadas situações, pode levar
ao estado-limite último. Portanto, é dividido em:

a) estado-limite de formação de fissuras;

b) estado-limite de abertura de fissuras;

c) estado-limite de deformações excessivas;

d) estado-limite de vibrações excessivas.

9.5.3 Combinações de ações

Para verificar os estados-limite é necessário fazer análises a partir de combinações, que podem ser:

a) combinações últimas normais;

b) combinações últimas especiais ou de construção;

c) combinações últimas excepcionais;

d) combinações quase permanentes de serviço;

e) combinações frequentes de serviço;

f) combinações raras de serviço.

Para o modelo são empregadas as combinações últimas normais para análise e dimensionamento de armaduras longitudinais e transversais e verificações de esmagamento no concreto, combinações quase permanentes de serviço para determinação de deslocamentos, combinações raras de serviço para verificação de formação de fissuras e combinações frequentes de serviço para avaliação de fadiga e abertura de fissuras.

a) Combinações últimas normais

As combinações últimas normais são determinadas e utilizadas no dimensionamento e na verificação de estado-limite último, sendo descritas pela seguinte equação:

$$F_d = \sum_{i=1}^{m}(\gamma_{gi}F_{Gi,k}) + \gamma_{q1}F_{Q1,k} + \sum_{j=2}^{n}(\gamma_{qj}\psi_{0j}F_{Qj,k}) \qquad (9.41)$$

Sendo:

F_d = força de cálculo para a combinação última normal;

$F_{Gi,k}$ = forças i que representam os valores característicos das ações permanentes;

$F_{Q1,k}$ = força característica da ação variável considerada principal para a combinação;

$F_{Qj,k}$ = forças características j das ações variáveis que podem atuar concomitantemente com a ação variável principal;

γ_{gi} = coeficientes de ponderação das ações permanentes para a força i;

γ_{q1} = coeficientes de ponderação da ação variável principal;

γ_{qj} = coeficientes de ponderação das ações variáveis para a força j;

ψ_{0j} = coeficientes de redução para as ações variáveis j que não são consideradas principais.

192 Pontes em concreto armado: análise e dimensionamento

Os coeficientes de ponderação para as ações permanentes e variáveis são retirados das Tabelas 9.1 e 9.2, enquanto os coeficientes de redução das cargas variáveis são definidos na Tabela 9.3.

Tabela 9.1: Coeficientes de ponderação de ações permanentes diretas agrupadas. Fonte: adaptada da NBR 8681 (2003a).

Combinação	Classificação da estrutura	Tipo de efeito	
		Desfavorável	Favorável
Normal	Grandes pontes	1.3	1.0
	Edificações tipo 1 e pontes em geral	1.35	1.0
	Edificações tipo 2	1.4	1.0

Tabela 9.2: Coeficientes de ponderação de ações variáveis consideradas separadamente. Fonte: adaptada da NBR 8681 (2003a).

Combinação	Tipo de ação	Coeficiente de ponderação
Normal	Ações truncadas	1.2
	Efeito da temperatura	1.2
	Ação do vento	1.4
	Ações variáveis em geral	1.5

Tabela 9.3: Coeficientes de redução de ações variáveis. Fonte: adaptada da NBR 8681 (2003a).

Ações	ψ_0	ψ_1	ψ_2
Cargas acidentais de edifícios			
Locais em que não há predominância de pesos e equipamentos que permanecem fixos nem de elevadas concentrações de pessoas	05	0.4	0.3
Locais em que há predominância de pesos e equipamentos que permanecem fixos ou de elevadas concentrações de pessoas	0.7	0.6	0.4
Bibliotecas, arquivos, depósitos, oficinas e garagens	0.8	0.7	0.6
Vento			
Pressão dinâmica do vento nas estruturas em geral	0.6	0.3	0
Temperatura			
Variações uniformes de temperatura em relação à média anual local	0.6	0.5	0.3
Cargas móveis e seus efeitos dinâmicos			
Passarela de pedestres	0.6	0.4	0.3
Pontes rodoviárias	0.7	0.5	0.3
Pontes ferroviárias não especializadas	0.8	0.7	0.5
Pontes ferroviárias especializadas	1.0	1.0	0.6
Vigas de rolamento de pontes rolantes	1.0	0.8	0.5

As grandes pontes são aquelas em que o peso próprio da estrutura supera 75% da totalidade das ações permanentes, enquanto as edificações tipo 1 são aquelas cujas cargas acidentais superam 5 kN/m^2 e as edificações tipo 2, aquelas não superam esse valor. Por fim, foi considerado o coeficiente de ponderação para as cargas permanentes como 1.35.

A NBR 8681 (ABNT, 2003a) define as ações truncadas como ações variáveis cuja distribuição de máximos é truncada por um dispositivo físico, de modo que o valor não possa superar o limite correspondente.

Assim, os coeficientes de redução para cargas móveis e frenagem e aceleração foram $\psi_0 = 0.7$, $\psi_1 = 0.5$ e $\psi_2 = 0.3$, e para ação do vento foram $\psi_0 = 0.6$, $\psi_1 = 0.3$ e $\psi_2 = 0$. Dessa forma, definem-se duas combinações últimas normais seguindo os coeficientes recomendados pela NBR 8681 (ABNT, 2003a).

A primeira combinação última normal F_{1d} (carga móvel como carga variável principal e vento como carga variável secundária) é expressa na equação a seguir.

$$F_{1d} = 1.35(F_{G,pp} + F_{G,pav} + F_{G,def}) + 1.5(F_{Q,mov} + F_{Q,fa}) + 1.4(0.6F_{Q,v}) \qquad (9.42)$$

A segunda combinação última normal F_{2d} (vento como carga variável principal e carga móvel como carga variável secundária) é expressa na Equação (9.43).

$$F_{2d} = 1.35(F_{G,pp} + F_{G,pav} + F_{G,def}) + 1.4F_{Q,v} + 1.5[0.7(F_{Q,mov} + F_{Q,fa})] \qquad (9.43)$$

Sendo:

$F_{G,pp}$ = forças que representam os valores característicos das ações devidas ao peso próprio da estrutura;

$F_{G,pav}$ = forças que representam os valores característicos das ações devidas à pavimentação;

$F_{G,def}$ = forças que representam os valores característicos das ações devidas à defensa;

$F_{Q,mov}$ = força característica da ação variável devida às cargas móveis;

$F_{Q,fa}$ = força característica da ação variável devida a frenagem e/ou aceleração;

$F_{Q,v}$ = força característica da ação variável devida ao vento.

b) Combinações quase permanentes de serviço

A combinação quase permanente de serviço é utilizada nas verificações de flechas, sendo definida de acordo com a equação a seguir.

$$F_{d,qp} = \sum_{i=1}^{m} F_{Gi,k} + \sum_{j=1}^{n} (\psi_{2j} F_{Qj,k}) \qquad (9.44)$$

194   Pontes em concreto armado: análise e dimensionamento

Em que:

$F_{d,qp}$ = força de cálculo para a combinação quase permanente de serviço;

ψ_{2j} = coeficientes de redução para as ações variáveis j.

Portanto, a combinação quase permanente para as ações atuantes na ponte é definida na Equação (9.45).

$$F_{d,qp} = F_{G,pp} + F_{G,pav} + F_{G,def} + 0.3(F_{Q,mov} + F_{Q,fa}) \qquad (9.45)$$

c) Combinações frequentes de serviço

As combinações frequentes de serviço em estruturas de concreto armado são usadas na avaliação de abertura de fissuras e na verificação de fadiga, sendo determinadas pela formulação:

$$F_{d,freq} = \sum_{i=1}^{m} F_{Gi,k} + \psi_1 F_{Q1,k} + \sum_{j=2}^{n}(\psi_{2j} F_{Qj,k}) \qquad (9.46)$$

Sendo:

$F_{d,freq}$ = força de cálculo para a combinação frequente de serviço;

ψ_1 e ψ_{2j} = coeficientes de redução para as ações variáveis principal e secundárias.

Posto isso, são duas as combinações frequentes de serviço para avaliação de abertura de fissuras e, empregando-se os coeficientes de redução sugeridos pela NBR 8681 (ABNT, 2003a), obtêm-se as equações na continuidade.

A primeira combinação frequente de serviço $F_{1d,freq}$ (carga móvel como carga variável principal e vento como carga variável secundária) para avaliação de abertura de fissuras é descrita na Equação (9.47).

$$F_{1d,freq} = F_{G,pp} + F_{G,pav} + F_{G,def} + 0.5(F_{Q,mov} + F_{Q,fa}) \qquad (9.47)$$

A segunda combinação frequente de serviço $F_{2d,freq}$ (vento como carga variável principal e carga móvel como carga variável secundária) para avaliação de abertura de fissuras é exposta na Equação (9.48).

$$F_{2d,freq} = F_{G,pp} + F_{G,pav} + F_{G,def} + 0.3F_{Q,v} + 0.3(F_{Q,mov} + F_{Q,fa}) \qquad (9.48)$$

Ações e combinações 195

As combinações frequentes de serviço para verificação de fadiga devem empregar os coeficientes de redução (ψ_1) da Tabela 9.4.

Tabela 9.4: Valores dos fatores de redução para combinação frequente de fadiga. Fonte: adaptada da NBR 8681 (ABNT, 2003a).

Carga móvel e seus efeitos dinâmicos	$\psi_{1,fad}$	N
Passarela de pedestres	0	-
Pontes rodoviárias		
Laje do tabuleiro	0.8	2×10^6
Vigas transversais	0.7	2×10^6
Vigas longitudinais		
- vão até 100 m	0.5	2×10^6
- vão até 200 m	0.4	2×10^6
- vão $\geq$ 300 m	0.3	2×10^6
- meso e infraestrutura	0	2×10^6
Pontes em ferrovias especializadas	1	2×10^6
Pontes em ferrovias não especializadas	0.8	2×10^6
Pontes rolantes		
Leves ou de uso eventual	0	20000
Moderadas	1	100000
Pesadas	1	500000
Severas	1	2×10^6

Logo, os valores de $\psi_{1,fad}$ para verificação de fadiga adotados são (a) longarinas: $\psi_{1,fad} = 0.5$, (b) transversinas: $\psi_{1,fad} = 0$ e (c) lajes: $\psi_{1,fad} = 0.8$. Os valores são nulos para as transversinas porque estas não estão diretamente em contato com as lajes, ou seja, os efeitos dinâmicos da fadiga são desprezados.

Com isso, a terceira combinação frequente de serviço $F_{3d,freq}$ (carga móvel como carga variável principal e vento como carga variável secundária) e a quarta combinação frequente de serviço $F_{4d,freq}$ (vento como carga variável principal e carga móvel como carga variável secundária) para verificação de fadiga são:

$$F_{3d,freq} = F_{G,pp} + F_{G,pav} + F_{G,def} + \psi_{1,fad}(F_{Q,mov} + F_{Q,fa}) \qquad (9.49)$$

$$F_{4d,freq} = F_{G,pp} + F_{G,pav} + F_{G,def} + 0.3F_{Q,v} + 0.3(F_{Q,mov} + F_{Q,fa}) \qquad (9.50)$$

d) Combinações raras de serviço

As combinações raras de serviço em estruturas de concreto armado são usadas na avaliação de formação de fissuras, sendo determinadas pela formulação em sequência.

$$F_{d,rara} = \sum_{i=1}^{m} F_{Gi,k} + F_{Q1,k} + \sum_{j=2}^{n} (\psi_{1j} F_{Qj,k}) \qquad (9.51)$$

196   Pontes em concreto armado: análise e dimensionamento

Sendo $F_{d,rara}$ a força de cálculo para a combinação rara de serviço.

A primeira combinação rara de serviço $F_{1d,rara}$ (carga móvel como carga variável principal e vento como carga variável secundária) é escrita a seguir.

$$F_{1d,rara} = F_{G,pp} + F_{G,pav} + F_{G,def} + (F_{Q,mov} + F_{Q,fa}) + 0.3F_{Q,v} \qquad (9.52)$$

Por fim, a segunda combinação rara de serviço $F_{2d,rara}$ (vento como carga variável principal e carga móvel como carga variável secundária) é exposta na continuidade.

$$F_{2d,rara} = F_{G,pp} + F_{G,pav} + F_{G,def} + F_{Q,v} + 0.5(F_{Q,mov} + F_{Q,fa}) \qquad (9.53)$$

Referências e bibliografia recomendada

ABNT – ASSOCIAÇÃO BRASILEIRA DE NORMAS TÉCNICAS. *NB-2.* Cálculo e execução de pontes de concreto armado. Rio de Janeiro, 1961.

ABNT – ASSOCIAÇÃO BRASILEIRA DE NORMAS TÉCNICAS. *NBR 6123.* Forças devido ao vento em edificações. Rio de Janeiro, 1988.

ABNT – ASSOCIAÇÃO BRASILEIRA DE NORMAS TÉCNICAS. *NBR 8681.* Ações e segurança nas estruturas – Procedimento. Rio de Janeiro, 2003a.

ABNT – ASSOCIAÇÃO BRASILEIRA DE NORMAS TÉCNICAS. *NBR 7187.* Projeto de pontes de concreto armado e de concreto protendido – Procedimento. Rio de Janeiro, 2003b.

ABNT – ASSOCIAÇÃO BRASILEIRA DE NORMAS TÉCNICAS. *NBR 7188.* Carga móvel rodoviária e de pedestres em pontes, viadutos, passarelas e outras estruturas. Rio de Janeiro, 2013.

ABNT – ASSOCIAÇÃO BRASILEIRA DE NORMAS TÉCNICAS. *NBR 6118.* Projeto de estruturas de concreto – Procedimento. Rio de Janeiro, 2014.

CATAI, E. *Análise dos efeitos da retração e fluência em vigas mistas.* Dissertação de mestrado. Escola de Engenharia de São Carlos, Universidade de São Paulo. São Paulo, 2005.

CAVALCANTE, G. H. F. *Contribuição ao Estudo da Influência de Transversinas no Comportamento de Sistemas Estruturais de Pontes.* Dissertação de mestrado. Programa de Pós-Graduação em Engenharia Civil, Universidade Federal de Alagoas. Maceió, 2016.

EL DEBS, M. K.; TAKEYA, T. *Notas de Aula.* Introdução às Pontes de Concreto. Departamento de Engenharia de Estruturas, Escola de Engenharia de São Carlos, Universidade de São Paulo. São Carlos, 2009.

SANTOS, M. F. *Contribuição ao Estudo do Efeito de Combinação de Veículos de Carga sobre Pontes Rodoviárias de Concreto*. Dissertação de mestrado. Escola de Engenharia de São Carlos, Universidade de São Paulo. São Paulo, 2003.

CAPÍTULO 10

Dimensionamento das lajes

Este capítulo apresenta o dimensionamento das lajes, sendo este realizado segundo a NBR 6118 (ABNT, 2014), porém a obtenção dos momentos fletores foi efetuada simplificadamente pelas tabelas de Rüsch (1965), enquanto os esforços cortantes e os deslocamentos foram logrados a partir de simplificações utilizando a teoria de flexão em vigas.

10.1 Dimensionamento à flexão simples

10.1.1 Obtenção dos esforços

As tabelas de Rüsch (1965) utilizam como base para obtenção dos momentos fletores a norma DIN 1072 (DIN, 1963), do Instituto Alemão para Normatização. Assim, é necessário entender a disposição dessas cargas móveis para, posteriormente, compatibilizá-las com a carga móvel rodoviária padrão TB-450 da NBR 7188 (ABNT, 2013). Ressalta-se que essas tabelas levam em consideração o método de placas, ou seja, desprezam quaisquer cargas que não sejam perpendiculares à superfície média.

A antiga DIN 1072 (DIN, 1963) utilizava dois trens-tipo: *schwerlastwagen* (SLW) e *lastkraftwagen* (LKW), sendo o primeiro para caminhões pesados e o segundo para veículos leves. Na antiga NBR 7188, lançada em 1984, ocorria essa mesma distinção das disposições das cargas a partir de classes, todavia, com a atualização da norma brasileira, praticamente apenas se emprega o trem-tipo padrão TB-450, que apresenta a mesma disposição de cargas dos veículos SLW (Figura 10.1).

A Figura 10.1 ilustra a disposição das cargas do trem-tipo e das sobrecargas na norma DIN 1072 (DIN, 1963). Logo, avalia-se que são apresentadas duas sobrecargas distintas p e p'. Para que estas sejam compatibilizadas com a NBR 7188 (ABNT, 2013), devem ser utilizados os mesmos valores obtidos para q, Equação (9.16). Já para as forças devidas ao veículo devem ser empregadas aquelas logradas para Q, Equação (9.15).

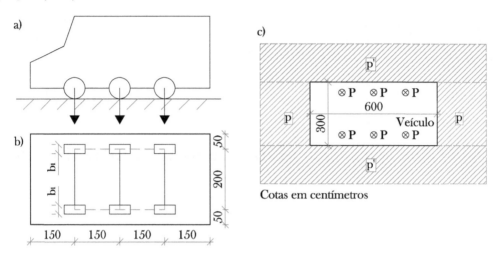

Figura 10.1: Disposição das cargas do veículo SLW da norma DIN 1072 (DIN, 1963): (a) corte e (b) vista superior do veículo, e (c) vista superior da aplicação de todas as cargas móveis.

Por fim, destaca-se que, com essas compatibilizações, os resultados calculados na sequência utilizam as mesmas características preconizadas pela atual norma NBR 7188 (ABNT, 2013) de cargas móveis para pontes rodoviárias.

Para utilizar as tabelas, deve-se definir os tipos de vinculações das lajes (Figura 10.2) e, dessa forma, entender os traçados dos diagramas de momentos fletores a serem logrados. Assim, as vinculações estão relacionadas aos apoios nas bordas e estas podem ser:

a) livres: não apresentam elementos estruturais servindo como apoio (por exemplo, vigas);

b) apoiadas: é uma forma simplificada de vinculação que leva em consideração a existência de uma viga apoiando a laje, porém não há continuidade da laje nessa borda, sendo a rigidez à torção dessa viga desprezada;

c) engastadas: a borda está apoiada por uma viga e existe uma continuidade da laje;

d) indefinidas: a laje tem continuidade, porém não possui elementos de apoio, sendo esse tipo de borda utilizado em lajes unidirecionais.

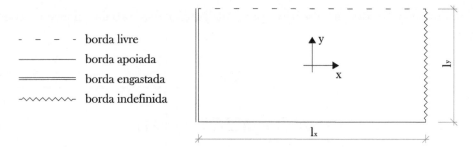

- - - - borda livre
——————— borda apoiada
═══════ borda engastada
∿∿∿∿∿∿ borda indefinida

Figura 10.2: Simbologia para os vínculos das lajes.

As dimensões da laje são definidas como:

l_x = menor dimensão em planta da laje;

l_y = maior dimensão em planta da laje.

Além disso, é preciso definir a área de atuação do pneu e a largura de propagação até a superfície média da laje (t). Esses valores são importantes porque distribuem as cargas pontuais (Q) em uma área, reduzindo os esforços. A Figura 10.3 apresenta os dados necessários para obtenção de uma carga distribuída em área.

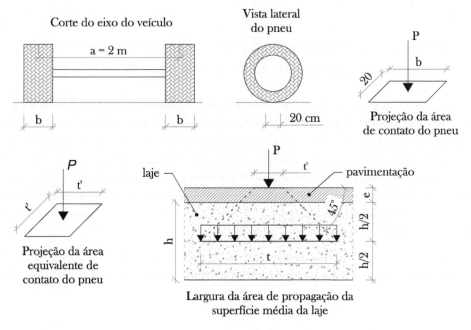

Figura 10.3: Dados para utilização das tabelas de Rüsch (1965).

Assim, a área de atuação dos pneus é convertida em um quadrado simplificado com lados de dimensão t' e, posteriormente, obtém-se a área a partir da propagação da carga na área da superfície média da laje, que tem lados com dimensão t.

202   Pontes em concreto armado: análise e dimensionamento

Determinam-se os dados necessários para utilização das tabelas nas equações em sequência.

$$a = 2 \, \text{m} \tag{10.1}$$

$$t' = \sqrt{0.2b} = \sqrt{0.2 \cdot 0.5} = 0.32 \, \text{m} \tag{10.2}$$

Sendo:

a = distância perpendicular ao sentido do tráfego entre eixos de pneus;

b = largura de contato do pneu, definida na Figura 9.3 como 50 cm;

t' = lado do quadrado de área equivalente à área de contato do pneu com o pavimento.

O lado da área equivalente de propagação de carga até a superfície média da laje (t) é calculado pela Equação (10.3).

$$t = t' + 2e + h = 0.316 + 2 \cdot 0.08 + 0.25 = 0.73 \, \text{m} \tag{10.3}$$

Em que:

e = espessura da pavimentação, definida na Figura 8.3 como 8 cm;

h = espessura da laje, definida na Figura 8.3 como 25 cm.

A Figura 10.4 indica as vinculações das bordas das lajes do tabuleiro. Destaca-se que as vinculações das lajes internas são consideradas apoiadas e as das externas, engastadas. Isso ocorre em virtude do posicionamento crítico do trem-tipo, ou seja, os momentos fletores negativos máximos ocorrem quando o trem-tipo atua apenas nas lajes externas, enquanto os momentos fletores positivos máximos surgem quando a carga móvel está posicionada apenas nas lajes internas (similar ao comportamento da laje biapoiada). Além disso, é descrito como os momentos fletores se comportam na direção x (menor vão).

Dessa forma, é possível afirmar que as lajes são todas unidirecionais ($l_y \geq 3.5 l_x$), tendo os esforços preponderantes atuando no sentido perpendicular ao fluxo dos veículos.

a) Lajes em balanço ($L_1 = L_3$)

As lajes L_1 e L_3 apresentam resultados idênticos. Assim, os cálculos só foram concebidos uma vez. Avalia-se pela Figura 10.4 que o menor comprimento (l_x) para obtenção das cargas móveis é dado como:

Dimensionamento das lajes

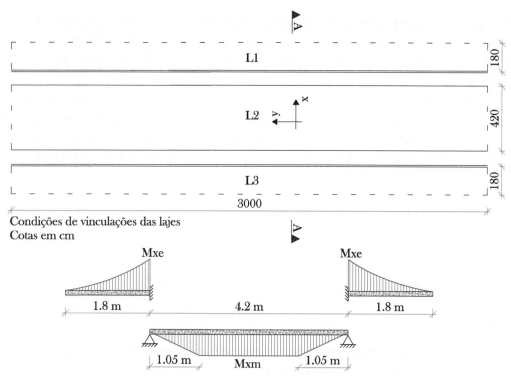

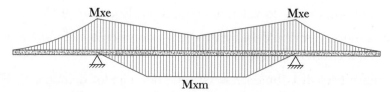

Envoltória do diagrama de momentos fletores das lajes na direção x
Corte AA

Figura 10.4: Condições de vinculação das lajes do tabuleiro.

$$l_x = 1.8 - 0.4 = 1.4 \text{ m} \tag{10.4}$$

Destaca-se que o lado l_x é a largura onde o trem-tipo pode atuar, ou seja, descartam-se as dimensões das defensas. Por ser uma laje unidirecional, isto é, o maior lado (l_y) é maior que duas vezes o menor lado, considera-se que:

$$\frac{l_y}{l_x} = \frac{3000}{140} = 21.43 \geq 3.5 \rightarrow \frac{l_y}{l_x} = \infty \tag{10.5}$$

Com essas informações é possível escolher a tabela que fornece os resultados dos momentos fletores nessas lajes. Dessa forma, adota-se a tabela de número 98 em

204   Pontes em concreto armado: análise e dimensionamento

virtude das considerações da Figura 10.4. São elas: (a) a laje é considerada unidirecional, Equação (10.5); (b) as vinculações são similares às da Figura 10.4; e (c) a direção do fluxo de veículos (*Fahrtrichtung*) é no sentido da maior dimensão da ponte.

Após a definição da tabela, já é possível determinar os momentos fletores máximos para as cargas móveis, sendo neste caso calculados apenas os negativos no sentido de x e os positivos máximos nas bordas livres no sentido de y, uma vez que nos outros sentidos são desprezíveis. As Equações (10.6) e (10.7) determinam esse valor.

$$M_{xe,mov} = QM_{L,xe} + q_1 M_{p,xe} + q_2 M_{p',xe} = QM_{L,xe} + q(M_{p,xe} + M_{p',xe}) \qquad (10.6)$$

$$M_{yr,mov} = QM_{L,yr} + q_1 M_{p,yr} + q_2 M_{p',yr} = QM_{L,yr} + q(M_{p,yr} + M_{p',yr}) \qquad (10.7)$$

Sendo:

$M_{xe,mov}$ = momento fletor negativo máximo na borda engastada no sentido de x devido às cargas móveis;

$M_{yr,mov}$ = momento fletor positivo máximo na borda livre no sentido de y devido às cargas móveis;

Q = peso de uma roda do veículo, definido na Equação (9.15);

q_1 = carga móvel distribuída à frente e atrás do veículo, definida na Figura 10.1 e igual à carga q, Equação (9.16);

q_2 = carga móvel distribuída nas laterais do veículo, definida na Figura 10.1 e igual à carga q, Equação (9.16);

$M_{L,xe}$, $M_{L,yr}$, $M_{p,xe}$, $M_{p,yr}$, $M_{p',xe}$ e $M_{p',yr}$ = coeficientes para obtenção de cada momento fletor máximo devido às cargas móveis.

Por fim, utilizam-se dois parâmetros para obtenção dos coeficientes M_L, M_p e $M_{p'}$:

$$\frac{t}{a} = \frac{0.73}{2} = 0.37 \qquad (10.8)$$

$$\frac{l_x}{a} = \frac{1.4}{2} = 0.7 \qquad (10.9)$$

Dimensionamento das lajes

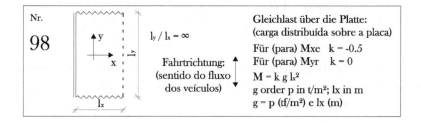

	M_{xe} in Randmitte (M_{xe} na borda engastada) t/a				M_{yr} Mitte d. freien Randes (M_{yr} na borda livre) t/a				Gleichlast um SLW von 1 t/m^2 (carga q de 1 tf/m^2 para um veículo SLW)			
l_x/a	0.125	0.25	0.5	1.0	0.125	0.25	0.5	1.0	M_{xe} für alle Werte t/a (qualquer valor de t/a)		M_{yr} für alle Werte t/a (qualquer valor de t/a)	
	Coef. M_L				Coef. M_L				Coef. M_p	Coef. $M_{p'}$	Coef. M_p	Coef. $M_{p'}$
0.125	0.11	0.1	0.1	0.004	0.17	0.1	0.06	0.01	0	0	0	0
0.25	0.23	0.23	0.2	0.1	0.27	0.18	0.1	0.01	0	0	0	0
0.375	0.38	0.37	0.33	0.18	0.34	0.23	0.13	0.02	0	0	0	0
0.5	0.52	0.51	0.46	0.28	0.39	0.27	0.15	0.04	0	0	0	0
0.625	0.7	0.67	0.6	0.433	0.43	0.29	0.16	0.05	0	0	0	0
0.75	0.9	0.87	0.8	0.63	0.44	0.3	0.16	0.08	0	0	0	0
1	1.24	1.18	1.10	0.95	0.5	0.36	0.22	0.14	0.05	0	0	0
1.25	1.5	1.44	1.34	1.22	0.58	0.45	0.31	0.22	0.23	0	0	0
1.5	1.72	1.66	1.57	1.45	0.68	0.54	0.42	0.31	0.38	0.08	0	0.04
1.75	1.9	1.85	1.76	1.66	0.79	0.66	0.55	0.42	0.7	0.3	0	0.06
2	2.04	2.0	1.93	1.84	0.91	0.78	0.69	0.53	1.24	0.66	0	0.08
2.25	2.18	2.15	2.1	1.87	1.04	0.91	0.84	0.65	1.98	1.2	0	0.1
2.5	2.29	2.29	2.23	2.18	1.17	1.04	0.9	0.77	3.24	1.9	0	0.15

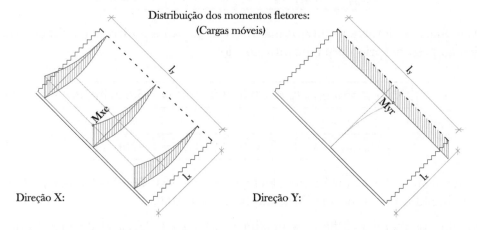

Figura 10.5: Resultados da tabela de número 98 para as lajes em balanço.

Assim, os valores dos coeficientes para as cargas móveis podem ser interpolados como ilustrado na Tabela 10.1. Os momentos fletores máximos devidos às cargas móveis são:

$$\boxed{M_{xe,mov} = -123.8 \cdot 0.76 - 8.3 \cdot (0 + 0) = -94.1 \text{ kNm/m}} \qquad (10.10)$$

206   Pontes em concreto armado: análise e dimensionamento

$$\boxed{M_{yr,mov} = 123.8 \cdot 0.23 + 8.3 \cdot (0 + 0) = 28.5 \text{ kNm/m}} \tag{10.11}$$

Para obtenção dos momentos fletores máximos devidos às cargas permanentes, utilizam-se os valores de k descritos na Figura 10.5. Contudo, os valores de l_x variam em função da carga a ser estudada.

Tabela 10.1: Coeficientes interpolados da tabela de Rüsch (1965) de número 98 para obtenção dos momentos fletores máximos devidos às cargas móveis.

l_x/a	M_{xe} t/a			M_{yr} t/a			M_{xe}		M_{yr}	
	0.25	0.37	0.5	0.25	0.37	0.5	M_p	$M_{p'}$	M_p	$M_{p'}$
	Coef. M_L			Coef. M_L						
0.625	0.67		0.6	0.29		0.16	0	0	0	0
0.7	0.79	**0.76**	0.72	0.3	**0.23**	0.16	**0**	**0**	**0**	**0**
0.75	0.87		0.8	0.3		0.16	0	0	0	0

Para os momentos fletores negativos máximos no sentido x ($M_{xe,ppl}$) e positivos no sentido y ($M_{yr,ppl}$) devidos ao peso próprio das lajes, obtêm-se:

$$\boxed{M_{xe,ppl} = k\, q_{ppl}\, l_x^2 = -0.5 \cdot 6.25 \cdot 1.8^2 = -10.1 \text{ kNm/m}} \tag{10.12}$$

$$\boxed{M_{yr,ppl} = k\, q_{ppl}\, l_x^2 = 0 \cdot 6.25 \cdot 1.8^2 = 0 \text{ kNm/m}} \tag{10.13}$$

Os momentos fletores negativos máximos ($M_{xe,pav}$) e positivos máximos ($M_{yr,pav}$) devidos ao peso próprio da pavimentação são:

$$\boxed{M_{xe,pav} = k\, q_{pav}\, l_x^2 = -0.5 \cdot 3.9 \cdot 1.4^2 = -3.8 \text{ kNm/m}} \tag{10.14}$$

$$\boxed{M_{yr,pav} = k\, q_{pav}\, l_x^2 = 0 \cdot 3.9 \cdot 1.4^2 = 0 \text{ kNm/m}} \tag{10.15}$$

Os momentos fletores máximos devidos às defensas são obtidos por meio de um modelo simplificado, conforme ilustrado na Figura 10.6.

Por fim, os momentos fletores máximos ($M_{xe,def}$ e $M_{yr,def}$) devidos às defensas são:

$$\boxed{M_{xe,def} = -15.3 \text{ kNm/m}} \tag{10.16}$$

$$\boxed{M_{yr,def} = 0 \text{ kNm/m}} \tag{10.17}$$

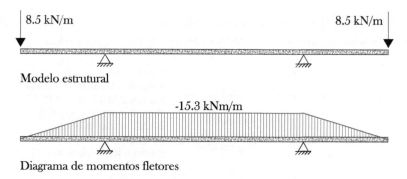

Figura 10.6: Modelo para obtenção dos esforços para as lajes L_1 e L_3 devidos ao peso próprio das defensas.

Na continuação são obtidos os momentos fletores máximos na laje L_2. Todavia, torna-se necessário recalcular os parâmetros para achar uma nova tabela.

b) Laje central (L_2)

Para a laje central, é necessário obter tanto os momentos positivos quanto os negativos máximos no meio do vão e nas bordas livres e engastadas. Seguindo o mesmo roteiro definido anteriormente, obtém-se:

$$l_x = 4.2 \text{ m} \tag{10.18}$$

Sendo l_x a distância entre eixos de longarinas. Essas lajes também são consideradas unidirecionais, uma vez que:

$$\frac{l_y}{l_x} = \frac{3000}{420} = 7.14 \geq 3.5 \tag{10.19}$$

Com esses dados, determina-se a tabela que fornece os resultados dos momentos fletores nessa laje. Portanto, adota-se a tabela de número 3 em virtude das considerações: (a) a laje é considerada unidirecional, Equação (10.19); (b) as vinculações são similares às da Figura 10.4 e (c) a direção do fluxo de veículos (*Fahrtrichtung*) é no sentido da maior dimensão da ponte.

Para obtenção dos momentos fletores máximos devidos às cargas móveis, torna-se necessário recalcular os parâmetros:

$$\frac{t}{a} = \frac{0.73}{2} = 0.37 \tag{10.20}$$

$$\frac{l_x}{a} = \frac{4.2}{2} = 2.1 \tag{10.21}$$

Os coeficientes interpolados para obtenção dos momentos fletores máximos devidos às cargas móveis na laje central estão dispostos na Tabela 10.2.

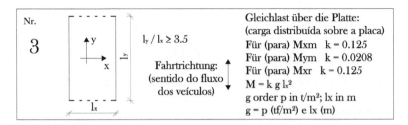

Brückenklasse 30t bis 60t

l_x/a	M_{xm} in Plattenmitte				M_{ym} in Plattenmitte				M_{xr} Mitte d. freien Randes			
	t/a				t/a				t/a			
	0.125	0.25	0.5	1.0	0.125	0.25	0.5	1.0	0.125	0.25	0.5	1.0
	Coef. M_L				Coef. M_L				Coef. M_L			
0.5	0.2	0.17	0.112	0.065	0.155	0.095	0.069	0.028	0.44	0.34	0.23	0.06
1.0	0.351	0.3	0.237	0.176	0.223	0.158	0.11	0.063	0.71	0.465	0.325	0.15
1.5	0.431	0.4	0.351	0.305	0.267	0.22	0.16	0.118	0.89	0.64	0.48	0.41
2.0	0.52	**0.491**	**0.461**	0.421	0.322	**0.263**	**0.228**	0.179	1.1	**0.87**	**0.7**	0.59
2.5	0.62	**0.59**	**0.56**	0.53	0.382	**0.338**	**0.29**	0.253	1.29	**1.12**	**0.93**	0.78
3.0	0.72	0.69	0.67	0.63	0.457	0.408	0.361	0.323	1.46	1.36	1.17	1.0
4.0	0.87	0.85	0.82	0.8	0.58	0.53	0.472	0.433	1.77	1.76	1.58	1.38
5.0	0.99	0.98	0.95	0.93	0.69	0.64	0.58	0.53	2.03	2.03	1.94	1.67
6.0	1.08	1.07	1.04	1.02	0.77	0.73	0.66	0.62	2.26	2.26	2.24	1.89
7.0	1.15	1.14	1.11	1.1	0.84	0.8	0.73	0.7	2.43	2.43	2.43	2.07
8.0	1.2	1.19	1.17	1.15	0.9	0.86	0.8	0.76	2.56	2.56	2.56	2.21
9.0	1.24	1.23	1.21	1.2	0.96	0.91	0.85	0.82	2.65	2.65	2.65	2.29
10.0	1.27	1.26	1.24	1.23	1.02	0.95	0.9	0.87	2.7	2.7	2.7	2.33

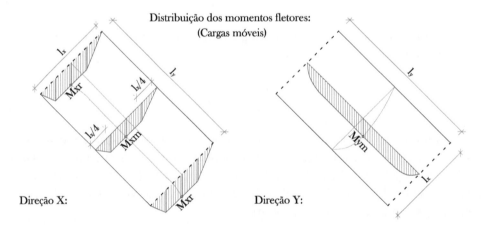

Figura 10.7: Resultados da tabela de número 3 para a laje central considerando apenas o veículo-tipo.

Dimensionamento das lajes

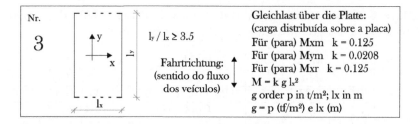

	Gleichlast um SLW von 1 t/m^2					
l_x/a	M_{xm} für alle Werte t/a		M_{ym} für alle Werte t/a		M_{xr} für alle Werte t/a	
	Coef. M_p	Coef. $M_{p'}$	Coef. M_p	Coef. $M_{p'}$	Coef. M_p	Coef. $M_{p'}$
0.5	0	0	0	0	0	0
1.0	0	0.15	0	0.03	0	0.05
1.5	0.1	0.23	0.02	0.07	0.1	0.2
2.0	**0.25**	**0.4**	**0.04**	**0.12**	**0.2**	**0.3**
2.5	**0.58**	**0.96**	**0.1**	**0.24**	**0.28**	**0.54**
3.0	1	1.35	0.17	0.4	0.4	1.3
4.0	2.2	2.85	0.37	1.03	0.9	3.2
5.0	3.46	5.65	0.58	2.03	1.8	6.42
6.0	4.7	8	0.78	3.06	2.9	11
7.0	5.75	11.8	0.92	4.54	4.1	16.3
8.0	6.9	16.4	1.29	6.28	5.5	22.5
9.0	8	22.1	1.3	8.25	7.1	29
10.0	9.12	28.7	1.46	10.67	9.05	35.6

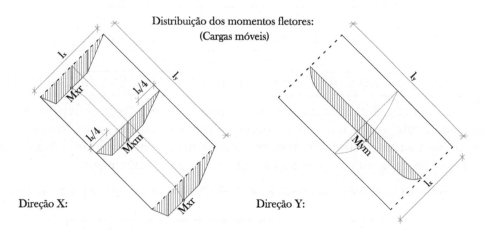

Figura 10.8: Resultados da tabela de número 3 para a laje central considerando apenas a sobrecarga de multidão.

Tabela 10.2: Coeficientes interpolados da tabela de Rüsch (1965) de número 3 para obtenção dos momentos fletores máximos devidos às cargas móveis.

l_x/a	M_{xm} t/a			M_{ym} t/a			M_{xr} t/a		
	0.25	0.37	0.5	0.25	0.37	0.5	0.25	0.37	0.5
	Coef. M_L			Coef. M_L			Coef. M_L		
2	0.491		0.461	0.26		0.228	0.87		0.7
2.1	0.51	**0.5**	0.48	0.28	**0.26**	0.24	0.92	**0.84**	0.75
2.5	0.59		0.56	0.34		0.29	1.12		0.93

l_x/a	M_{xm} M_p	$M_{p'}$	M_{ym} M_p	$M_{p'}$	M_{xr} M_p	$M_{p'}$
2	0.25	0.4	0.04	0.12	0.2	0.3
2.1	**0.32**	**0.51**	**0.05**	**0.14**	**0.22**	**0.35**
2.5	0.58	0.96	0.1	0.24	0.28	0.54

Logo, os momentos fletores máximos na laje central devidos às cargas móveis são:

$$M_{xm,mov} = 123.8 \cdot 0.5 + 8.3 \cdot (0.32 + 0.51) = 68.8 \text{ kNm/m} \tag{10.22}$$

$$M_{ym,mov} = 123.8 \cdot 0.26 + 8.3 \cdot (0.05 + 0.14) = 33.8 \text{ kNm/m} \tag{10.23}$$

$$M_{xr,mov} = 123.8 \cdot 0.84 + 8.3 \cdot (0.22 + 0.35) = 108.7 \text{ kNm/m} \tag{10.24}$$

Na continuação, determinam-se os momentos fletores máximos devidos às cargas permanentes. Observa-se que esta consideração de vinculações não é compatível com as cargas permanentes, todavia gera resultados mais conservadores. Assim, foram mantidas as mesmas vinculações na análise das cargas permanentes.

Para os momentos máximos na laje central devidos ao seu peso próprio, obtêm-se:

$$M_{xm,ppl} = k \, q_{ppl} \, l_x^2 = 0.125 \cdot 6.25 \cdot 4.2^2 = 13.8 \text{ kNm/m} \tag{10.25}$$

$$M_{ym,ppl} = k \, q_{ppl} \, l_x^2 = 0.021 \cdot 6.25 \cdot 4.2^2 = 2.3 \text{ kNm/m} \tag{10.26}$$

$$M_{xr,ppl} = k \, q_{ppl} \, l_x^2 = 0.125 \cdot 6.25 \cdot 4.2^2 = 13.8 \text{ kNm/m} \tag{10.27}$$

Os momentos fletores máximos ($M_{xe,pav}$) devidos ao peso próprio da pavimentação na laje central são:

$$M_{xm,pav} = k \, q_{pav} \, l_x^2 = 0.125 \cdot 3.9 \cdot 4.2^2 = 8.6 \text{ kNm/m} \tag{10.28}$$

$$M_{ym,pav} = k\, q_{pav}\, l_x^2 = 0.021 \cdot 3.9 \cdot 4.2^2 = 1.4 \text{ kNm/m} \tag{10.29}$$

$$M_{xr,pav} = k\, q_{pav}\, l_x^2 = 0.125 \cdot 3.9 \cdot 4.2^2 = 8.6 \text{ kNm/m} \tag{10.30}$$

Os momentos fletores devidos às defensas já foram obtidos na Figura 10.6 e são:

$$M_{xm,def} = -15.3 \text{ kNm/m} \tag{10.31}$$

$$M_{ym,def} = 0 \text{ kNm/m} \tag{10.32}$$

$$M_{xr,def} = -15.3 \text{ kNm/m} \tag{10.33}$$

c) Resumo dos momentos fletores

As Figuras 10.9 e 10.10 ilustram as distribuições dos momentos fletores nas lajes atuantes nos sentidos x e y, enquanto a Tabela 10.3 apresenta o resumo dos momentos fletores obtidos a partir de cargas móveis (MOV), peso próprio das lajes (PPL), peso da pavimentação (PAV) e peso das defensas (DEF). Com esses dados é possível calcular as combinações que servem como base para dimensionamento das armaduras e verificações nos estados-limite de serviço.

Tabela 10.3: Resumo dos momentos fletores máximos nas lajes.

Nº da laje	M_{xe} (kNm/m)				M_{xr} (kNm/m)			
	PPL	PAV	DEF	MOV	PPL	PAV	DEF	MOV
$L1 = L3$	-10.1	-3.8	-15.3	-94.1	-	-	-	-
$L2$	-	-	-	-	13.8	8.6	-15.3	108.7

Nº da laje	M_{xm} (kNm/m)				M_{yr} (kNm/m)			
	PPL	PAV	DEF	MOV	PPL	PAV	DEF	MOV
$L1 = L3$	-	-	-	-	0	0	0	28.5
$L2$	13.8	8.6	-15.3	68.8	-	-	-	-

Nº da laje	M_{ym} (kNm/m)			
	PPL	PAV	DEF	MOV
$L1 = L3$	-	-	-	-
$L2$	2.3	1.4	0	33.8

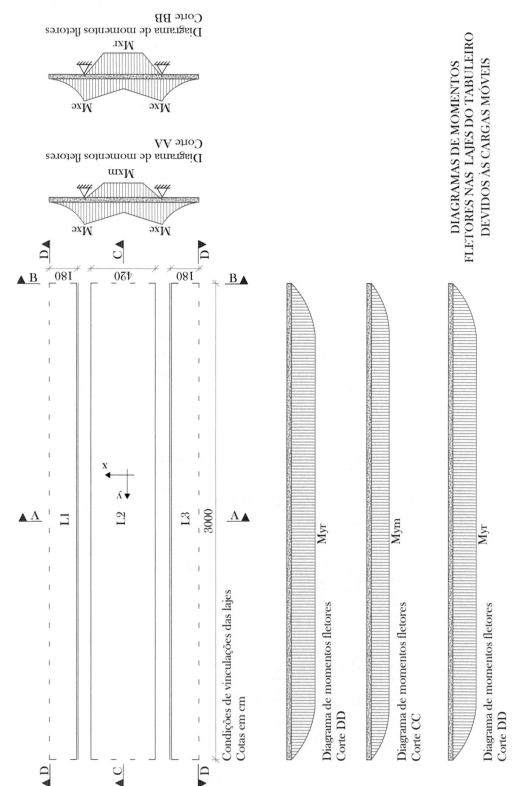

Figura 10.9: Distribuição dos momentos fletores nas lajes devidos às cargas móveis.

Dimensionamento das lajes 213

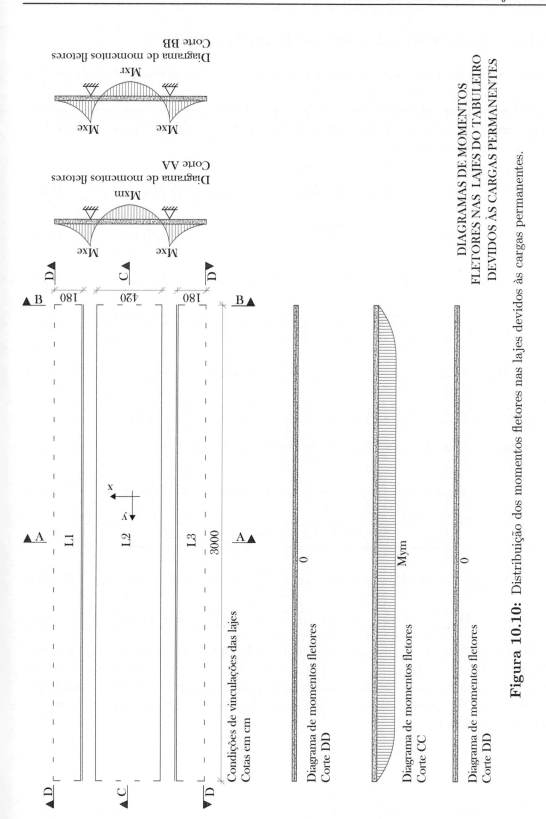

Figura 10.10: Distribuição dos momentos fletores nas lajes devidos às cargas permanentes.

214　Pontes em concreto armado: análise e dimensionamento

10.1.2　Dimensionamento no estado-limite último

Para realizar o dimensionamento no estado-limite último é imprescindível a obtenção das combinações últimas normais, Equação (9.42). Assim, como as cargas horizontais foram ignoradas no dimensionamento da superestrutura, tem-se apenas uma combinação para cada esforço. Os momentos fletores máximos de cálculo no sentido de x são definidos na sequência.

$$M_{xed} = 1.35 \left(M_{xe,ppl} + M_{xe,pav} + M_{xe,def} \right) + 1.5 \, M_{xe,mov} \tag{10.34}$$

$$\boxed{M_{xed} = 1.35 \left(-10.1 - 3.8 - 15.3 \right) + 1.5 \cdot (-94.1) = 181 \text{ kNm/m}} \tag{10.35}$$

$$M_{xrd} = 1.35 \left(M_{xr,ppl} + M_{xr,pav} \right) + 1.0 \, M_{xr,def} + 1.5 \, M_{xr,mov} \tag{10.36}$$

$$\boxed{M_{xrd} = 1.35 \left(13.8 + 8.6 \right) + 1.0 \cdot (-15.3) + 1.5 \cdot 108.7 = 188 \text{ kNm/m}} \tag{10.37}$$

$$M_{xmd} = 1.35 \left(M_{xm,ppl} + M_{xm,pav} \right) + 1.0 \, M_{xm,def} + 1.5 \, M_{xm,mov} \tag{10.38}$$

$$\boxed{M_{xmd} = 1.35 \left(13.8 + 8.6 \right) + 1.0 \cdot (-15.3) + 1.5 \cdot 68.8 = 118 \text{ kNm/m}} \tag{10.39}$$

Já os momentos fletores máximos de cálculo na direção y são:

$$M_{yrd} = 1.35 \left(M_{yr,ppl} + M_{yr,pav} + M_{yr,def} \right) + 1.5 \, M_{yr,mov} \tag{10.40}$$

$$\boxed{M_{yrd} = 1.35 \left(0 + 0 + 0 \right) + 1.5 \cdot (28.5) = 43 \text{ kNm/m}} \tag{10.41}$$

$$M_{ymd} = 1.35 \left(M_{ym,ppl} + M_{ym,pav} + M_{ym,def} \right) + 1.5 \, M_{ym,mov} \tag{10.42}$$

$$\boxed{M_{ymd} = 1.35 \left(2.3 + 1.4 + 0 \right) + 1.5 \cdot (33.8) = 56 \text{ kNm/m}} \tag{10.43}$$

Destaca-se que só foi considerada uma combinação, tendo esta como premissa básica que as cargas móveis são as cargas variáveis principais, visto que as ações do vento e da frenagem e/ou aceleração foram empregadas apenas no dimensionamento dos aparelhos de apoio. Assim, as lajes foram dimensionadas aos momentos fletores máximos de cálculo.

Dimensionamento das lajes   215

a) Dimensionamento das armaduras negativas

O dimensionamento das armaduras longitudinais segue o roteiro disposto no Capítulo 2. Posto isso, os dados iniciais da geometria são determinados pelas Equações (10.44) e (10.45). O cobrimento foi adotado como 3.5 cm para uma classe de agressividade III de acordo com a Tabela 7.2 da NBR 6118 (ABNT, 2014).

$$b_w = 100 \text{ cm} \tag{10.44}$$

$$d = h - d' = 25 - 4.5 = 20.5 \text{ cm} \tag{10.45}$$

As propriedades físicas tanto das armaduras quanto do concreto já foram definidas na Tabela 8.1, porém as resistências estão relacionadas a seguir.

$$f_{ck} = 50 \, MPa = 5 \text{ kN/cm}^2 \tag{10.46}$$

$$f_{yk} = 500 \, MPa = 50 \text{ kN/cm}^2 \tag{10.47}$$

O momento fletor de cálculo (M_d) a ser utilizado é:

$$\boxed{M_d = M_{xed} = 181 \, kNm/m = 18100 \text{ kNcm/m}} \tag{10.48}$$

Portanto, o parâmetro a ser calculado inicialmente é a ductilidade ξ. Destaca-se que, como o concreto é de classe C50, então $\lambda = 0.8$ e $\alpha_c = 0.85$.

$$\left(\frac{\lambda}{2}\right)\xi^2 - \xi + \frac{M_d}{\lambda \alpha_c b_w d^2 f_{cd}} = 0 \tag{10.49}$$

$$f_{cd} = \frac{f_{ck}}{\gamma_c} = \frac{5}{1.4} = 3.57 \text{ kN/cm}^2 \tag{10.50}$$

$$\left(\frac{0.8}{2}\right)\xi^2 - \xi + \frac{18100}{0.8 \cdot 0.85 \cdot 100 \cdot 20.5^2 \cdot 3.57} = 0 \tag{10.51}$$

$$\boxed{\xi = 0.19 \leq \xi_{lim} = 0.45} \tag{10.52}$$

Como $\xi \leq \xi_{lim}$, então não há necessidade do uso de armaduras duplas. Logo, o cálculo da área de aço (A_s) das armaduras longitudinais negativas é demonstrado na sequência.

$$A_s = \frac{0.68 b_w d\xi \, f_{cd}}{f_{yd}} = \frac{0.68 \cdot 100 \cdot 20.5 \cdot 0.19 \cdot 3.57}{43.5} \tag{10.53}$$

$$\boxed{A_s = 22 \text{ cm}^2/m} \tag{10.54}$$

216   Pontes em concreto armado: análise e dimensionamento

Destaca-se que a tensão de escoamento do aço de cálculo é determinada em função da tensão de escoamento característica.

$$f_{yd} = \frac{f_{yk}}{\gamma_s} = \frac{50}{1.15} = 43.5 \text{ kN/cm}^2 \tag{10.55}$$

Antes da escolha das armaduras, algumas verificações precisam ser realizadas. Segundo a NBR 7187 (ABNT, 2003), as lajes maciças precisam ter espessuras mínimas de 15 cm, condição que está satisfeita, uma vez que a laje apresenta 25 cm de espessura.

As armaduras negativas mínimas sem protensão, segundo as Tabelas 2.5 e 2.6, são calculadas como:

$$A_{s,min} = \rho_s b_w h = \rho_{min} b_w h = \frac{0.208}{100} \cdot 100 \cdot 25 = 5.2 \text{ cm}^2/\text{m} \tag{10.56}$$

Portanto, a área de aço necessária é superior à mínima.

$$\boxed{A_s = 22 \text{ cm}^2/\text{m} \geq A_{s,min} = 5.2 \text{ cm}^2/\text{m}} \tag{10.57}$$

Para a escolha da bitola da armadura de flexão (ϕ_l), deve-se avaliar o diâmetro máximo da armadura ($\phi_{l,mx}$), sendo este descrito na Equação (10.58).

$$\phi_{l,max} = \frac{h}{8} = \frac{25}{8} = 3.125 \text{ cm} = 31.25 \text{ mm} \tag{10.58}$$

De acordo com a NBR 6118 (ABNT, 2014), o espaçamento máximo (S_{max}) entre as barras da armadura principal de flexão é exposto na Equação (10.59).

$$s_{max} \leq \begin{cases} 20 \text{ cm} \\ 2h = 2 \cdot 25 = 50 \text{ cm} \end{cases} = 20 \text{ cm} \tag{10.59}$$

Com essas informações, adota-se a bitola (ϕ_{adot}) de 16 mm. Assim, a área de uma barra (A_{s1b}) é definida como:

$$A_{s1b} = \frac{\pi \phi_{adot}^2}{4} = \frac{\pi \cdot 1.6^2}{4} = 2 \text{ cm}^2 \tag{10.60}$$

Portanto, o espaçamento entre as barras (s_{adot}) adotado é calculado na Equação (10.61).

$$s_{adot} = \frac{A_{s1b}}{A_s} = \frac{2}{22} = 0.091 \text{ m} \cong 7.5 \text{ cm} \leq S_{max} = 20 \text{ cm} \tag{10.61}$$

A configuração das armaduras longitudinais negativas das lajes é igual a $\boxed{\phi 16 \ C/7.5}$. A Figura 10.11 apresenta o posicionamento dessas armaduras na seção transversal.

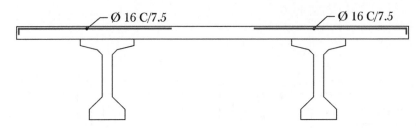

Figura 10.11: Detalhamento das armaduras longitudinais negativas das lajes.

b) Dimensionamento das armaduras positivas

Utilizando o mesmo roteiro do dimensionamento das armaduras negativas, inicialmente foram dimensionadas as armaduras de flexão principais positivas. Para tal, a Tabela 10.4 apresenta o resumo dos resultados de todas as armaduras.

Tabela 10.4: Resumo do dimensionamento das armaduras longitudinais das lajes.

	M_{xed}	M_{xrd}	M_{xmd}	M_{yrd}	M_{ymd}
Esforço (kNcm/m)	18100	18800	11800	4300	5600
ξ	0.19	0.2	0.12	0.04	0.06
ξ_{lim}	0.45	0.45	0.45	0.45	0.45
Armaduras duplas?	Não	Não	Não	Não	Não
A_s (cm^2/m)	22	23	14	5	6.4
$A_{s,min}$ (cm^2/m)	5.2	5.2	5.2	5.2	5.2
$A_{s,adot}$ (cm^2/m)	22	23	14	5.2	6.4
Configuração	$\phi 16\,C/7.5$	$\phi 16\,C/7.5$	$\phi 16\,C/12.5$	$\phi 10\,C/15$	$\phi 10\,C/12.5$

Saliente-se que as armaduras mínimas foram utilizadas considerando simplificadamente a situação mais conservadora, que seria a obtida na Equação (10.56). A Figura 10.12 apresenta o detalhamento das armaduras das lajes.

10.1.3 Verificação de fadiga

A verificação de fadiga exige duas combinações que levam em consideração os momentos fletores máximos e mínimos gerados pelas cargas móveis na combinação frequente. Para os momentos fletores máximos e mínimos nas combinações frequentes no sentido x, obtêm-se:

$$M_{xed,max,freq} = (M_{xe,ppl} + M_{xe,pav} + M_{xe,def}) + 0.8\,M_{xe,mov} \qquad (10.62)$$

$$\boxed{M_{xed,max,freq} = (-10.1 - 3.8 - 15.3) + 0.8 \cdot (-94.1) = -104.5\text{ kNm/m}} \qquad (10.63)$$

$$M_{xed,min,freq} = (M_{xe,ppl} + M_{xe,pav} + M_{xe,def}) + 0.8\,M_{xe,mov} \qquad (10.64)$$

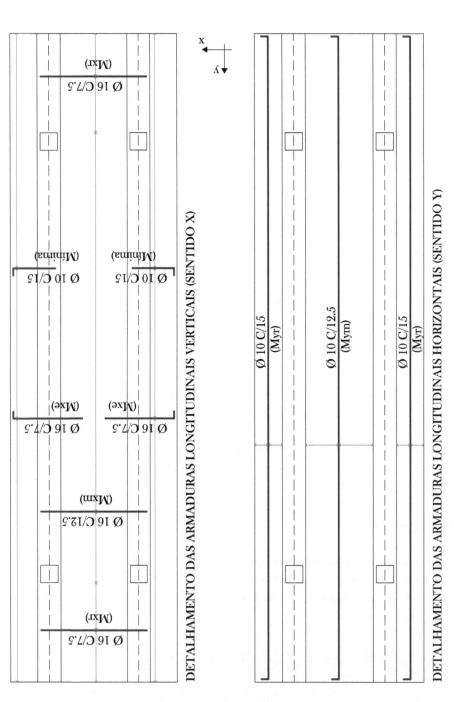

Figura 10.12: Detalhamento das armaduras longitudinais das lajes.

Dimensionamento das lajes   219

$$M_{xed,min,freq} = (-10.1 - 3.8 - 15.3) + 0.8 \cdot 0 = -29.2 \text{ kNm/m} \tag{10.65}$$

Em que:

$M_{xed,max,freq}$ = momento fletor máximo negativo gerado pela combinação frequente na verificação de estado-limite último para fadiga;

$M_{xed,min,freq}$ = momento fletor mínimo negativo gerado pela combinação frequente na verificação de estado-limite último para fadiga.

Os demais momentos fletores no sentido x são descritos na continuidade de forma análoga.

$$M_{xrd,max,freq} = (13.8 + 8.6 - 15.3) + 0.8 \cdot 108.7 = 94.1 \text{ kNm/m} \tag{10.66}$$

$$M_{xrd,min,freq} = (13.8 + 8.6 - 15.3) + 0.8 \cdot 0 = 7.1 \text{ kNm/m} \tag{10.67}$$

$$M_{xmd,max,freq} = (13.8 + 8.6 - 15.3) + 0.8 \cdot 68.8 = 62.1 \text{ kNm/m} \tag{10.68}$$

$$M_{xmd,min,freq} = (13.8 + 8.6 - 15.3) + 0.8 \cdot 0 = 7.1 \text{ kNm/m} \tag{10.69}$$

Os momentos fletores máximos e mínimos gerados pelas combinações frequentes na verificação de fadiga para o sentido y são:

$$M_{yrd,max,freq} = (0 + 0 + 0) + 0.8 \cdot 28.5 = 22.8 \text{ kNm/m} \tag{10.70}$$

$$M_{yrd,min,freq} = (0 + 0 + 0) + 0.8 \cdot 0 = 0 \text{ kNm/m} \tag{10.71}$$

$$M_{ymd,max,freq} = (2.3 + 1.4 + 0) + 0.8 \cdot 33.8 = 30.7 \text{ kNm/m} \tag{10.72}$$

$$M_{ymd,min,freq} = (2.3 + 1.4 + 0) + 0.8 \cdot 0 = 3.7 \text{ kNm/m} \tag{10.73}$$

Para verificações de fadiga, são utilizadas as variações de momentos fletores conforme aponta a equação a seguir.

$$\Delta M_{d,freq} = M_{d,max,freq} - M_{d,min,freq} \tag{10.74}$$

Assim, as variações de cada momento fletor calculado anteriormente são descritas na continuidade.

$$|\Delta M_{xed,freq}| = |-104.5| - |-29.2| = 75.3 \text{ kNm/m} \tag{10.75}$$

220   Pontes em concreto armado: análise e dimensionamento

$$\boxed{\Delta M_{xrd,freq} = 94.1 - 7.1 = 87 \text{ kNm/m}} \qquad (10.76)$$

$$\boxed{\Delta M_{xmd,freq} = 62.1 - 7.1 = 55 \text{ kNm/m}} \qquad (10.77)$$

$$\boxed{\Delta M_{yrd,freq} = 22.8 - 0 = 22.8 \text{ kNm/m}} \qquad (10.78)$$

$$\boxed{\Delta M_{ymd,freq} = 30.7 - 3.7 = 27 \text{ kNm/m}} \qquad (10.79)$$

As verificações de fadiga são realizadas nas armaduras longitudinais e no concreto conforme os tópicos a seguir.

a) Verificação das armaduras longitudinais negativas

A avaliação de fadiga nas armaduras longitudinais de tração segue o roteiro descrito no Capítulo 3, Equação (10.80).

$$\gamma_f \Delta\sigma s_s \leq \Delta f_{sd,fad} \qquad (10.80)$$

A tensão normal atuante nas armaduras longitudinais negativas no estádio II é calculada conforme a Equação (10.81).

$$\Delta\sigma s_s = \alpha_e \frac{\Delta M_{xed,freq}(d - x_{II})}{I_{II}} \qquad (10.81)$$

A posição da linha neutra no estádio II considerando uma seção retangular sem armaduras longitudinais de compressão é definida a seguir.

$$x_{II} = \frac{-\alpha_e A_{s,ef} + \sqrt{(\alpha_e A_{s,ef})^2 + 2b_w \alpha_e A_{s,ef} d}}{b_w} \qquad (10.82)$$

Portanto, a razão modular α_e definida pela NBR 6118 (ABNT, 2014) é descrita na Equação (10.83).

$$\alpha_e = 10 \qquad (10.83)$$

A área de aço efetiva por metro linear $(A_{s,ef})$ é calculada a partir do numéro de barras n_b por metro linear de laje e da área de aço de uma barra A_{s1b}, sendo a configuração adotada: $\boxed{\phi16\ C/7.5}$.

$$n_b = \frac{100}{s_{adot}} = \frac{100}{7.5} = 13.3 \text{ barras/metro} \qquad (10.84)$$

$$A_{s1b} = \frac{\pi\,\phi_{adot}^2}{4} = \frac{\pi \cdot 1.6^2}{4} = 2 \text{ cm}^2 \qquad (10.85)$$

Portanto, a área de aço efetiva por metro linear é calculada a seguir.

$$A_{s,ef} = n_b\,A_{s1b} = 13.3 \cdot 2 = 26.6 \text{ cm}^2/\text{m} \qquad (10.86)$$

Posto isso, a posição da linha neutra no estádio II é calculada na continuidade.

$$x_{II} = \frac{-10 \cdot 26.6 + \sqrt{(10 \cdot 26.6)^2 + 2 \cdot 100 \cdot 10 \cdot 26.6 \cdot 20.5}}{100} = 8.12 \text{ cm} \qquad (10.87)$$

Dessa forma, o momento de inércia no estádio II é calculado na Equação (10.88), desprezando-se as armaduras longitudinais de compressão.

$$I_{II} = \frac{b_w x_{II}^3}{3} + \alpha_e A_{s,ef}(d - x_{II})^2 = \frac{100 \cdot 8.12^3}{3} + 10 \cdot 26.6(20.5 - 8.12)^2 = 58614 \text{ cm}^4$$
$$(10.88)$$

Logo, a variação máxima de tensão nas armaduras longitudinais negativas é calculada na sequência.

$$\boxed{\Delta\sigma s_s = 10 \cdot \frac{7530 \cdot (20.5 - 8.12)}{58614} = 15.9 \text{ kN/cm}^2 = 159 \text{ MPa}} \qquad (10.89)$$

Considerando o coeficiente γ_f como 1, a Tabela 3.1 utiliza a variação máxima de tensão nas armaduras passivas do tipo CA-50 para barras retas com bitolas de 16 mm igual a 190 MPa. Logo, avalia-se que a verificação está satisfeita.

$$\boxed{\gamma_f \Delta\sigma s_s = 159 \text{ MPa} \leq \Delta f_{sd,fad} = 190 \text{ MPa}} \qquad (10.90)$$

b) Verificação das armaduras longitudinais positivas

Como efetuado para o dimensionamento das armaduras longitudinais, a Tabela 10.5 resume os valores encontrados para as verificações de fadiga. Essa metodologia tem como ideia não tornar os cálculos exaustivos, já que utilizam o mesmo procedimento detalhado para as armaduras longitudinais negativas. Posto isso, torna-se necessário aumentar a área de aço efetiva das armaduras no sentido de y, uma vez que não foi possível satisfazer as verificações de fadiga. Reduzindo o espaçamento entre essas armaduras, obtêm-se os resultados descritos na Tabela 10.6. Tanto para M_{yrd} quanto para M_{ymd} foi utilizada a configuração das armaduras longitudinais como $\boxed{\phi 10\ C/10}$. A Figura 10.13 ilustra a disposição das armaduras longitudinais nas lajes com as devidas correções em virtude das verificações de fadiga nas armaduras.

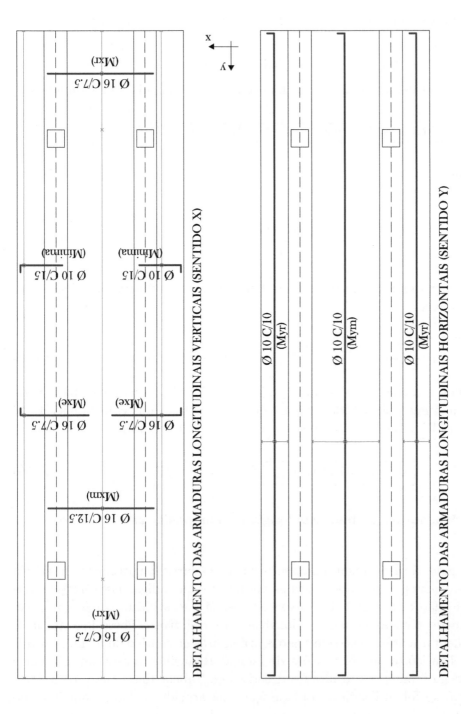

Figura 10.13: Detalhamento das armaduras longitudinais das lajes a partir das correções em virtude das verificações de fadiga.

Tabela 10.5: Resumo dos resultados de verificações de fadiga nas armaduras longitudinais das lajes.

	$\Delta M_{xed,freq}$	$\Delta M_{xrd,freq}$	$\Delta M_{xmd,freq}$	$\Delta M_{yrd,freq}$	$\Delta M_{ymd,freq}$
Esforço (kNcm/m)	7530	8700	5500	2280	2700
Configuração	$\phi16\,C/7.5$	$\phi16\,C/7.5$	$\phi16\,C/12.5$	$\phi10\,C/15$	$\phi10\,C/12.5$
$A_{s,ef}$ (cm²/m)	26.6	26.6	16.1	5.2	6.3
x_{II} (cm)	8.12	8.12	6.67	4.14	4.49
I_{II} (cm⁴)	58614	58614	40657	16379	19122
$\gamma_f \Delta\sigma_{s_s}$ (MPa)	159	184	187	228	226
$\Delta f_{sd,fad}$ (MPa)	190	190	190	190	190
Verificação	Ok!	Ok!	Ok!	Não passa!	Não passa!

Tabela 10.6: Resumo dos resultados de verificações de fadiga nas armaduras longitudinais das lajes com aumento das áreas efetivas.

	$\Delta M_{xed,freq}$	$\Delta M_{xrd,freq}$	$\Delta M_{xmd,freq}$	$\Delta M_{yrd,freq}$	$\Delta M_{ymd,freq}$
Esforço (kNcm/m)	7530	8700	5500	2280	2700
Configuração	$\phi16\,C/7.5$	$\phi16\,C/7.5$	$\phi16\,C/12.5$	$\phi10\,C/10$	$\phi10\,C/10$
$A_{s,ef}$ (cm²/m)	26.6	26.6	16.1	7.9	7.9
x_{II} (cm)	8.12	8.12	6.67	4.94	4.94
I_{II} (cm⁴)	58614	58614	40657	23034	23034
$\gamma_f \Delta\sigma_{s_s}$ (MPa)	159	184	187	182	182
$\Delta f_{sd,fad}$ (MPa)	190	190	190	190	190
Verificação	Ok!	Ok!	Ok!	Ok!	Ok!

c) Verificação das armaduras transversais

Como não houve a necessidade de introdução de armaduras transversais nas lajes conforme é apresentado nos tópicos a seguir, essa verificação foi desprezada. Todavia, em elementos lineares é imprescindível essa avaliação de fadiga.

d) Verificação do concreto à compressão

A verificação do concreto à compressão é satisfeita quando a Equação (10.91) é respeitada.

$$\eta_c \gamma_f \sigma_{c,max} \leq f_{cd,fad} \tag{10.91}$$

O fator η_c é encontrado utilizando a Equação (10.92).

$$\eta_c = \frac{1}{1.5 - 1.5\left|\frac{\sigma_{c1}}{\sigma_{c2}}\right|} \tag{10.92}$$

224   Pontes em concreto armado: análise e dimensionamento

Dessa forma, inicia-se a verificação pelos momentos fletores negativos no sentido x. Então, as tensões σ_{c1} e σ_{c2} são:

$$|\sigma_{c1}| = \frac{M_{xed,min,freq}(x_{II} - 30)}{I_{II}} = \frac{|-2920|\,(8.12 - 30)}{58614} < 0 \rightarrow \sigma_{c1} = 0 \qquad (10.93)$$

$$|\sigma_{c2}| = \frac{M_{xed,max,freq}\,x_{II}}{I_{II}} = \frac{|-10450|\cdot 8.12}{58614} = 1.45 \text{ kN/cm}^2 \qquad (10.94)$$

Ressalta-se que na Equação (10.93) foram utilizadas as propriedades da seção no estádio II para as armaduras negativas, Equações (10.87) e (10.88), enquanto o momento fletor mínimo utilizado foi o da Equação (10.65). Além disso, percebe-se que a distância da linha neutra em relação à borda comprimida é menor que 300 mm, ou seja, o menor valor de tensão $|\sigma_{c1}|$ é zero, sendo diferente de zero caso a distância fosse maior que 300 mm.

O fator η_c é exposto a seguir.

$$\eta_c = \frac{1}{1.5 - 1.5\left|\frac{0}{1.45}\right|} = 0.667 \qquad (10.95)$$

A tensão máxima de compressão do concreto devida às combinações frequentes de fadiga ($\sigma_{c,max}$) é determinada para o maior valor de momento fletor obtido, Equação (10.63), e são utilizadas as mesma propriedades da seção no estádio II das Equações (10.87) e (10.88).

$$\sigma_{c,max} = \sigma_{c2} = 1.45 \text{ kN/cm}^2 = 14.5 \text{ MPa} \qquad (10.96)$$

Já a resistência de cálculo à compressão do concreto para efeitos de fadiga ($f_{cd,fad}$) é calculada a partir da Equação (10.97) segundo o item 23.5.4.1 da NBR 6118 (ABNT, 2014).

$$f_{cd,fad} = 0.45 f_{cd} = 0.45 \cdot 3.57 = 1.61 \text{ kN/cm}^2 = 16.1 \text{ MPa} \qquad (10.97)$$

Por fim, é possível observar pela Equação (10.98) que a verificação de esmagamento do concreto à compressão devida aos efeitos da fadiga é satisfeita.

$$\boxed{\eta_c \gamma_f \sigma_{c,max} = 0.667 \cdot 1 \cdot 14.5 = 9.7 \text{ MPa} \leq f_{cd,fad} = 16.1 \text{ MPa}} \qquad (10.98)$$

A Tabela 10.7 apresenta o resumo dos resultados do concreto em compressão nas lajes para todos os momentos fletores atuantes. Logo, as verificações de compressão no concreto devida à fadiga foram satisfeitas para os demais casos.

Dimensionamento das lajes   225

Tabela 10.7: Resumo dos resultados de verificações de fadiga no concreto em compressão das lajes.

	$|M_{xed,max}|$	$M_{xrd,max}$	$M_{xmd,max}$	$M_{yrd,max}$	$M_{ymd,max}$
Esforço (kNcm/m)	10450	9410	6210	2280	3070
Configuração	$\phi16\,C/7.5$	$\phi16\,C/7.5$	$\phi16\,C/12.5$	$\phi10\,C/10$	$\phi10\,C/10$
$A_{s,ef}$ (cm^2/m)	26.6	26.6	16.1	7.9	7.9
x_{II} (cm)	8.12	8.12	6.67	4.94	4.94
I_{II} (cm^4)	58614	58614	40657	23034	23034
$\eta_c\gamma_f\sigma_{c,max}$ (MPa)	9.7	8.7	6.8	3.3	4.4
$f_{cd,fad}$ (MPa)	16.1	16.1	16.1	16.1	16.1
Verificação	Ok!	Ok!	Ok!	Ok!	Ok!

e) Verificação do concreto em tração

A verificação de fadiga do concreto em tração é feita seguindo a NBR 6118 (ABNT, 2014), todavia não foi considerada, uma vez que as verificações anteriores foram feitas partindo da premissa de que a tração do concreto foi desprezada (estádio II), ou seja, não há necessidade de avaliar a fadiga no concreto em tração.

10.2   Dimensionamento quanto às forças cortantes

10.2.1   Obtenção dos esforços

As tabelas de Rüsch (1965) determinam os esforços cortantes nas lajes, porém são limitadas e não abordam muitos casos. Assim, foi utilizada a metodologia baseada na teoria de vigas, uma vez que as lajes são unidirecionais e, diferentemente das separações das lajes na obtenção dos momentos fletores, adotou-se um modelo único para todo o tabuleiro.

Antes de determinar os diagramas de esforços cortantes para cada ação, é imprescindível escolher as seções mais críticas sujeitas à ruptura, sendo estas posicionadas nos limites das ligações entre as lajes e as longarinas, uma vez que apresentam menor espessura e não estão armadas contra o cisalhamento.

A Figura 10.14 ilustra o modelo estrutural para obtenção dos esforços cortantes na direção x nas lajes e nas seções críticas. Destaca-se que os esforços máximos podem ocorrer tanto nas seções em balanço (S_1 e S_4) quanto nas centrais (S_2 e S_3), todavia as resistências de ambas são adotadas como iguais. Portanto, foram avaliadas aquelas que apresentaram maiores solicitações.

Assim, as Figuras 10.15, 10.16 e 10.17 ilustram os esquemas das forças e os diagramas de esforços cortantes devidos às cargas permanentes (peso próprio das lajes, defensas e pavimentação) nos modelos estruturais, nos quais os apoios representam as longarinas e as barras simbolizam as lajes. Por fim, vale ressaltar que a NBR 6118

(ABNT, 2014) permite utilizar como esforços cortantes para cálculo da estrutura as seções obtidas a uma distância $d/2$ das faces dos apoios quando as cargas forem distribuídas ou outras seções com menores esforços quando forem concentradas. Nesta análise foram considerados simplificadamente os esforços atuantes nas seções críticas (S_1, S_2, S_3 e S_4), que geram valores mais conservadores.

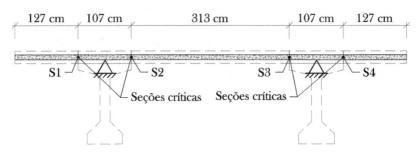

Figura 10.14: Modelo estrutural para obtenção dos esforços cortantes em lajes e seções críticas.

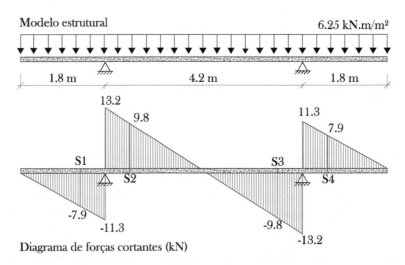

Figura 10.15: Modelo das cargas e diagramas de forças cortantes nas lajes devidas ao peso próprio.

Para os esforços cortantes devidos às cargas móveis, adotou-se uma largura efetiva de 6 m, sendo todas as cargas do trem-tipo inclusas nessa faixa. Essa metodologia tem como objetivo simplificar a distribuição dessas ações na largura de atuação do veículo-tipo.

Além disso, foi considerado que as cargas pontuais são distribuídas em uma área, como feito na obtenção dos momentos fletores, ou seja, utilizou-se uma área retangular equivalente da propagação da carga até a superfície média da laje de lado t, Equação (10.3). Logo, no modelo estrutural, as ações devidas ao veículo na seção são transformadas em duas cargas distribuídas linearmente por metro linear de laje (q_{eq}) a partir da Equação (10.99).

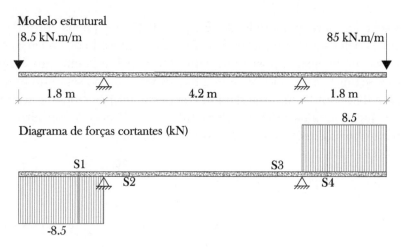

Figura 10.16: Modelo das cargas e diagramas de forças cortantes nas lajes devidas às defensas.

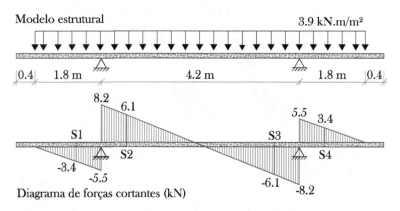

Figura 10.17: Modelo das cargas e diagramas de forças cortantes nas lajes devidas à pavimentação.

$$q_{eq} = \frac{Q}{t^2} = \frac{123.8}{0.73^2} = 232.3 \text{ kN/m}^2 \tag{10.99}$$

A Equação (10.99) teve como objetivo distribuir as cargas concentradas do veículo ($6Q$) em seis áreas simplificadas de ($6 \times t^2$). A Figura 10.18 ilustra a distribuição simplificada dos esforços das cargas móveis no tabuleiro para obtenção dos esforços cortantes nas lajes.

Logo, os esforços máximos nas seções S_1, S_2, S_3 e S_4 foram logrados a partir de dois modelos, sendo apresentado na Figura 10.19 o posicionamento das ações que geram maiores esforços cortantes na seção S_1 e na Figura 10.20, aquele referente à seção S_2. Como a seção é simétrica, os valores máximos para a seção S_1 são os mesmos para a seção S_4, enquanto os valores para S_2 e S_3 também são idênticos.

Destaca-se que, para o modelo da Figura 10.19, os pneus foram posicionados faceando com as defensas e, por simplificação, foi considerado que a carga concentrada estava no limite da defensa e, posteriormente, foi distribuída em uma largura de 0.73 m, enquanto a segunda estava localizada 2 m à direita. Já no segundo modelo (Figura 10.20), a carga distribuída em área devida aos pneus foi posicionada no limite da face S_2, uma vez que é a mais crítica. Para tal, foi utilizado o conceito de linhas de influência para obter os esforços máximos (ver apêndices).

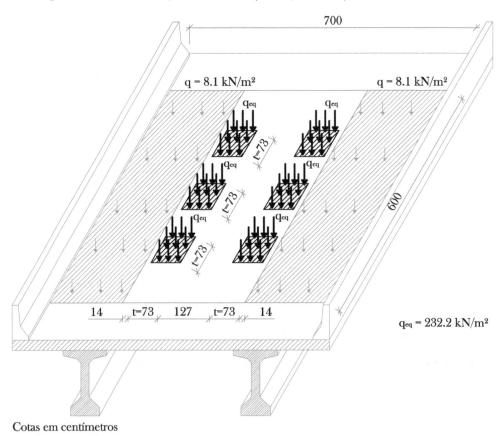

Cotas em centímetros

Figura 10.18: Distribuição simplificada das cargas móveis para obtenção dos esforços cortantes.

Com isso, os resultados são:

a) primeiro modelo: (a) –167.2 kN para S_1 e S_4 e (b) 116 kN para S_2 e S_3;

b) segundo modelo: (a) –11.3 kN para S_1 e S_4 e (b) 176 kN para S_2 e S_3.

Os valores são os mesmos para as seções S_1 e S_4 e S_2 e S_3 e virtude da simetria na disposição das longarinas ao longo da seção transversal.

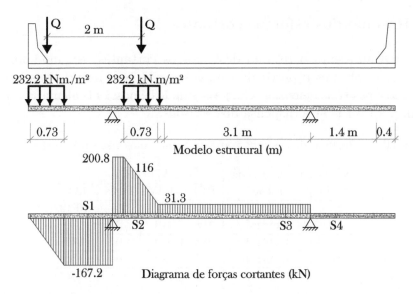

Figura 10.19: Modelo estrutural e diagrama de esforços cortantes máximos na seção S_1 devidos às cargas móveis

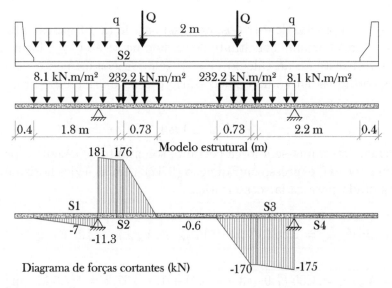

Figura 10.20: Modelo estrutural e diagrama de esforços cortantes máximos na seção S_2 devidos às cargas móveis

Por fim, é possível obter um quadro com o resumo dos esforços cortantes obtidos nas seções críticas, sendo este exposto no tópico a seguir.

230   Pontes em concreto armado: análise e dimensionamento

10.2.2   Resumo dos esforços cortantes

A Tabela 10.8 apresenta o resumo dos esforços cortantes, em módulo, nas seções críticas das lajes obtidos a partir de cargas móveis, peso próprio das lajes, peso da pavimentação e peso das defensas. Com esses dados é possível calcular as combinações que servem para verificar a dispensa dos estribos.

Tabela 10.8: Resumo dos esforços cortantes máximos nas seções críticas das lajes.

Nº da seção	Condição da seção	$|V_k|$ (kN/m)			
		PPL	PAV	DEF	MOV
S1	Balanço	7.9	3.4	8.5	167.2
S2	Central	9.8	6.1	0	176
S3	Central	9.8	6.1	0	176
S4	Central	9.8	6.1	0	176
S5	Balanço	7.9	3.4	8.5	167.2

10.2.3   Verificação de dispensa de estribos

Para que a laje não precise de estribos, deve ser satisfeita a Equação (10.100), a qual indica que se a força cortante solicitante de cálculo na seção (V_{Sd}) for menor ou igual à força cortante resistente de cálculo (V_{Rd1}), relativa aos elementos sem armaduras para esforços cortantes, então não é necessário o uso de armaduras transversais.

$$V_{Sd} \leq V_{Rd1} \tag{10.100}$$

Dessa forma, determina-se a força cortante solicitante de cálculo a partir da combinação última normal, expressa na Equação (9.42), sem as ações horizontais, gerando assim um resultado para cada seção crítica.

$$V_{Sd,S_1} = V_{Sd,S_4} = 1.35 \left(V_{k,ppl} + V_{k,pav} + V_{k,def} \right) + 1.5 \; V_{k,mov} \tag{10.101}$$

$$\boxed{V_{Sd,S_1} = V_{Sd,S_4} = 1.35 \left(7.9 + 3.4 + 8.5 \right) + 1.5 \cdot 167.2 = 277.5 \; \text{kN/m}} \tag{10.102}$$

$$V_{Sd,S_2} = V_{Sd,S_3} = 1.35 \left(V_{k,ppl} + V_{k,pav} + V_{k,def} \right) + 1.5 \; V_{k,mov} \tag{10.103}$$

$$\boxed{V_{Sd,S_2} = V_{Sd,S_3} = 1.35 \left(9.8 + 6.1 + 0 \right) + 1.5 \cdot 176 = 285.5 \; \text{kN/m}} \tag{10.104}$$

Dimensionamento das lajes   231

Em que:

V_{Sd,S_1} = força cortante solicitante de cálculo na seção crítica S_1;

V_{Sd,S_2} = força cortante solicitante de cálculo na seção crítica S_2;

V_{Sd,S_3} = força cortante solicitante de cálculo na seção crítica S_3;

V_{Sd,S_4} = força cortante solicitante de cálculo na seção crítica S_4;

$V_{k,ppl}$ = força cortante solicitante característica devida ao peso próprio na seção em questão;

$V_{k,pav}$ = força cortante solicitante característica devida ao peso da pavimentação na seção em questão;

$V_{k,def}$ = força cortante solicitante característica devida ao peso das defensas na seção em questão;

$V_{k,mov}$ = força cortante solicitante característica devida às cargas móveis na seção em questão.

Portanto, a força cortante solicitante de cálculo na seção mais crítica é destacada a seguir.

$$V_{Sd} = V_{Sd,S_2} = V_{Sd,S_3} \geq V_{Sd,S_1} = V_{Sd,S_4} \rightarrow \boxed{V_{Sd} = 285.5 \text{ kN/m}} \qquad (10.105)$$

A força cortante resistente de cálculo V_{Rd1} é dada pela Equação (10.106), desprezando-se as forças normais atuantes na seção.

$$V_{Rd1} = [\tau_{Rd}\, k\, (1.2 + 40\rho_1)]\, b_w\, d \qquad (10.106)$$

O coeficiente k para a condição em que mais de 50% da armadura inferior chega até o apoio é determinado pela Equação (10.107), com as unidades expressas em metros.

$$k = |1.6 - d| = |1.6 - 0.205| \cong 1.4 \geq 1 \qquad (10.107)$$

A taxa de armadura de tração (ρ_1) é calculada a partir da área de aço efetiva adotada para as armaduras longitudinais de tração $A_{s,ef}$, Equação (10.86). Para tal, as armaduras negativas nos apoios foram adotadas com configuração $\boxed{\phi 16\ C/7.5}$.

$$\rho_1 = \frac{A_{s1}}{b_w\, d} = \frac{A_{s,ef}}{b_w\, d} = \frac{26.6}{100 \cdot 20.5} = 0.013 \leq 0.02 \qquad (10.108)$$

A obtenção da tensão resistente de cálculo do concreto ao cisalhamento (τ_{Rd}) é exposta a seguir; ressalta-se que a unidade da resistência característica à compressão do concreto é expressa em MPa.

232   Pontes em concreto armado: análise e dimensionamento

$$\tau_{Rd} = 0.25 \frac{\left[0.7\left(0.3\sqrt[3]{f_{ck}^2}\right)\right]}{\gamma_c} = 0.25 \frac{\left[0.7\left(0.3\sqrt[3]{50^2}\right)\right]}{1.4} = 0.51 \text{ MPa} \qquad (10.109)$$

Por fim, a força cortante resistente de cálculo (V_{Rd1}) é descrita pela Equação (10.110).

$$V_{Rd1} = [0.051 \cdot 1.4\,(1.2 + 40 \cdot 0.013)]\,100 \cdot 20.5 = 251.8 \text{ kN/m} \qquad (10.110)$$

Logo, a verificação não é satisfeita, Equação (10.111), e há necessidade de armar a laje para as forças cortantes atuantes na seção mais crítica.

$$\boxed{V_{Sd} = 285.5 \text{kN/m} > V_{Rd1} = 251.8 \text{kN/m}} \qquad (10.111)$$

Posto isso, é possível aumentar a taxa de armaduras longitudinais no sentido x para a configuração $\boxed{\phi 20\ C/7.5}$. A taxa de armadura de tração ρ_1 é:

$$\rho_1 = \frac{A_{s1}}{b_w\,d} = \frac{A_{s,ef}}{b_w\,d} = \left(\frac{100}{7.5}\right)\left(\frac{\pi \cdot 2^2}{4}\right)\left(\frac{1}{100 \cdot 20.5}\right) = 0.02 \le 0.02 \qquad (10.112)$$

Portanto, recalcula-se o valor de V_{Rd1}:

$$V_{Rd1} = [0.051 \cdot 1.4\,(1.2 + 40 \cdot 0.02)]\,100 \cdot 20.5 = 292.8 \text{ kN/m} \qquad (10.113)$$

Por fim, a verificação é satisfeita.

$$\boxed{V_{Sd} = 285.5 \text{kN/m} \le V_{Rd1} = 292.8 \text{kN/m}} \qquad (10.114)$$

10.3   Verificações nos estados-limite de serviço

As verificações nos estados-limite de serviço realizadas de acordo com a NBR 6118 (ABNT, 2014), conforme exposto no Capítulo 4, devem ser satisfeitas. São elas:

    a) flecha elástica imediata;

    b) formação de fissuras;

    c) abertura de fissuras;

    d) flecha imediata no estádio II;

    e) flecha diferida no tempo.

10.3.1 Flecha elástica imediata

O modelo para obtenção dos deslocamentos verticais é similar ao do item sobre dimensionamento aos esforços cortantes, ou seja, considera-se que as lajes estão apoiadas nas longarinas e estas são indeslocáveis, com a rigidez à torção desprezada. Utilizam-se as propriedades inerciais como viga de seção retangular com largura de 100 cm e altura de 25 cm. Dessa forma, as cargas distribuídas são obtidas por metro linear.

$$I_c = \frac{b_w h^3}{12} = \frac{100 \cdot 25^3}{12} = 130208 \text{ cm}^4 \qquad (10.115)$$

$$E_{cs} = 36.6 \text{ GPa} = 3660 \text{ kN/cm}^2 \qquad (10.116)$$

As Figuras 10.21, 10.22 e 10.23 apontam os modelos estruturais para obtenção das flechas nas lajes devidas às cargas permanentes. As propriedades das barras (lajes) são descritas nas Equações (10.115) e (10.116). Ressalta-se que o item 17.3.2.1 da NBR 6118 (ABNT, 2014) afirma que deve ser utilizado o valor do módulo de elasticidade secante (E_{cs}) na obtenção das flechas, sendo obrigatória a consideração do efeito da fluência.

As imagens na sequência apresentam os diagramas de deslocamentos verticais nas lajes ao longo do eixo x, nos quais os apoios representam as longarinas. Essas análises foram efetuadas por meio do *software* FTOOL, porém os cálculos podem ser realizados analiticamente conforme exposto no Capítulo 4.

Os deslocamentos verticais devidos às cargas móveis foram logrados seguindo os modelos simplificados descritos nas Figuras 10.24 e 10.25. Portanto, o trem-tipo foi posicionado na extremidade para obter as flechas nas bordas das lajes de extremidade e no meio para as flechas no meio do vão da laje central, seguindo o conceito de linhas de influência.

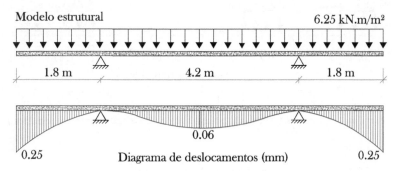

Figura 10.21: Deslocamentos verticais nas lajes devidos ao peso próprio.

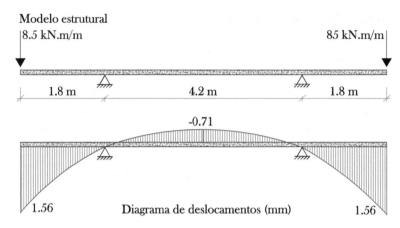

Figura 10.22: Deslocamentos verticais nas lajes devidos ao peso das defensas.

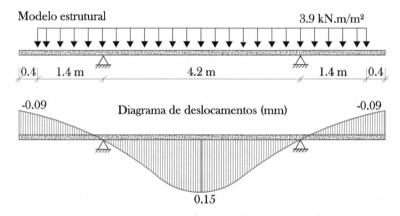

Figura 10.23: Deslocamentos verticais nas lajes devidos ao peso da pavimentação.

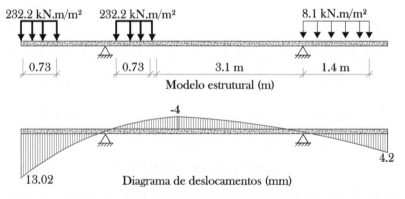

Figura 10.24: Deslocamentos verticais máximos nas bordas das lajes devidos às cargas móveis.

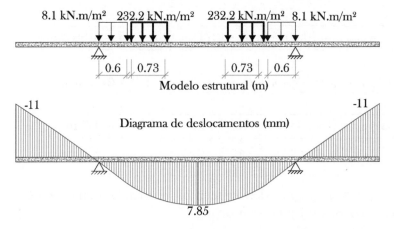

Figura 10.25: Deslocamentos verticais máximos na laje central devidos às cargas móveis.

A Tabela 10.9 apresenta o resumo dos deslocamentos verticais máximos obtidos nas bordas e no meio do vão das lajes a partir de cargas móveis, peso próprio das lajes, peso da pavimentação e peso das defensas.

Tabela 10.9: Resumo dos deslocamentos verticais máximos nas lajes.

Localização da flecha	Envoltória	$\Delta_{I,t0}$ (mm) PPL	PAV	DEF	MOV
Borda	Máxima	0.25	-	1.56	13.02
Borda	Mínima	-	-0.09	-	-11
Centro	Máxima	0.06	0.15	-	7.85
Centro	Mínima	-	-	-0.71	-4

Por fim, foram determinadas as flechas para as combinações quase permanentes de serviço. Assim, os valores máximos e mínimos nas bordas das lajes de extremidade são expostos a seguir.

$$\Delta_{I,t0,max,b} = (\Delta_{ppl,b} + \Delta_{pav,b} + \Delta_{def,b}) + 0.3\,\Delta_{mov,max,b} \tag{10.117}$$

$$\boxed{\Delta_{I,t0,max,b} = (0.25 - 0.09 + 1.56) + 0.3 \cdot 13.02 = 5.63 \text{ mm}} \tag{10.118}$$

$$\Delta_{I,t0,min,b} = (\Delta_{ppl,b} + \Delta_{pav,b} + \Delta_{def,b}) + 0.3\,\Delta_{mov,min,b} \tag{10.119}$$

$$\boxed{\Delta_{I,t0,min,b} = (0.25 - 0.09 + 1.56) - 0.3 \cdot 11 = -1.58 \text{ mm}} \tag{10.120}$$

No centro das lajes, as envoltórias das flechas são:

$$\Delta_{I,t0,max,c} = (\Delta_{ppl,b} + \Delta_{pav,b} + \Delta_{def,b}) + 0.3\,\Delta_{mov,max,c} \tag{10.121}$$

236   Pontes em concreto armado: análise e dimensionamento

$$\boxed{\Delta_{I,t0,max,c} = (0.06 + 0.15 - 0.71) + 0.3 \cdot 7.85 = 1.86 \text{ mm}} \tag{10.122}$$

$$\Delta_{I,t0,min,c} = (\Delta_{ppl,b} + \Delta_{pav,b} + \Delta_{def,b}) + 0.3\,\Delta_{mov,min,c} \tag{10.123}$$

$$\boxed{\Delta_{I,t0,min,c} = (0.06 + 0.15 - 0.71) - 0.3 \cdot 4 = -1.7 \text{ mm}} \tag{10.124}$$

Sendo:

$\Delta_{I,t0,min,b}$ e $\Delta_{I,t0,max,b}$ = deslocamentos verticais mínimos e máximos nas bordas livres das lajes no sentido x;

$\Delta_{I,t0,min,c}$ e $\Delta_{I,t0,max,c}$ = deslocamentos verticais mínimos e máximos no meio do vão das lajes centrais no sentido x;

$\Delta_{ppl,b}$ e $\Delta_{ppl,c}$ = flechas nas bordas livres e no meio do vão das lajes centrais no sentido x devidas ao peso próprio das lajes;

$\Delta_{pav,b}$ e $\Delta_{pav,c}$ = flechas nas bordas livres e no meio do vão das lajes centrais no sentido x devidas ao peso da pavimentação;

$\Delta_{def,b}$ e $\Delta_{def,c}$ = flechas nas bordas livres e no meio do vão das lajes centrais no sentido x devidas ao peso próprio das defensas;

$\Delta_{mov,max,b}$ e $\Delta_{mov,min,b}$ = deslocamentos verticais mínimos e máximos nas bordas livres das lajes no sentido x devidos às cargas móveis;

$\Delta_{mov,max,c}$ e $\Delta_{mov,min,c}$ = deslocamentos verticais mínimos e máximos no meio do vão das lajes centrais devidos às cargas móveis.

10.3.2   Formação de fissuras

Para verificação do estado de formação de fissuras, determina-se o momento de fissuração da seção no estádio I.

$$M_r = \frac{\alpha f_{ct} I_c}{y_t} \tag{10.125}$$

Assim, calculam-se os parâmetros α, y_t e f_{ct} nas equações seguintes.

$$\alpha = 1.5 \tag{10.126}$$

$$y_t = \frac{h}{2} = \frac{25}{2} = 12.5 \text{ cm} \tag{10.127}$$

$$f_{ct} = f_{ctk,inf} = 0.7 \left(0.3 \sqrt[3]{f_{ck}^2} \right) \tag{10.128}$$

Dimensionamento das lajes   237

$$f_{ct} = 0.7 \left(0.3 \sqrt[3]{50^2} \right) = 2.85 \text{ MPa} = 0.285 \, \frac{kN}{\text{cm}^2} \tag{10.129}$$

Dessa forma, o momento de fissuração para as lajes é exposto na continuidade.

$$\boxed{M_r = \frac{1.5 \cdot 0.285 \cdot 130208}{12.5} = 4453 \text{ kNcm/m}} \tag{10.130}$$

A partir do momento de fissuração são verificadas as seções com maiores esforços sujeitas à formação de fissuras. De acordo a NBR 6118 (ABNT, 2014), as verificações dos estados-limite de formação de fissuras são realizadas com as combinações raras de serviço, enquanto as dos estados-limite de abertura de fissuras são feitas com as combinações frequentes de serviço.

a) Verificação nos apoios

Inicialmente são realizadas as verificações nos apoios das lajes no sentido x, uma vez que são as seções que apresentam maiores momentos fletores negativos ao longo das lajes. Assim, as combinações raras de serviço ($M_{d,rara}$) são:

$$M_{d,rara} = M_{xe,ppl} + M_{xe,pav} + M_{xe,def} + M_{xe,mov} \tag{10.131}$$

Portanto, elas são obtidas em módulo:

$$\boxed{M_{d,rara} = 10.1 + 3.8 + 15.3 + 94.1 = 123.3 \text{ kNm/m} = 12330 \text{ kNcm/m}} \tag{10.132}$$

Por fim, avalia-se que o momento de fissuração é menor que o momento fletor máximo das combinações raras de serviço, ou seja, ocorrem fissuras e a peça trabalhará no estádio II.

$$\boxed{M_r = 4453 \text{ kNcm/m} < M_{d,rara} = 12330 \text{ kNcm/m}} \tag{10.133}$$

b) Verificação no meio do vão das lajes centrais

Repetindo-se o procedimento anterior, os momentos fletores positivos máximos das lajes centrais nas bordas livres no sentido x para a combinação rara de serviço são:

$$M_{d,rara} = M_{xr,ppl} + M_{xr,pav} + M_{xr,def} + M_{xr,mov} \tag{10.134}$$

$$\boxed{M_{d,rara} = 13.8 + 8.6 - 15.3 + 108.7 = 115.8 \text{ kNm/m} = 11580 \text{ kNcm/m}} \tag{10.135}$$

238   Pontes em concreto armado: análise e dimensionamento

Como na verificação nos apoios, o momento de fissuração é menor que o momento fletor obtido na combinação rara de serviço, gerando fissuras na peça.

$$\boxed{M_r = 4453 \text{ kNcm/m} < M_{d,rara} = 11580 \text{ kNcm/m}} \tag{10.136}$$

As verificações dos momentos fletores positivos M_{xm} são consideradas satisfeitas caso aconteça o mesmo para os momentos fletores positivos M_{xr}. Destaca-se que no sentido y os momentos fletores para as combinações raras de serviço são inferiores ao momento de fissuração. Logo, não é necessário avaliar a abertura de fissuras nesse sentido, conforme descrito a seguir. Para M_{yr}:

$$M_{d,rara} = M_{yr,ppl} + M_{yr,pav} + M_{yr,def} + M_{yr,mov} \tag{10.137}$$

$$\boxed{M_r = 4453 \text{ kNcm/m} \geq M_{d,rara} = 2850 \text{ kNcm/m}} \tag{10.138}$$

Por fim, para M_{ym}:

$$M_{d,rara} = M_{ym,ppl} + M_{ym,pav} + M_{ym,def} + M_{ym,mov} \tag{10.139}$$

$$\boxed{M_{d,rara} = 2.3 + 1.4 + 0 + 33.8 = 37.5 \text{ kNm/m} = 3750 \text{ kNcm/m}} \tag{10.140}$$

$$\boxed{M_r = 4453 \text{ kNcm/m} \geq M_{d,rara} = 3750 \text{ kNcm/m}} \tag{10.141}$$

10.3.3   Abertura de fissuras

O valor característico da abertura de fissuras (w_k), determinado para cada parte da região de envolvimento, é o menor obtido pelas expressões a seguir.

$$w_k = \frac{\phi_i}{12.5 \, \eta_1} \frac{\sigma_{Si}}{E_{Si}} \frac{3\sigma_{Si}}{f_{ct,m}} \tag{10.142}$$

$$w_k = \frac{\phi_i}{12.5 \, \eta_1} \frac{\sigma_{Si}}{E_{Si}} \left(\frac{4}{\rho_{ri}} + 45 \right) \tag{10.143}$$

O módulo de elasticidade do aço (E_{si}) já havia sido determinado a partir da Tabela 8.1 como 210 GPa, enquanto o coeficiente de conformação do aço η_1 para barras nervuradas é tomado como 2.25. Por fim, a resistência média do concreto à tração ($f_{ct,m}$) é expressa pela Equação (10.144).

$$f_{ct,m} = 0.3 \sqrt[3]{f_{ck}^2} = 0.3 \sqrt[3]{50^2} = 4.07 \text{ MPa} = 0.41 \text{ kN/cm}^2 \tag{10.144}$$

Dimensionamento das lajes   239

Como feito nas verificações de formação de fissuras, foram calculadas isoladamente as aberturas de fissuras para os apoios das lajes e o meio do vão das lajes centrais.

a) Verificação nos apoios

Inicialmente, determinam-se os momentos fletores negativos no sentido x devidos às combinações frequentes de serviço $(M_{d,freq})$. Ressalta-se que existem combinações frequentes de serviço para verificação de abertura de fissuras e de fadiga.

$$M_{d,freq} = (M_{xe,ppl} + M_{xe,pav} + M_{xe,def}) + 0.5 M_{xe,mov} \qquad (10.145)$$

$$M_{d,freq} = (10.1 + 3.8 + 15.3) + 0.5 \cdot 94.1 = 76.25 \text{ kNm/m} \qquad (10.146)$$

$$\boxed{M_{d,freq} = 7625 \text{ kNcm/m}} \qquad (10.147)$$

Adotou-se o diâmetro de $\phi_i = 2$ cm para as armaduras negativas, espaçadas a cada 7.5 cm (ver item 10.2.3). Dessa forma, a área de aço efetiva $A_{s,ef}$ é calculada na sequência.

$$A_{s,ef} = \left(\frac{b_w}{s_{adot}}\right)\left(\frac{\pi \phi_{adot}^2}{4}\right) = \left(\frac{100}{7.5}\right)\left(\frac{\pi \cdot 2^2}{4}\right) = 41.87 \text{ cm}^2/\text{m} \qquad (10.148)$$

Assim, calcula-se a taxa de armadura passiva em relação à área da região de envolvimento (A_{cri}) a partir da área de aço adotada por metro linear de laje, Equação (10.149). A determinação de A_{cri} para lajes é simplificada, uma vez que se considera apenas uma camada de armaduras longitudinais.

$$A_{cri} = b_w[cob + 8\phi_i + \phi_t + (n_c - 1)(e_v + \phi_i)] = 100\,(3.5 + 8 \cdot 2) = 1950 \text{ cm}^2 \quad (10.149)$$

$$\rho_{ri} = \frac{A_{s,ef}}{A_{cri}} = \frac{41.87}{1950} = 0.021 = 2.1\% \qquad (10.150)$$

A determinação da tensão de tração no centro de gravidade das armaduras é realizada a partir da obtenção da posição da linha neutra no estádio II, conforme exposto a seguir. Para tal, foi considerada uma seção retangular sem armaduras longitudinais de compressão e a relação α_e entre os módulos de elasticidade do aço e do concreto como 15, de acordo com o item 17.3.3.2 da NBR 6118 (ABNT, 2014).

$$x_{II} = \frac{-\alpha_e A_{s,ef} + \sqrt{(\alpha_e A_{s,ef})^2 + 2 b_w \alpha_e A_{s,ef} d}}{b_w} \qquad (10.151)$$

$$x_{II} = \frac{-15 \cdot 41.87 + \sqrt{(15 \cdot 41.87)^2 + 2 \cdot 100 \cdot 15 \cdot 41.87 \cdot 20.5}}{100} = 11 \text{ cm} \qquad (10.152)$$

240   Pontes em concreto armado: análise e dimensionamento

Assim, o momento de inércia no estádio II é calculado pela Equação (10.153).

$$I_{II} = \frac{b_w x_{II}^3}{3} + \alpha_e A_{s,ef}(d - x_{II})^2 \tag{10.153}$$

$$I_{II} = \frac{100 \cdot 11^3}{3} + 15 \cdot 41.87 \, (20.5 - 11)^2 = 101044 \text{ cm}^4 \tag{10.154}$$

Por fim, a tensão de tração σ_{Si} é escrita a seguir.

$$\sigma_{Si} = \alpha_e \frac{M_{d,freq}(d - x_{II})}{I_{II}} \tag{10.155}$$

$$\boxed{\sigma_{Si} = 15 \cdot \frac{7625 \cdot (20.5 - 11)}{101044} = 10.8 \text{ kN/cm}^2} \tag{10.156}$$

Dessa forma, os valores das aberturas de fissuras são determinados na continuidade.

$$w_k = \frac{2}{12.5 \cdot 2.25} \cdot \frac{10.8}{21000} \cdot \frac{3 \cdot 10.8}{0.41} = 0.003 \text{ cm} \tag{10.157}$$

$$w_k = \frac{2}{12.5 \cdot 2.25} \cdot \frac{10.8}{21000} \cdot \left(\frac{4}{0.021} + 45\right) = 0.009 \text{ cm} \tag{10.158}$$

Portanto, a abertura de fissura é o menor dentre os valores calculados nas Equações (10.157) e (10.158):

$$\boxed{w_k = 0.003 \, cm = 0.03 \text{ mm}} \tag{10.159}$$

A Tabela 2.1 apresenta o valor máximo da abertura de fissura w_{lim} para o concreto estrutural armado sem protensão para a classe de agressividade III (CAA III), sendo este igual a 0.3 mm. Então, segundo a Equação (10.160), a verificação está satisfeita.

$$\boxed{w_k = 0.03 \, mm \leq w_{lim} = 0.3 \text{ mm}} \tag{10.160}$$

b) Verificação no meio do vão das lajes centrais

Os momentos fletores no meio do vão para as lajes centrais nas bordas livres no sentido x devidos às combinações frequentes de serviço ($M_{d,freq}$) são expostos a seguir.

$$M_{d,freq} = (M_{xr,ppl} + M_{xr,pav} + M_{xr,def}) + 0.5 \, M_{xr,mov} \tag{10.161}$$

$$M_{d,freq} = (13.8 + 8.6 - 15.3) + 0.5 \cdot 108.7 = 61.45 \text{ kNm/m} \tag{10.162}$$

Dimensionamento das lajes   241

$$\boxed{M_{d,freq} = 6145 \text{ kNcm/m}} \tag{10.163}$$

A partir da Figura 10.5 é possível observar que a bitola das armaduras positivas nas lajes centrais no sentido x nas bordas livres é:

$$\phi_i = 16 \text{ mm} = 1.6 \text{ cm} \tag{10.164}$$

A taxa de armadura passiva em relação à área da região de envolvimento (A_{cri}) a partir da área de aço efetiva por metro linear de laje, Equação (10.165), é expressa na continuidade.

$$A_{s,ef} = \left(\frac{b_w}{s_{adot}}\right)\left(\frac{\pi\phi_{adot}^2}{4}\right) = \left(\frac{100}{7.5}\right)\left(\frac{\pi \cdot 1.6^2}{4}\right) = 26.6 \text{ cm}^2/\text{m} \tag{10.165}$$

$$A_{cri} = b_w[cob + 8\phi_i + \phi_t + (n_c - 1)(e_v + \phi_i)] = 100\,(3.5 + 8 \cdot 1.6) = 1630 \text{ cm}^2 \tag{10.166}$$

$$\rho_{ri} = \frac{A_{s,ef}}{A_{cri}} = \frac{26.6}{1630} = 0.016 = 0.16\% \tag{10.167}$$

A posição da linha neutra no estádio II, desprezando as armaduras de compressão e considerando a seção como retangular, é determinada na sequência.

$$x_{II} = \frac{-\alpha_e A_{s,ef} + \sqrt{(\alpha_e A_{s,ef})^2 + 2b_w\alpha_e A_{s,ef}\,d}}{b_w} \tag{10.168}$$

$$x_{II} = \frac{-15 \cdot 26.6 + \sqrt{(15 \cdot 26.6)^2 + 2 \cdot 100 \cdot 15 \cdot 26.6 \cdot 20.5}}{100} = 9.4 \text{ cm} \tag{10.169}$$

O momento de inércia no estádio II é expresso na continuidade.

$$I_{II} = \frac{b_w x_{II}^3}{3} + \alpha_e A_{s,ef}(d - x_{II})^2 \tag{10.170}$$

$$I_{II} = \frac{100 \cdot 9.4^3}{3} + 15 \cdot 26.6\,(20.5 - 9.4)^2 = 76847 \text{ cm}^4 \tag{10.171}$$

Por fim, a tensão de tração σ_{Si} é determinada na Equação (10.172):

$$\boxed{\sigma_{Si} = \alpha_e \frac{M_{d,freq}(d - x_{II})}{I_{II}} = 15 \cdot \frac{6145 \cdot (20.5 - 9.4)}{76847} = 13.3 \text{ kN/cm}^2} \tag{10.172}$$

Os valores característicos de abertura de fissuras são calculados de forma análoga ao item anterior.

242　Pontes em concreto armado: análise e dimensionamento

$$w_k = \frac{1.6}{12.5 \cdot 2.25} \cdot \frac{13.3}{21000} \cdot \frac{3 \cdot 13.3}{0.41} = 0.004 \text{ cm} \tag{10.173}$$

$$w_k = \frac{1.6}{12.5 \cdot 2.25} \cdot \frac{13.3}{21000} \cdot \left(\frac{4}{0.016} + 45 \right) = 0.01 \text{ cm} \tag{10.174}$$

Portanto, o valor característico da abertura de fissuras (w_k) é o menor obtido para as duas equações anteriores.

$$\boxed{w_k = 0.004 \text{ cm} = 0.04 \text{ mm}} \tag{10.175}$$

Como anteriormente, de acordo com a Equação (10.176), a verificação está satisfeita.

$$\boxed{w_k = 0.04 \text{ mm} \leq w_{lim} = 0.3 \text{ mm}} \tag{10.176}$$

10.3.4　Flecha imediata no estádio II

Após a conclusão de que $M_r < M_{d,rara}$ para as envoltórias de momentos fletores nos apoios e no meio do vão das lajes centrais, deve-se determinar a flecha imediata no estádio II, ou seja, aquela gerada após a formação de fissuras ao longo da peça. Posto isso, foram calculados esses valores simplificadamente a partir dos momentos máximos já estudados nos itens anteriores.

Assim, a rigidez equivalente de uma seção transversal é dada pela Equação (10.177).

$$(EI)_{eq,t0} = E_{cs} \left\{ \left(\frac{M_r}{M_a} \right)^3 I_c + \left[1 - \left(\frac{M_r}{M_a} \right)^3 \right] I_{II} \right\} \leq E_{cs} I_c \tag{10.177}$$

A relação α_e entre os módulos de elasticidade do aço e do concreto para verificação de flechas no estádio fissurado é expressa a seguir.

$$\alpha_e = \frac{E_{Si}}{E_{cs}} = \frac{21000}{3660} = 5.74 \tag{10.178}$$

O momento de inércia em relação ao eixo de flexão havia sido calculado pela Equação (10.115), e a distância do centro de gravidade até a borda tracionada, pela Equação (10.127).

$$I_c = 130208 \text{ cm}^4 \tag{10.179}$$

$$y_t = 12.5 \text{ cm} \tag{10.180}$$

Para determinação do momento de fissuração no estado-limite de deformação excessiva, determina-se a parcela f_{ct}.

$$f_{ct} = f_{ct,m} = 0.3\sqrt[3]{f_{ck}^2} = 0.3\sqrt[3]{50^2} = 4.07 \; MPa = 0.41 \; \text{kN/cm}^2 \qquad (10.181)$$

$$M_r = \frac{\alpha \, f_{ct} \, I_c}{y_t} = \frac{1.5 \cdot 0.41 \cdot 130208}{12.5} = 6406 \; \text{kNcm/m} \qquad (10.182)$$

Como realizado nos tópicos anteriores, foram determinadas as rigidezes equivalentes para as seções nos apoios e no vão central com os respectivos momentos fletores.

a) Verificação nos apoios

O momento fletor na seção crítica (M_a) é calculado de acordo com as combinações quase permanentes $(M_{d,qp})$, discutidas nos capítulos anteriores.

$$M_{d,qp} = (M_{xe,ppl} + M_{xe,pav} + M_{xe,def}) + 0.3 \, M_{xe,mov} \qquad (10.183)$$

$$M_{d,qp} = (10.1 + 3.8 + 15.3) + 0.3 \cdot 94.1 = 57.43 \; \text{kNm/m} \qquad (10.184)$$

Portanto, adota-se:

$$\boxed{M_a = M_{d,qp} = 57.43 \; kNm/m = 5743 \; \text{kNcm/m}} \qquad (10.185)$$

Determina-se a posição da linha neutra no estádio II (x_{II}) de forma análoga às verificações de abertura de fissuras:

$$x_{II} = \frac{-\alpha_e A_{s,ef} + \sqrt{(\alpha_e A_{s,ef})^2 + 2 b_w \alpha_e A_{s,ef} \, d}}{b_w} \qquad (10.186)$$

$$x_{II} = \frac{-5.74 \cdot 41.87 + \sqrt{(5.74 \cdot 41.87)^2 + 2 \cdot 100 \cdot 5.74 \cdot 41.87 \cdot 20.5}}{100} \qquad (10.187)$$

$$x_{II} = 7.8 \; \text{cm} \qquad (10.188)$$

Portanto, o momento de inércia no estádio II é calculado a partir da Equação (10.189).

$$I_{II} = \frac{b_w x_{II}^3}{3} + \alpha_e A_{s,ef}(d - x_{II})^2 \qquad (10.189)$$

$$I_{II} = \frac{100 \cdot 7.8^3}{3} + 5.74 \cdot 41.87 \, (20.5 - 7.8)^2 = 54582 \; \text{cm}^4 \qquad (10.190)$$

244   Pontes em concreto armado: análise e dimensionamento

A rigidez equivalente é calculada na sequência.

$$(EI)_{eq,t0} = 3660 \left\{ \left(\frac{6406}{5743}\right)^3 130208 + \left[1 - \left(\frac{6406}{5743}\right)^3\right] 54582 \right\}$$ (10.191)

$$(EI)_{eq,t0} = 5.84 \cdot 10^8 \leq 3660 \cdot 130208 = 4.77 \cdot 10^8$$ (10.192)

$$\boxed{(EI)_{eq,t0} = 4.77 \cdot 10^8 \text{ kNcm}^2}$$ (10.193)

Dessa forma, a seção fissurada apresenta mais rigidez que a íntegra, uma vez que nessa verificação foi considerada a rigidez das armaduras longitudinais de tração. Logo, a NBR 6118 (ABNT, 2014) não permite a utilização de uma rigidez equivalente superior àquela obtida no estádio I. Portanto, as flechas imediatas no estádio II são iguais às obtidas no estádio I.

$$\Delta_{II,t0} = \Delta_{I,t0} \frac{E_{cs}I_c}{(EI)_{eq,t0}}$$ (10.194)

$$\boxed{\Delta_{II,t0,max,b} = \Delta_{I,t0,max,b} \frac{E_{cs}I_c}{(EI)_{eq,t0}} = 5.63 \text{ mm}}$$ (10.195)

$$\boxed{\Delta_{II,t0,min,b} = \Delta_{I,t0,min,b} \frac{E_{cs}I_c}{(EI)_{eq,t0}} = -1.58 \text{ mm}}$$ (10.196)

b) Verificação no meio do vão das lajes centrais

Repetem-se as expressões para obtenção do momento fletor na seção crítica (M_a) nas bordas livres, porém utilizam-se apenas os momentos fletores positivos máximos obtidos nas lajes centrais no sentido x.

$$M_{d,qp} = (M_{xr,ppl} + M_{xr,pav} + M_{xr,def}) + 0.3 M_{xr,mov}$$ (10.197)

$$M_a = M_{d,qp} = (13.8 + 8.6 - 15.3) + 0.3 \cdot 108.7 = 39.71 \text{ kNm/m}$$ (10.198)

$$\boxed{M_a = 3971 \text{ kNcm/m}}$$ (10.199)

Então, determina-se a posição da linha neutra no estádio fissurado (x_{II}):

$$x_{II} = \frac{-5.74 \cdot 26.6 + \sqrt{(5.74 \cdot 26.6)^2 + 2 \cdot 100 \cdot 5.74 \cdot 26.6 \cdot 20.5}}{100} = 6.5 \text{ cm}$$ (10.200)

Logo, o momento de inércia no estádio II é determinado pela Equação (10.201).

$$I_{II} = \frac{b_w x_{II}^3}{3} + \alpha_e A_{s,ef}(d - x_{II})^2 = \frac{100 \cdot 6.5^3}{3} + 5.74 \cdot 26.6 \, (20.5 - 6.5)^2 \quad (10.201)$$

$$I_{II} = 39079 \text{ cm}^4 \quad (10.202)$$

A rigidez equivalente é calculada na sequência.

$$(EI)_{eq,t0} = 3660 \left\{ \left(\frac{6406}{3971} \right)^3 130208 + \left[1 - \left(\frac{6406}{3971} \right)^3 \right] 39079 \right\} \quad (10.203)$$

$$(EI)_{eq,t0} = 1.54 \cdot 10^9 \leq 3660 \cdot 130208 = 4.77 \cdot 10^8 \quad (10.204)$$

$$\boxed{(EI)_{eq,t0} = 4.77 \cdot 10^8 \text{ kNcm}^2} \quad (10.205)$$

Como no item anterior, as flechas no estádio II são empregadas como iguais às obtidas no estádio I, posto que a rigidez equivalente no estádio fissurado é superior àquela no estádio íntegro.

$$\boxed{\Delta_{II,t0,max,c} = \Delta_{I,t0,max,c} \frac{E_{cs} I_c}{(EI)_{eq,t0}} = 1.86 \text{ mm}} \quad (10.206)$$

$$\boxed{\Delta_{II,t0,min,c} = \Delta_{I,t0,min,c} \frac{E_{cs} I_c}{(EI)_{eq,t0}} = -1.7 \text{ mm}} \quad (10.207)$$

10.3.5 Flecha diferida no tempo

Adotando as simplificações: (a) tempo de análise da flecha diferida maior que 70 meses, (b) idade relativa à aplicação da carga de longa duração como 1 mês e (c) ausência de armaduras de compressão, o coeficiente α_f é detalhado na Equação (10.208).

$$\alpha_f = 1.32 \quad (10.208)$$

Então, os deslocamentos verticais finais para um tempo superior a 70 meses são descritos a seguir.

$$\boxed{\Delta_{II,tf,max,b} = \Delta_{II,t0,max,b} \, (1 + \alpha_f) = 5.63 \, (1 + 1.32) = 13.1 \text{ mm}} \quad (10.209)$$

$$\boxed{\Delta_{II,tf,min,b} = \Delta_{II,t0,min,b} \, (1 + \alpha_f) = -1.58 \, (1 + 1.32) = -3.7 \text{ mm}} \quad (10.210)$$

$$\boxed{\Delta_{II,tf,max,c} = \Delta_{II,t0,max,c}\,(1+\alpha_f) = 1.86\,(1+1.32) = 4.3 \text{ mm}}\qquad(10.211)$$

$$\boxed{\Delta_{II,tf,min,c} = \Delta_{II,t0,min,c}\,(1+\alpha_f) = -1.7\,(1+1.32) = -3.9 \text{ mm}}\qquad(10.212)$$

A Figura 10.26 ilustra a envoltória dos deslocamentos verticais ao longo das lajes a depender do posicionamento das cargas móveis ao longo do tabuleiro.

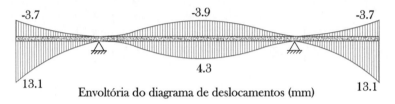

Figura 10.26: Envoltória dos deslocamentos verticais nas lajes no sentido x.

Os deslocamentos máximos permitidos pela NBR 6118 (ABNT, 2014) estão descritos na Tabela 4.5. Assim, para condições de aceitabilidade sensorial, as flechas-limite (Δ_{lim}) são determinadas pela Equação (10.213).

$$\Delta_{lim} = \frac{l}{250} \qquad (10.213)$$

Sendo l o dobro da distância entre os pontos de verificação de deslocamentos e os pontos considerados indeslocáveis.

Dessa forma, as distâncias l são ilustradas na Figura 10.27.

Figura 10.27: Pontos de verificação das flechas e dos pontos indeslocáveis.

Posto isso, os valores-limite das flechas para as extremidades dos balanços ($\Delta_{lim,b}$) e para o meio do vão das lajes centrais ($\Delta_{lim,c}$) são expressos na continuidade.

$$\Delta_{lim,b} = \frac{2 \cdot 1.8}{250} = 0.0144\ m = 14.4 \text{ mm} \qquad (10.214)$$

$$\Delta_{lim,c} = \frac{2 \cdot 2.1}{250} = 0.0168\ m = 16.8 \text{ mm} \qquad (10.215)$$

Portanto, verifica-se que as flechas diferidas no tempo, em módulo, são inferiores aos limites, satisfazendo o dimensionamento.

$$\boxed{|\Delta_{II,tf,max,b}| = 13.1 \text{ mm} \leq \Delta_{lim,b} = 14.4 \text{ mm}} \qquad (10.216)$$

$$|\Delta_{II,tf,min,b}| = 3.7 \text{ mm} \leq \Delta_{lim,b} = 14.4 \text{ mm} \qquad (10.217)$$

$$|\Delta_{II,tf,max,c}| = 4.3 \text{ mm} \leq \Delta_{lim,c} = 16.8 \text{ mm} \qquad (10.218)$$

$$|\Delta_{II,tf,min,c}| = 3.9 \text{ mm} \leq \Delta_{lim,c} = 16.8 \text{ mm} \qquad (10.219)$$

Referências e bibliografia recomendada

ABNT – ASSOCIAÇÃO BRASILEIRA DE NORMAS TÉCNICAS. *NBR 7188.* Carga móvel rodoviária e de pedestres em pontes, viadutos, passarelas e outras estruturas. Rio de Janeiro, 2013.

ABNT – ASSOCIAÇÃO BRASILEIRA DE NORMAS TÉCNICAS. *NBR 6118.* Projeto de estruturas de concreto – Procedimento. Rio de Janeiro, 2014.

DIN – DEUTSCHES INSTITUT FÜR NORMUNG. *DIN 1072.* Puentes de carreteras y caminos: hipóteses de carga (Tradução para o castelhano). Bilbao: Editorial Balzola, 1973.

Ftool®. *Two-Dimensional Frame Analysis Tool.* Pontifícia Universidade Católica do Rio de Janeiro, Computer Graphics Technology Group. Rio de Janeiro, 2016.

MARTHA, L. F. *FTOOL* - Um Programa Gráfico-Interativo para Ensino de Comportamento de Estruturas. Pontifícia Universidade Católica do Rio de Janeiro. Rio de Janeiro, 2015.

RÜSCH, H. *Berechnungstafeln für schiefwinklige Fahrbahnplatten von Strassenbrücken.* Verlag Von Wilhelm Ernst Sohn, 1965.

T-Rüsch®. *Programa para Análise de Esforços em Lajes de Pontes Utilizando as Tabelas de Rüsch.* Versão 1.0.0.

CAPÍTULO 11

Dimensionamento das defensas

As defensas ou barreiras de concreto já tiveram a geometria definida na Figura 8.3. Para tal, o Departamento Nacional de Estradas de Rodagem (DNER, 1996) afirma que a execução de barreiras laterais no mesmo alinhamento das extremidades das lajes em balanço exige cuidados especiais, não devendo ser utilizados elementos prémoldados. Assim, elas podem ser dimensionadas e detalhadas como elementos moldados no local.

Com relação aos carregamentos que servem como base para o cálculo desses elementos, o DNER (1996) recomenda a utilização da edição de 1984 da NBR 7188, porém esta se encontra desatualizada. Dessa forma, foi considerada a versão mais atual da norma (ABNT, 2013), que determina que os dispositivos de contenção (defensas) devem ser dimensionados para uma força horizontal perpendicular à direção do tráfego de 100 kN e carga concomitante de 100 kN, sendo esta desprezada, uma vez que não é preponderante.

A Figura 11.1 ilustra o modelo estrutural das defensas juntamente com o carregamento definido para dimensionamento e os diagramas de esforços solicitantes. Destaca-se que os demais carregamentos foram descartados, já que não são relevantes no dimensionamento das armaduras.

Na continuidade, foram determinadas as armaduras negativas e avaliada a condição de dispensa de estribos. As verificações no estado-limite de serviço foram desconsideradas, visto que, em caso de colisão de veículos, a função das defensas é apenas impedir a saída dos automóveis da via, não importando o grau de dano gerado. Posteriormente, reparos ou substituições deverão ser efetuados.

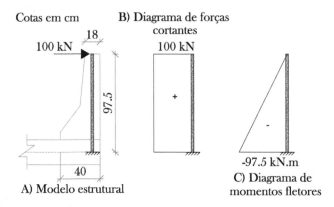

Figura 11.1: Esquema das defensas: (a) modelo estrutural, (b) diagrama dos esforços cortantes e (c) diagrama dos momentos fletores.

11.1 Dimensionamento e detalhamento das armaduras

11.1.1 Combinações últimas excepcionais

Para o dimensionamento das defensas, torna-se necessário utilizar as combinações últimas excepcionais, uma vez que podem atuar ações derivadas das colisões que possuem duração extremamente curta e baixa probabilidade de ocorrência durante a vida útil da estrutura. Porém, estas devem ser consideradas no projeto estrutural (ABNT, 2003).

Assim, as combinações últimas excepcionais são dadas pela expressão descrita a seguir.

$$F_{d,exc} = \sum_{i=1}^{m}(\gamma_{gi}F_{Gi,k}) + F_{Q1,exc} + \sum_{j=2}^{n}(\gamma_{qj}\psi_{0j,ef}F_{Qj,k}) \qquad (11.1)$$

Em que:

$F_{Gi,k}$ = forças que representam os valores característicos das ações permanentes;

$F_{Q1,exc}$ = força característica da ação variável excepcional, considerada principal para a combinação;

$F_{Qj,k}$ = forças características das ações variáveis, atuando concomitantemente com a ação variável principal;

γ_{gi} = coeficientes de ponderação das ações permanentes;

γ_{qj} = coeficientes de ponderação da ação variável j;

$\psi_{0j,ef}$ = coeficientes de redução efetivos para a ação variável secundária j.

Dessa forma, existe apenas uma combinação que considera a carga de colisão dos veículos como principal:

$$F_{d,exc} = F_{Q1,exc} \tag{11.2}$$

Assim, o momento fletor de cálculo para dimensionamento e detalhamento das armaduras longitudinais negativas das defensas é dado pela Equação (11.3), conforme visto na Figura 11.1.

$$\boxed{M_d = M_{d,exc} = 97.5 \text{ kNm} = 9750 \text{ kNcm}} \tag{11.3}$$

11.1.2 Dimensionamento das armaduras

O cálculo da área de aço necessária foi realizado considerando uma laje em balanço com os seguintes parâmetros:

$$b_w = 100 \text{ cm} \tag{11.4}$$

$$d = h - d' = 18 - 4.5 = 13.5 \text{ cm} \tag{11.5}$$

$$f_{cd} = \frac{f_{ck}}{\gamma c} = \frac{5}{1.4} = 3.57 \text{ kN/cm}^2 \tag{11.6}$$

$$f_{yd} = \frac{f_{yk}}{\gamma s} = \frac{50}{1.15} = 43.5 \text{ kN/cm}^2 \tag{11.7}$$

O cobrimento adotado foi o mesmo das lajes (3.5 cm). Consequentemente, foi adotado simplificadamente que $d' = 4.5$ cm. O dimensionamento das armaduras longitudinais se inicia a partir da determinação do parâmetro ξ, conforme é exposto no roteiro do Capítulo 2 para seções retangulares.

$$\left(\frac{\lambda}{2}\right)\xi^2 - \xi + \frac{M_d}{\lambda \alpha_c b_w d^2 f_{cd}} = 0 \tag{11.8}$$

$$\left(\frac{0.8}{2}\right)\xi^2 - \xi + \frac{9750}{0.8 \cdot 0.85 \cdot 100 \cdot 13.5^2 \cdot 3.57} = 0 \tag{11.9}$$

$$\boxed{\xi = 0.244 \leq \xi_{lim} = 0.45} \tag{11.10}$$

Como $\xi \leq \xi_{lim}$, então não há necessidade do uso de armaduras duplas. Logo, a área de aço (A_s) das armaduras longitudinais negativas é expressa nas equações a seguir.

252   Pontes em concreto armado: análise e dimensionamento

$$A_s = \frac{\lambda \alpha_c b_w d\xi\, f_{cd}}{f_{yd}} = \frac{0.8 \cdot 0.85 \cdot 100 \cdot 13.5 \cdot 0.244 \cdot 3.57}{43.5} \tag{11.11}$$

$$\boxed{A_s = 18.4 \text{ cm}^2/\text{m}} \tag{11.12}$$

A partir da Tabela 2.5, é possível obter o valor da taxa mínima de armadura $\rho_{min} = 0.208\%$, e na Tabela 2.6 é observado que $\rho_s = \rho_{min}$ para armaduras longitudinais negativas em lajes. Dessa forma, a área de aço mínima é calculada pela Equação (11.13), sendo inferior à necessária, Equação (11.12), ou seja, não é preciso adotá-la.

$$A_{s,min} = \rho_s b_w h = \frac{0.208}{100} \cdot 100 \cdot 18 = 3.75 \text{ cm}^2/\text{m} \tag{11.13}$$

$$\boxed{A_{s,min} = 3.75\text{cm}^2/\text{m} \leq A_s = 18.4 \text{ cm}^2/\text{m}} \tag{11.14}$$

11.1.3   Detalhamento das armaduras

Para a escolha da bitola da armadura de flexão (ϕ_l), o diâmetro máximo da armadura ($\phi_{l,max}$) é definido como:

$$\phi_{l,max} = \frac{h}{8} = \frac{18}{8} = 2.25 \text{ cm} = 22.5 \text{ mm} \tag{11.15}$$

O espaçamento máximo (S_{max}) entre as barras da armadura principal de flexão é detalhado na continuidade.

$$s_{max} \leq \begin{cases} 20 \text{ cm} \\ 2h = 2 \cdot 18 = 36 \text{ cm} \end{cases} = 20 \text{ cm} \tag{11.16}$$

Com essas informações, adota-se a bitola (ϕ_{adot}) de 16 mm. Assim, a área de uma barra (A_{s1b}) é definida como:

$$A_{s1b} = \frac{\pi\, \phi_{adot}^2}{4} = \frac{\pi \cdot 1.6^2}{4} = 2 \text{ cm}^2 \tag{11.17}$$

Portanto, o espaçamento entre as barras (s_{adot}) empregado é calculado na Equação (11.18).

$$s_{adot} = \frac{A_{s1b}}{A_s} = \frac{2}{18.4} = 0.108 \text{ m} \cong 10 \text{ } cm \leq S_{max} = 20 \text{ cm} \tag{11.18}$$

Por fim, foi adotada a seguinte configuração: $\boxed{\phi 16\ C/10}$. A Figura 11.2 apresenta o posicionamento dessas armaduras na seção transversal.

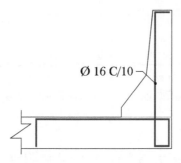

Figura 11.2: Posicionamento das armaduras negativas das defensas.

11.2 Verificação de dispensa de estribos

11.2.1 Combinações últimas excepcionais

Como no dimensionamento das armaduras negativas, o esforço cortante de cálculo é determinado a partir das combinações últimas excepcionais, logo:

$$F_{d,exc} = F_{Q1,exc} \tag{11.19}$$

O esforço cortante de cálculo para verificação de dispensa de estribos é:

$$\boxed{V_{Sd} = V_{d,exc} = 100 \text{ kN}} \tag{11.20}$$

11.2.2 Verificação de dispensa de estribos

A força cortante resistente de cálculo é dada por:

$$V_{Rd1} = [\tau_{Rd} \, k \, (1.2 + 40\rho_1) + 0.15\sigma_{cp}] \, b_w d \tag{11.21}$$

Como o dimensionamento das lajes está considerando apenas carregamentos verticais e não há protensão, entende-se que:

$$\sigma_{cp} = 0 \tag{11.22}$$

Para determinação do coeficiente k, foi considerado que mais de 50% das armaduras positivas chegam aos apoios, conforme exposto no Capítulo 2.

$$k = |1.6 - d| = |1.6 - 0.135| = 1.465 \geq 1 \tag{11.23}$$

A taxa de armadura de tração (ρ_1) é calculada a partir da área de aço efetiva adotada para as armaduras longitudinais de tração $A_{s,ef}$. Para tal, as armaduras negativas foram adotadas como $\boxed{\phi 16 \, C/10}$, gerando assim o número de barras n_b

254   Pontes em concreto armado: análise e dimensionamento

por metro linear de laje:

$$n_b = \frac{100}{s_{adot}} = \frac{100}{10} = 10 \text{ barras/metro} \tag{11.24}$$

Portanto, a área de aço efetiva por metro linear e a taxa de armadura de tração são calculadas a seguir.

$$A_{s,ef} = n_b A_{s1b} = 10 \cdot 2 = 20 \text{ cm}^2/\text{m} \tag{11.25}$$

$$\rho_1 = \frac{A_{s1}}{b_w d} = \frac{A_{s,ef}}{b_w d} = \frac{20}{100 \cdot 13.5} = 0.015 \leq 0.02 \tag{11.26}$$

A tensão resistente de cálculo do concreto ao cisalhamento (τ_{Rd}) é definida na sequência, ressaltando-se que as unidades são expressas em MPa.

$$\tau_{Rd} = 0.25 \frac{\left[0.7 \left(0.3 \sqrt[3]{f_{ck}^2}\right)\right]}{\gamma_c} = 0.25 \frac{\left[0.7 \left(0.3 \sqrt[3]{50^2}\right)\right]}{1.4} = 0.51 \text{ MPa} \tag{11.27}$$

$$\tau_{Rd} = 0.051 \text{ kN/cm}^2 \tag{11.28}$$

Por fim, a força cortante resistente de cálculo (V_{Rd1}) é calculada a partir da Equação (11.29).

$$V_{Rd1} = [0.051 \cdot 1.465 \, (1.2 + 40 \cdot 0.015) + 0.15 \cdot 0] \, 100 \cdot 13.5 = 182 \text{ kN} \tag{11.29}$$

Logo, a verificação é satisfeita, Equação (11.30), e não há necessidade de armar as defesas para os esforços cortantes.

$$\boxed{V_{Sd} = 100 \, kN \leq V_{Rd1} = 182 \text{ kN}} \tag{11.30}$$

Referências e bibliografia recomendada

ABNT – ASSOCIAÇÃO BRASILEIRA DE NORMAS TÉCNICAS. *NBR 8681.* Ações e segurança nas estruturas – Procedimento. Rio de Janeiro, 2003.

ABNT – ASSOCIAÇÃO BRASILEIRA DE NORMAS TÉCNICAS. *NBR 7188.* Carga móvel rodoviária e de pedestres em pontes, viadutos, passarelas e outras estruturas. Rio de Janeiro, 2013.

ABNT – ASSOCIAÇÃO BRASILEIRA DE NORMAS TÉCNICAS. *NBR 6118.* Projeto de estruturas de concreto – Procedimento. Rio de Janeiro, 2014.

DNER – DEPARTAMENTO NACIONAL DE ESTRADAS E RODAGEM. *Manual de Projeto de Obras-de-arte Especiais.* Rio de Janeiro 1996.

CAPÍTULO 12

Dimensionamento das transversinas

O dimensionamento das transversinas foi efetuado considerando que estas são biapoiadas nas ligações com as longarinas. Para tal, os esforços horizontais transferidos das longarinas para as transversinas foram desprezados, uma vez que são de pequena intensidade e não são obtidos simplificadamente.

Para a geometria considerada (Figura 8.3), identifica-se que as transversinas não estão conectadas às lajes, ou seja, não recebem carregamentos verticais oriundos desses elementos. Além disso, os aparelhos de apoio estão posicionados no fundo das longarinas, o que faz com que os carregamentos sejam transmitidos das transversinas de apoio para as longarinas. Por fim, as transversinas foram dimensionadas considerando apenas o peso próprio.

12.1 Obtenção dos esforços internos solicitantes

A carga distribuída devida ao peso próprio das transversinas foi determinada no item 9.1 e é igual a 2.25 kN/m, gerando o modelo descrito na Figura 12.1.

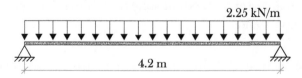

Figura 12.1: Modelo de dimensionamento das transversinas.

Portanto, os diagramas de esforços cortantes e de momentos fletores são exibidos na Figura 12.2. Com esses dados, é possível efetuar o dimensionamento no estado-limite último e as verificações de serviço nas transversinas.

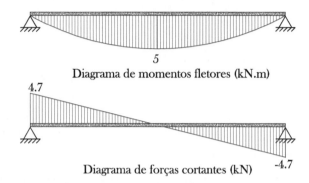

Figura 12.2: Diagramas de esforços cortantes e momentos fletores das transversinas.

12.2 Dimensionamento no estado-limite último

12.2.1 Combinações últimas normais

Para se realizar o dimensionamento no estado-limite último, determinam-se as combinações normais últimas:

$$\boxed{V_{Sd} = 1.35\, V_{k,pptrans} = 1.35 \cdot 4.7 = 6.35 \text{ kN}} \tag{12.1}$$

$$\boxed{M_d = 1.35\, M_{k,pptrans} = 1.35 \cdot 5 = 6.75 \text{ kNm} = 675 \text{ kNcm}} \tag{12.2}$$

Em que:

M_d = momento fletor máximo solicitante de cálculo no meio do vão;

V_{Sd} = força cortante máxima solicitante de cálculo no meio do vão;

$M_{k,pptrans}$ = momento fletor máximo solicitante devido ao peso próprio das transversinas no meio do vão;

$V_{k,pptrans}$ = força cortante máxima solicitante devida ao peso próprio das transversinas nos apoios.

12.2.2 Dimensionamento das armaduras longitudinais

A determinação da área de aço necessária foi realizada considerando a seção transversal determinada na Figura 8.3:

$$b_w = 15 \text{ cm} \tag{12.3}$$

$$h = 60 \text{ cm} \tag{12.4}$$

A classe de agressividade III já havia sido determinada anteriormente. Segundo a Tabela 2.1, o cobrimento para vigas é de 4 cm. Dessa forma, tem-se que:

$$d' = 5 \text{ cm} \tag{12.5}$$

$$d = h - d' = 60 - 5 = 55 \text{ cm} \tag{12.6}$$

Os materiais possuem as propriedades descritas na Tabela 8.1. Portanto, o parâmetro ξ é calculado na sequência e a resistência de cálculo à compressão do concreto (f_{cd}) já havia sido determinada na Equação (11.6).

$$\left(\frac{\lambda}{2}\right)\xi^2 - \xi + \frac{M_d}{\lambda\alpha_c b_w d^2 f_{cd}} = 0 \tag{12.7}$$

$$\left(\frac{0.8}{2}\right)\xi^2 - \xi + \frac{675}{0.8 \cdot 0.85 \cdot 15 \cdot 55^2 \cdot 3.57} = 0 \tag{12.8}$$

$$\boxed{\xi = 0.006 \leq \xi_{lim} = 0.45} \tag{12.9}$$

O parâmetro de ductilidade encontrado é menor que o limite imposto pela NBR 6118 (ABNT, 2014), então a seção da viga não necessita de armaduras longitudinais de compressão. Dessa forma, determina-se a área de aço necessária (A_s) para equilibrar a seção:

$$A_s = \frac{\lambda\alpha_c b_w d\xi f_{cd}}{f_{yd}} = \frac{0.8 \cdot 0.85 \cdot 15 \cdot 55 \cdot 0.006 \cdot 3.57}{43.5} \tag{12.10}$$

$$\boxed{A_s = 0.28 \text{ cm}^2} \tag{12.11}$$

Assim, a área de aço mínima é calculada na sequência.

$$A_{s,min} = \rho_{min} b_w h = \frac{0.208}{100} \cdot 15 \cdot 60 = 1.87 \text{ cm}^2 \tag{12.12}$$

$$A_{s,min} = 1.87 \text{ cm}^2 > A_s = 0.28 \text{ cm}^2 \rightarrow \boxed{A_s = 1.87 \text{ cm}^2} \tag{12.13}$$

Como a área de aço mínima é maior que a área de aço calculada, emprega-se a área de aço necessária igual à mínima. Com essas informações, adota-se a bitola (ϕ_{adot}) de 12.5 mm. Assim, a área de uma barra (A_{s1b}) é definida como:

$$A_{s1b} = \frac{\pi \, \phi_{adot}^2}{4} = \frac{\pi \cdot 1.25^2}{4} = 1.23 \text{ cm}^2 \qquad (12.14)$$

Logo, o número de barras necessárias (n_b) é definido na Equação (12.15).

$$n_b = \frac{A_s}{A_{s1b}} = \frac{1.87}{1.23} = 1.52 \cong 2 \text{ barras} \qquad (12.15)$$

Portanto, adota-se a configuração: $\boxed{2\phi 12.5}$. A Figura 12.3 apresenta o detalhamento das armaduras longitudinais positivas.

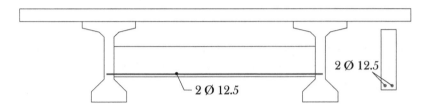

Figura 12.3: Detalhamento das armaduras longitudinais positivas das transversinas.

12.2.3 Dimensionamento das armaduras transversais

O dimensionamento das armaduras transversais segue o roteiro definido no Capítulo 2. Assim, para que não haja ruptura por compressão diagonal do concreto, a Equação (12.16) deve ser satisfeita.

$$V_{Sd} \leq V_{Rd2} = 0.27 \, \alpha_{V2} \, f_{cd} \, b_w \, d \qquad (12.16)$$

A força V_{Rd2} foi determinada a partir do modelo I, tendo este como premissa básica as diagonais de compressão inclinadas com 45° (θ) em relação ao eixo longitudinal do elemento estrutural e admitindo ainda que a parcela complementar V_c tenha valor constante, independentemente da força cortante V_{Sd}.

O parâmetro α_{V2} é calculado em função do f_{ck}, sendo este expresso em MPa.

$$\alpha_{V2} = 1 - \frac{f_{ck}}{250} = 1 - \frac{50}{250} = 0.8 \qquad (12.17)$$

Logo, calcula-se a força resistente de cálculo V_{Rd2}:

$$V_{Rd2} = 0.27 \cdot 0.8 \cdot 3.57 \cdot 15 \cdot 55 = 636.2 \text{ kN} \qquad (12.18)$$

Não ocorre ruptura das diagonais de compressão, uma vez que a força resistente de cálculo V_{Rd2} é inferior à força solicitante de cálculo V_{Sd}.

$$\boxed{V_{Sd} = 6.35 \text{ kN} \leq V_{Rd2} = 636.2 \text{ kN}} \qquad (12.19)$$

Para o modelo I, a área de aço dos estribos é determinada a partir da Equação (12.20).

$$\frac{A_{sw}}{s} = \frac{V_{sw}}{0.9\, d\, f_{ywd}\,[sen(\alpha) + cos(\alpha)]} \tag{12.20}$$

A parcela V_{sw} resistida pela armadura transversal é calculada em função da força cortante solicitante de cálculo V_{Sd} e da parcela de força cortante absorvida por mecanismos complementares V_c, sendo esta para o modelo I e o elemento submetido à flexão simples avaliado a seguir.

$$V_c = V_{c0} = 0.6\, f_{ctd}\, b_w\, d \tag{12.21}$$

Em que a resistência à tração direta de cálculo do concreto relativa ao quantil inferior f_{ctd} é determinada na Equação (12.22).

$$f_{ctd} = \frac{f_{ctk,inf}}{\gamma_c} = \frac{0.7(0.3\sqrt[3]{50^2})}{1.4} = 2\,\text{MPa} = 0.2\,\text{kN/cm}^2 \tag{12.22}$$

Assim, a parcela V_c é exposta na continuidade.

$$V_c = 0.6 \cdot 0.2 \cdot 15 \cdot 55 = 99\,\text{kN} \tag{12.23}$$

Com isso, obtém-se a parcela V_{sw}:

$$V_{sw} = V_{Sd} - V_c = 6.35 - 99 = -92.65\,\text{kN} \tag{12.24}$$

Como a força V_c é maior que a força solicitante de cálculo V_{Sd}, empregam-se as taxas mínimas para as armaduras transversais ao longo da transversina, tendo sido determinadas nos capítulos anteriores.

$$\left(\frac{A_{sw}}{s}\right)_{min} = 0.2\,\frac{f_{ct,m}}{f_{ywk}}\, b_w\, sen(\alpha) \tag{12.25}$$

A resistência média à tração do concreto é determinada na sequência, tomando a resistência característica do concreto à tração em MPa.

$$f_{ct,m} = 0.3\sqrt[3]{f_{ck}^2} = 0.3\sqrt[3]{50^2} = 4.07\,\text{MPa} = 0.41\,\frac{\text{kN}}{\text{cm}^2} \tag{12.26}$$

O aço para os estribos foi adotado como CA-50, ou seja, a resistência característica ao escoamento é de 50 kN/cm^2, e estes foram posicionados verticalmente. Por conseguinte, a área de aço mínima da armadura transversal é:

$$\left(\frac{A_{sw}}{s}\right)_{min} = 0.2 \cdot \frac{0.41}{50} \cdot 15 \cdot sen(90^\circ) = 0.0244\,\text{cm}^2/\text{cm} = 2.44\,\text{cm}^2/\text{m} \tag{12.27}$$

260   Pontes em concreto armado: análise e dimensionamento

Portanto, a área de aço necessária é tomada com igual à mínima.

$$\boxed{\frac{A_{sw}}{s} = \left(\frac{A_{sw}}{s}\right)_{min} = 2.44 \text{ cm}^2/\text{m}}$$
(12.28)

Os diâmetros máximos dos estribos são obtidos a partir da Equação (12.29).

$$5 \text{ mm} \leq \phi_t \leq \frac{b_w}{10} = \frac{15}{10} = 1.5 \text{ cm} = 15 \text{ mm}$$
(12.29)

Portanto, foi adotada uma bitola para os estribos de 6.3 mm (ϕ_t). Assim, a área de uma barra (A_{s1b}) para dois ramos (n_r) é definida como:

$$A_{s1b} = n_r \frac{\pi \phi_t^2}{4} = 2 \frac{\pi \cdot 0.63^2}{4} = 0.62 \text{ cm}^2$$
(12.30)

Logo, o espaçamento entre as barras (s) é dado por:

$$s = \frac{A_{s1b}}{A_{sw}} = \frac{0.62}{2.44} = 0.254 \text{ m} = 25 \text{ cm}$$
(12.31)

Além disso, avalia-se o espaçamento adotado (s) para que não seja maior que o máximo, sendo este determinado a depender das forças relativas à ruína das bielas de compressão.

$$V_{Sd} = 6.35 \text{ kN} \leq 0.67 \, V_{Rd2} = 0.67 \cdot 636.2 = 426.3 \text{ kN}$$
(12.32)

Como a Equação (12.32) foi satisfeita, o espaçamento máximo entre estribos (s_{max}) é:

$$s_{max} = 0.6d = 0.6 \cdot 55 = 33 \text{ cm} \leq 30 \text{ cm} \rightarrow s_{max} = 30 \text{ cm}$$
(12.33)

Com isso, o espaçamento adotado é inferior ao máximo, conforme observado na Equação (12.33).

$$s = 25 \text{ cm} \leq s_{max} = 30 \text{ cm}$$
(12.34)

Por fim, foi adotada a seguinte configuração: $\boxed{\phi 6.3 \, C/25}$ para os estribos, sendo detalhada na Figura 12.4.

12.3   Verificações nos estados-limite de serviço

As verificações quanto aos estados-limite de serviço seguiram o mesmo roteiro definido no Capítulo 4. Destaca-se que as combinações de serviço apresentam apenas uma variável, que é o peso próprio da transversina sem majoração.

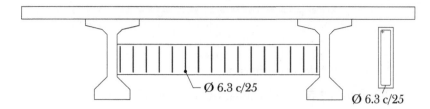

Figura 12.4: Detalhamento das armaduras transversais das transversinas.

12.3.1 Flecha elástica imediata no estádio I

Para determinação da flecha elástica imediata das transversinas, adota-se o modelo descrito na Figura 12.1. Assim, o deslocamento vertical máximo ($\Delta_{I,t0}$) para uma viga biapoiada com um carregamento distribuído q é expresso pela Equação (12.35).

$$\Delta_{I,t0} = \frac{5}{384} \frac{ql^4}{E_{cs}I_c} \tag{12.35}$$

Em que:

I_c = momento de inércia da seção bruta de concreto, ou seja, sem fissuração;

q = carga distribuída linearmente;

l = comprimento do vão;

E_{cs} = módulo de deformação secante do concreto.

O módulo de elasticidade secante do concreto E_{cs} foi determinado na Tabela 8.1, e o momento de inércia em relação ao eixo de flexão é:

$$I_c = \frac{b_w h^3}{12} = \frac{15 \cdot 60^3}{12} = 270000 \text{ cm}^4 \tag{12.36}$$

A carga distribuída linearmente é igual ao peso próprio das transversinas ($q_{pptrans}$), sendo expressa na Equação (12.37), enquanto o comprimento do vão é igual a 420 cm.

$$q_{pptrans} = 2.25 \text{ kN/m} = 0.0225 \text{ kN/cm} \tag{12.37}$$

Por fim, calcula-se a flecha elástica imediata no estádio I para as transversinas.

$$\boxed{\Delta_{I,t0} = \frac{5}{384} \frac{0.0225 \cdot 420^4}{3660 \cdot 270000} = 0.009 \text{ cm} = 0.09 \text{ mm}} \tag{12.38}$$

A Figura 12.5 indica a configuração deformada da transversina mediante a ação do peso próprio.

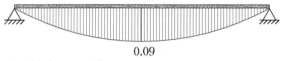

0.09
Unidades em mílimetros

Figura 12.5: Deslocamentos verticais das transversinas.

12.3.2 Formação de fissuras

Para este caso, foi avaliado simplificadamente apenas o momento fletor máximo atuante na peça. Posto isso, o momento de fissuração (M_r) é descrito na Equação (12.39).

$$M_r = \frac{\alpha \, f_{ct} \, I_c}{y_t} \quad (12.39)$$

Assim, determina-se a distância do centro de gravidade da seção à fibra mais tracionada (y_t) e a resistência direta do concreto f_{ct}.

$$y_t = \frac{h}{2} = \frac{60}{2} = 30 \text{ cm} \quad (12.40)$$

$$f_{ct} = 0.7 \left(0.3 \sqrt[3]{f_{ck}^2} \right) = 0.7 \left(0.3 \sqrt[3]{50^2} \right) = 2.85 \text{ MPa} = 0.285 \text{ kN/cm}^2 \quad (12.41)$$

O parâmetro α para essa verificação é definido como 1.5. Dessa forma, o momento de fissuração para as transversinas é:

$$\boxed{M_r = \frac{1.5 \cdot 0.285 \cdot 270000}{30} = 3847.5 \text{ kNcm}} \quad (12.42)$$

Portanto, verifica-se que o momento fletor máximo devido à combinação rara de serviço é menor que o momento fletor de fissuração, ou seja, não há aparecimento de fissuras e, consequentemente, não ocorre aumento da flecha devido à perda de rigidez. Logo, despreza-se a verificação de abertura de fissuras e de flecha no estádio II.

$$\boxed{M_{d,rara} = M_{k,pptrans} = 500 \text{ kNcm} \leq M_r = 3847.5 \text{ kNcm}} \quad (12.43)$$

12.3.3 Flecha diferida no tempo

Adotando as simplificações: (a) tempo de análise da flecha diferida maior que 70 meses, (b) idade relativa à aplicação da carga de longa duração como 1 mês e (c) ausência de armaduras de compressão, o coeficiente α_f é detalhado na Equação (4.37).

$$\alpha_f = 1.32 \quad (12.44)$$

A flecha diferida no tempo superior a 70 meses é igual à descrita pela Equação (12.45), considerando apenas o estádio I.

$$\Delta_{I,tf} = \Delta_{I,t0} \left(1 + \alpha_f\right) = 0.09 \left(1 + 1.32\right) = 0.21 \text{ mm} \tag{12.45}$$

Os deslocamentos máximos permitidos pela NBR 6118 (ABNT, 2014) estão descritos na Tabela 4.5. Portanto, para condições de aceitabilidade sensorial, as flechas-limite são determinadas pela Equação (12.46).

$$\Delta_{lim} = \frac{l}{250} = \frac{420}{250} = 1.68 \text{ cm} = 16.8 \text{ mm} \tag{12.46}$$

Por fim, avalia-se que os deslocamentos verticais máximos das transversinas é inferior ao limite imposto pela NBR 6118 (ABNT, 2014).

$$\Delta_{I,tf} = 0.21 \text{ mm} \leq \Delta_{lim} = 16.8 \text{ mm} \tag{12.47}$$

Referências e bibliografia recomendada

ABNT – ASSOCIAÇÃO BRASILEIRA DE NORMAS TÉCNICAS. *NBR 6118*. Projeto de estruturas de concreto – Procedimento. Rio de Janeiro, 2014.

CAVALCANTE, G. H. F. *Contribuição ao Estudo da Influência de Transversinas no Comportamento de Sistemas Estruturais de Pontes*. Dissertação de mestrado. Programa de Pós-Graduação em Engenharia Civil, Universidade Federal de Alagoas. Maceió, 2016.

Ftool®. Two-Dimensional *Frame Analysis Tool*. Pontifícia Universidade Católica do Rio de Janeiro, Computer Graphics Technology Group. Rio de Janeiro, 2016.

MARTHA, L. F. *FTOOL* - Um Programa Gráfico-Interativo para Ensino de Comportamento de Estruturas. Pontifícia Universidade Católica do Rio de Janeiro. Rio de Janeiro, 2015.

PINHEIRO, L. M.; MUZARDO, C. D.; SANTOS, S. P. *Cisalhamento em Vigas*. Departamento de Engenharia de Estruturas, Escola de Engenharia de São Carlos, Universidade de São Paulo. São Carlos, 2003.

CAPÍTULO 13

Dimensionamento das longarinas

Neste capítulo foram dimensionadas as armaduras longitudinais e transversais das longarinas considerando apenas os carregamentos verticais, ou seja, foram desprezadas as ações horizontais, uma vez que não representam uma parcela significativa no dimensionamento desses elementos. O procedimento de obtenção das reações de apoio e dos esforços internos solicitantes nas longarinas devidos às cargas móveis foi realizado de forma direta por meio das linhas de influência. Para tal, sugere-se a leitura de Buchaim (2010) para mais detalhes.

13.1 Obtenção das reações de apoio

As reações de apoio foram obtidas simplificadamente, nas quais as longarinas foram consideradas indeformáveis, conforme ilustrado na sequência.

O dimensionamento das transversinas foi efetuado considerando que estas são biapoiadas nas ligações com as longarinas. Para tal, as forças normais geradas nas transversinas foram desprezadas, uma vez que são de pequena intensidade e as lajes funcionam como diafragmas rígidos travando as longarinas.

13.1.1 Cargas permanentes

São consideradas as seguintes cargas permanentes: (a) peso próprio das lajes, (b) peso da pavimentação, (c) peso das defensas, (d) peso das transversinas e (e) peso das longarinas.

A transferência dos carregamentos distribuídos em área para as longarinas é realizada conforme a Figura 13.1, sendo esta uma exposição de uma carga genérica q gerando em cada longarina as reações R_1 e R_2. Para isso, é tomada uma área de influência com largura unitária de 1 m. Por fim, cada reação é introduzida ao longo da longarina e, assim, são criadas as vinculações nos apoios e obtidos os esforços internos solicitantes.

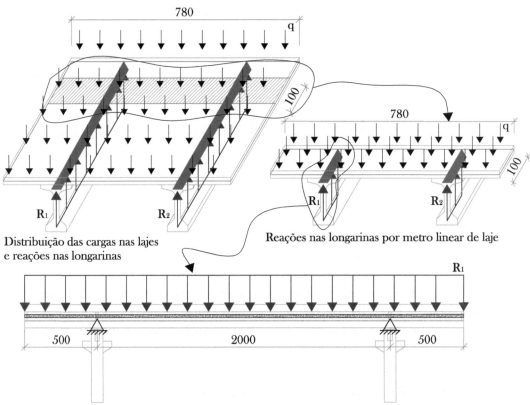

Distribuição das cargas nas lajes e reações nas longarinas

Reações nas longarinas por metro linear de laje

Modelo para obtenção dos esforços nas longarinas a partir das reações de apoio
Unidades em centímetros

Figura 13.1: Modelo para obtenção das reações de apoio e dos esforços internos nas longarinas com cargas distribuídas em área nas lajes.

Logo, as reações de apoio derivadas do peso próprio da laje e da pavimentação são apontadas nos modelos descritos nas Figuras 13.2 e 13.3. Os carregamentos distribuídos devidos ao peso próprio das lajes (q_{ppl}) e à pavimentação (q_{pav}) geram as reações de apoio nas longarinas VE1 (R_1) e VE2 (R_2).

Assim, as reações devidas ao peso próprio da laje ($R_{1,ppl}$ e $R_{2,ppl}$) e ao peso da pavimentação ($R_{1,pav}$ e $R_{2,pav}$) são expostas na continuidade.

$$\boxed{R_{1,ppl} = R_{2,ppl} = 24.4 \text{ kN/m}} \tag{13.1}$$

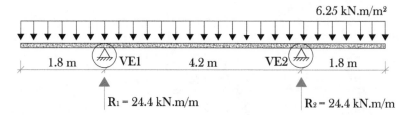

Figura 13.2: Modelo para obtenção das reações de apoio nas longarinas devidas ao peso próprio das lajes.

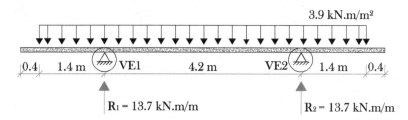

Figura 13.3: Modelo para obtenção das reações de apoio nas longarinas devidas ao peso da pavimentação.

$$R_{1,pav} = R_{2,pav} = 13.7 \text{ kN/m} \tag{13.2}$$

A Figura 13.4 exibe o modelo para obtenção das reações de apoio para cargas distribuídas linearmente nas lajes, ou seja, serve como base para as cargas das defensas. Utiliza-se a mesma metodologia das cargas distribuídas em área, porém o modelo apresenta apenas cargas concentradas no corte da seção transversal do tabuleiro. As cargas distribuídas linearmente foram denominadas p e as reações nas longarinas, R_1 e R_2. A Figura 13.5 indica o modelo e as reações nas longarinas VE1 e VE2 para os carregamentos gerados pelo peso próprio das defensas (q_{def}).

Portanto, as reações nas longarinas devidas ao peso próprio das defensas $R_{1,def}$ e $R_{2,def}$ são determinadas na Equação (13.3).

$$R_{1,def} = R_{2,def} = 8.5 \text{ kN/m} \tag{13.3}$$

A Figura 13.6 mostra o modelo para obtenção das reações de apoio e dos esforços internos solicitantes nas longarinas devidos ao peso próprio das transversinas. Observa-se que as transversinas geram cargas concentradas nas longarinas e estão posicionadas sobre os pilares e nas extremidades. A carga q representa o peso das transversinas.

A Figura 13.7 expõe o modelo e as reações nas longarinas VE1 e VE2 para os carregamentos gerados pelo peso próprio das transversinas (q_{trans}). Observa-se que essas reações são pontuais e estes valores são diferentes do exposto a seguir quando as transversinas são acopladas às lajes, todavia é comum tratar o problema separa-

268 Pontes em concreto armado: análise e dimensionamento

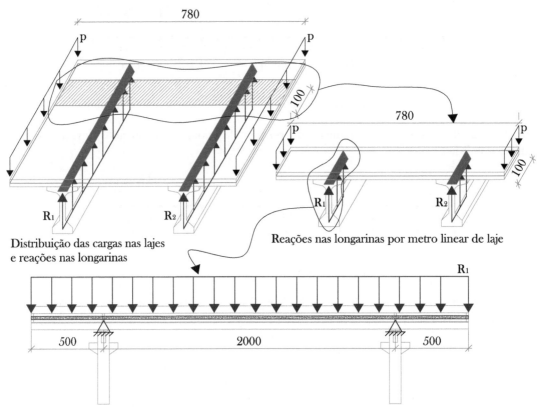

Figura 13.4: Modelo para obtenção das reações de apoio e dos esforços internos nas longarinas com cargas distribuídas linearmente nas lajes.

damente como demonstrado nos apêndices.

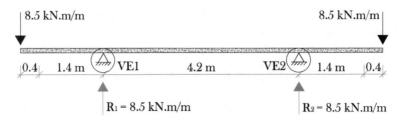

Figura 13.5: Modelo para obtenção das reações de apoio nas longarinas devidas ao peso das defensas.

Logo, as reações nas longarinas devidas ao peso próprio das transversinas ($R_{1,trans}$ e $R_{2,trans}$) são descritas a seguir.

$$\boxed{R_{1,trans} = R_{2,trans} = 4.7 \text{ kN}} \tag{13.4}$$

Dimensionamento das longarinas 269

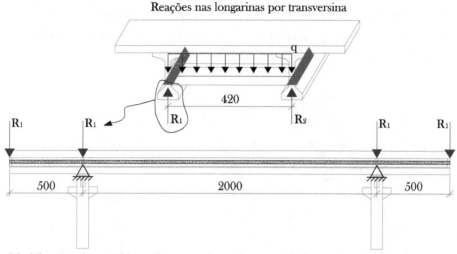

Modelo para obtenção dos esforços nas longarinas a partir das reações de apoio
Unidades em centímetros

Figura 13.6: Modelo para obtenção das reações de apoio e dos esforços internos nas longarinas devidos ao peso próprio das transversinas.

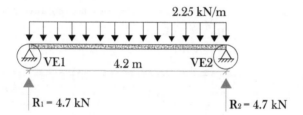

Figura 13.7: Modelo para obtenção das reações de apoio nas longarinas devidas ao peso das transversinas.

13.1.2 Carga móvel

A Figura 13.8 ilustra o modelo de obtenção das reações de apoio e dos esforços internos solicitantes nas longarinas devidos ao peso do veículo-tipo, no qual cada eixo gera uma reação de apoio por longarina e esta é introduzida no sentido longitudinal de cada viga a depender da posição do veículo no tabuleiro.

Além do trem-tipo, ainda existe a sobrecarga de multidão disposta na área externa ao veículo. Essas reações de apoio são obtidas para as regiões fora e ao longo do veículo, ou seja, são realizados dois procedimentos e aplicados no sentido longitudinal, conforme descrito na Figura 13.9.

A obtenção das reações de apoio devidas à carga móvel foi realizada pelo método das longarinas indeslocáveis, considerando-se as seguintes hipóteses:

   a) as longarinas são indeformáveis;

b) as longarinas apresentam rigidez à torção desprezível;
c) as cargas devidas aos pneus dos veículos são pontuais e seguem a formatação do trem-tipo TB-450.

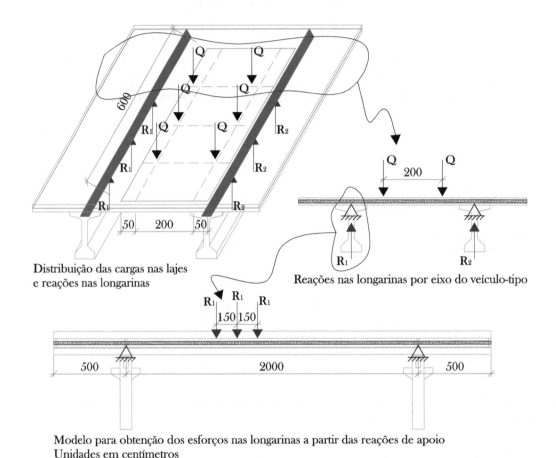

Figura 13.8: Modelo para obtenção das reações de apoio e dos esforços internos nas longarinas devidos ao peso do veículo-tipo.

Seguindo o modelo apontado, o principal problema na obtenção dessas reações é localizar a posição do veículo que gere os maiores esforços em cada longarina isoladamente. Todavia, no caso de tabuleiros com apenas duas longarinas, soluciona-se de forma mais simples, uma vez que é intuitivo. Em casos gerais com mais de duas longarinas, torna-se um sistema mais complexo que exige o uso de linhas de influência.

A solução aqui adotada é o uso de linhas de influência mesmo que seja possível adotar simplesmente a posição mais crítica nas extremidades, posto que é mais didático utilizá-las e servem como base para problemas mais complexos.

Para determinação das linhas de influência, é necessário criar um modelo baseado na seção transversal do tabuleiro, no qual cada longarina representa um apoio do segundo gênero e as lajes são discretizadas como elementos de barra. Portanto, uma carga unitária P é posicionada ao longo do modelo e está a uma distância x da extremidade esquerda, conforme apontado na Figura 13.10, sendo as unidades expressas em centímetros.

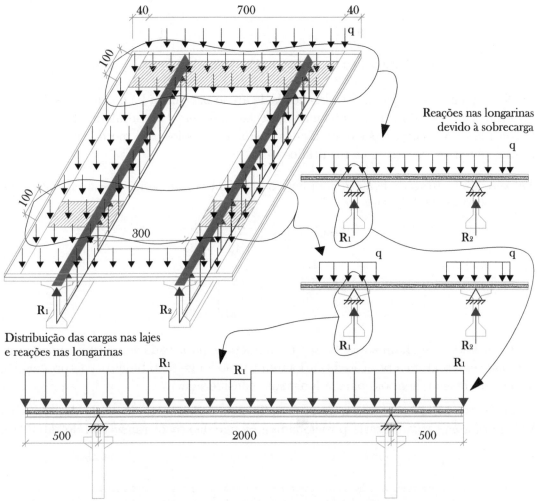

Figura 13.9: Modelo para obtenção das reações de apoio e dos esforços internos nas longarinas devidos à sobrecarga.

As linhas de influência são dimensionadas considerando que a carga pode transitar livremente ao longo tabuleiro, porém cabe ao engenheiro interpretar até onde o automóvel pode se locomover livremente, ou seja, defensas, guarda-rodas, passeios e outros elementos podem impedir ou limitar as regiões de tráfego.

A Figura 13.10 expõe o modelo para obtenção das linhas de influência nas longarinas. Destaca-se que o elemento de barra representa as lajes, e os apoios, as longarinas.

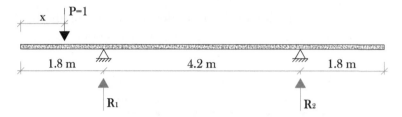

Figura 13.10: Modelo para obtenção das linhas de influência nas longarinas.

Na sequência são calculadas as reações de apoio para cada longarina considerando diversas posições x da carga P ao longo da seção transversal do tabuleiro. Recomenda-se considerar os pontos das extremidades, acima dos apoios e na metade entre apoios. Assim, obtêm-se os seguintes resultados:

Tabela 13.1: Reações de apoio para uma carga unitária com posição variável ao longo da seção transversal do tabuleiro.

Posição x (m)	R_1	R_2
0	1.43	-0.43
1.8	1	0
3.9	0.5	0.5
6	0	1
7.8	-0.43	1.43

Com isso, desenham-se as linhas de influência para cada longarina, em que as abcissas representam a posição da carga unitária ao longo do tabuleiro, e as ordenadas, o valor da reação de apoio para a longarina considerada.

A Figura 13.11 apresenta a linha de influência das reações de apoio da longarina VE1 para uma carga unitária posicionada ao longo da seção transversal do tabuleiro.

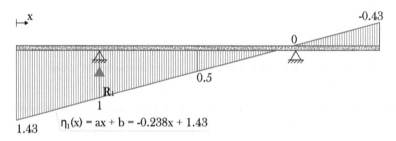

Figura 13.11: Linha de influência das reações de apoio da longarina VE1.

A função $\eta_1(x)$ representa o valor da reação de apoio da longarina VE1 para uma carga unitária posicionada a uma distância x da extremidade da seção transversal do tabuleiro. Ela é determinada como uma função do primeiro grau e são calculados os coeficientes a e b a partir de dois pontos quaisquer.

Neste caso, adotam-se os seguintes pontos:

$$\eta_1(0) = 1.43 \tag{13.5}$$

$$\eta_1(6) = 0 \tag{13.6}$$

Dessa forma, encontram-se os parâmetros a e b e a função $\eta_1(x)$.

$$\eta_1(x) = -0.238x + 1.43 \tag{13.7}$$

A Figura 13.12 apresenta a linha de influência das reações de apoio da longarina VE2 para uma carga unitária posicionada ao longo da seção transversal do tabuleiro.

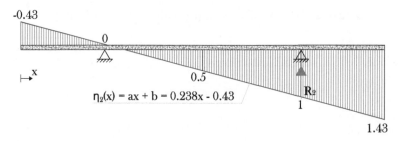

Figura 13.12: Linha de influência das reações de apoio da longarina VE2.

Repete-se o procedimento anterior para encontrar a função $\eta_2(x)$, que representa o valor da reação de apoio da longarina VE2 para uma carga unitária posicionada a uma distância x da extremidade da seção transversal do tabuleiro. Os pontos escolhidos foram:

$$\eta_2(0) = -0.43 \tag{13.8}$$

$$\eta_2(1.8) = 0 \tag{13.9}$$

Dessa forma, encontram-se os parâmetros a e b e a função $\eta_2(x)$.

$$\eta_2(x) = 0.238x - 0.43 \tag{13.10}$$

Com isso, é possível determinar as reações de apoio máximas para cada longarina independentemente da posição do veículo na seção transversal do tabuleiro.

Ressalta-se que caso se tenha mais de duas longarinas, torna-se necessário utilizar métodos que considerem a hiperestaticidade do modelo: método dos deslocamentos, método das forças, método dos trabalhos virtuais ou algum dos métodos descritos nos capítulos anteriores.

274   Pontes em concreto armado: análise e dimensionamento

A seguir é ilustrada a obtenção das linhas de influência das reações de apoio nas longarinas a partir do método de Engesser-Courbon:

$$\eta_i(x) = R_i = \frac{P}{n}\left[1 + 6\,\frac{(2\,i - n - 1)\,e}{(n^2 - 1)\,\xi}\right] \tag{13.11}$$

Considere a carga P como unitária e que a excentricidade e, sendo nula no centro de gravidade da seção transversal e positiva da esquerda para a direita, é determinada em função do sistema de coordenadas x adotado na Figura 13.13.

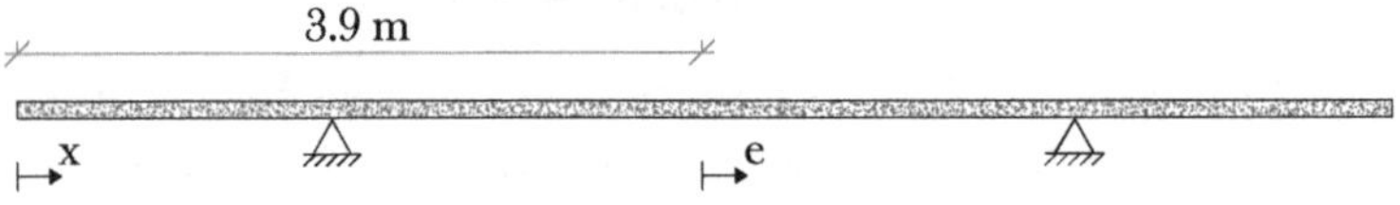

Figura 13.13: Correção do sistema de coordenadas.

Assim:

$$e = x - 3.9 \tag{13.12}$$

Portanto:

$$\eta_i(x) = \frac{1}{n}\left[1 + 6\,\frac{(2\,i - n - 1)\,(x - 3.9)}{(n^2 - 1)\,\xi}\right] \tag{13.13}$$

Posto isso, as funções das linhas de influência das longarinas VE1 e VE2 são expostas na continuidade. Destaca-se que n é o número de longarinas, sendo duas neste caso, i é o número da longarina avaliada, contada a partir da esquerda, e ξ é a distância entre eixos das longarinas.

$$\eta_1(x) = \frac{1}{2}\left[1 + 6\,\frac{(2 \cdot 1 - 2 - 1)\,(x - 3.9)}{(2^2 - 1) \cdot 4.2}\right] = -0.238x + 1.43 \tag{13.14}$$

$$\eta_2(x) = \frac{1}{2}\left[1 + 6\,\frac{(2 \cdot 2 - 2 - 1)\,(x - 3.9)}{(2^2 - 1) \cdot 4.2}\right] = 0.238x - 0.43 \tag{13.15}$$

Por fim, verifica-se que, para a estrutura em questão, os resultados obtidos em ambos os modelos (longarinas indeslocáveis e Engesser-Coubon) para as linhas de influência foram iguais.

Como a seção é simétrica, os valores máximos e mínimos das duas longarinas são iguais. Assim, a posição crítica do veículo para obtenção das reações de apoio nas longarinas é na extremidade, porém só poderá se posicionar no limite das defensas. A Figura 13.14 apresenta a posição crítica do trem-tipo e da sobrecarga de multidão para obtenção das reações máximas na longarina VE1. Caso o veículo esteja posicionado na extremidade da direita, as reações são máximas na VE2 e mínimas na VE1.

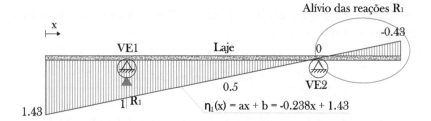

a) Linha de influência das reações de apoio na longarina VE1

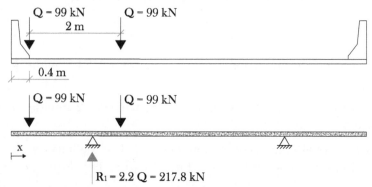

b) Posição crítica do trem-tipo e reações de apoio máximas na longarina VE1

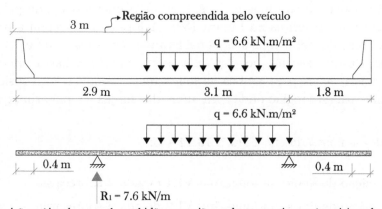

c) Posição crítica da carga de multidão na região onde o trem-tipo está posicionado

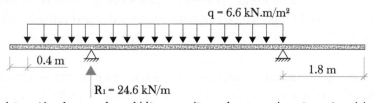

d) Posição crítica da carga de multidão na região onde o trem-tipo não está posicionado

Figura 13.14: Posição crítica do veículo para obtenção das maiores reações de apoio na longarina VE1.

276   Pontes em concreto armado: análise e dimensionamento

Para o caso ilustrado na Figura 13.14, as reações máximas são descritas nas equações a seguir, uma vez que a seção é simétrica.

$$R_{1,vei} = [\eta_1(0.4) + \eta_1(2.4)]Q \tag{13.16}$$

$$R_{1,vei} = [-0.238 \cdot 0.4 + 1.43]Q + [-0.238 \cdot 2.4 + 1.43]Q = 2.2Q \tag{13.17}$$

$$\boxed{R_{1,vei} = R_{2,vei} = 2.2 \cdot 99 = 217.8 \text{ kN}} \tag{13.18}$$

Sendo:

$R_{1,vei}$ = reação de apoio máxima na longarina VE1 devida ao peso do automóvel;

$R_{2,vei}$ = reação de apoio máxima na longarina VE2 devida ao peso do automóvel;

Q = carga móvel concentrada ponderada pelos coeficientes de impacto vertical, do número de faixas e de impacto adicional, Equação (9.17).

Para se obterem as reações de apoio nas longarinas devidas à sobrecarga, foi imprescindível separá-la em duas regiões, sendo a primeira ocupada pelo trem-tipo e a segunda sem este, descritas na Figura 13.9. A Figura 13.14 aponta o modelo para obtenção das reações nas longarinas considerando a posição crítica na extremidade da esquerda. Destaca-se que, por ser uma seção simétrica, basta dimensionar uma vez e igualar as reações para ambas as longarinas. Todavia, foi considerado que a sobrecarga não atua na região onde gera alívio das forças na longarina que está sendo analisada.

As grandezas ilustradas na Figura 13.14 são:

R_1 = reação de apoio na longarina VE1 devida à sobrecarga;

R_2 = reação de apoio na longarina VE2 devida à sobrecarga;

q = carga móvel distribuída ponderada pelos coeficientes de impacto vertical, do número de faixas e de impacto adicional; representa a sobrecarga, Equação (9.18).

As reações de apoio mínimas devidas ao veículo nas longarinas foram desprezadas, sendo considerada apenas a condição crítica para a longarina VE1, uma vez que representará o mesmo valor na longarina VE2. Dessa forma, as reações de apoio devidas à sobrecarga nas duas regiões são determinadas nas Equações (13.20) e (13.21).

$$q = 6.6 \text{ kN/m}^2 \tag{13.19}$$

$$\boxed{R_{1,SC,A} = 7.6 \text{ kN/m}} \qquad (13.20)$$

$$\boxed{R_{1,SC,B} = 24.6 \text{ kN/m}} \qquad (13.21)$$

Sendo:

$R_{1,SC,A}$ = reação de apoio na posição crítica do trem-tipo na longarina VE1 devida à sobrecarga na região A, sendo esta compreendida pelo veículo;

$R_{1,SC,B}$ = reação de apoio na posição crítica do trem-tipo na longarina VE1 devida à sobrecarga na região B, sendo esta não compreendida pelo veículo.

13.2 Obtenção dos esforços internos solicitantes

13.2.1 Cargas permanentes

Como todas as reações de apoio devidas às cargas permanentes geraram cargas linearmente distribuídas, exceto aquelas derivadas do peso próprio das transversinas, foi utilizado um modelo estrutural único com carga unitária R_1 para representar o carregamento atuando na peça (Figura 13.15). Porém, por simplificação, foi omitido o índice 1, uma vez que as reações máximas em ambas as longarinas são iguais. Para os esforços nas longarinas devidos ao peso das transversinas foi criado um modelo à parte.

Os carregamentos permanentes que atuam nas longarinas como cargas pontuais e distribuídas linearmente são as reações de apoio devidas ao: (a) peso próprio da longarina, $R_{pplong} = 16.3$ kN/m; (b) peso das lajes, $R_{ppl} = 24.4$ kN/m; (c) peso da pavimentação, $R_{pav} = 13.7$ kN/m; (d) peso das defensas, $R_{def} = 8.5$ kN/m; e (e) peso das transversinas, $R_{trans} = 4.7$ kN.

Assim, os esforços cortantes máximos foram logrados à esquerda e à direita do apoio no pilar P1. O momentos fletores máximos foram obtidos nos apoios e no meio do vão central.

Portanto, os esforços solicitantes máximos devidos às cargas permanentes, exceto aqueles referentes ao peso próprio das transversinas, são definidos a partir das seguintes equações:

$$V_{k,esq} = -5\,R \qquad (13.22)$$

$$V_{k,dir} = 10\,R \qquad (13.23)$$

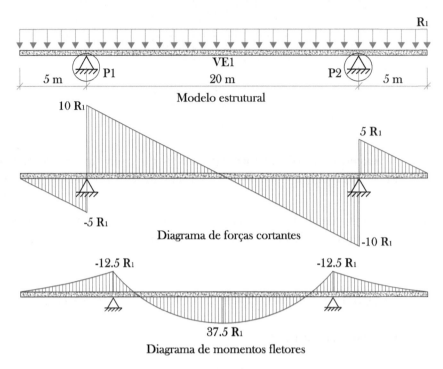

Figura 13.15: Modelo estrutural e esforços internos solicitantes nas longarinas para um carregamento distribuído linearmente R.

$$M_{k,neg} = 12.5\,R \tag{13.24}$$

$$M_{k,pos} = 37.5\,R \tag{13.25}$$

Em que:

$V_{k,esq}$ = esforço cortante máximo característico à esquerda do apoio P1 na longarina VE1;

$V_{k,dir}$ = esforço cortante máximo característico à direita do apoio P1 na longarina VE1;

$M_{k,neg}$ = momento fletor negativo máximo característico na longarina VE1;

$M_{k,pos}$ = momento fletor positivo máximo característico na longarina VE1.

Os esforços internos solicitantes na longarina VE1 devidos ao peso próprio das transversinas estão expostos na Figura 13.16. Os esforços internos solicitantes máximos devidos às cargas permanentes apontados nos modelos das Figuras 13.15 e 13.16 estão na Tabela 13.2. Os valores encontrados para as cargas permanentes, exceto o peso próprio das transversinas, foram substituídos nas Equações (13.22) a (13.25).

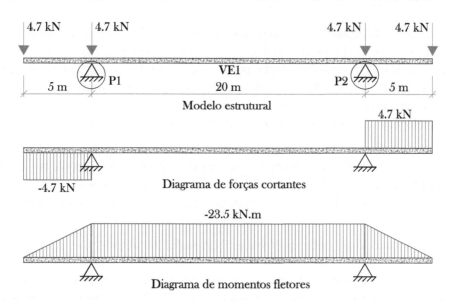

Figura 13.16: Modelo estrutural e esforços internos solicitantes nas longarinas devidos ao peso próprio das transversinas.

Tabela 13.2: Esforços solicitantes máximos nas longarinas devidos às cargas permanentes.

Carga permanente	$V_{k,esq}$ (kN)	$V_{k,dir}$ (kN)	$M_{k,neg}$ (kNm)	$M_{k,pos}$ (kNm)
Peso próprio das longarinas	-81.5	163	-203.8	611.3
Peso próprio das lajes	-122	244	-305	915
Pavimentação	-68.5	137	-171.3	513.8
Defensas	-42.5	85	-106.3	318.8
Peso próprio das transversinas	-4.7	0	-23.5	-23.5

13.2.2 Carga móvel

Após as reações de apoio máximas na longarina VE1 terem sido logradas, posiciona-se o veículo no sentido longitudinal da ponte nos locais que gerem os esforços internos solicitantes críticos. Assim, são quatro casos ilustrados na Figuras 13.17, 13.18, 13.19 e 13.20. A primeira ilustra o modelo estrutural e o esforço cortante à esquerda do apoio P1, enquanto a segunda apresenta o cortante à direita do apoio P1. As duas últimas ilustram os modelos estruturais com os momentos fletores positivos e negativos nos apoios e no meio do vão central. Saliente-se que as sobrecargas de multidão são posicionadas apenas nas regiões onde ocorre amplificação do efeito analisado.

Destaca-se que estas são vistas longitudinais e que as cargas pontuais representam as reações de apoio de cada eixo do trem-tipo nas longarinas, ao mesmo tempo que as cargas distribuídas linearmente são as sobrecargas nas regiões A e B.

280   Pontes em concreto armado: análise e dimensionamento

Por fim, são utilizados seis casos, sendo (a) caso 1: trem-tipo posicionado na extremidade esquerda da ponte, (b) caso 2: sem trem-tipo, (c) caso 3: trem-tipo posicionado próximo ao apoio P1 da ponte, (d) caso 4: trem-tipo posicionado na extremidade direita da ponte, (d) caso 5: trem-tipo posicionado no meio do vão central da ponte e (e) caso 6: trem-tipo posicionado em ambas as extremidades da ponte. Os esforços máximos para cada caso são ilustrados na sequência.

Posto isso, a Figura 13.21 apresenta a envoltória dos diagramas de momentos fletores da longarina VE1 devidos às cargas móveis, ou seja, expõe a faixa de intervalo dos momentos fletores máximos e mínimos para qualquer posição do veículo ao longo da longarina, considerando apenas as posições mais críticas na seção transversal.

13.2.3   Resumo dos esforços internos solicitantes

O resumo dos valores dos esforços internos solicitantes máximos está descrito na Tabela 13.3, contendo as cargas permanentes e móveis apenas nos pontos críticos da longarina. Destaca-se que pela simetria da seção transversal e por só haver duas longarinas, os valores são os mesmos para cada uma. Além disso, para obtenção dos esforços cortantes e dos momentos fletores negativos foram utilizadas as seções nos apoios, enquanto para os momentos fletores positivos adotaram-se as seções do meio do vão.

Tabela 13.3: Esforços solicitantes máximos nas longarinas.

Carga permanente	$V_{k,esq}$ (kN)	$V_{k,dir}$ (kN)	$M_{k,neg}$ (kNm)	$M_{k,pos}$ (kNm)
Peso próprio das longarinas	-81.5	163	-203.8	611.3
Peso próprio das lajes	-122	244	-305	915
Pavimentação	-68.5	137	-171.3	513.8
Defensas	-42.5	85	-106.3	318.8
Peso próprio das transversinas	-4.7	0	-23.5	-23.5
Carga móvel	-700	797	-2384	3737

Na sequência, foram dimensionadas as armaduras longitudinais e transversais no estado-limite último, verificadas as condições no estado-limite de serviço referentes a formação de fissuras, abertura de fissuras e deslocamentos excessivos e também a ruptura das armaduras longitudinais, armaduras transversais e o esmagamento do concreto por efeito da fadiga.

Linha de influência para determinação dos esforços cortantes à esquerda do apoio

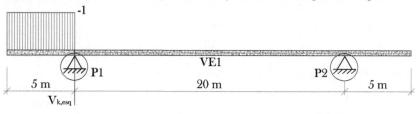

CASO 1 - Trem-tipo posicionado na extremidade da ponte ($|V_{k,esq,max}|$)

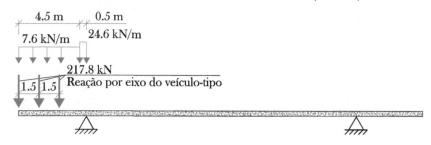

Diagrama de forças cortantes (kN)

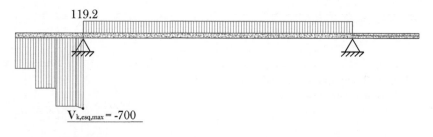

CASO 2 - Sem trem-tipo ($|V_{k,esq,min}|$)

Diagrama de forças cortantes (kN)

Figura 13.17: Modelo estrutural das longarinas, diagrama de esforços cortantes e forças cortantes máximas e mínimas à esquerda do apoio P1.

Linha de influência para determinação dos esforços cortantes à direita do apoio

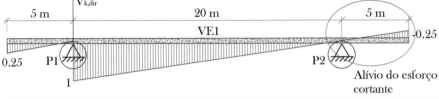

CASO 3 - Trem-tipo posicionado próximo ao apoio P1 da ponte ($V_{k,dir,max}$)

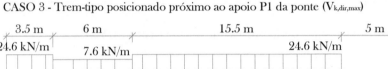

Diagrama de forças cortantes (kN)

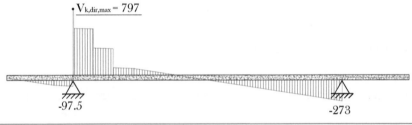

CASO 4 - Trem-tipo posicionado na extremidade contrária da ponte ($V_{k,dir,min}$)

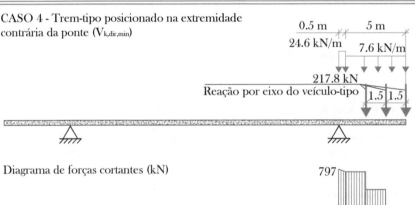

Diagrama de forças cortantes (kN)

Figura 13.18: Modelo estrutural das longarinas, diagrama de esforços cortantes e forças cortantes máximas mínimas à direita do apoio P1.

Linha de influência para determinação dos momentos fletores nos apoios

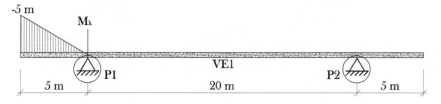

CASO 1 - Trem-tipo posicionado na extremidade da ponte ($M_{k,neg,max}$)

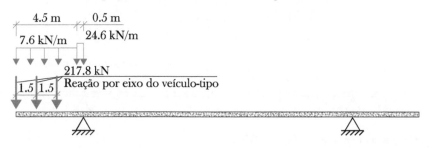

Diagrama de momentos fletores (kN.m)

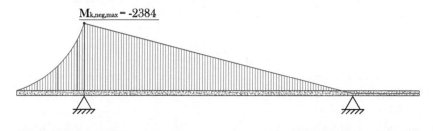

CASO 2 - Sem trem-tipo ($M_{k,pos,max}$)

Diagrama de momentos fletores (kN.m)

Figura 13.19: Modelo estrutural das longarinas, diagrama de momentos fletores e momentos fletores máximos e mínimos nos apoios.

284 Pontes em concreto armado: análise e dimensionamento

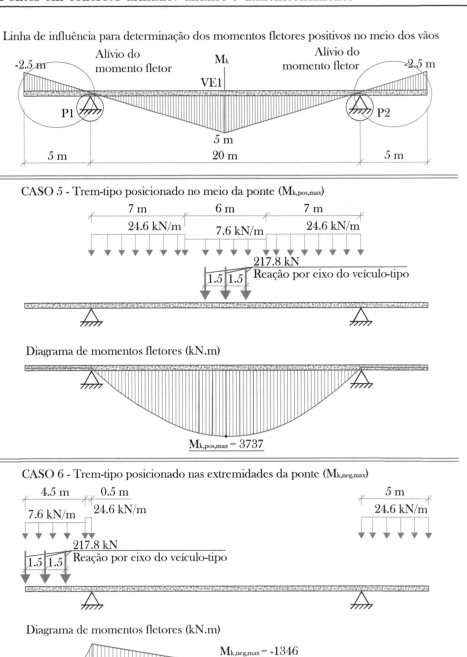

Figura 13.20: Modelo estrutural das longarinas, diagrama de momentos fletores e momentos fletores máximos e mínimos no meio do vão central.

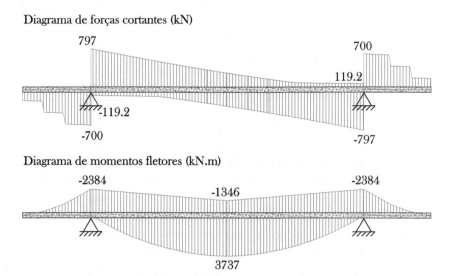

Figura 13.21: Envoltória dos diagramas de esforços cortantes e momentos fletores nas longarinas devidos às cargas móveis.

13.3 Dimensionamento no estado-limite último

Para dimensionar as armaduras das longarinas, torna-se necessária a obtenção dos esforços cortantes e dos momentos fletores de cálculo, considerando as combinações últimas normais em ambos os casos. Assim, os esforços cortantes máximos de cálculo são:

$$V_{Sd} = 1.35 \, (V_{k,pplong} + V_{k,ppl} + V_{k,pav} + V_{k,def} + V_{k,trans}) + 1.5 \, V_{k,mov} \quad (13.26)$$

$$\boxed{V_{Sd,esq} = 1.35 \, (-81.5 - 122 - 68.5 - 42.5 - 4.7) - 1.5 \cdot 700 = -1481 \text{ kN}} \quad (13.27)$$

$$\boxed{V_{Sd,dir} = 1.35 \, (-163 - 244 - 137 - 85 + 0) - 1.5 \cdot 797 = 2045 \text{ kN}} \quad (13.28)$$

Sendo $V_{Sd,esq}$ e $V_{Sd,dir}$ os esforços cortantes máximos à esquerda e à direita do apoio P1 nas longarinas. Para tal, foram utilizadas as combinações últimas normais com as cargas permanentes e móveis. Os momentos fletores máximos de cálculo nas longarinas são:

$$M_d = 1.35 \, (M_{k,pplong} + M_{k,ppl} + M_{k,pav} + M_{k,def} + M_{k,trans}) + 1.5 \, M_{k,mov} \quad (13.29)$$

$$M_{d,neg} = -1.35 \, (203.8 + 305 + 171.3 + 106.3 + 23.5) - 1.5 \cdot 2348 \quad (13.30)$$

$$\boxed{M_{d,neg} = -4615 \text{ kNm}} \qquad (13.31)$$

$$M_{d,pos} = 1.35\,(611.3 + 915 + 513.8 + 318.8) - 1.0 \cdot 23.5 + 1.5 \cdot 3737 \qquad (13.32)$$

$$\boxed{M_{d,pos} = 8767 \text{ kNm}} \qquad (13.33)$$

Sendo $M_{d,neg}$ e $M_{d,pos}$ os momentos fletores máximos negativos nos apoios e positivos no meio do vão central nas longarinas. Como para os esforços cortantes, foram utilizadas as combinações últimas normais com as cargas permanentes e móveis. Destaca-se que na Equação (13.32) foi utilizado um coeficiente diferente para o momento fletor positivo no meio do vão central devido às defensas, uma vez que esse valor produz alívio neste ponto de análise. Dessa forma, obtém-se a envoltória dos momentos fletores na combinação última normal para as longarinas (Figura 13.22).

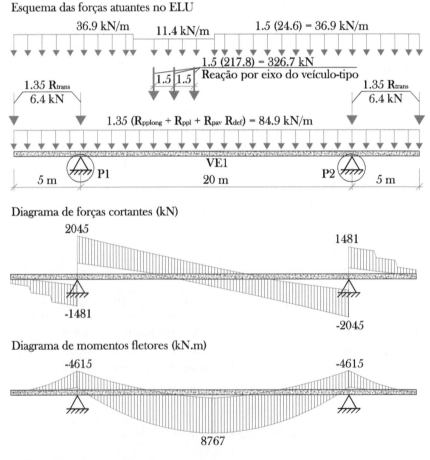

Figura 13.22: Envoltórias dos diagramas de esforços cortantes e de momentos fletores nas longarinas devidos à combinações últimas normais.

13.3.1 Dimensionamento das armaduras negativas

Para o dimensionamento das armaduras negativas, as lajes estão tracionadas e não contribuem para a resistência da peça. Foram introduzidos conectores de cisalhamento, que fazem com que a laje trabalhe em conjunto com a longarinas, porém a peça é pré-moldada e as armaduras negativas são posicionadas na mesa superior da peça abaixo da laje.

Assim, a seção que resistirá aos momentos fletores nos apoios é descrita na Figura 13.23. Para tal, foram desprezadas as mísulas da seção para facilitar os cálculos e é considerada uma seção T.

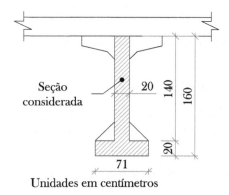

Figura 13.23: Seção transversal considerada para dimensionamento das armaduras longitudinais negativas das longarinas.

A partir da seção adotada, determina-se a posição da linha neutra em relação à borda comprimida para verificar sua localização: (a) na mesa ou (b) na alma da longarina.

Dessa forma, encontra-se a linha neutra a partir das equações detalhadas nos capítulos anteriores para uma seção retangular, porém a largura adotada da seção para essa avaliação inicial é a mesma da mesa (b_f).

$$b_f = 71 \text{ cm} \tag{13.34}$$

$$h = 160 \text{ cm} \tag{13.35}$$

Além disso, faz-se necessário adotar um valor de d' seguindo a classe de agressividade previamente escolhida. Logo, tem-se que:

$$d' = 7 \text{ cm} \tag{13.36}$$

$$d = h - d' = 153 \text{ cm} \tag{13.37}$$

288   Pontes em concreto armado: análise e dimensionamento

O concreto já havido sido definido como tendo resistência característica à compressão igual a 5 kN/cm² e o aço CA-50, como tendo a tensão de escoamento igual a 50 kN/cm². Posto isso, determina-se o parâmetro de ductilidade ξ ($\lambda = 0.8$ e $\alpha_c = 0.85$ para o concreto C-50).

$$\left(\frac{\lambda}{2}\right)\xi^2 - \xi + \frac{M_{d,neg}}{\lambda\alpha_c b_f d^2 f_{cd}} = 0 \tag{13.38}$$

$$\left(\frac{0.8}{2}\right)\xi^2 - \xi + \frac{461500}{0.8 \cdot 0.85 \cdot 71 \cdot 153^2 \cdot 3.57} = 0 \tag{13.39}$$

$$\boxed{\xi = 0.12 \leq \xi_{lim} = 0.45} \tag{13.40}$$

Portanto, a posição da linha neutra é calculada a seguir.

$$x = \xi d = 0.12 \cdot 153 = 18.4\,\text{cm} \tag{13.41}$$

De acordo com o diagrama retangular da Figura 2.7, a posição da linha neutra simplificada em relação à borda comprimida (y) é expressa pela Equação (13.42).

$$y = \lambda x = 0.8 \cdot 18.4 = 14.7\,\text{cm} \leq h_f = 20\,\text{cm} \tag{13.42}$$

Como a posição da linha neutra está dentro da mesa da longarina no caso 1, Equação (13.42), procede-se com o dimensionamento considerando que a seção é retangular.

O parâmetro de ductilidade ξ é menor que o limite imposto pela NBR 6118 (ABNT, 2014), Equação (13.40), então a seção da viga é dimensionada com armaduras simples. Dessa forma, determina-se a área de aço necessária (A_s) para equilibrar a seção:

$$\boxed{A_s = \frac{\lambda\alpha_c b_f d\xi\, f_{cd}}{f_{yd}} = \frac{0.8 \cdot 0.85 \cdot 71 \cdot 153 \cdot 0.12 \cdot 3.57}{43.5} = 72.8\,\text{cm}^2} \tag{13.43}$$

A Tabela 2.5 apresenta os valores das taxas mínimas de armaduras longitudinais apenas para seções retangulares em função da resistência característica à compressão do concreto. Assim, como a seção transversal é em formato de T, são efetuadas duas verificações para armaduras mínimas, sendo a primeira descrita a seguir.

$$\rho_{min} = 0.15\% \tag{13.44}$$

$$A_c = 140 \cdot 20 + 20 \cdot 71 = 4220\,\text{cm}^2 \tag{13.45}$$

Dimensionamento das longarinas   289

$$A_{s,min} = \rho_{min} A_c = \frac{0.15}{100} \, 4220 = 6.3 \text{ cm}^2 \le A_s = 72.8 \text{ cm}^2 \qquad (13.46)$$

A segunda verificação é baseada no momento fletor mínimo a ser resistido pela seção transversal, conforme descrito na Equação (13.47).

$$M_{d,min} = 0.8 \, W_0 \, f_{ctk,sup} \qquad (13.47)$$

A resistência característica superior do concreto à tração ($f_{ctk,sup}$) para classes de concreto até C50 é calculada na continuidade. Destaca-se que as unidades do f_{ck} devem ser expressas em MPa.

$$f_{ctk,sup} = 0.39 \, f_{ck}^{2/3} = 0.39 \cdot 50^{2/3} = 5.3 \text{ MPa} = 0.53 \text{ kN/cm}^2 \qquad (13.48)$$

O módulo de resistência da seção transversal bruta do concreto, relativo à fibra mais tracionada (W_0), é determinado em função da posição da linha neutra até a borda tracionada (x_t) e do momento de inércia da seção bruta (I_c), conforme descrito na continuidade.

$$x_t = \frac{0.5 b_w h^2 + (b_f - b_w) h_f (h - 0.5 h_f)}{b_w h + (b_f - b_w) h_f} \qquad (13.49)$$

$$x_t = \frac{0.5 \cdot 20 \cdot 160^2 + (71 - 20) \cdot 20 \cdot (160 - 0.5 \cdot 20)}{20 \cdot 160 + (71 - 20) \cdot 20} = 96.9 \text{ cm} \qquad (13.50)$$

$$I_c = (b_f - b_w) h_f \left(h - \frac{h_f}{2} - x_t \right)^2 + b_w h \left(\frac{h}{2} - x_t \right)^2 + \frac{b_w h^3}{12} + (b_f - b_w) \frac{h_f^3}{12} \qquad (13.51)$$

$$\begin{aligned} I_c = (71 - 20) \cdot 20 \cdot \left(160 - \frac{20}{2} - 96.9 \right)^2 + 20 \cdot 160 \cdot \left(\frac{160}{2} - 96.9 \right)^2 \\ + \frac{20 \cdot 160^3}{12} + (71 - 20) \cdot \frac{20^3}{12} = 10650619 \text{ cm}^4 \end{aligned} \qquad (13.52)$$

A Figura 13.24 ilustra o detalhamento da posição da linha neutra na seção transversal para os valores calculados anteriormente. Logo, obtém-se:

$$W_0 = \frac{I_c}{x_t} = \frac{10650619}{96.9} = 109891.5 \text{ cm}^3 \qquad (13.53)$$

Portanto, o momento fletor mínimo de cálculo é superior ao obtido pelas combinações últimas normais para a seção em estudo. Então, utiliza-se a área de aço determinada pela Equação (13.43).

$$M_{d,min} = 0.8 \cdot 109891.5 \cdot 0.53 = 46533.5 \text{ kNcm} \le M_{d,neg} = 461500 \text{ kNcm} \qquad (13.54)$$

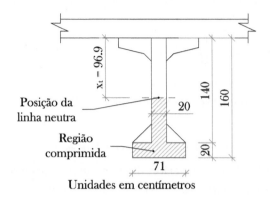

Figura 13.24: Detalhamento da posição da linha neutra na seção transversal.

Com essas informações, adota-se a bitola (ϕ_{adot}) de 32 mm. Assim, a área de uma barra (A_{s1b}) é definida como:

$$A_{s1b} = \frac{\pi \phi_{adot}^2}{4} = \frac{\pi \cdot 3.2^2}{4} = 8 \text{ cm}^2 \qquad (13.55)$$

O número de barras necessárias (n_b) é definido na Equação (13.56).

$$n_b = \frac{A_s}{A_{s1b}} = \frac{72.8}{8} = 9.1 \cong 10 \text{ barras} \qquad (13.56)$$

Portanto, adota-se a configuração: $\boxed{10\phi 32}$. A Figura 13.25 apresenta o detalhamento das armaduras longitudinais negativas.

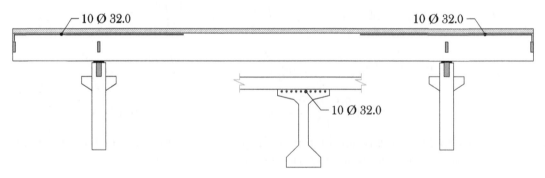

Figura 13.25: Posicionamento das armaduras longitudinais negativas nas longarinas.

13.3.2 Dimensionamento das armaduras positivas

Para o dimensionamento das armaduras positivas das longarinas, as lajes estão comprimidas, logo a largura colaborante é adotada a partir da Figura 13.26.

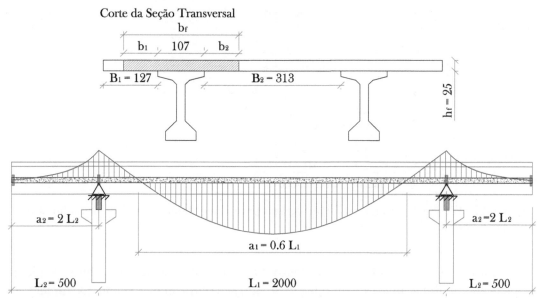

Figura 13.26: Determinação da largura colaborante das lajes.

Todavia, devem ser seguidas as seguintes condições:

$$b_1 \leq \begin{cases} 0.1a_1 = 0.1 \cdot 0.6 \cdot L_1 = 0.1 \cdot 0.6 \cdot 2000 = 120 \text{ cm} \\ 0.1a_2 = 0.1 \cdot 2 \cdot L_2 = 0.1 \cdot 2 \cdot 500 = 100 \text{ cm} \\ B_1 = 127 \text{ cm} \\ 8h_f = 8 \cdot 25 = 200 \text{ cm} \end{cases} = 100 \text{ cm} \quad (13.57)$$

$$b_2 \leq \begin{cases} 0.1a_1 = 0.1 \cdot 0.6 \cdot L_1 = 0.1 \cdot 0.6 \cdot 2000 = 120 \text{ cm} \\ 0.1a_2 = 0.1 \cdot 2 \cdot L_2 = 0.1 \cdot 2 \cdot 500 = 100 \text{ cm} \\ 0.5B_2 = 0.5 \cdot 313 = 157 \text{ cm} \\ 8h_f = 8 \cdot 25 = 200 \text{ cm} \end{cases} = 100 \text{ cm} \quad (13.58)$$

Os parâmetros geométricos descritos nas Equações (13.57), (13.58) e (13.59) estão ilustrados na Figura 13.26. Por fim, a largura colaborante é calculada a seguir.

$$\boxed{b_f = b_1 + 107 + b_2 = 100 + 107 + 100 = 307 \text{ cm}} \quad (13.59)$$

Dessa forma, a seção considerada para dimensionamento das armaduras positivas de flexão para as longarinas é exposta na Figura 13.27, na qual foi desprezada a mesa superior da viga, posto que terá pouca influência no dimensionamento. Utiliza-se a altura da laje em virtude dos conectores de cisalhamento, uma vez que geram uma seção monolítica.

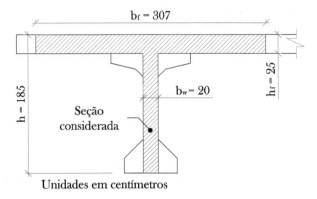

Figura 13.27: Seção transversal considerada para dimensionamento das armaduras positivas das longarinas.

De forma análoga ao dimensionamento das armaduras negativas, é feito o cálculo da posição da linha neutra em relação à borda comprimida, sendo as dimensões descritas a seguir.

$$d' = 10 \text{ cm} \tag{13.60}$$

$$d = h - d' = 185 - 10 = 175 \text{ cm} \tag{13.61}$$

Observa-se que a distância do centro de gravidade das armaduras tracionadas até a borda comprimida (d) é estimada, sendo utilizada a experiência do projetista. Assim, o parâmetro ξ é dimensionado na continuidade.

$$\left(\frac{\lambda}{2}\right)\xi^2 - \xi + \frac{M_{d,pos}}{\lambda \alpha_c b_f d^2 f_{cd}} = 0 \tag{13.62}$$

$$\left(\frac{0.8}{2}\right)\xi^2 - \xi + \frac{876700}{0.8 \cdot 0.85 \cdot 307 \cdot 175^2 \cdot 3.57} = 0 \tag{13.63}$$

$$\boxed{\xi = 0.04 \leq \xi_{lim} = 0.45} \tag{13.64}$$

Posto isso, a posição da linha neutra é calculada pela Equação (13.65).

$$x = \xi d = 0.04 \cdot 175 = 7 \text{ cm} \tag{13.65}$$

A posição da linha neutra simplificada em relação à borda comprimida (y) é expressa pela equação na continuidade.

$$y = \lambda x = 0.8 \cdot 7 = 5.6 \text{ cm} \leq h_f = 25 \text{ cm} \tag{13.66}$$

Dimensionamento das longarinas   293

Como anteriormente, a linha neutra está posicionada dentro da mesa da longarina no caso 1, Equação (13.66), então é efetuado o dimensionamento considerando que a seção é retangular.

O parâmetro de ductilidade ξ é menor que o limite imposto pela NBR 6118 (ABNT, 2014), Equação (13.64), de modo que a seção da viga é dimensionada com armaduras simples. Assim, determina-se a área de aço necessária (A_s) para equilibrar a seção:

$$A_s = \frac{\lambda \alpha_c b_f d\xi f_{cd}}{f_{yd}} = \frac{0.8 \cdot 0.85 \cdot 307 \cdot 175 \cdot 0.04 \cdot 3.57}{43.5} = 119.9 \text{ cm}^2 \tag{13.67}$$

Para determinação da área de aço mínima da seção transversal, utiliza-se inicialmente a taxa mínima de armadura descrita na Equação (13.44).

$$A_c = 307 \cdot 25 + 20 \cdot 160 = 10875 \text{ cm}^2 \tag{13.68}$$

$$A_{s,min} = \rho_{min} A_c = \frac{0.15}{100} 10875 = 16.3 \text{ cm}^2 \leq A_s = 119.9 \text{ cm}^2 \tag{13.69}$$

Seguindo o mesmo roteiro do item anterior, determina-se a distância da linha neutra em relação à borda tracionada e o momento de inércia da seção bruta.

$$x_t = \frac{0.5 \cdot 20 \cdot 185^2 + (307 - 20) \cdot 25 \cdot (185 - 0.5 \cdot 25)}{20 \cdot 185 + (307 - 20) \cdot 25} = 145.3 \text{ cm} \tag{13.70}$$

$$\begin{aligned} I_c = (307 - 20) \cdot 25 \cdot \left(185 - \frac{25}{2} - 145.3\right)^2 + 20 \cdot 185 \cdot \left(\frac{185}{2} - 145.3\right)^2 \\ + \frac{20 \cdot 185^3}{12} + (307 - 20) \cdot \frac{25^3}{12} = 26549763 \text{ cm}^4 \end{aligned} \tag{13.71}$$

A Figura 13.28 ilustra a posição da linha na seção transversal. Logo, o módulo de resistência da seção transversal bruta, relativo à fibra mais tracionada, é:

$$W_0 = \frac{I_c}{x_t} = \frac{26549763}{145.3} = 182746.9 \text{ cm}^3 \tag{13.72}$$

Portanto, o momento fletor mínimo de cálculo é superior ao obtido pelas combinações últimas normais para a seção em estudo, tendo a resistência $f_{ctk,sup}$ sido obtida pela Equação (13.48). Então, utiliza-se a área de aço determinada pela Equação (13.67).

$$M_{d,min} = 0.8 \cdot 182746.9 \cdot 0.53 = 77384 \text{ kNcm} \leq M_{d,pos} = 876700 \text{ kNcm} \tag{13.73}$$

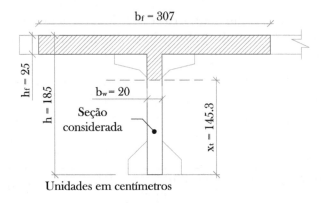

Figura 13.28: Detalhamento da posição da linha neutra na seção transversal.

Logo, adota-se a bitola (ϕ_{adot}) de 32 mm e a área de uma barra (A_{s1b}) foi calculada anteriormente, Equação (13.55). Posto isso, o número de barras necessárias (n_b) é definido na equação a seguir.

$$n_b = \frac{A_s}{A_{s1b}} = \frac{119.9}{8} = 15 \text{ barras} \tag{13.74}$$

Portanto, adota-se a configuração $\boxed{15\phi 32}$, porém não é possível posicionar as barras em uma camada, posto que não haveria espaço suficiente para concretagem da peça. Assim, elas foram colocadas em duas camadas. O detalhamento das armaduras longitudinais positivas é exposto na Figura 13.29.

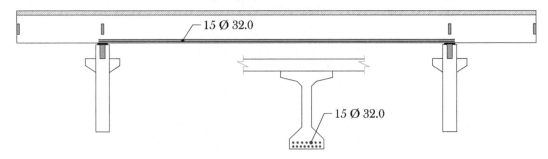

Figura 13.29: Posicionamento das armaduras longitudinais positivas nas longarinas.

13.3.3 Dimensionamento das armaduras de pele

Como a longarina apresenta seção transversal com altura superior a 60 cm, devem-se introduzir as armaduras transversais de pele ou de costura. Para tal, adota-se a altura da longarina acrescida da laje. Assim, a área de aço necessária por face ($A_{SP/face}$) é descrita na sequência.

$$A_{SP/face} = 0.1\% \ (b_w h) = \frac{0.1}{100} \cdot 20 \cdot 185 = 3.7 \text{ cm}^2/\text{face} \qquad (13.75)$$

Além disso, o espaçamento entre eixos dessas armaduras deve ser inferior ou igual a 20 cm. Posto isso, adota-se a configuração $\boxed{2x8\phi8}$, sendo o detalhamento observado na Figura 13.30.

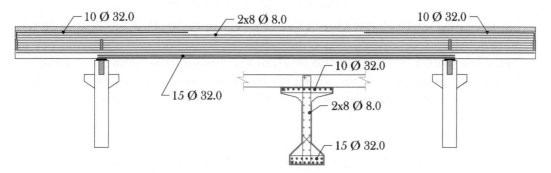

Figura 13.30: Posicionamento das armaduras longitudinais de pele ou de costura.

13.3.4 Dimensionamento das armaduras transversais

O dimensionamento das armaduras transversais segue o roteiro definido no Capítulo 2. Assim, para que não haja ruptura por compressão diagonal do concreto, a Equação (13.76) deve ser satisfeita, cujos esforços cortantes de cálculo foram determinados nas Equações (13.27) e (13.28).

$$V_{Sd} \leq V_{Rd2} = 0.27 \ \alpha_{V2} \ f_{cd} \ b_w \ d \qquad (13.76)$$

A força V_{Rd2} foi determinada a partir do modelo I, ou seja, as diagonais de compressão são inclinadas 45° (θ) em relação ao eixo longitudinal do elemento estrutural, considerando ainda que a parcela complementar V_c tenha valor constante, independentemente da força cortante V_{Sd}. Para tal, foi utilizada a altura total da longarina acrescida das lajes, uma vez que os estribos trabalham como conectores de cisalhamento (Figura 13.31), e o valor de d' foi considerado igual ao do dimensionamento das armaduras longitudinais positivas, já que apresenta resultados mais conservadores. O parâmetro α_{V2} foi calculado na Equação (12.17).

$$V_{Rd2} = 0.27 \cdot 0.8 \cdot 3.57 \cdot 20 \cdot 175 = 2699 \text{ kN} \qquad (13.77)$$

Não ocorre ruptura das diagonais de compressão, posto que a força resistente de cálculo V_{Rd2} é superior às forças solicitantes de cálculo V_{Sd}.

$$\boxed{|V_{Sd,esq}| = 1481 \text{ kN} \leq V_{Rd2} = 2699 \text{ kN}} \qquad (13.78)$$

296   Pontes em concreto armado: análise e dimensionamento

$$\boxed{V_{Sd,dir} = 2045 \text{ kN} \leq V_{Rd2} = 2699 \text{ kN}} \tag{13.79}$$

A área de aço dos estribos é expressa na continuidade a partir do modelo I.

$$\frac{A_{sw}}{s} = \frac{V_{sw}}{0.9 \, d \, f_{ywd} \, [sen(\alpha) + cos(\alpha)]} \tag{13.80}$$

A parcela V_{sw} resistida pela armadura transversal é calculada em função da força cortante solicitante de cálculo V_{Sd} e da parcela de força cortante absorvida por mecanismos complementares V_c, sendo esta para o modelo I e o elemento submetido à flexão simples avaliados a seguir. Além disso, a resistência à tração direta de cálculo do concreto relativa ao quantil inferior f_{ctd} foi determinada na Equação (12.22) e é igual a 0.2 kN/cm².

$$V_c = V_{c0} = 0.6 \, f_{ctd} \, b_w \, d = 0.6 \cdot 0.2 \cdot 20 \cdot 175 = 420 \text{ kN} \tag{13.81}$$

Portanto, obtêm-se as parcelas V_{sw} absorvidas pelos estribos pelas formulações a seguir para os esforços cortantes à esquerda e à direita do apoio P1.

$$V_{sw,esq} = |V_{Sd,esq}| - V_c = 1481 - 420 = 1061 \text{ kN} \tag{13.82}$$

$$V_{sw,dir} = |V_{Sd,dir}| - V_c = 2045 - 420 = 1625 \text{ kN} \tag{13.83}$$

Como as parcelas de V_{sw} são valores positivos, determinam-se as áreas de aço necessárias para combater os esforços cortantes. Para tal, o aço para os estribos foi adotado como CA-50, ou seja, a resistência característica ao escoamento é de 50 kN/cm², e estes foram posicionados verticalmente, $\alpha = 90°$. Por conseguinte, a área de aço necessária da armadura transversal é calculada a seguir.

$$\boxed{\left(\frac{A_{sw}}{s}\right)_{esq} = \frac{1061}{0.9 \cdot 175 \cdot 43.5 \cdot [sen(90°) + cos(90°)]} = 0.155 \text{ cm}^2/\text{m}} \tag{13.84}$$

$$\boxed{\left(\frac{A_{sw}}{s}\right)_{dir} = \frac{1625}{0.9 \cdot 175 \cdot 43.5 \cdot [sen(90°) + cos(90°)]} = 0.237 \text{ cm}^2/\text{m}} \tag{13.85}$$

Em que:

$$f_{ywd} = \frac{f_{ywk}}{\gamma_s} = \frac{f_{yk}}{1.15} = \frac{50}{1.15} = 43.5 \text{ kN/cm}^2 \tag{13.86}$$

Todavia, devem-se calcular as armaduras mínimas conforme é ilustrado na continuidade. A resistência média à tração do concreto foi determinada pela Equação (12.26) e é igual a 0.41 kN/cm².

Dimensionamento das longarinas   297

$$\left(\frac{A_{sw}}{s}\right)_{min} = 0.2\,\frac{f_{ct,m}}{f_{ywk}}\,b_w\,sen(\alpha) = 0.2 \cdot \frac{0.41}{50} \cdot 20 \cdot sen(90°) = 0.033 \text{ cm}^2/\text{m} \quad (13.87)$$

$$\boxed{\left(\frac{A_{sw}}{s}\right)_{min} = 0.03 \text{ cm}^2/\text{cm} \le \left(\frac{A_{sw}}{s}\right)_{esq} = 0.155 \text{ cm}^2/\text{cm}} \quad (13.88)$$

$$\boxed{\left(\frac{A_{sw}}{s}\right)_{min} = 0.03 \text{ cm}^2/\text{cm} \le \left(\frac{A_{sw}}{s}\right)_{dir} = 0.237 \text{ cm}^2/\text{cm}} \quad (13.89)$$

Os diâmetros máximos dos estribos são obtidos a partir da Equação (13.90).

$$5 \text{ mm} \le \phi_t \le \frac{b_w}{10} = \frac{200}{10} = 20 \text{ mm} \quad (13.90)$$

Portanto, foi adotada uma bitola para os estribos de 12.5 mm (ϕ_t). Assim, a área de uma barra (A_{s1b}) para dois ramos (n_r) é definida a seguir.

$$A_{s1b} = n_r\frac{\pi\phi_t^2}{4} = 2\,\frac{\pi \cdot 1.25^2}{4} = 2.45 \text{ cm}^2 \quad (13.91)$$

Logo, os espaçamentos entre as barras (s) dos estribos à esquerda e à direita do apoio P1 são determinados na continuidade.

$$s_{esq} = \frac{A_{s1b}}{A_{sw,esq}} = \frac{2.45}{0.155} = 15.8 \text{ cm} \cong 15 \text{ cm} \quad (13.92)$$

$$s_{dir} = \frac{A_{s1b}}{A_{sw,esq}} = \frac{2.45}{0.237} = 10.3 \text{ cm} \cong 10 \text{ cm} \quad (13.93)$$

Além disso, avaliam-se os espaçamentos adotados (s) para que não sejam maiores que o máximo, sendo este determinado a depender das forças relativas à ruína das bielas de compressão.

$$V_{Sd,esq} = 1481 \text{ kN} \le 0.67V_{Rd2} = 0.67 \cdot 2699 = 1808 \text{ kN} \quad (13.94)$$

$$V_{Sd,dir} = 2045 \text{ kN} > 0.67V_{Rd2} = 0.67 \cdot 2699 = 1808 \text{ kN} \quad (13.95)$$

Então, os espaçamentos máximos entre estribos (s_{max}) são expressos na sequência.

$$s_{max,esq} = 0.6d = 0.6 \cdot 175 = 105 \text{ cm} \le 30 \text{ cm} \to s_{max,esq} = 30 \text{ cm} \quad (13.96)$$

$$s_{max,dir} = 0.3d = 0.3 \cdot 175 = 52.5 \text{ cm} \le 20 \text{ cm} \to s_{max,dir} = 20 \text{ cm} \quad (13.97)$$

Com isso, os espaçamentos adotados são inferiores aos limites máximos conforme visto nas Equações (13.98) e (13.99).

$$s_{esq} = 15 \text{ cm} \leq s_{max,esq} = 30 \text{ cm} \tag{13.98}$$

$$s_{dir} = 10 \text{ cm} \leq s_{max,dir} = 20 \text{ cm} \tag{13.99}$$

Por fim, são adotadas as seguintes configurações: $\boxed{\phi 12.5\ C/15}$ e $\boxed{\phi 12.5\ C/10}$, sendo detalhadas na figura a seguir.

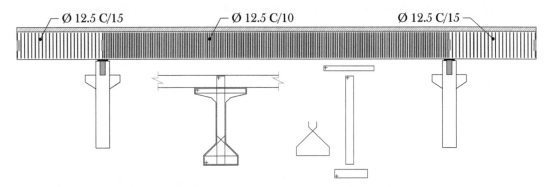

Figura 13.31: Posicionamento das armaduras transversais nas longarinas.

Destaca-se que o detalhamento de armaduras transversais em seções T segue um padrão diferente das seções retangulares e T convencionais, sendo neste caso aproveitadas como conectores de cisalhamento. Além disso, foram criados novos estribos para confinar as armaduras longitudinais nas mesas, introduzidos nas mísulas para evitar fissuras.

No próximo item são verificadas as condições de fadiga nas armaduras longitudinais, transversais e no concreto.

13.4 Verificação de fadiga

O procedimento efetuado no Capítulo 10 foi repetido neste item, separado em verificações das armaduras longitudinais positivas e negativas para flexão, das armaduras transversais e do concreto. Inicialmente, são concebidas três combinações que levam em consideração os momentos fletores e os esforços cisalhantes máximos e mínimos gerados pelas cargas móveis na combinação frequente. Para os esforços cortantes, obtém-se:

$$V_{Sd,freq} = (V_{k,pplong} + V_{k,ppl} + V_{k,pav} + V_{k,def} + V_{k,trans}) + 0.5\, V_{k,mov} \tag{13.100}$$

Dimensionamento das longarinas   299

$$V_{Sd,max,freq,esq} = (-81.5 - 122 - 68.5 - 42.5 - 4.7) - 0.5 \cdot 700 \qquad (13.101)$$

$$\boxed{V_{Sd,max,freq,esq} = -669.2 \text{ kN}} \qquad (13.102)$$

$$V_{Sd,min,freq,esq} = (-81.5 - 122 - 68.5 - 42.5 - 4.7) - 0.5 \cdot 0 \qquad (13.103)$$

$$\boxed{V_{Sd,min,freq,esq} = -318.7 \text{ kN}} \qquad (13.104)$$

$$\boxed{V_{Sd,max,freq,dir} = (163 + 244 + 137 + 85) + 0.5 \cdot 797 = 1027.5 \text{ kN}} \qquad (13.105)$$

$$\boxed{V_{Sd,min,freq,dir} = (163 + 244 + 137 + 85) - 0.5 \cdot 119.2 = 569.4 \text{ kN}} \qquad (13.106)$$

Sendo:

$V_{Sd,max,freq,esq}$ e $V_{Sd,max,freq,dir}$ = esforços cortantes máximos à esquerda e à direita do apoio P1 gerados pela combinação frequente na verificação de estado-limite último para fadiga nas longarinas;

$V_{Sd,min,freq,esq}$ e $V_{Sd,min,freq,dir}$ = esforços cortantes mínimos à esquerda e à direita do apoio P1 gerados pela combinação frequente na verificação de estado-limite último para fadiga nas longarinas.

Portanto, as maiores variações dos esforços cortantes devidos às combinações frequentes de serviço para verificação de fadiga $\Delta V_{Sd,freq,esq}$ e $\Delta V_{Sd,freq,dir}$ são determinadas nas Equações (13.107) e (13.110).

$$\Delta V_{Sd,freq,esq} = |V_{Sd,max,freq,esq}| - |V_{Sd,min,freq,esq}| = 699.2 - 318.7 \qquad (13.107)$$

$$\boxed{\Delta V_{Sd,freq,esq} = 380.5 \text{ kN}} \qquad (13.108)$$

$$\Delta V_{Sd,freq,dir} = V_{Sd,max,freq,dir} - V_{Sd,min,freq,dir} = 1027.5 - 629 \qquad (13.109)$$

$$\boxed{\Delta V_{Sd,freq,dir} = 398.5 \text{ kN}} \qquad (13.110)$$

Os momentos fletores negativos máximos e mínimos gerados pelas combinações frequentes nas longarinas são descritos a seguir.

$$M_{d,freq} = (M_{k,pplong} + M_{k,ppl} + M_{k,pav} + M_{k,def} + M_{k,trans}) + 0.5M_{k,mov} \qquad (13.111)$$

300   Pontes em concreto armado: análise e dimensionamento

$$M_{d,neg,max,freq} = (-203.8 - 305 - 171.3 - 106.3 - 23.5) - 0.5 \cdot 2384 \qquad (13.112)$$

$$\boxed{M_{d,neg,max,freq} = -2001.9 \text{ kNm}} \qquad (13.113)$$

$$M_{d,neg,min,freq} = (-203.8 - 305 - 171.3 - 106.3 - 23.5) - 0.5 \cdot 0 \qquad (13.114)$$

$$\boxed{M_{d,neg,min,freq} = -809.9 \text{ kNm}} \qquad (13.115)$$

$$M_{d,pos,max,freq} = (611.3 + 915 + 513.8 + 318.8 - 23.5) + 0.5 \cdot 3737 \qquad (13.116)$$

$$\boxed{M_{d,pos,max,freq} = 4203.9 \text{ kNm}} \qquad (13.117)$$

$$M_{d,pos,min,freq} = (611.3 + 915 + 513.8 + 318.8 - 23.5) - 0.5 \cdot 1346 \qquad (13.118)$$

$$\boxed{M_{d,pos,min,freq} = 1662.4 \text{ kNm}} \qquad (13.119)$$

Em que:

$M_{d,neg,max,freq}$ e $M_{d,pos,max,freq}$ = momentos fletores máximos negativos e positivos gerados pela combinação frequente na verificação de estado-limite último para fadiga nas longarinas;

$M_{d,neg,min,freq}$ e $M_{d,pos,min,freq}$ = momentos fletores mínimos negativos e positivos gerados pela combinação frequente na verificação de estado-limite último para fadiga nas longarinas.

Para verificações de fadiga nas armaduras longitudinais, são utilizadas as maiores variações de momentos fletores, conforme apontam as equações a seguir.

$$\Delta M_{d,neg,freq} = |M_{d,neg,max,freq}| - |M_{d,neg,min,freq}| = 2001.9 - 809.9 \qquad (13.120)$$

$$\boxed{\Delta M_{d,neg,freq} = 1192 \text{ kNm}} \qquad (13.121)$$

$$\Delta M_{d,pos,freq} = M_{d,pos,max,freq} - M_{d,pos,min,freq} = 4203.9 - 2335.4 \text{kNm} \qquad (13.122)$$

$$\boxed{\Delta M_{d,pos,freq} = 1868.5 \text{ kNm}} \qquad (13.123)$$

Ressalta-se que são as variações nos momentos fletores devidos às cargas variáveis que produzem os efeitos da fadiga, sendo estes para os momentos fletores positivos $\Delta M_{d,pos,freq}$ e negativos $\Delta M_{d,neg,freq}$.

A Figura 13.32 apresenta a envoltória dos diagramas de momentos fletores nas longarinas de acordo com as combinações frequentes para verificação de fadiga, considerando apenas as cargas verticais.

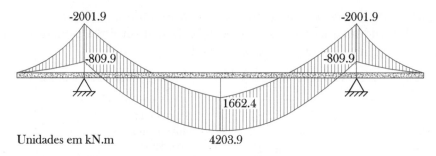

Figura 13.32: Envoltória dos diagramas de momentos fletores nas longarinas para as combinações frequentes.

As verificações de fadiga são realizadas nas armaduras e no concreto conforme os tópicos a seguir.

13.4.1 Verificação das armaduras negativas

Inicialmente, a posição da linha neutra é avaliada considerando a seção transversal como retangular, posto que é preciso avaliar se ela estará posicionada na mesa inferior ou na alma da viga. A determinação da linha neutra para o concreto armado no estádio II se dá pela formulação na continuação.

$$x_{II} = \frac{-\alpha_e A_{s,ef} + \sqrt{(\alpha_e A_{s,ef})^2 + 2b_f \alpha_e A_{s,ef} d}}{b_f} \qquad (13.124)$$

A razão modular α_e já foi definida como 10 de acordo com a NBR 6118 (ABNT, 2014), enquanto a área de aço efetiva ($A_{s,ef}$) da armadura negativa longitudinal da seção transversal precisa ser dimensionada. Para tal, as armaduras negativas foram adotadas como $\boxed{10\phi 32}$, gerando assim:

$$A_{s,ef} = 10 \cdot \frac{\phi \cdot 3.2^2}{4} = 80.4 \text{ cm}^2 \qquad (13.125)$$

Destaca-se que a distância do centro de gravidade das armaduras longitudinais negativas até a borda comprimida (d) já foi expressa na Equação (13.37), enquanto a largura da mesa da viga (b_f) e a altura da mesa (h_f) estão descritas nas Equações (13.34) e (13.42). As demais propriedades geométricas estão expostas na Figura 13.23. Logo, a posição da linha neutra é definida na Equação (13.126).

$$x_{II} = \frac{-10 \cdot 80.4 + \sqrt{(10 \cdot 80.4)^2 + 2 \cdot 71 \cdot 10 \cdot 80.4 \cdot 153}}{71} = 48.6 \text{ cm} \qquad (13.126)$$

Assim, a linha neutra está posicionada na alma da viga, uma vez que:

$$x_{II} = 48.6 \text{ cm} > h_f = 20 \text{ cm} \qquad (13.127)$$

A Figura 13.33 ilustra a seção transversal considerada na verificação de fadiga das armaduras longitudinais negativas, e a posição inicial da linha neutra no estádio II como seção retangular e corrigida para seção T.

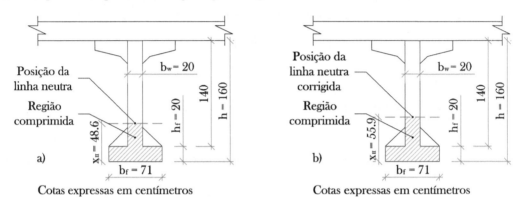

Cotas expressas em centímetros

Figura 13.33: Posição da linha neutra no estádio II nos apoios para verificação de fadiga, sendo: (a) estimativa inicial considerando a seção como retangular e (b) valor corrigido considerando a seção como T.

Logo, determinam-se as tensões solicitantes nas armaduras longitudinais negativas segundo o caso 2, ou seja, a linha neutra está localizada na alma da seção considerada. Para tal, segue-se a rotina para obter a nova posição da linha neutra:

$$x_{II} = A\left(-1 + \sqrt{1 + 2\frac{d_o}{A}}\right) \qquad (13.128)$$

Em que:

$$d_o = \frac{A_{s,ef}d + \left[\frac{(b_f - b_w)h_f}{\alpha_e}\right]\frac{h_f}{2}}{A_{s,ef} + \frac{(b_f - b_w)h_f}{\alpha_e}} = \frac{80.4 \cdot 153 + \left[\frac{(71-20)\cdot 20}{10}\right]\frac{20}{2}}{80.4 + \frac{(71-20)\cdot 20}{10}} = 73 \text{ cm} \qquad (13.129)$$

$$A = \alpha_e \frac{\left[A_{s,ef} + \frac{(b_f - b_w)h_f}{\alpha_e}\right]}{b_w} = 10 \cdot \frac{\left[80.4 + \frac{(71-20)\cdot 20}{10}\right]}{20} = 91.2 \text{ cm}^2 \qquad (13.130)$$

Portanto, a posição da linha neutra corrigida no estádio II para a seção T é ilustrada a seguir.

$$x_{II} = 91.2 \left(-1 + \sqrt{1 + 2\,\frac{73}{91.2}} \right) = 55.9 \text{ cm} \tag{13.131}$$

Posto isso, o momento de inércia da seção no estádio II (I_{II}) da seção T no caso 2 é expresso na continuidade.

$$I_{II} = \frac{b_f\,x_{II}^{\,3}}{3} - \frac{(b_f - b_w)(x_{II} - h_f)^3}{3} + \alpha_e A_{s,ef}(d - x_{II})^2 \tag{13.132}$$

$$I_{II} = \frac{71 \cdot 58.5^3}{3} - \frac{(71 - 20) \cdot (55.9 - 20)^3}{3} + 10 \cdot 80.4 \cdot (153 - 55.9)^2 \tag{13.133}$$

$$I_{II} = 10927900 \text{ cm}^4 \tag{13.134}$$

A avaliação de fadiga nas armaduras longitudinais de tração segue o roteiro expedido no Capítulo 3, conforme expresso pela Equação (13.135).

$$\gamma_f\,\Delta\sigma s_s \leq \Delta f_{sd,fad} \tag{13.135}$$

A tensão normal atuante nas armaduras longitudinais negativas no regime elástico e no estádio II é calculada na continuidade.

$$\boxed{\Delta\sigma s_s = \alpha_e \frac{\Delta M_{d,neg,freq}(d - x_{II})}{I_{II}} = 10\,\frac{119200 \cdot (153 - 55.9)}{10927900} = 10.6\,\frac{kN}{cm^2}} \tag{13.136}$$

A Tabela 3.1 explicita a variação máxima de tensão para verificação de fadiga nas armaduras passivas. Para barras do tipo CA-50 e retas com bitolas de 32 mm, emprega-se o valor igual a 165 MPa. Logo, avalia-se que a verificação é satisfeita, Equação (13.137), uma vez que o coeficiente γ_f é tomado como 1.

$$\boxed{\gamma_f\,\Delta\sigma s_s = 1 \cdot 10.6 = 10.6\ \text{kN/cm}^2 = 106\ \text{MPa} \leq \Delta f_{sd,fad} = 165\ \text{MPa}} \tag{13.137}$$

13.4.2 Verificação das armaduras positivas

Repetindo o procedimento anterior, para as armaduras longitudinais positivas, a área de aço efetiva da seção precisa ser dimensionada. Para tal, as armaduras positivas foram adotadas com configuração $\boxed{15\phi32}$, gerando assim:

$$A_{s,ef} = 15 \cdot \frac{\pi \cdot 3.2^2}{4} = 120.6 \text{ cm}^2 \tag{13.138}$$

A distância do centro de gravidade das armaduras longitudinais negativas até a borda comprimida (d) já foi calculada na Equação (13.61) e é igual a 175 cm.

Consequentemente, a posição inicial da linha neutra em relação à borda comprimida (x_{II}), considerando a seção retangular (Figura 13.34), é determinada na Equação (13.139).

$$x_{II} = \frac{-\alpha_e A_{s,ef} + \sqrt{(\alpha_e A_{s,ef})^2 + 2 b_f \alpha_e A_{s,ef} d}}{b_f} \quad (13.139)$$

$$x_{II} = \frac{-10 \cdot 120.6 + \sqrt{(10 \cdot 120.6)^2 + 2 \cdot 307 \cdot 10 \cdot 120.6 \cdot 175}}{307} = 33.4 \text{ cm} \quad (13.140)$$

Como no item anterior, a linha neutra inicial está situada na alma da seção T considerada, conforme exposto na figura anterior e na Equação (13.141).

$$x_{II} = 33.4 \text{ cm} > h_f = 25 \text{ cm} \quad (13.141)$$

A Figura 13.34 expõe a seção transversal considerada na verificação de fadiga das armaduras longitudinais positivas, e a posição inicial da linha neutra no estádio II como seção retangular e corrigida para seção T.

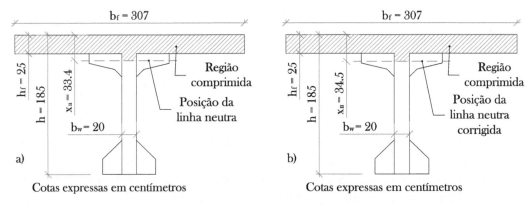

Figura 13.34: Posição da linha neutra no estádio II nos apoios para verificação de fadiga, sendo: (a) estimativa inicial considerando a seção como retangular e (b) valor corrigido considerando a seção como T.

Dessa forma, repete-se o procedimento praticado na verificação de fadiga nas armaduras longitudinais negativas. A posição final da linha neutra no estádio II é determinada a partir dos parâmetros d_o e A.

$$d_o = \frac{A_{s,ef} d + \left[\frac{(b_f - b_w) h_f}{\alpha_e}\right] \frac{h_f}{2}}{A_{s,ef} + \frac{(b_f - b_w) h_f}{\alpha_e}} = \frac{120.6 \cdot 175 + \left[\frac{(307-20) \cdot 25}{10}\right] \frac{25}{2}}{120.6 + \frac{(307-20) \cdot 25}{10}} = 35.9 \text{ cm} \quad (13.142)$$

$$A = \alpha_e \frac{\left[A_{s,ef} + \frac{(b_f - b_w) h_f}{\alpha_e}\right]}{b_w} = 10 \cdot \frac{\left[120.6 + \frac{(307-20) \cdot 25}{10}\right]}{20} = 419.1 \text{ cm}^2 \quad (13.143)$$

Logo, a posição da linha neutra corrigida no estádio II para a seção T é ilustrada a seguir.

$$x_{II} = 419.1 \cdot \left(-1 + \sqrt{1 + 2\,\frac{35.9}{419.1}}\right) = 34.5\ \text{cm} \tag{13.144}$$

Portanto, o momento de inércia da seção no estádio II (I_{II}) da seção T para o caso 2 é calculado pela Equação (13.132).

$$I_{II} = \frac{307 \cdot 34.5^3}{3} - \frac{(307-20) \cdot (34.5-25)^3}{3} + 10 \cdot 120.6 \cdot (175-34.5)^2 \tag{13.145}$$

$$I_{II} = 27926886\ \text{cm}^4 \tag{13.146}$$

A avaliação de fadiga nas armaduras longitudinais de tração segue o procedimento do item anterior, sendo a tensão normal atuante nas armaduras longitudinais negativas no estádio II dimensionada na continuidade.

$$\boxed{\Delta\sigma s_s = \alpha_e \frac{\Delta M_{d,pos,freq}(d - x_{II})}{I_{II}} = 10\,\frac{186850 \cdot (175-34.5)}{27926886} = 9.4\,\frac{\text{kN}}{\text{cm}^2}} \tag{13.147}$$

Por fim, avalia-se que a verificação é satisfeita, Equação (13.148), uma vez que o coeficiente γ_f é tomado sendo 1.

$$\boxed{\gamma_f\,\Delta\sigma s_s = 1 \cdot 9.4 = 9.4\ \text{kN/cm}^2 = 94\ \text{MPa} \leq \Delta f_{sd,fad} = 165\ \text{MPa}} \tag{13.148}$$

Na continuidade são verificadas as armaduras transversais quanto à fadiga.

13.4.3 Verificação das armaduras transversais

As verificações de ruptura das armaduras transversais foram divididas em duas partes, sendo a primeira para aquelas à esquerda do apoio P1 e a segunda para aquelas à direita deste.

a) Armaduras transversais à esquerda do apoio P1

Como o modelo utilizado para determinação das armaduras transversais no estado-limite último de ruptura foi o I, despreza-se a correção da inclinação das diagonais de compressão. Portanto, as tensões máximas ($\sigma s_{w,max}$) e mínimas ($\sigma s_{w,min}$) nas armaduras transversais devidas às cargas móveis nas longarinas são:

$$\sigma s_{w,max} = \frac{|V_{Sd,max,freq,esq}| - 0.5\,V_c}{\left(\frac{A_{sw}}{s}\right)_{ef}(0.9d)} \tag{13.149}$$

306   Pontes em concreto armado: análise e dimensionamento

$$\sigma s_{w,min} = \frac{|V_{Sd,min,freq,esq}| - 0.5\,V_c}{\left(\frac{A_{sw}}{s}\right)_{ef}(0.9d)} \tag{13.150}$$

A parcela de contribuição do concreto (V_c) foi dimensionada na Equação (13.81) e é igual a 420 kN. Enquanto isso, a taxa de armadura adotada é calculada a partir da configuração definida inicialmente dos estribos, que são de 12.5 mm a cada 15 cm.

$$\frac{A_{sw}}{s} = \frac{\left(\frac{2 \cdot \pi \cdot 1.25^2}{4}\right)}{15} = 0.16\ \frac{cm^2}{cm} \tag{13.151}$$

A distância do centro de gravidade das armaduras longitudinais positivas até a borda comprimida (d) já foi calculada na Equação (13.61) e é igual a 175 cm. Logo, as tensões são descritas na continuidade.

$$\sigma s_{w,max} = \frac{669.2 - 0.5 \cdot 420}{0.16 \cdot (0.9 \cdot 175)} = 18.2\ \frac{kN}{cm^2} \tag{13.152}$$

$$\sigma s_{w,min} = \frac{318.7 - 0.5 \cdot 420}{0.16 \cdot (0.9 \cdot 175)} = 4.3\ \frac{kN}{cm^2} \tag{13.153}$$

Portanto, a variação das tensões máximas e mínimas ($\Delta\sigma s_w$) é determinada na Equação (13.154).

$$\boxed{\Delta\sigma s_w = \sigma s_{w,max} - \sigma s_{w,min} = 18.2 - 4.3 = 13.9\ kN/cm^2} \tag{13.154}$$

A Tabela 3.1 adota como 85 MPa a variação máxima de tensão nas armaduras transversais do tipo CA-50 para estribos com bitolas entre 10 e 16 mm. Com isso, considerando γ_f igual a 1, tem-se que:

$$\boxed{\gamma_f\,\Delta\sigma s_w = 1 \cdot 13.9 = 13.9\ kN/cm^2 = 139\ MPa > \Delta f_{sd,fad} = 85\ MPa} \tag{13.155}$$

A condição não é satisfeita, conforme apontado na Equação (13.155), ou seja, é preciso aumentar a área de aço. Então, utilizando estribos de 12.5 mm a cada 9 cm, obtém-se a seguinte área de aço efetiva:

$$\frac{A_{sw}}{s} = \frac{\left(\frac{2 \cdot \pi \cdot 1.25^2}{4}\right)}{9} = 0.27\ \frac{cm^2}{cm} \tag{13.156}$$

Por conseguinte, as tensões são calculadas pelas Equações (13.157) e (13.158).

$$\sigma s_{w,max} = \frac{669.2 - 0.5 \cdot 420}{0.27 \cdot (0.9 \cdot 175)} = 10.7\ \frac{kN}{cm^2} \tag{13.157}$$

$$\sigma s_{w,min} = \frac{318.7 - 0.5 \cdot 420}{0.27 \cdot (0.9 \cdot 175)} = 2.5\ \frac{kN}{cm^2} \tag{13.158}$$

Assim, a variação das tensões máximas e mínimas para a nova configuração de estribos é exposta na continuidade.

$$\Delta \sigma s_w = \sigma s_{w,max} - \sigma s_{w,min} = 10.7 - 2.5 = 8.2 \text{ kN/cm}^2 \qquad (13.159)$$

Então, é possível observar que com essa nova distribuição de estribos a variação das tensões é menor que o limite imposto pela NBR 6118 (ABNT, 2014), satisfazendo a verificação.

$$\gamma_f \, \Delta \sigma s_w = 1 \cdot 8.2 = 8.2 \text{ kN/cm}^2 = 82 \text{ MPa} \leq \Delta f_{sd,fad} = 85 \text{ MPa} \qquad (13.160)$$

Por fim, foi necessário aumentar a quantidade de estribos para que a verificação de fadiga nas armaduras transversais fosse satisfeita. Na sequência, é verificada a condição de ruptura das armaduras transversais posicionadas no vão central.

b) Armaduras transversais à direita do apoio P1

Como no caso anterior, torna-se necessário reduzir o espaçamento entre as armaduras transversais. Portanto, foi utilizada a configuração de estribos de 12.5 mm a cada 7 cm:

$$\frac{A_{sw}}{s} = \frac{\left(\frac{2 \cdot \pi \cdot 1.25^2}{4} \right)}{7} = 0.35 \, \frac{\text{cm}^2}{\text{cm}} \qquad (13.161)$$

Repete-se o procedimento anterior com os esforços cortantes determinados para a seção à direita do apoio P1:

$$\sigma s_{w,max} = \frac{1027.5 - 0.5 \cdot 420}{0.35 \cdot (0.9 \cdot 175)} = 14.8 \, \frac{\text{kN}}{\text{cm}^2} \qquad (13.162)$$

$$\sigma s_{w,min} = \frac{569.4 - 0.5 \cdot 420}{0.35 \cdot (0.9 \cdot 175)} = 6.5 \, \frac{\text{kN}}{\text{cm}^2} \qquad (13.163)$$

$$\Delta \sigma s_w = \sigma s_{w,max} - \sigma s_{w,min} = 14.8 - 6.5 = 8.3 \text{ kN/cm}^2 \qquad (13.164)$$

Por fim, a verificação é satisfeita.

$$\gamma_f \, \Delta \sigma s_w = 1 \cdot 8.3 = 8.3 \text{ kN/cm}^2 = 83 \text{ MPa} \leq \Delta f_{sd,fad} = 85 \text{ MPa} \qquad (13.165)$$

A Figura 13.35 ilustra a nova configuração das armaduras transversais ao longo das longarinas em virtude das verificações de fadiga.

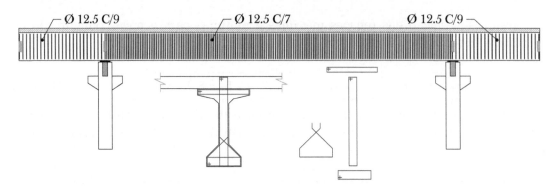

Figura 13.35: Nova configuração das armaduras transversais nas longarinas devida às verificações de fadiga.

13.4.4 Verificação de esmagamento do concreto

Realizando um procedimento análogo ao do item 10.1.3, utiliza-se a Equação (13.166) para verificação do concreto à compressão devida à fadiga. Para tal, foram considerados os momentos fletores nos apoios e no meio do vão, uma vez que são os maiores e conduzem a resultados mais críticos.

$$\eta_c \gamma_f \sigma_{c,max} \leq f_{cd,fad} \qquad (13.166)$$

Para tal, o fator η_c é calculado na sequência:

$$\eta_c = \cfrac{1}{1.5 - 1.5 \left| \cfrac{\sigma_{c1}}{\sigma_{c2}} \right|} \qquad (13.167)$$

a) Verificação nos apoios

As tensões σ_{c1} e σ_{c2} para as seções com momentos fletores negativos nos apoios nas longarinas são definidas na continuidade. Para tal, foram utilizadas as propriedades geométricas calculadas nas Equações (13.131) e (13.134).

$$\sigma_{c1} = \frac{|M_{d,neg,min,freq}|(x_{II}-30)}{I_{II}} = \frac{80990 \cdot (55.9-30)}{10927900} = 0.19 \, \frac{kN}{cm^2} \qquad (13.168)$$

$$\sigma_{c2} = \frac{|M_{d,neg,max,freq}| \, x_{II}}{I_{II}} = \frac{200190 \cdot 55.9}{10927900} = 1.02 \, \frac{kN}{cm^2} \qquad (13.169)$$

Logo, o fator η_c é:

$$\eta_c = \cfrac{1}{1.5 - 1.5 \left| \cfrac{0.19}{1.02} \right|} = 0.82 \qquad (13.170)$$

A tensão máxima de compressão do concreto devida às combinações frequentes de fadiga ($\sigma_{c,max}$) é determinada para o maior valor de momento fletor obtido.

$$\sigma_{c,max} = \sigma_{c2} = 1.02 \, \text{kN/cm}^2 = 10.2 \, \text{MPa} \tag{13.171}$$

Já a resistência de cálculo à compressão do concreto para efeitos de fadiga ($f_{cd,fad}$) foi calculada na Equação (10.97) e é igual a 16.1 MPa. Por fim, é possível observar na Equação (13.172) que a verificação é satisfeita.

$$\boxed{\eta_c \gamma_f \sigma_{c,max} = 0.82 \cdot 1 \cdot 10.2 = 8.4 \, \text{MPa} \le f_{cd,fad} = 16.1 \, \text{MPa}} \tag{13.172}$$

b) Verificação no meio do vão central

Repete-se o procedimento anterior, porém as propriedades geométricas adotadas foram determinadas nas Equações (13.144) e (13.146).

$$\sigma_{c1} = \frac{M_{d,pos,min,freq}(x_{II} - 30)}{I_{II}} = \frac{166240 \cdot (34.5 - 30)}{27926886} = 0.03 \, \frac{\text{kN}}{\text{cm}^2} \tag{13.173}$$

$$\sigma_{c2} = \frac{M_{d,pos,max,freq} \, x_{II}}{I_{II}} = \frac{420390 \cdot 34.5}{27926886} = 0.52 \, \frac{\text{kN}}{\text{cm}^2} \tag{13.174}$$

Assim, o fator η_c é:

$$\eta_c = \frac{1}{1.5 - 1.5 \left|\frac{0.03}{0.52}\right|} = 0.71 \tag{13.175}$$

A tensão máxima de compressão do concreto devida às combinações frequentes de fadiga ($\sigma_{c,max}$) é:

$$\sigma_{c,max} = \sigma_{c2} = 0.52 \, \text{kN/cm}^2 = 5.2 \, \text{MPa} \tag{13.176}$$

A verificação de esmagamento do concreto no meio do vão central é satisfeita, conforme expresso na equação a seguir.

$$\boxed{\eta_c \gamma_f \sigma_{c,max} = 0.71 \cdot 1 \cdot 5.2 = 3.7 \, \text{MPa} \le f_{cd,fad} = 16.1 \, \text{MPa}} \tag{13.177}$$

13.4.5 Verificação de ruptura do concreto em tração

A verificação de fadiga do concreto em tração é feita seguindo o roteiro do Capítulo 3, todavia não foi considerada, uma vez que as verificações anteriores partiram da premissa de que a tração do concreto foi desprezada (estádio II), ou seja, não há necessidade de avaliar a fadiga no concreto em tração nesta situação.

13.5 Verificações nos estados-limite de serviço

Como realizado para lajes, as verificações são: (a) flecha elástica imediata, (b) formação de fissuras, (c) abertura de fissuras, (d) flecha imediata no estádio II e (e) flecha diferida no tempo.

13.5.1 Flecha elástica imediata

Para obtenção da flecha elástica imediata foi utilizada a seção transversal descrita na Figura 13.27. Dessa forma, obtém-se o momento de inércia no estádio I, tendo sido determinado anteriormente na Equação (13.71).

$$I_c = 26549766 \text{ cm}^4 = 2.66 \cdot 10^7 \text{ cm}^4 \qquad (13.178)$$

$$E_{cs} = 36.6 \text{ GPa} = 3.66 \cdot 10^3 \text{ kN/cm}^2 \qquad (13.179)$$

Os modelos estruturais para obtenção dos deslocamentos verticais estão descritos nas figuras a seguir. A Figura 13.36 ilustra os resultados de deslocamentos verticais para uma carga distribuída linearmente ($R_1 = R$) atuando na longarina com as propriedades físicas determinadas nas Equações (13.178) e (13.179).

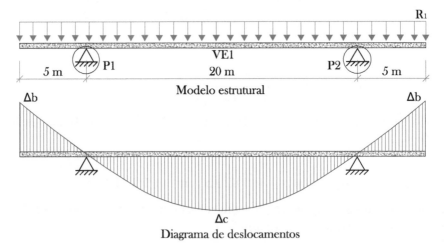

Figura 13.36: Deslocamentos verticais das longarinas devidos às cargas permanentes, sendo estas distribuídas linearmente.

Os deslocamentos nas bordas (Δ_b) e no centro (Δ_c) das longarinas, expressos em milímetros, para uma carga distribuída linearmente R, dada em kN/m, são determinados na continuidade. Destaca-se que os deslocamentos positivos são de cima para baixo.

$$\Delta_b = -0.1\, R \qquad (13.180)$$

$$\Delta_c = 0.15\,R \tag{13.181}$$

As cargas R distribuídas linearmente nas longarinas devidas às cargas permanentes são: (a) 16.3 kN/m para o peso próprio das longarinas, (b) 24.4 kN/m para o peso próprio das lajes, (c) 13.7 kN/m para o peso da pavimentação e (d) 8.5 kN/m para o peso próprio das defensas.

A Figura 13.37 ilustra os deslocamentos verticais obtidos para a carga devida ao peso próprio das transversinas. Todavia, é possível observar que os valores são de pequena intensidade e foram desprezados.

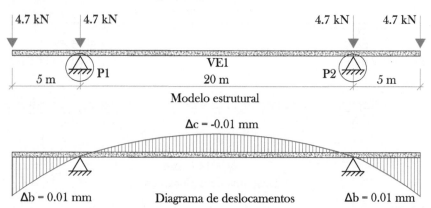

Figura 13.37: Deslocamentos verticais das longarinas devidos ao peso próprio das transversinas.

Os deslocamentos verticais nas longarinas devidos à carga móvel posicionada nas extremidades da ponte (caso 6) estão descritos na Figura 13.38. Esse caso gera os maiores deslocamentos verticais nas bordas.

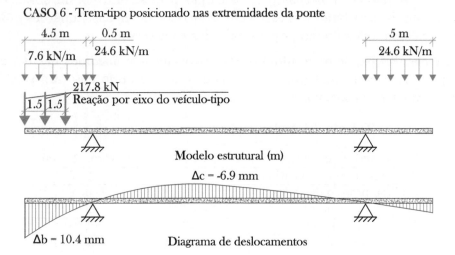

Figura 13.38: Deslocamentos verticais das longarinas devidos às cargas móveis no caso 6.

Enquanto isso, os deslocamentos verticais nas longarinas devidos à carga móvel posicionada no centro da ponte (caso 5) são ilustrados na Figura 13.39. Portanto, esse caso gera os maiores deslocamentos verticais no meio do vão central da ponte.

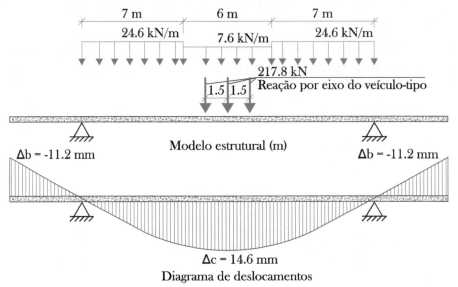

Figura 13.39: Deslocamentos verticais das longarinas devidos às cargas móveis no caso 5.

Além disso, os deslocamentos para as cargas móveis foram considerados apenas os que produzam deslocamentos para baixo, ou seja, aqueles pontos que são suspendidos pela carga foram ignorados. Ao final, apenas as flechas máximas positivas da envoltória foram consideradas para efeitos de verificação.

Por fim, os valores de flechas para as cargas permanentes foram obtidos substituindo as cargas distribuídas linearmente pelo valor de R nas Equações (13.180) e (13.181), exceto o referente ao peso próprio das transversinas.

A Tabela 13.4 expõe os resultados dos deslocamentos máximos nas bordas e no centro para cada carregamento, desprezando o peso próprio das transversinas por apresentar valores quase nulos.

Tabela 13.4: Resumo das flechas nas longarinas.

Descrição da carga	Borda: Δ_b (mm)	Centro: Δ_c (mm)
Peso próprio das longarinas	-1.63	2.45
Peso próprio das lajes	-2.44	3.66
Pavimentação	-1.37	2.06
Defensas	-0.85	1.28
Carga móvel	-11.2/10.4	-6.9/14.6

Dessa forma, obtêm-se os deslocamentos máximos a partir das combinações quase permanentes de serviço, conforme descrito a seguir.

$$\Delta_{I,t0} = (\Delta_{pplong} + \Delta_{ppl} + \Delta_{pav} + \Delta_{def}) + 0.3\,\Delta_{mov} \tag{13.182}$$

$$\boxed{\Delta_{I,t0,min,b} = (-1.63 - 2.44 - 1.37 - 0.85) - 0.3 \cdot 11.2 = -9.7\,\text{mm}} \tag{13.183}$$

$$\boxed{\Delta_{I,t0,max,b} = (-1.63 - 2.44 - 1.37 - 0.85) + 0.3 \cdot 10.4 = -3.2\,\text{mm}} \tag{13.184}$$

$$\boxed{\Delta_{I,t0,min,c} = (2.45 + 3.66 + 2.06 + 1.28) - 0.3 \cdot 6.9 = 7.4\,\text{mm}} \tag{13.185}$$

$$\boxed{\Delta_{I,t0,max,c} = (2.45 + 3.66 + 2.06 + 1.28) + 0.3 \cdot 14.6 = 13.8\,\text{mm}} \tag{13.186}$$

Sendo:

$\Delta_{I,t0,min,b}$, $\Delta_{I,t0,max,b}$, $\Delta_{I,t0,min,c}$ e $\Delta_{I,t0,max,c}$ = flechas mínimas e máximas nas bordas e no centro das longarinas, respectivamente;

$\Delta_{ppl,b}$ e $\Delta_{ppl,c}$ = flechas nas bordas e no centro das longarinas devidas ao peso próprio das lajes, respectivamente;

$\Delta_{pav,b}$ e $\Delta_{pav,c}$ = flechas nas bordas e no centro das longarinas devidas ao peso da pavimentação, respectivamente;

$\Delta_{def,b}$ e $\Delta_{def,c}$ = flechas nas bordas e no centro das longarinas devidas ao peso próprio das defensas, respectivamente;

$\Delta_{mov,b}$ e $\Delta_{mov,c}$ = flechas nas bordas e no centro das longarinas devidas às cargas móveis, respectivamente.

A seguir são avaliadas as seções críticas quanto aos momentos fletores, avaliando-se a formação de fissuras.

13.5.2 Formação de fissuras

A verificação de formação de fissuras deve ser efetuada para os momentos fletores máximos negativos nos apoios ($M_{d,neg,rara}$) e positivos no meio do vão central ($M_{d,pos,rara}$). Estes são obtidos pelas combinações raras de serviço. Posto isso, seguem os valores obtidos com o uso da Tabela 13.3.

$$M_{d,rara} = M_{k,pplong} + M_{k,ppl} + M_{k,pav} + M_{k,def} + M_{k,trans} + M_{k,mov} \tag{13.187}$$

$$\boxed{|M_{d,neg,rara}| = 203.8 + 305 + 171.3 + 106.3 + 23.5 + 2384 = 3194\,\text{kNm}} \tag{13.188}$$

314   Pontes em concreto armado: análise e dimensionamento

$$\boxed{M_{d,pos,rara} = 611.3 + 915 + 513.8 + 318.8 - 23.5 + 3737 = 6072 \text{ kNm}} \qquad (13.189)$$

Em que:

$M_{d,neg,rara}$ = momento fletor negativo máximo devido às combinações raras de serviço nas longarinas;

$M_{d,pos,rara}$ = momento fletor positivo máximo devido às combinações raras de serviço nas longarinas.

Posto isso, os momentos de fissuração devem ser calculados separadamente para os apoios e para o meio do vão das longarinas, uma vez que as seções apresentam dimensões diferentes para efeitos de dimensionamento.

a) Verificação nos apoios

O momento de fissuração no estádio I nos apoios das longarinas é determinado pela Equação (13.190). Além disso, nos apoios a seção considerada é a mesma da Figura 13.23

$$M_r = \frac{\alpha f_{ct} I_c}{y_t} \qquad (13.190)$$

Assim , calculam-se os parâmetros α e f_{ct} nas equações seguintes. Ressalta-se que o parâmetro α apresenta valor diferente quando a seção considerada é T.

$$\alpha = 1.2 \qquad (13.191)$$

$$f_{ct} = 0.7 \left(0.3 \sqrt[3]{f_{ck}^2} \right) = 0.7 \left(0.3 \sqrt[3]{50^2} \right) = 2.85 \text{ MPa} = 0.285 \ \frac{\text{kN}}{\text{cm}^2} \qquad (13.192)$$

O momento de inércia da seção I_c foi determinado na Equação (13.52).

$$I_c = 10650619 \text{ cm}^4 = 1.07 \cdot 10^7 \text{ cm}^4 \qquad (13.193)$$

Por fim, a distância do centro de gravidade da seção à fibra mais tracionada é descrita Equação (13.50).

$$y_t = x_t = 96.9 \text{ cm} \qquad (13.194)$$

Portanto, o momento de fissuração para as seções das longarinas nos apoios é exposto na continuidade.

Dimensionamento das longarinas   315

$$M_r = \frac{1.2 \cdot 0.285 \cdot 1.07 \cdot 10^7}{96.9} = 37765 \text{ kNcm} \qquad (13.195)$$

Por fim, avalia-se que o momento de fissuração é menor que o momento fletor máximo das combinações raras de serviço, ou seja, ocorrem as fissuras e a seção trabalhará no estádio II. Além disso, observa-se que o valor solicitante é quase dez vezes maior que o resistido, fazendo com que seja necessária uma verificação mais cuidadosa das aberturas de fissuras.

$$M_r = 37765 \text{ kNcm} < M_{d,neg,rara} = 3194 \text{ kNm} = 319400 \text{ kNcm} \qquad (13.196)$$

b) Verificação no meio do vão

Como realizado para os apoios, deve-se descrever os parâmetros α, Equação (13.191); f_{ct}, Equação (13.192); $y_t = x_t$, Equação (13.70); e I_c, Equação (13.71). Posto isso, o momento de fissuração para a seção T considerada no meio do vão (Figura 13.27) é determinado a seguir.

$$M_r = \frac{\alpha f_{ct} I_c}{y_t} = \frac{1.2 \cdot 0.285 \cdot 2.66 \cdot 10^7}{145.3} = 62610 \text{ kNcm} \qquad (13.197)$$

Como nos apoios, o momento de fissuração é inferior ao momento máximo atuante na seção devido às combinações raras de serviço.

$$M_r = 62610 \text{ kNcm} < M_{d,pos,rara} = 6072 \text{ kNm} = 607200 \text{ kNcm} \qquad (13.198)$$

13.5.3   Abertura de fissuras

Neste item são avaliados os comprimentos das fissuras que surgem a partir dos esforços solicitantes nas longarinas. Para tanto, calculam-se os momentos fletores máximos gerados a partir das combinações frequentes de serviço. Destaca-se que os coeficientes de ponderação das ações para verificação de fadiga e aberturas de fissuras são distintos, conforme exposto no item 9.5.3.

$$M_{d,freq} = (M_{k,pplong} + M_{k,ppl} + M_{k,pav} + M_{k,def} + M_{k,trans}) + 0.5 M_{k,mov} \qquad (13.199)$$

$$|M_{d,neg,freq}| = (203.8 + 305 + 171.3 + 106.3 + 23.5) + 0.5 \cdot 2384 \qquad (13.200)$$

$$|M_{d,neg,freq}| = 2002 \text{ kNm} \qquad (13.201)$$

316   Pontes em concreto armado: análise e dimensionamento

$$M_{d,pos,freq} = (611.3 + 915 + 513.8 + 318.8 - 23.5) + 0.5 \cdot 3737 \qquad (13.202)$$

$$\boxed{M_{d,pos,freq} = 3886 \text{ kNm}} \qquad (13.203)$$

Sendo:

$M_{d,neg,freq}$ = momento fletor negativo máximo devido às combinações frequentes de serviço para avaliação de abertura de fissuras nas longarinas;

$M_{d,pos,freq}$ = momento fletor positivo máximo devido às combinações frequentes de serviço para avaliação de abertura de fissuras nas longarinas.

O valor característico da abertura de fissuras (w_k), determinado para cada parte da região de envolvimento, é o menor obtido pelas expressões a seguir.

$$w_k = \frac{\phi_i}{12.5\eta_1} \frac{\sigma_{Si}}{E_{Si}} \frac{3\sigma_{Si}}{f_{ct,m}} \qquad (13.204)$$

$$w_k = \frac{\phi_i}{12.5\eta_1} \frac{\sigma_{Si}}{E_{Si}} \left(\frac{4}{\rho_{ri}} + 45 \right) \qquad (13.205)$$

Como efetuado no item anterior, dividem-se as verificações para os apoios e para o meio do vão nas longarinas.

a) Verificação nos apoios

A área de aço efetiva $A_{s,ef}$ é igual a 80.4 cm^2 nos apoios, Equação (13.125), e o diâmetro das barras é igual a 3.2 cm. Dessa forma, calcula-se a taxa de armadura passiva em relação à área da região de envolvimento (A_{cri}) a partir da área de aço adotada, Equação (13.206). A determinação de A_{cri} para armaduras negativas é simplificada, uma vez que se considera apenas uma camada de armaduras e que a altura da mesa é superior à segunda parcela da equação, gerando resultados mais conservadores. O cobrimento das vigas foi determinado nos capítulos anteriores e é igual a 4 cm. A largura b utilizada na Equação (13.206) é a mesma em que as armaduras longitudinais negativas estão alocadas, conforme observado na Figura 8.2.

$$A_{cri} = b\,[cob + 8\phi_i + \phi_t + (n_c - 1)(e_v + \phi_i)] = 107 \cdot (4 + 8 \cdot 3.2 + 1.25) = 3301 \text{ cm}^2 \quad (13.206)$$

$$\rho_{ri} = \frac{A_{s,ef}}{A_{cri}} = \frac{80.4}{3301} = 0.024 = 2.4\% \qquad (13.207)$$

A determinação da tensão de tração no centro de gravidade das armaduras é realizada a partir da obtenção da posição da linha neutra no estádio II, conforme exposto a seguir. Com isso, foi considerada uma seção retangular inicialmente sem armaduras longitudinais de compressão e a relação α_e entre os módulos de elasticidade do aço e do concreto, tomada como 15 de acordo com o item 17.3.3.2 da NBR 6118 (ABNT, 2014).

$$x_{II} = \frac{-\alpha_e A_{s,ef} + \sqrt{(\alpha_e A_{s,ef})^2 + 2b_f \alpha_e A_{s,ef} d}}{b_f} \tag{13.208}$$

Destaca-se que a distância do centro de gravidade das armaduras longitudinais negativas até a borda comprimida (d) já foi expressa na Equação (13.37). A largura da mesa da viga (b_f) e a altura da mesa (h_f) foram obtidas nas Equações (13.34) e (13.42). As demais propriedades geométricas estão expostas na Figura 13.23. Logo, a posição da linha neutra é definida na Equação (13.209).

$$x_{II} = \frac{-15 \cdot 80.4 + \sqrt{(15 \cdot 80.4)^2 + 2 \cdot 71 \cdot 15 \cdot 80.4 \cdot 153}}{71} = 57.1 \text{ cm} \tag{13.209}$$

Assim, a linha neutra está posicionada na alma da viga, uma vez que:

$$x_{II} = 57.1 \text{ cm} > h_f = 20 \text{ cm} \tag{13.210}$$

Repete-se o procedimento adotado na verificação de fadiga nos apoios.

$$x_{II} = A\left(-1 + \sqrt{1 + 2\frac{d_o}{A}}\right) \tag{13.211}$$

Em que:

$$d_o = \frac{A_{s,ef} d + \left[\frac{(b_f - b_w)h_f}{\alpha_e}\right]\frac{h_f}{2}}{A_{s,ef} + \frac{(b_f - b_w)h_f}{\alpha_e}} = \frac{80.4 \cdot 153 + \left[\frac{(71-20)\cdot 20}{15}\right]\frac{20}{2}}{80.4 + \frac{(71-20)\cdot 20}{15}} = 87.5 \text{ cm} \tag{13.212}$$

$$A = \alpha_e \frac{\left[A_{s,ef} + \frac{(b_f - b_w)h_f}{\alpha_e}\right]}{b_w} = 15 \cdot \frac{\left[80.4 + \frac{(71-20)\cdot 20}{15}\right]}{20} = 111.3 \text{ cm}^2 \tag{13.213}$$

Portanto, a posição da linha neutra corrigida no estádio II para a seção T é ilustrada a seguir.

$$x_{II} = 111.3\left(-1 + \sqrt{1 + 2\frac{87.5}{111.3}}\right) = 67.2 \text{ cm} \tag{13.214}$$

Posto isso, o momento de inércia da seção no estádio II (I_{II}) da seção T no caso 2 é expresso na continuidade.

318   Pontes em concreto armado: análise e dimensionamento

$$I_{II} = \frac{b_f x_{II}{}^3}{3} - \frac{(b_f - b_w)(x_{II} - h_f)^3}{3} + \alpha_e A_{s,ef}(d - x_{II})^2 \tag{13.215}$$

$$I_{II} = \frac{71 \cdot 67.2^3}{3} - \frac{(71 - 20) \cdot (67.2 - 20)^3}{3} + 15 \cdot 80.4 \cdot (153 - 67.2)^2 \tag{13.216}$$

$$I_{II} = 14272511 \text{ cm}^4 \tag{13.217}$$

Por fim, a tensão de tração σ_{Si} é escrita a seguir.

$$\boxed{\sigma_{Si} = \alpha_e \frac{|M_{d,neg,freq}|(d - x_{II})}{I_{II}} = 15 \frac{200200 \cdot (153 - 67.2)}{14272511} = 18.1 \frac{\text{kN}}{\text{cm}^2}} \tag{13.218}$$

Dessa forma, os valores das aberturas de fissuras são determinados na continuidade, tendo sido os parâmetros E_{Si} e $f_{ct,m}$ calculados pelas Equações (4.11) e (10.144) e o parâmetro η_1 pela Tabela 4.1.

$$w_k = \frac{3.2}{12.5 \cdot 2.25} \cdot \frac{18.1}{21000} \cdot \frac{3 \cdot 18.1}{0.41} = 0.013 \text{ cm} \tag{13.219}$$

$$w_k = \frac{3.2}{12.5 \cdot 2.25} \cdot \frac{18.1}{21000} \cdot \left(\frac{4}{0.024} + 45\right) = 0.021 \text{ cm} \tag{13.220}$$

Portanto, a abertura de fissura é o menor dentre os valores calculados nas Equações (13.219) e (13.220):

$$\boxed{w_k = 0.013 \text{ cm} = 0.13 \text{ mm}} \tag{13.221}$$

A Tabela 2.1 apresenta o valor máximo da abertura de fissura para o concreto estrutural armado sem protensão para a classe de agressividade III (CAA III), que é 0.3 mm. Então, segundo a Equação (13.222), a verificação está satisfeita.

$$\boxed{w_k = 0.13 \text{ mm} \leq 0.3 \text{ mm}} \tag{13.222}$$

b) Verificação no meio do vão

O diâmetro adotado das armaduras longitudinais é igual a 32 mm, sendo estas dispostas em duas camadas (n_c) com espaçamento vertical livre entre as barras igual a 3.5 cm (e_v). Além disso, a área de aço efetiva foi previamente determinada e é igual a 120.6 cm², Equação (13.138). Portanto, a taxa de armadura passiva em relação à área da região de envolvimento (A_{cri}) a partir da área de aço efetiva é expressa na continuidade. As dimensões da seção transversal estão expostas na Figura 13.27. A largura b utilizada na Equação (13.223) é a mesma em que as armaduras longitudinais

Dimensionamento das longarinas   319

positivas estão alocadas, conforme observado na Figura 8.2

$$A_{cri} = b\,[cob + 8\phi_i + \phi_t + (n_c - 1)(e_v + \phi_i)] \tag{13.223}$$

$$A_{cri} = 71 \cdot [4 + 8 \cdot 3.2 + 1.25 + (2 - 1) \cdot (3.5 + 3.2)] = 2666.1 \ cm^2 \tag{13.224}$$

A taxa crítica é calculada a seguir.

$$\rho_{ri} = \frac{A_{s,ef}}{A_{cri}} = \frac{120.6}{2666.1} = 0.045 = 4.5\% \tag{13.225}$$

A posição da linha neutra no estádio II, desprezando as armaduras de compressão e considerando a seção como retangular, é determinada na sequência.

$$x_{II} = \frac{-\alpha_e A_{s,ef} + \sqrt{(\alpha_e A_{s,ef})^2 + 2 b_f \alpha_e A_{s,ef}\, d}}{b_f} \tag{13.226}$$

$$x_{II} = \frac{-15 \cdot 120.6 + \sqrt{(15 \cdot 120.6)^2 + 2 \cdot 307 \cdot 15 \cdot 120.6 \cdot 175}}{307} = 39.9 \ cm \tag{13.227}$$

Como no item anterior, a linha neutra inicial está situada na alma da seção T considerada, conforme exposto na Equação (13.228).

$$x_{II} = 39.9 \ cm > h_f = 25 \ cm \tag{13.228}$$

Dessa forma, repete-se o procedimento praticado na verificação de fadiga nas armaduras longitudinais negativas. A posição final da linha neutra no estádio II é determinada a partir dos parâmetros d_o e A.

$$d_o = \frac{A_{s,ef}\, d + \left[\frac{(b_f - b_w) h_f}{\alpha_e}\right] \frac{h_f}{2}}{A_{s,ef} + \frac{(b_f - b_w) h_f}{\alpha_e}} = \frac{120.6 \cdot 175 + \left[\frac{(307 - 20) \cdot 25}{15}\right] \frac{25}{2}}{120.6 + \frac{(307 - 20) \cdot 25}{15}} = 45.2 \ cm \tag{13.229}$$

$$A = \alpha_e \frac{\left[A_{s,ef} + \frac{(b_f - b_w) h_f}{\alpha_e}\right]}{b_w} = 15 \cdot \frac{\left[120.6 + \frac{(307 - 20) \cdot 25}{15}\right]}{20} = 449.2 \ cm^2 \tag{13.230}$$

Logo, a posição da linha neutra corrigida no estádio II para a seção T é ilustrada a seguir.

$$x_{II} = 449.2 \left(-1 + \sqrt{1 + 2\,\frac{45.2}{449.2}}\right) = 43.1 \ cm \tag{13.231}$$

Portanto, o momento de inércia da seção no estádio II (I_{II}) da seção T para o caso 2 é calculado pela Equação (13.232).

320   Pontes em concreto armado: análise e dimensionamento

$$I_{II} = \frac{b_f x_{II}{}^3}{3} - \frac{(b_f - b_w)(x_{II} - h_f)^3}{3} + \alpha_e A_{s,ef}(d - x_{II})^2 \tag{13.232}$$

$$I_{II} = \frac{307 \cdot 43.1^3}{3} - \frac{(307 - 20) \cdot (43.1 - 25)^3}{3} + 15 \cdot 120.6 \cdot (175 - 43.1)^2 \tag{13.233}$$

$$I_{II} = 39098088 \text{ cm}^4 \tag{13.234}$$

Por fim, a tensão de tração σ_{Si} é determinada na Equação (13.235):

$$\boxed{\sigma_{Si} = \alpha_e \frac{M_{d,pos,freq}(d - x_{II})}{I_{II}} = 15 \, \frac{388600 \, (175 - 43.1)}{39098088} = 19.7 \, \frac{\text{kN}}{\text{cm}^2}} \tag{13.235}$$

Os valores característicos de abertura de fissuras são calculados de forma análoga ao item anterior.

$$w_k = \frac{3.2}{12.5 \cdot 2.25} \cdot \frac{19.7}{21000} \cdot \frac{3 \cdot 19.7}{0.41} = 0.015 \text{ cm} \tag{13.236}$$

$$w_k = \frac{3.2}{12.5 \cdot 2.25} \cdot \frac{19.7}{21000} \cdot \left(\frac{4}{0.045} + 45\right) = 0.014 \text{ cm} \tag{13.237}$$

Portanto, o valor característico da abertura de fissuras (w_k) é o menor entre os obtidos nas duas equações anteriores.

$$\boxed{w_k = 0.014 \text{ cm} = 0.14 \text{ mm}} \tag{13.238}$$

Como anteriormente, de acordo com a Equação (13.239), a verificação está satisfeita.

$$\boxed{w_k = 0.14 \text{ mm} \leq 0.3 \text{ mm}} \tag{13.239}$$

13.5.4   Flecha imediata no estádio II

Neste item são avaliadas as variações de rigidez geradas pelas aberturas de fissuras nas longarinas, sendo a flecha elástica no estádio II determinada por último. Para tanto, calculam-se os momentos fletores máximos gerados a partir das combinações quase permanentes de serviço.

$$M_{d,qp} = (M_{k,pplong} + M_{k,ppl} + M_{k,pav} + M_{k,def} + M_{k,trans}) + 0.3 M_{k,mov} \tag{13.240}$$

$$|M_{d,neg,qp}| = (203.8 + 305 + 171.3 + 106.3 + 23.5) + 0.3 \cdot 2384 \tag{13.241}$$

$$|M_{d,neg,qp}| = 1525 \text{ kNm} \qquad (13.242)$$

$$M_{d,pos,qp} = (611.3 + 915 + 513.8 + 318.8 - 23.5) + 0.3 \cdot 3737 \qquad (13.243)$$

$$M_{d,pos,qp} = 3457 \text{ kNm} \qquad (13.244)$$

Em que:

$M_{d,neg,qp}$ = momento fletor negativo máximo devido às combinações quase permanentes de serviço para avaliação de abertura de fissuras nas longarinas;

$M_{d,pos,qp}$ = momento fletor positivo máximo devido às combinações quase permanentes de serviço para avaliação de abertura de fissuras nas longarinas.

A rigidez equivalente de uma seção transversal é dada pela Equação (13.245).

$$(EI)_{eq,t0} = E_{cs} \left\{ \left(\frac{M_r}{M_a} \right)^3 I_c + \left[1 - \left(\frac{M_r}{M_a} \right)^3 \right] I_{II} \right\} \leq E_{cs} I_c \qquad (13.245)$$

O parâmetro α_e foi calculado na Equação (10.178) e é igual a 5.74, e a resistência média à tração do concreto f_{ct} vale 0.41 kN/cm^2, Equação (10.181). Na sequência são calculadas as rigidezes equivalentes para as seções transversais nos apoios e no meio do vão.

a) Verificação nos apoios

O momento de fissuração M_r é igual a 37765 kNcm, enquanto o momento de inércia da seção bruta I_c é igual a $1.07 \cdot 10^7$ cm^4. Além disso, o momento M_a é tomado como o mesmo que $M_{d,neg,qp}$, avaliado para seção. O módulo de elasticidade secante do concreto E_{cs} é igual a 3660 kN/cm^2 (Tabela 8.1). Na sequência, deve-se determinar o momento de inércia da seção fissurada I_{II}. Considerando a seção como retangular de b_f x h, tem-se que:

$$x_{II} = \frac{-\alpha_e A_{s,ef} + \sqrt{(\alpha_e A_{s,ef})^2 + 2 b_f \alpha_e A_{s,ef} d}}{b_f} \qquad (13.246)$$

As dimensões da seção transversal estão descritas na Figura 13.23. Logo, a posição da linha neutra é definida na Equação (13.247).

$$x_{II} = \frac{-5.74 \cdot 80.4 + \sqrt{(5.74 \cdot 80.4)^2 + 2 \cdot 71 \cdot 5.74 \cdot 80.4 \cdot 153}}{71} = 38.6 \text{ cm} \qquad (13.247)$$

322 Pontes em concreto armado: análise e dimensionamento

Assim, a linha neutra está posicionada na alma da viga, uma vez que:

$$x_{II} = 38.6 \text{ cm} > h_f = 20 \text{ cm} \tag{13.248}$$

Portanto, deve-se considerar a seção transversal como T, sendo os cálculos para determinação da linha neutra no estádio II detalhados na continuidade.

$$x_{II} = A\left(-1 + \sqrt{1 + 2\,\frac{d_o}{A}}\right) \tag{13.249}$$

Em que:

$$d_o = \frac{A_{s,ef}\, d + \left[\frac{(b_f - b_w)h_f}{\alpha_e}\right]\frac{h_f}{2}}{A_{s,ef} + \frac{(b_f - b_w)h_f}{\alpha_e}} = \frac{80.4 \cdot 153 + \left[\frac{(71-20)\cdot 20}{5.74}\right]\frac{20}{2}}{80.4 + \frac{(71-20)\cdot 20}{5.74}} = 54.5 \text{ cm} \tag{13.250}$$

$$A = \alpha_e \frac{\left[A_{s,ef} + \frac{(b_f - b_w)h_f}{\alpha_e}\right]}{b_w} = 5.74 \cdot \frac{\left[80.4 + \frac{(71-20)\cdot 20}{5.74}\right]}{20} = 74.1 \text{ cm}^2 \tag{13.251}$$

Portanto, a posição da linha neutra corrigida no estádio II para a seção T é ilustrada a seguir.

$$x_{II} = 74.1 \cdot \left(-1 + \sqrt{1 + 2\,\frac{54.5}{74.1}}\right) = 42.4 \text{ cm} \tag{13.252}$$

Posto isso, o momento de inércia da seção no estádio II (I_{II}) da seção T no caso 2 é expresso na continuidade.

$$I_{II} = \frac{b_f x_{II}{}^3}{3} - \frac{(b_f - b_w)(x_{II} - h_f)^3}{3} + \alpha_e A_{s,ef}(d - x_{II})^2 \tag{13.253}$$

$$I_{II} = \frac{71 \cdot 42.4^3}{3} - \frac{(71 - 20)\cdot(42.4 - 20)^3}{3} + 15 \cdot 80.4 \cdot (153 - 42.4)^2 \tag{13.254}$$

$$I_{II} = 7258107 \text{ cm}^4 \tag{13.255}$$

A rigidez equivalente da seção transversal é determinada a seguir.

$$(EI)_{eq,t0} = 3660\left\{\left(\frac{37765}{152500}\right)^3 1.07 \cdot 10^7 + \left[1 - \left(\frac{37765}{152500}\right)^3\right] 7.26 \cdot 10^6\right\} \tag{13.256}$$

$$(EI)_{eq,t0} = 2.67 \cdot 10^{10} \leq 3660 \cdot 1.07 \cdot 10^7 = 3.92 \cdot 10^{10} \tag{13.257}$$

Dimensionamento das longarinas   323

$$(EI)_{eq,t0} = 2.67 \cdot 10^{10} \text{ kNcm}^2$$
(13.258)

As flechas elásticas no estádio II nas extremidades das longarinas são expressas na sequência.

$$\Delta_{II,t0,min,b} = \Delta_{I,t0,b} \frac{E_{cs}I_c}{(EI)_{eq,t0}} = -9.7 \frac{3.92 \cdot 10^{10}}{2.67 \cdot 10^{10}} = -14.2 \text{ mm}$$
(13.259)

$$\Delta_{II,t0,max,b} = \Delta_{I,t0,b} \frac{E_{cs}I_c}{(EI)_{eq,t0}} = -3.2 \frac{3.92 \cdot 10^{10}}{2.67 \cdot 10^{10}} = -4.7 \text{ mm}$$
(13.260)

b) Verificação no meio do vão

Repete-se o procedimento, porém o momento de fissuração é igual a 62610 kNcm, Equação (13.198), o momento fletor M_a é igual ao momento fletor $M_{d,pos,qp}$ e as dimensões da seção transversal estão descritas na Figura 13.27. O momento de inércia da seção bruta é igual a $2.66 \cdot 10^7$ cm^4, Equação (13.71). A posição da linha neutra no estádio II, desprezando as armaduras de compressão e considerando a seção como retangular, é determinada na sequência.

$$x_{II} = \frac{-\alpha_e A_{s,ef} + \sqrt{(\alpha_e A_{s,ef})^2 + 2b_f \alpha_e A_{s,ef} d}}{b_f}$$
(13.261)

$$x_{II} = \frac{-5.74 \cdot 120.6 + \sqrt{(5.74 \cdot 120.6)^2 + 2 \cdot 307 \cdot 5.74 \cdot 120.6 \cdot 175}}{307}$$
(13.262)

$$x_{II} = 25.9 \text{ cm}$$
(13.263)

Como no item anterior, a linha neutra inicial está situada na alma da seção T considerada.

$$x_{II} = 25.9 \text{ cm} > h_f = 25 \text{ cm}$$
(13.264)

Dessa forma, repete-se o procedimento praticado na verificação de fadiga nas armaduras longitudinais negativas. A posição final da linha neutra no estádio II é determinada a partir dos parâmetros d_o e A.

$$d_o = \frac{A_{s,ef} d + \left[\frac{(b_f - b_w)h_f}{\alpha_e}\right] \frac{h_f}{2}}{A_{s,ef} + \frac{(b_f - b_w)h_f}{\alpha_e}} = \frac{120.6 \cdot 175 + \left[\frac{(307-20) \cdot 25}{5.74}\right] \frac{25}{2}}{120.6 + \frac{(07-20) \cdot 25}{5.74}} = 26.8 \text{cm}$$
(13.265)

324   Pontes em concreto armado: análise e dimensionamento

$$A = \alpha_e \frac{\left[A_{s,ef} + \frac{(b_f - b_w)h_f}{\alpha_e}\right]}{b_w} = 5.74 \cdot \frac{\left[120.6 + \frac{(307-20)\cdot 25}{5.74}\right]}{20} = 393.4 \text{ cm}^2 \quad (13.266)$$

Logo, a posição da linha neutra corrigida no estádio II para a seção T é ilustrada a seguir.

$$x_{II} = 393.4 \left(-1 + \sqrt{1 + 2\,\frac{26.8}{393.4}}\right) = 25.9 \text{ cm} \quad (13.267)$$

Portanto, o momento de inércia da seção no estádio II (I_{II}) da seção T para o caso 2 é calculado pela Equação (13.268).

$$I_{II} = \frac{b_f x_{II}^3}{3} - \frac{(b_f - b_w)(x_{II} - h_f)^3}{3} + \alpha_e A_{s,ef}(d - x_{II})^2 \quad (13.268)$$

$$I_{II} = \frac{307 \cdot 25.9^3}{3} - \frac{(307 - 20) \cdot (25.9 - 25)^3}{3} + 15 \cdot 120.6 \cdot (175 - 25.9)^2 \quad (13.269)$$

$$I_{II} = 17166997 \text{ cm}^4 \quad (13.270)$$

A rigidez equivalente da seção transversal é determinada a seguir, sendo observado que deve ser inferior ao valor obtido com a seção transversal íntegra (não fissurada) sem a consideração das armaduras longitudinais.

$$(EI)_{eq,t0} = 3660 \left\{\left(\frac{62610}{345700}\right)^3 2.66 \cdot 10^7 + \left[1 - \left(\frac{62610}{345700}\right)^3\right] 1.72 \cdot 10^7\right\} \quad (13.271)$$

$$(EI)_{eq,t0} = 6.3 \cdot 10^{10} \leq 3660 \cdot 2.66 \cdot 10^7 = 9.74 \cdot 10^{10} \quad (13.272)$$

$$\boxed{(EI)_{eq,t0} = 6.3 \cdot 10^{10} \text{ kNcm}^2} \quad (13.273)$$

As flechas elásticas no estádio II no meio do vão central das longarinas são expressas na sequência.

$$\boxed{\Delta_{II,t0,min,c} = \Delta_{I,t0,c}\frac{E_{cs}I_c}{(EI)_{eq,t0}} = 7.4\,\frac{9.74 \cdot 10^{10}}{6.3 \cdot 10^{10}} = 11.4 \text{ mm}} \quad (13.274)$$

$$\boxed{\Delta_{II,t0,max,c} = \Delta_{I,t0,c}\frac{E_{cs}I_c}{(EI)_{eq,t0}} = 13.8\,\frac{9.74 \cdot 10^{10}}{6.3 \cdot 10^{10}} = 21.3 \text{ mm}} \quad (13.275)$$

13.5.5 Flecha diferida no tempo

Adotando as simplificações: (a) tempo de análise da flecha diferida maior que 70 meses, (b) idade relativa à aplicação da carga de longa duração como 1 mês e (c) ausência de armaduras de compressão, o coeficiente α_f é detalhado pela Equação (13.276).

$$\alpha_f = 1.32 \tag{13.276}$$

Então, os deslocamentos verticais finais para um tempo superior a 70 meses são descritos a seguir.

$$\boxed{\Delta_{II,tf,min,b} = \Delta_{II,t0,b}\left(1 + \alpha_f\right) = -14.2\left(1 + 1.32\right) = -32.9 \text{ mm}} \tag{13.277}$$

$$\boxed{\Delta_{II,tf,max,b} = \Delta_{II,t0,b}\left(1 + \alpha_f\right) = -4.7\left(1 + 1.32\right) = -10.9 \text{ mm}} \tag{13.278}$$

$$\boxed{\Delta_{II,tf,min,c} = \Delta_{II,t0,c}\left(1 + \alpha_f\right) = 11.4\left(1 + 1.32\right) = 26.5 \text{ mm}} \tag{13.279}$$

$$\boxed{\Delta_{II,tf,max,c} = \Delta_{II,t0,c}\left(1 + \alpha_f\right) = 21.3\left(1 + 1.32\right) = 49.4 \text{ mm}} \tag{13.280}$$

Os deslocamentos máximos permitidos pela NBR 6118 (ABNT, 2014) estão descritos na Tabela 4.5. Assim, para condições de aceitabilidade sensorial, as flechas-limite (Δ_{lim}) são determinadas pela Equação (13.281).

$$\Delta_{lim} = \frac{l}{250} \tag{13.281}$$

Sendo l o dobro da distância entre os pontos de verificação de deslocamentos e os pontos considerados indeslocáveis.

Dessa forma, as distâncias l são ilustradas na Figura 13.40. Posto isso, os valores-limite das flechas para as extremidades dos balanços ($\Delta_{lim,b}$) e para o meio do vão das lajes centrais ($\Delta_{lim,c}$) são expressos na continuidade.

$$\Delta_{lim,b} = \frac{2 \cdot 5}{250} = 0.04 \text{ m} = 40 \text{ mm} \tag{13.282}$$

$$\Delta_{lim,c} = \frac{2 \cdot 10}{250} = 0.08 \text{ m} = 80 \text{ mm} \tag{13.283}$$

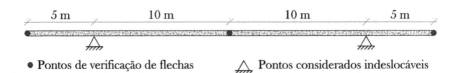

Figura 13.40: Pontos de verificações das flechas e dos pontos indeslocáveis para as longarinas.

Portanto, verifica-se que as flechas diferidas no tempo, em módulo, são inferiores aos valores-limite, satisfazendo o dimensionamento.

$$|\Delta_{II,tf,min,b}| = 32.9 \text{ mm} \leq \Delta_{lim,b} = 40 \text{ mm} \tag{13.284}$$

$$|\Delta_{II,tf,max,b}| = 10.9 \text{ mm} \leq \Delta_{lim,b} = 40 \text{ mm} \tag{13.285}$$

$$|\Delta_{II,tf,min,c}| = 26.5 \text{ mm} \leq \Delta_{lim,c} = 80 \text{ mm} \tag{13.286}$$

$$|\Delta_{II,tf,max,c}| = 49.4 \text{ mm} \leq \Delta_{lim,c} = 80 \text{ mm} \tag{13.287}$$

Referências e bibliografia recomendada

ABNT– ASSOCIAÇÃO BRASILEIRA DE NORMAS TÉCNICAS. *NBR 8681*. Ações e segurança nas estruturas – Procedimento. Rio de Janeiro, 2003a.

ABNT – ASSOCIAÇÃO BRASILEIRA DE NORMAS TÉCNICAS. *NBR 7187*. Projeto de pontes de concreto armado e de concreto protendido – Procedimento. Rio de Janeiro, 2003b.

ABNT – ASSOCIAÇÃO BRASILEIRA DE NORMAS TÉCNICAS. *NBR 7188*. Carga móvel rodoviária e de pedestres em pontes, viadutos, passarelas e outras estruturas. Rio de Janeiro, 2013.

ABNT – ASSOCIAÇÃO BRASILEIRA DE NORMAS TÉCNICAS. *NBR 6118*. Projeto de estruturas de concreto – Procedimento. Rio de Janeiro, 2014.

ALVES, E. V.; ALMEIDA, S. M.; JUDICE, F. M. S. Métodos de Análise Estrutural de Tabuleiros de Pontes em Vigas Múltiplas de Concreto Protendido. *Revista da Escola de Engenharia da Universidade Federal de Fluminense (ENGEVISTA)*, v. 6, n. 2, p. 48-58, 2004.

BUCHAIM, R. *Solicitações e Deslocamentos em Estruturas de Resposta Linear*. Londrina: EDUEL, 2010.

EL DEBS, M. K.; TAKEYA, T. *Notas de Aula*. Introdução às Pontes de Concreto. Departamento de Engenharia de Estruturas, Escola de Engenharia de São Carlos, Universidade de São Paulo. São Carlos, 2009.

Ftool®. *Two-Dimensional Frame Analysis Tool*. Pontifícia Universidade Católica do Rio de Janeiro, Computer Graphics Technology Group. Rio de Janeiro, 2016.

LEONHARDT, F. *Princípios Básicos da Construção de Pontes de Concreto*. Rio de Janeiro: Interciência, 1979.

MARCHETTI, O. *Pontes de Concreto Armado*. São Paulo: Blucher, 2008.

MARTHA, L. F. *FTOOL* - Um Programa Gráfico-Interativo para Ensino de Comportamento de Estruturas. Pontifícia Universidade Católica do Rio de Janeiro. Rio de Janeiro, 2015.

NETO, A. G. A. *Notas de Aula*. Método de Leonhardt. Universidade Presbiteriana Mackenzie. São Paulo, 2015.

REBOUÇAS, A. S.; JOVEM, T. P.; FILHO, J. N.; DIÓGENES, H. J. F.; MATA, R. C. Análise Comparativa da Distribuição de Carga em Pontes Hiperestáticas de Concreto Armado com Múltiplas Longarinas por Meio de Modelos Analíticos Clássicos e do Método do Elementos Finitos. In: CONGRESSO BRASILEIRO DE PONTES E ESTRUTURAS, 9. *Anais...* Rio de Janeiro, 2016.

STUCCHI, F. R. *Notas de Aula*. Pontes e Grandes Estruturas. Departamento de Estruturas e Fundações, Universidade de São Paulo, Escola Politécnica. São Paulo, 2006.

CAPÍTULO 14

Dimensionamento dos aparelhos de apoio

Os aparelhos de apoio elastoméricos empregados apresentam as seguintes dimensões: lados iguais a 60 cm e altura igual a 10 cm, sendo estas descritas na Tabela 1.5. Possuem 4 chapas de aço com espessuras de 5 mm e cobrimentos verticais e laterais iguais a 2.5 cm e 4 cm, respectivamente. A Figura 14.1 expõe a geometria dos aparelhos de apoio elastoméricos escolhidos para utilização na ponte em questão.

Figura 14.1: Geometria dos aparelhos de apoio elastoméricos.

Foi considerada a dureza Shore 70, logo as propriedades para as chapas de aço e para as borrachas são descritas na continuidade.

$$G = 1 \text{ MPa} = 0.1 \text{ kN/cm}^2 \tag{14.1}$$

$$\sigma_s \geq 240 \text{ MPa} = 24 \text{ kN/cm}^2 \tag{14.2}$$

Em que:

G = módulo de elasticidade transversal da borracha;
σ_s = tensão de escoamento característica das chapas de aço.

Na continuidade são determinadas as forças permanentes e variáveis atuantes nos aparelhos de apoio, sendo considerada a ação do vento nesta análise, uma vez que será transmitida aos pilares. Para tal, não são utilizadas as combinações, uma vez que as equações preconizam os esforços como característicos.

14.1 Obtenção dos esforços

14.1.1 Forças verticais

As forças verticais atuantes nos aparelhos de apoio são iguais às reações de apoio das longarinas. Foi desprezado o efeito gerado pelas cargas horizontais que atuam no tabuleiro (frenagem/aceleração e vento), uma vez que é de pequena intensidade quando comparado aos efeitos das cargas permanentes e móveis. A Figura 14.2 ilustra o modelo estrutural para obtenção das reações de apoio nas longarinas devidas às cargas permanentes, exceto devido ao peso próprio das transversinas.

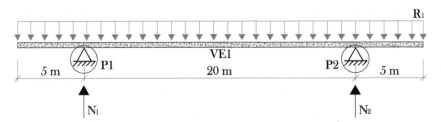

Figura 14.2: Modelo estrutural para obtenção das forças verticais nos aparelhos de apoio para as cargas permanentes.

Portanto, as reações de apoio N_1 e N_2 em função de $R1 = R$ (kN/m) são dadas na continuidade.

$$N_1 = N_2 = 15R \tag{14.3}$$

Os valores de R para as cargas permanentes devidas ao peso próprio das longarinas, ao peso próprio das lajes, ao peso da pavimentação e ao peso das defensas são, respectivamente: (a) $R_{pplong} = 16.3$ kN/m, (b) $R_{ppl} = 24.4$ kN/m, (c) $R_{pav} = 13.7$ kN/m e (d) $R_{def} = 8.5$ kN/m.

As reações de apoio nas longarinas devidas ao peso próprio das transversinas são obtidas do modelo estrutural exposto na Figura 14.3 e calculadas na continuidade.

Figura 14.3: Modelo estrutural para obtenção das forças verticais nos aparelhos de apoio para o peso próprio das transversinas.

$$N_1 = N_2 = 9.4 \text{ kN} \tag{14.4}$$

As forças verticais atuantes nos aparelhos de apoio devidas às cargas permanentes (N_g) são determinadas pela Equação (14.5).

$$N_g = 15\left(R_{pplong} + R_{ppl} + R_{pav} + R_{def}\right) + 9.4 \tag{14.5}$$

$$\boxed{N_g = 15\left(16.3 + 24.4 + 13.7 + 8.5\right) + 9.4 = 952.9 \text{ kN}} \tag{14.6}$$

Para as cargas variáveis, consideram-se as cargas móveis nas posições que geram os maiores e os menores valores de reações (casos 7 e 4), conforme observado no modelo estrutural descrito na Figura 14.4. Essas posições são obtidas a partir do uso de linhas de influência.

Então, os valores das forças verticais variáveis mínimas e máximas atuantes nos aparelhos de apoio ($N_{q,min}$ e $N_{q,max}$) são:

$$\boxed{N_{q,min} = N_{1,min} = -119.2 \text{ kN}} \tag{14.7}$$

$$\boxed{N_{q,max} = N_{1,max} = 1065.1 \text{ kN}} \tag{14.8}$$

14.1.2 Rotações

Para obtenção das rotações nos aparelhos de apoio, consideram-se as propriedades geométricas e físicas já determinadas no item 13.5.1, Equações (13.178) e (13.179):

$$I_c = 26549766 \text{ cm}^4 = 2.66 \cdot 10^7 \text{ cm}^4 \tag{14.9}$$

$$E_{cs} = 36.6 \text{ GPa} = 3.66 \cdot 10^3 \text{ kN/cm}^2 \tag{14.10}$$

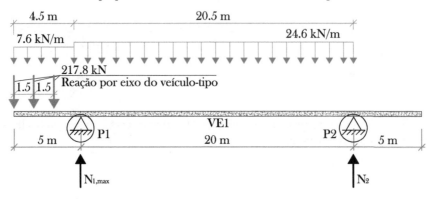

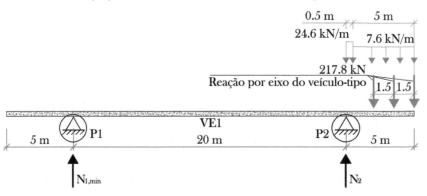

Figura 14.4: Modelo estrutural para obtenção das forças verticais nos aparelhos de apoio para o posicionamento das cargas móveis nos casos 7 e 4.

O cálculo das rotações em elementos de vigas pode ser efetuado a partir das Equações (4.13), (4.14), (4.15) e (4.16), conforme roteiro definido no item 4.3. Todavia, é mais prática a utilização de programas como Ftool, SAP2000, MATLab etc. Para os modelos a seguir foi utilizado o programa Ftool para obtenção das rotações nos apoios. A Figura 14.5 ilustra os deslocamentos verticais devidos às cargas permanentes e o sentido de rotação do aparelho de apoio.

Portanto, as rotações θ, expressas em rad e com o sentido horário positivo, para as cargas permanentes distribuídas linearmente em função de $R_1 = R$ (kN/m), são determinadas pela Equação (14.11).

$$\theta = 2.14 \cdot 10^{-5} R \tag{14.11}$$

Como o peso das transversinas é muito inferior às demais cargas permanentes e geraria uma rotação no sentido anti-horário, estando em favor da segurança, foi desprezada sua contribuição para as rotações nos aparelhos de apoio.

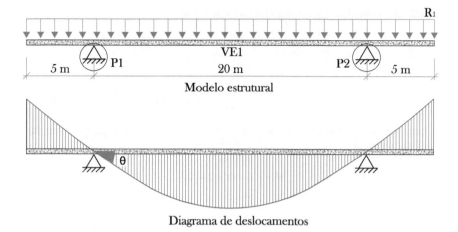

Figura 14.5: Diagrama de deslocamentos verticais das longarinas e sentido de rotação dos aparelhos de apoio, gerados pelas cargas permanentes distribuídas linearmente.

Portanto, as rotações geradas pelas cargas permanentes θ_g são determinadas a seguir.

$$\theta_g = 2.14 \cdot 10^{-5} \left(R_{pplong} + R_{ppl} + R_{pav} + R_{def} \right) \tag{14.12}$$

$$\boxed{\theta_g = 2.14 \cdot 10^{-5} \left(16.3 + 24.4 + 13.7 + 8.5 \right) = 1.34 \cdot 10^{-3} \text{ rad}} \tag{14.13}$$

Para as cargas móveis, no caso 1 (veículo posicionado na extremidade da ponte) ocorre rotação no sentido anti-horário nos aparelhos de apoio (Figura 13.39). Posto isso, foi considerado apenas o caso 5 (veículo posicionado no meio da ponte), uma vez que as rotações geradas estão no sentido horário (Figura 14.6).

O valor das rotações devidas às cargas variáveis θ_q para o caso 5 das cargas móveis é dado na continuidade.

$$\boxed{\theta_q = 2.25 \cdot 10^{-3} \text{ rad}} \tag{14.14}$$

14.1.3 Forças horizontais

As cargas horizontais que atuam no tabuleiro são transmitidas aos pilares pelos aparelhos de apoio e foram ignoradas no dimensionamento dos elementos da superestrutura (lajes, longarinas e transversinas), uma vez que o tabuleiro trabalha como diafragma rígido. É importante observar que, quanto mais rígidos forem os aparelhos de apoio, mais o modelo simplificado, que considera uma transferência uniforme para os pontos de apoio, torna-se distante da realidade.

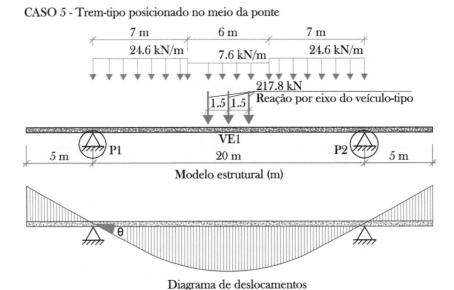

Figura 14.6: Diagrama de deslocamentos verticais das longarinas e sentido de rotação dos aparelhos de apoio, gerados pelas cargas móveis no caso 5.

As forças horizontais geradas pelas cargas permanentes H_g foram consideradas nulas, uma vez que não são obtidas analiticamente.

$$H_g = 0 \tag{14.15}$$

As forças horizontais geradas por frenagem e/ou aceleração por pilar foram determinadas no item 9.3, Equação (9.21), e atuam no sentido do fluxo dos veículos, sendo expostas a seguir.

$$H_{f,pilar} = 37.75 \text{ kN} \tag{14.16}$$

A intensidade da ação do vento foi determinada por pórtico, ou seja, a força horizontal por pilar é igual a metade da força H_{vento}, Equação (9.40), uma vez que são dois pilares por pórtico. Então, a força horizontal gerada pela ação do vento por pilar $H_{vento,pilar}$ atua no sentido perpendicular ao fluxo dos veículos e é calculada na continuidade.

$$H_{vento,pilar} = \frac{H_{vento}}{2} = \frac{57.8}{2} = 28.9 \text{ kN} \tag{14.17}$$

Assim, a força horizontal variável H_q que atua nos aparelhos de apoio é calculada a partir de decomposição das cargas devidas a frenagem e/ou aceleração e ao vento, uma vez que estão agindo em sentidos perpendiculares.

$$H_q = \sqrt{H_{f,pilar}{}^2 + H_{vento,pilar}{}^2} = \sqrt{37.75^2 + 28.9^2} = 47.5 \text{ kN} \tag{14.18}$$

14.2 Verificações dos aparelhos de apoio

As verificações dos aparelhos de apoio elastoméricos são efetuadas seguindo o roteiro imposto no Capítulo 7. Posto isso, dividem-se em:

a) deformação por cisalhamento;

b) tensões normais;

c) tensões de cisalhamento;

d) recalque por deformação;

e) espessura mínima e estabilidade;

f) levantamento da borda menos carregada;

g) tensões nas chapas de aço.

Os itens na sequência apresentam as verificações necessárias para que os aparelhos de apoio sejam devidamente projetados.

14.2.1 Verificação de deformação por cisalhamento

Os aparelhos de apoio não podem apresentar deformações por forças de cisalhamento excessivas, sendo aceitáveis quando a Equação (14.19) for satisfeita.

$$tg(\gamma) = \frac{a_h}{h} \leq 0.5 \tag{14.19}$$

Para tal, é preciso determinar o deslocamento horizontal a_h devido às forças horizontais e, no caso de almofadas de neoprene cintadas, este é calculado a seguir.

$$a_h = \frac{(H_g + 0.5H_q)n\,t}{G(a - 2c)(b - 2c)} \tag{14.20}$$

Assim, o cobrimento horizontal c da borracha é igual a 4 cm (Figura 14.1). Foram empregadas 4 chapas de aço (n) e a espessura das camadas intermediárias das almofadas é igual a 1 cm (t). Então, obtém-se:

$$a_h = \frac{(0 + 0.5 \cdot 47.5) \cdot 4 \cdot 1}{0.1 \cdot (60 - 2 \cdot 4) \cdot (60 - 2 \cdot 4)} = 0.35 \text{ cm} \tag{14.21}$$

A altura do aparelho de apoio h é igual a 10 cm, então a verificação de deformação por cisalhamento é satisfeita, conforme observado na Equação (14.22).

336   Pontes em concreto armado: análise e dimensionamento

$$tg(\gamma) = \frac{0.35}{10} = 0.035 \leq 0.5 \tag{14.22}$$

14.2.2   Verificação das tensões normais

As tensões normais máximas atuantes nos aparelhos de apoio elastoméricos cintados são limitadas em 11 MPa, ou seja, as Equações (14.23) e (14.24) devem ser respeitadas.

$$\sigma'_{max} = \frac{N_{min}}{A'} = \frac{N_g + N_{q,min}}{A'} \leq 11 \text{ MPa} \tag{14.23}$$

$$\sigma'_{max} = \frac{N_{max}}{A'} = \frac{N_g + N_{q,max}}{A'} \leq 11 \text{ MPa} \tag{14.24}$$

A área de contato reduzida A' é determinada na continuidade após o cálculo das deformações por cisalhamento.

$$A' = (a - a_h - 2c)(b - 2c) = (60 - 0.35 - 2 \cdot 4) \cdot (60 - 2 \cdot 4) = 2685.8 \text{ cm}^2 \tag{14.25}$$

Portanto, as verificações são satisfeitas, Equações (14.27) e (14.29).

$$\sigma'_{max} = \frac{N_g + N_{q,min}}{A'} = \frac{952.9 - 119.2}{2685.8} = 0.31 \frac{\text{kN}}{\text{cm}^2} \tag{14.26}$$

$$\boxed{\sigma'_{max} = 3.1 \text{ MPa} \leq 11 \text{ MPa}} \tag{14.27}$$

$$\sigma'_{max} = \frac{N_g + N_{q,max}}{A'} = \frac{952.9 + 1065.1}{2685.8} = 0.75 \frac{\text{kN}}{\text{cm}^2} \tag{14.28}$$

$$\boxed{\sigma'_{max} = 7.5 \text{ MPa} \leq 11 \text{ MPa}} \tag{14.29}$$

As tensões normais mínimas (σ'_{min}) são avaliadas conforme a Equação (14.30) para evitar possíveis escorregamentos, porém essa verificação é efetuada com mais detalhes na continuidade.

$$\sigma'_{min} = \frac{N_{min}}{A'} = \frac{N_g + N_{q,min}}{A'} \geq \left(1 + \frac{a}{b}\right) \text{MPa} \tag{14.30}$$

$$\boxed{\sigma'_{min} = \frac{N_g + N_{q,min}}{A'} = 3.1 \text{ MPa} \geq 1 + \frac{a}{b} = 1 + \frac{60}{60} = 2 \text{ MPa}} \tag{14.31}$$

Dimensionamento dos aparelhos de apoio   337

14.2.3   Verificação das tensões de cisalhamento

As verificações das tensões de cisalhamento no elastômero são realizadas de acordo com a equação exposta a seguir.

$$\tau = \tau_N + \tau_H + \tau_\theta \leq 5G \tag{14.32}$$

Para aparelhos de apoio elastoméricos com chapas de aço, as tensões cisalhantes no elastômero devidas às forças normais (τ_N) são determinadas na continuidade.

$$\tau_N = \frac{1.5\,(H_g + 1.5H_q)}{B\,(a - 2c)(b - 2c)} \geq \frac{1.5H_g}{B\,(a - 2c)(b - 2c)} \tag{14.33}$$

O fator de forma é dado por:

$$B = \frac{(a - 2c)(b - 2c)}{t\,[(a - 2c) + (b - 2c)]} = \frac{(60 - 2 \cdot 4) \cdot (60 - 2 \cdot 4)}{2 \cdot 1 \cdot [(60 - 2 \cdot 4) + (60 - 2 \cdot 4)]} = 13 \tag{14.34}$$

Portanto, obtêm-se os resultados na sequência.

$$\tau_N = \frac{1.5\,(0 + 1.5 \cdot 47.5)}{13\,(60 - 2 \cdot 4) \cdot (60 - 2 \cdot 4)} = 0.003 \geq \frac{1.5 \cdot 0}{13\,(60 - 2 \cdot 4) \cdot (60 - 2 \cdot 4)} = 0 \tag{14.35}$$

$$\boxed{\tau_N = 0.003 \text{ kN/cm}^2} \tag{14.36}$$

As tensões de cisalhamento devidas às forças horizontais e às rotações são descritas nas Equações (14.37) e (14.40).

$$\tau_H = \frac{H_g + 0.5H_q}{(a - 2c)(b - 2c)} \geq \frac{H_g}{(a - 2c)(b - 2c)} \tag{14.37}$$

$$\tau_H = \frac{0 + 0.5 \cdot 47.5}{(60 - 2 \cdot 4)(60 - 2 \cdot 4)} = 0.009 \geq \frac{0}{(60 - 2 \cdot 4)\,(60 - 2 \cdot 4)} = 0 \tag{14.38}$$

$$\boxed{\tau_H = 0.009 \text{ kN/cm}^2} \tag{14.39}$$

A rotação inicial devida às imprecisões de montagem $tg(\theta_0)$ foi considerada igual a 0.01 rad.

$$\tau_\theta = \frac{G(a - 2c)^2}{2th}\,[tg(\theta_g) + 1.5tg(\theta_q) + tg(\theta_0)] \geq \frac{G(a - 2c)^2}{2th}\,tg(\theta_g) \tag{14.40}$$

$$\tau_\theta = \frac{0.1 \cdot (60 - 2 \cdot 4)^2}{2 \cdot 1 \cdot 10}\,[tg(1.24 \cdot 10^{-3}) + 1.5 \cdot tg(2.31 \cdot 10^{-3}) + tg(1 \cdot 10^{-2})]$$

$$\geq \frac{0.1 \cdot (60 - 2 \cdot)^2}{2 \cdot 1 \cdot 10}\,tg(1.24 \cdot 10^{-3}) \tag{14.41}$$

338   Pontes em concreto armado: análise e dimensionamento

$$\tau_\theta = 0.183 \geq 0.017 \rightarrow \boxed{\tau_\theta = 0.183 \text{ kN/cm}^2} \tag{14.42}$$

Portanto, a verificação das tensões de cisalhamento é satisfeita, de acordo com a Equação (14.43).

$$\boxed{\tau = 0.003 + 0.009 + 0.183 = 0.195 \text{ kN/cm}^2 \leq 5G = 5 \cdot 0.1 = 0.5 \text{ kN/cm}^2} \tag{14.43}$$

14.2.4   Verificação dos recalques por deformação

As deformações por compressão (afundamento) geradas pelas cargas verticais podem ser limitadas a 15% na falta de valores experimentais. Assim, deve-se avaliar a equação na sequência.

$$\frac{\Delta h}{h} = \frac{(n-1)t + 2c}{h} \frac{\sigma'_{max}}{4GB + 3\sigma'_{max}} \leq 0.15 \tag{14.44}$$

O fator de forma B foi calculado anteriormente, Equação (14.34), enquanto as tensões normais máximas σ'_{max} podem ser determinadas como o maior valor encontrado pelas Equações (14.26) e (14.28). Portanto, tem-se que:

$$\sigma'_{max} = 0.75 \text{ kN/cm}^2 \tag{14.45}$$

Destaca-se que o cobrimento c considerado nessa verificação é o vertical, ou seja, é igual a 2.5 cm (Figura 14.1).

$$\boxed{\frac{\Delta h}{h} = \frac{(4-1) \cdot 1 + 2 \cdot 2.5}{10} \cdot \frac{0.75}{4 \cdot 0.1 \cdot 13 + 3 \cdot 0.75} = 0.08 \leq 0.15} \tag{14.46}$$

Portanto, a verificação é satisfeita, conforme visto na equação anterior.

14.2.5   Verificação de espessura mínima e estabilidade

Para almofadas de neoprene com chapas de aço, a espessura mínima do aparelho de apoio deve respeitar a Equação (14.47). Todavia, os fabricantes costumam apresentar nos catálogos os limites de altura para cada geometria predefinida.

$$\boxed{h = 10 \text{ cm} > \frac{a - 2c - a_h}{10} = \frac{60 - 2 \cdot 4 - 0.35}{10} = 5.2 \text{ cm}} \tag{14.47}$$

A verificação de estabilidade é dispensada quando a Equação (14.48) é satisfeita.

$$\boxed{h = 10 \text{ cm} < \frac{a - 2c}{5} = \frac{60 - 2 \cdot 4}{5} = 10.4 \text{ cm}} \tag{14.48}$$

Dimensionamento dos aparelhos de apoio   339

Logo, não é preciso avaliar a estabilidade dos aparelhos de apoio elastoméricos adotados.

14.2.6 Verificação de segurança contra deslizamento

Em relação ao deslizamento do aparelho de apoio, este pode ser impedido fixando-se os limites impostos na sequência.

$$H_g < \mu N_{min} = \mu \left(N_g + N_{q,min} \right) \tag{14.49}$$

$$H_g + H_q < \mu N_{max} = \mu \left(N_g + N_{q,max} \right) \tag{14.50}$$

O coeficiente de atrito é calculado pela Equação (14.51), porém o valor das tensões máximas deve ser expresso em MPa e estas foram determinadas na Equação (14.45).

$$\mu = 0.1 + \frac{0.2}{\sigma'_{max}} = 0.1 + \frac{0.2}{7.5} = 0.127 \tag{14.51}$$

Portanto, tem-se que não há necessidade de mecanismos alternativos de ancoragem dos aparelhos de apoio, conforme observado nas Equações (14.52) e (14.54).

$$\boxed{H_g = 0 < \mu \left(N_g + N_{q,min} \right) = 0.127 \left(952.9 - 119.2 \right) = 105.9 \, \text{kN}} \tag{14.52}$$

$$H_g + H_q = 47.5 \, kN < \mu \left(N_g + N_{q,max} \right) = 0.127 \left(952.9 + 1065.1 \right) \tag{14.53}$$

$$\boxed{H_g + H_q = 256.3 \, \text{kN}} \tag{14.54}$$

14.2.7 Verificação de levantamento da borda menos carregada

Para as condições de levantamento da borda menos carregada, devem-se avaliar as tangentes das rotações devidas às cargas permanentes e acidentais. Para aparelhos de apoio elastoméricos fretados, a rotação devida às cargas permanentes deve ser inferior ao estabelecido na equação a seguir.

$$tg(\theta_g) < \frac{6}{a - 2c} \left(\frac{n \, t \sigma_g}{4GB^2 + 3\sigma_g} \right) \tag{14.55}$$

As tensões normais devidas às cargas permanentes são determinadas na sequência, sendo a_h calculado a partir da Equação (14.20) considerando $H_q = 0$, chegando-se ao mesmo valor determinado anteriormente, Equação (14.21).

340   Pontes em concreto armado: análise e dimensionamento

$$\sigma_g = \frac{N_g + N_{q,min}}{(a - a_h - 2c)b} = \frac{952.9 - 119.2}{(60 - 0.35 - 2 \cdot 4)\,60} = 0.27 \text{ kN/cm}^2 \tag{14.56}$$

Portanto, a verificação é satisfeita para as cargas permanentes, sendo descrita a partir das equações na continuidade.

$$tg(1.34 \cdot 10^{-3}) < \frac{6}{60 - 2 \cdot 4}\left(\frac{4 \cdot 1 \cdot 0.27}{4 \cdot 0.1 \cdot 13^2 + 3 \cdot 0.27}\right) \tag{14.57}$$

$$\boxed{1.24 \cdot 10^{-3} < 1.8 \cdot 10^{-3}} \tag{14.58}$$

Já na rotação devida às cargas totais, a Equação (14.59) deve ser satisfeita. O valor de a_h é calculado a partir da Equação (14.20) adotando-se as forças horizontais totais.

$$tg(\theta_g) + 1.5tg(\theta_q) < \frac{6}{a - 2c}\left(\frac{n\,t\sigma_t}{4GB^2 + 3\sigma_t}\right) \tag{14.59}$$

As tensões totais devidas às cargas permanentes e acidentais são expressas a seguir.

$$\sigma_t = \frac{N_g + N_{q,max}}{(a - a_h - 2c)b} = \frac{952.9 + 1065.1}{(60 - 0.35 - 2 \cdot 4)\,60} = 0.65 \text{ kN/cm}^2 \tag{14.60}$$

Por fim, a verificação de levantamento da borda menos carregada para as cargas totais não é respeitada, Equações (14.61) e (14.62), porém como os resultados são muito próximos foi considerada como uma condição satisfeita.

$$tg(1.34 \cdot 10^{-3}) + 1.5 \cdot tg(2.25 \cdot 10^{-3}) > \frac{6}{60 - 2 \cdot 4} \cdot \left(\frac{4 \cdot 1 \cdot 0.65}{4 \cdot 0.1 \cdot 13^2 + 3 \cdot 0.65}\right) \tag{14.61}$$

$$\boxed{4.72 \cdot 10^{-3} > 4.31 \cdot 10^{-3}} \tag{14.62}$$

14.2.8   Verificação das chapas de aço

Esta verificação é necessária quando a borracha de polipropileno é cintada. Assim, a espessura das chapas deve satisfazer a Equação (14.63).

$$h_1 \geq \frac{(a - 2c)\sigma'_{max}}{B\sigma_s} \tag{14.63}$$

Sendo σ_s a tensão de escoamento das chapas de aço determinada como superior ou igual a 24 kN/cm^2 e a tensão máxima σ'_{max} igual a 0.75 kN/cm^2, Equação (14.45), tem-se que:

$$h_1 = 0.5 \text{ cm} \geq \frac{(a - 2c)\,\sigma'_{max}}{S\sigma_s} = \frac{(60 - 2 \cdot 4)\,0.75}{13 \cdot 24} = 0.13 \text{ cm} \tag{14.64}$$

Dessa forma, encerram-se as verificações pertinentes para o dimensionamento dos aparelhos de apoio elastoméricos.

Referências e bibliografia recomendada

ABNT – ASSOCIAÇÃO BRASILEIRA DE NORMAS TÉCNICAS. *NBR 9062*. Projeto e Execução de Estruturas de Concreto Pré-moldado. Rio de Janeiro, 2017.

DNIT – DEPARTAMENTO NACIONAL DE INFRAESTRUTURA DE TRANSPORTES. *Norma DNIT 091*. Tratamento de aparelhos de apoio: concreto, neoprene e metálicos — Especificações de serviço. Rio de Janeiro, 2006.

EL DEBS, M. K. *Concreto Pré-moldado*: Fundamentos e Aplicações. 2. ed. São Paulo: Oficina de Textos, 2017.

MARCHETTI, O. *Pontes de Concreto Armado*. São Paulo: Blucher, 2008.

CAPÍTULO 15

Dimensionamento dos pilares

Neste capítulo, são dimensionados os pilares submetidos aos carregamentos descritos no capítulo de ações e segurança. Todavia, as cargas que atuam nos pilares são oriundas dos aparelhos de apoio, as quais foram determinadas no capítulo anterior. Por fim, são utilizadas as prescrições da NBR 6118 (ABNT, 2014) para efetuar o detalhamento desses elementos.

15.1 Obtenção de esforços e combinações

As forças verticais que atuam em cada pilar foram calculadas pelas Equações (14.6) e (14.8), sendo:

$$N_g = 952.9 \text{ kN} \tag{15.1}$$

$$N_{mov} = N_{q,max} = 1065.1 \text{ kN} \tag{15.2}$$

Em que:

N_g = forças verticais atuantes em cada pilar devidas às cargas permanentes;

N_{mov} - Forças verticais atuantes em cada pilar devidas às cargas móveis.

Enquanto isso, as cargas horizontais devidas a frenagem e/ou aceleração e ao vento são descritas na continuidade (Figuras 9.5 e 9.9, respectivamente).

344   Pontes em concreto armado: análise e dimensionamento

$$H_f = 37.75 \text{ kN} \tag{15.3}$$

$$H_{vento} = \frac{57.8}{2} = 28.9 \text{ kN} \tag{15.4}$$

Sendo:

H_f = forças horizontais atuantes em cada pilar devidas às cargas de frenagem e/ou aceleração;

H_{vento} = forças horizontais atuantes em cada pilar devidas às cargas do vento.

Portanto, é preciso determinar as combinações últimas referentes ao estado-limite último. Além disso, a carga devida ao peso próprio das travessas foi desprezada, posto que os esforços gerados são de baixa intensidade quando comparados ao peso próprio da superestrutura.

a) Combinação 1: cargas móveis como ações variáveis principais

Esta combinação considera as cargas móveis como as ações variáveis principais, enquanto as demais são secundárias, Equação (9.42). Logo:

$$N_{1d} = 1.35N_g + 1.5N_{mov} = 1.35 \cdot 952.9 + 1.5 \cdot 1065.1 = 2884.1 \text{ kN} \tag{15.5}$$

$$H_{1d,x} = 1.5H_f = 1.5 \cdot 37.75 = 56.6 \text{ kN} \tag{15.6}$$

$$H_{1d,y} = 1.4(0.6H_{vento}) = 1.4 \cdot 0.6 \cdot 28.9 = 24.3 \text{ kN} \tag{15.7}$$

Em que:

N_{1d} = forças verticais de cálculo atuantes em cada pilar para a primeira combinação última normal;

$H_{1d,x}$ = forças horizontais de cálculo atuantes em cada pilar na direção do eixo x (sentido longitudinal da ponte) para a primeira combinação última normal;

$H_{1d,y}$ = forças horizontais de cálculo atuantes em cada pilar na direção do eixo y (sentido transversal da ponte) para a primeira combinação última normal.

b) Combinação 2: vento como ação variável principal

Esta combinação considera as cargas devidas ao vento como as ações variáveis principais, enquanto as demais são secundárias, Equação (9.43). Logo:

$$N_{2d} = 1.35 N_g + 1.5(0.7 N_{mov}) = 1.35 \cdot 952.9 + 1.5 \cdot 0.7 \cdot 1065.1 = 2404.8 \text{ kN} \quad (15.8)$$

$$H_{2d,x} = 1.5(0.7 H_f) = 1.5 \cdot 0.7 \cdot 37.75 = 39.6 \text{ kN} \quad (15.9)$$

$$H_{2d,y} = 1.4 H_{vento} = 1.4 \cdot 28.9 = 40.5 \text{ kN} \quad (15.10)$$

Em que:

N_{2d} = forças verticais de cálculo atuantes em cada pilar para a segunda combinação última normal;

$H_{2d,x}$ = forças horizontais de cálculo atuantes em cada pilar na direção do eixo x (sentido longitudinal da ponte) para a segunda combinação última normal;

$H_{2d,y}$ = forças horizontais de cálculo atuantes em cada pilar na direção do eixo y (sentido transversal da ponte) para a segunda combinação última normal.

Os pilares devem ser dimensionados considerando ambas as combinações isoladamente, sendo a primeira (carga móvel como ação principal) mais crítica em relação aos momentos fletores na direção longitudinal da ponte, enquanto a segunda (vento como ação principal) é mais crítica na direção transversal. Todavia, como os pilares apresentam seções retangulares, as armaduras longitudinais devem ser simétricas em torno de ambos os eixos (x e y) para facilitar a execução.

$$\boxed{N_d = N_{1d} = 2884.1 \text{ kN}} \quad (15.11)$$

$$\boxed{H_{d,x} = H_{1d,x} = 56.6 \text{ kN}} \quad (15.12)$$

$$\boxed{H_{d,y} = H_{1d,y} = 24.3 \text{ kN}} \quad (15.13)$$

Em relação à montagem do modelo dos pilares, os aparelhos de apoio apresentam baixo módulo de deformação transversal, reduzindo a rigidez do sistema quanto aos deslocamentos horizontais (Figura 15.1). Dessa forma, é comum tratar da infraestrutura isoladamente.

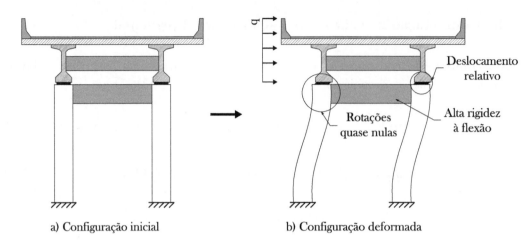

a) Configuração inicial   b) Configuração deformada

Figura 15.1: Configurações (a) inicial e (b) deformada do sistema no sentido transversal, no qual ocorrem deslocamentos horizontais relativos entre a superestrutura e a infraestrutura.

Foi considerada apenas a primeira combinação por gerar resultados mais críticos nesses elementos. A Figura 15.2 ilustra o modelo simplificado de aplicação das cargas nos pilares. Para tal, é importante observar a disposição do pórtico (sistema pilares e travessa) no sentido transversal que é descrita no corte CC da Figura 8.3 e o sentido longitudinal no corte DD da Figura 8.4.

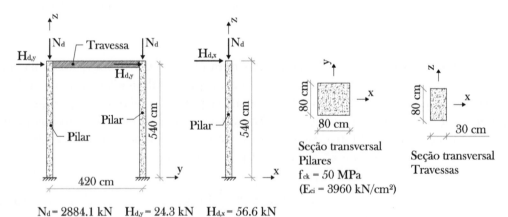

Figura 15.2: Modelo de aplicação das cargas nos pilares da ponte nos sentidos longitudinal (eixo x) e transversal (eixo y).

15.1.1 Efeitos globais de segunda ordem

Para as análises dos efeitos globais de segunda ordem, foi adotado o método P-Delta, conforme disposto nos capítulos anteriores. Além disso, o efeito do desaprumo foi ignorado por ser de pequena intensidade, mas pode ser considerado conforme exposto no capítulo de análise de efeitos de segunda ordem.

Dimensionamento dos pilares   347

a) Sentido longitudinal (eixo x)

Inicia-se pela direção longitudinal por apresentar um sistema mais simples. Assim, o erro-limite foi adotado como $e_{lim} = 10^{-3}$. Determina-se a rigidez à flexão secante do pilar a partir da consideração simplificada da não linearidade física descrita anteriormente, sendo o momento de inércia da seção bruta I_c na direção longitudinal calculado na continuidade.

$$I_c = \frac{80 \cdot 80^3}{12} = 3.413 \cdot 10^6 \text{ cm}^4 \tag{15.14}$$

Como o elemento estrutural é um pilar e o módulo de deformação tangencial inicial é igual a 3960 kN/cm^2, então:

$$(EI)_{sec} = 0.8 E_{ci} I_c = 0.8 \cdot 3960 \cdot 3.413 \cdot 10^6 = 1.08 \cdot 10^{10} \text{ kNcm}^2 \tag{15.15}$$

Calcula-se inicialmente o deslocamento no topo devido à ação da força horizontal no sentido longitudinal ($H_{d,x}$). Esta formulação está exposta no Apêndice D para um pilar engastado na base e livre na ponta.

$$\Delta_{i,x} = \frac{H_{d,x} l^3}{3(EI)_{sec}} = \frac{56.6 \cdot 540^3}{3 \cdot 1.08 \cdot 10^{10}} = 0.28 \text{ cm} \tag{15.16}$$

Então, o momento fletor inicial na base na direção longitudinal é:

$$M_{id,x} = H_{d,x} l + N_d \Delta_{i,x} = 56.6 \cdot 540 + 2884.1 \cdot 0.28 = 31372 \text{ kNcm} \tag{15.17}$$

A Figura 15.3 apresenta a resposta da estrutura para a análise inicial de primeira ordem na direção longitudinal. Na sequência é efetuada a primeira iteração com a obtenção da carga lateral fictícia $H_{f1,x}$.

$$H_{f1,x} = \frac{N_d \Delta_{i,x}}{l} = \frac{2884.1 \cdot 0.28}{540} = 1.5 \text{ kN} \tag{15.18}$$

O deslocamento gerado pela carga fictícia é expresso na continuidade.

$$\Delta_{1,x} = \frac{H_{f1,x} l^3}{3(EI)_{sec}} = \frac{1.5 \cdot 540^3}{3 \cdot 1.08 \cdot 10^{10}} = 7.29 \cdot 10^{-3} \text{ cm} \tag{15.19}$$

Portanto, o acréscimo de momento fletor na base $M_{1d,x}$ gerado pela carga fictícia $H_{f1,x}$ é calculado a seguir.

$$M_{1d,x} = N_d \Delta_{1,x} = 2884.1 \cdot 7.29 \cdot 10^{-3} = 21 \text{ kNcm} \tag{15.20}$$

O erro da primeira iteração é inferior ao limite, ou seja, não é necessário efetuar novas iterações.

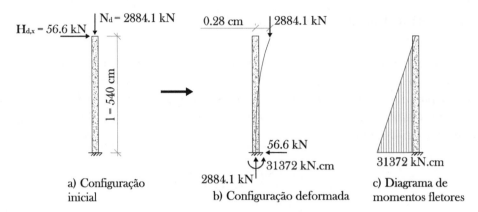

a) Configuração inicial   b) Configuração deformada   c) Diagrama de momentos fletores

Figura 15.3: Análise inicial de primeira ordem do pilar na direção longitudinal, na qual: (a) configuração inicial, (b) configuração deformada e (c) diagrama de momentos fletores.

$$e_{1,x} = \frac{M_{1d,x}}{M_{id,x}} = \frac{21}{31372} = 6.69 \cdot 10^{-4} \leq e_{lim} = 10^{-3} \qquad (15.21)$$

O momento fletor final de segunda ordem global no sentido longitudinal é:

$$\boxed{M_{d,x} = M_{id,x} + M_{1d,x} = 21 + 31372 = 31393 \text{ kNcm}} \qquad (15.22)$$

Os resultados finais dos momentos fletores na direção longitudinal considerando os efeitos globais de segunda ordem estão descritos na Figura 15.4.

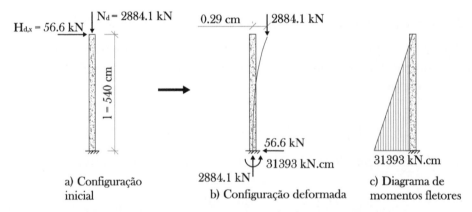

a) Configuração inicial   b) Configuração deformada   c) Diagrama de momentos fletores

Figura 15.4: Análise global de segunda ordem do pilar na direção longitudinal, na qual: (a) configuração inicial, (b) configuração deformada e (c) diagrama de momentos fletores.

O deslocamento final no topo é igual a 0.29 cm, sendo inferior ao limite descrito na Tabela 4.5, utilizada para edifícios em função das paredes. Todavia, como não existe um valor-limite para pontes, este foi adotado como base.

$$\boxed{\Delta_x = \Delta_{i,x} + \Delta_{1,x} = 0.29 \text{ cm} \leq \Delta_{lim,x} = \frac{2l}{1700} = \frac{2 \cdot 540}{1700} = 0.64 \text{ cm}} \quad (15.23)$$

b) Sentido transversal (eixo y)

A rigidez secante dos pilares foi calculada para o sentido longitudinal, mas, como a seção transversal é retangular, esses valores se repetem para o sentido transversal. O sistema é simplificado, uma vez que a rigidez das travessas é muito alta, podendo ser considerado que o pórtico trabalha como diafragma rígido (Figura 15.5), ou seja, não permite rotação na ligação entre as travessas e os pilares.

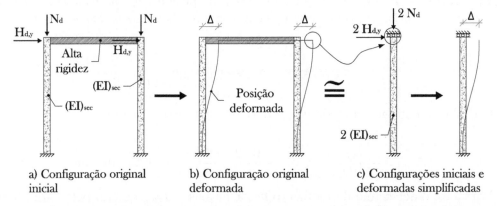

Figura 15.5: Modelo do pórtico no sentido transversal, sendo (a) configuração original inicial, (b) configuração original deformada e (c) configurações inicial e deformada simplificadas.

Como no sentido longitudinal, determina-se o deslocamento no topo do pilar devido à ação da força horizontal no sentido transversal ($H_{d,y}$). Esta formulação pode ser deduzida facilmente a partir do método de Castigliano.

$$\Delta_{i,y} = \frac{2H_{d,y}l^3}{12[2(EI)_{sec}]} = \frac{2 \cdot 24.3 \cdot 540^3}{12 \cdot 2 \cdot 1.08 \cdot 10^{10}} = 0.03 \text{ cm} \quad (15.24)$$

Então, o momento fletor inicial de primeira ordem na base na direção transversal é calculado como:

$$M_{id,y} = \frac{(2H_{d,y}l + 2Nd\Delta_{i,y})}{2} \quad (15.25)$$

$$M_{id,y} = \frac{(2 \cdot 24.3 \cdot 540 + 2 \cdot 2884.1 \cdot 0.03)}{2} = 13209 \text{ kNcm} \quad (15.26)$$

A Figura 15.6 apresenta a resposta da estrutura para a análise inicial de primeira ordem na direção transversal. Na continuação é realizada a primeira iteração com a obtenção da carga lateral fictícia $H_{f1,y}$.

350 Pontes em concreto armado: análise e dimensionamento

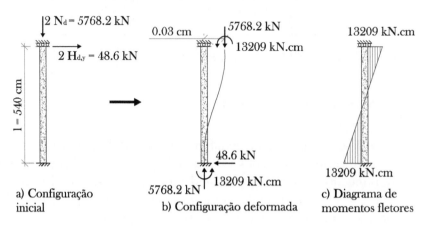

a) Configuração inicial
b) Configuração deformada
c) Diagrama de momentos fletores

Figura 15.6: Análise inicial de primeira ordem do pilar na direção transversal, na qual: (a) configuração inicial, (b) configuração deformada e (c) diagrama de momentos fletores.

$$H_{f1,y} = \frac{2N_d \Delta_{i,y}}{l} = \frac{2 \cdot 2884.1 \cdot 0.03}{540} = 0.32 \text{ kN} \qquad (15.27)$$

O deslocamento gerado pela carga fictícia é expresso a seguir.

$$\Delta_{1,y} = \frac{H_{f1,y} l^3}{12[2(EI)_{sec}]} = \frac{0.32 \cdot 540^3}{12 \cdot 2 \cdot 1.08 \cdot 10^{10}} = 1.94 \cdot 10^{-4} \text{cm} \qquad (15.28)$$

Portanto, o acréscimo de momento fletor na base $M_{1d,y}$ gerado pela carga fictícia $H_{f1,y}$ é calculado na continuidade.

$$M_{1d,y} = \frac{2N_d \Delta_{1,y}}{2} = \frac{2 \cdot 2884.1 \cdot 1.94 \cdot 10^{-4}}{2} = 0.56 \text{ kNcm} \qquad (15.29)$$

O erro da primeira iteração é inferior ao limite, ou seja, não é necessário efetuar novas iterações.

$$e_{1,y} = \frac{M_{1d,y}}{M_{id,y}} = \frac{0.56}{13209} = 4.24 \cdot 10^{-5} \leq e_{lim} = 10^{-3} \qquad (15.30)$$

O momento fletor final de segunda ordem global no sentido transversal para cada pilar é calculado na Equação (15.31). Nota-se que, na simplificação do modelo, os esforços dos pilares são somados e ao final precisam ser divididos, sendo apenas os deslocamentos horizontais no topo os mesmos.

$$\boxed{M_{d,y} = \frac{M_{id,x} + M_{1d,x}}{2} = \frac{0.56 + 13209}{2} = 6605 \text{ kNcm}} \qquad (15.31)$$

O deslocamento final no topo do pilar na direção transversal é igual a 0.03 cm, sendo inferior ao limite avaliado anteriormente.

$$\boxed{\Delta_y = \Delta_{i,y} + \Delta_{1,y} = 0.03 \text{ cm} \leq \Delta_{lim,y} = \frac{l}{1700} = \frac{540}{1700} = 0.32 \text{ cm}} \quad (15.32)$$

Os resultados finais dos esforços normais e dos momentos fletores em ambas as direções, considerando os efeitos globais de segunda ordem, estão descritos na Figura 15.7. Além disso, apresenta-se o esquema dos comprimentos efetivos de flambagem para cada direção, sendo $l_{e,x} = 1080$ cm e $l_{e,y} = 540$ cm.

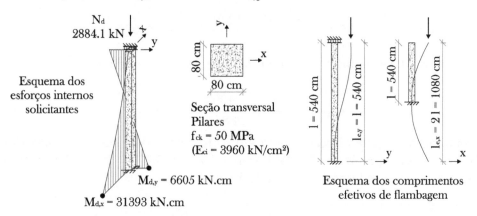

Figura 15.7: Resultados dos esforços finais dos pilares considerando os efeitos globais de segunda ordem e esquema dos comprimentos efetivos de flambagem.

Na continuidade são obtidos os esforços finais de dimensionamento a partir da análise dos efeitos locais de segunda ordem, desprezando-se os localizados em razão de os momentos fletores mínimos de primeira ordem serem verificados.

15.1.2 Efeitos locais de segunda ordem

Para análise dos efeitos locais de segunda ordem, foi empregado o método do pilar-padrão com rigidez κ aproximada, posto que é mais exato que o da curvatura aproximada e os valores de esbeltez são inferiores a 90, conforme exposto na sequência.

a) Sentido longitudinal (eixo x)

Inicia-se com a determinação do momento fletor mínimo de primeira ordem na direção x.

$$M_{1d,min,x} = N_d \left(0.015 + 0.03 h_x \right) = 2884.1 \left(1.5 + 0.03 \cdot 80 \right) = 11248 \text{ kNcm} \quad (15.33)$$

Portanto, os momentos fletores locais de primeira ordem são superiores aos mínimos na direção x, ou seja, não necessitam de correções.

$$M_{1d,x} = 3139 \text{ kNcm} \geq M_{1d,min,x} = 11248 \text{ kNcm} \quad (15.34)$$

352   Pontes em concreto armado: análise e dimensionamento

Verifica-se então o índice de esbeltez na direção longitudinal por meio da Equação (15.35).

$$\lambda_x = \frac{3.46\,l_{e,x}}{h_x} = \frac{3.46 \cdot 1080}{80} = 46.71$$

(15.35)

Na sequência, determina-se o valor-limite de esbeltez na direção x.

$$35 \leq \lambda_{1,x} = \frac{25 + 12.5(e_{1,x}/h_x)}{\alpha_{b,x}} \leq 90$$

(15.36)

A excentricidade de primeira ordem na direção x é tomada como:

$$e_{1,x} = \frac{M_{1d,x}}{N_d} = \frac{31393}{2884.1} = 10.9 \text{ cm}$$

(15.37)

O parâmetro $\alpha_{b,x}$ na direção x para um pilar engastado é calculado pela Equação (5.93). Observa-se que $M_A = 31393$ kNcm e $M_C = 0.5 M_A = 15697$ kNcm, já que o diagrama é representado por uma função linear.

$$0.85 \leq \alpha_{b,x} = 0.8 + \frac{0.2 M_C}{M_A} \leq 1$$

(15.38)

$$\alpha_{b,x} = 0.8 + \frac{0.2 \cdot 15697}{31393} = 0.9$$

(15.39)

Então, o valor-limite de esbeltez na direção x é:

$$\lambda_{1,x} = \frac{25 + 12.5\,(10.9/80)}{0.9} = 29.7 \geq 35$$

(15.40)

$$\lambda_{1,x} = 35$$

(15.41)

Assim, o índice de esbeltez na direção x é superior ao valor-limite, tornando a análise local de segunda ordem necessária.

$$\lambda_x = 46.71 > \lambda_{1,x} = 35$$

(15.42)

Aplica-se a equação do segundo grau diretamente para determinação do momento fletor final de segunda ordem pelo método do pilar-padrão com rigidez κ aproximada.

$$19200 M_{d,tot,x}^2 + \left(3840 h_x N_d - \lambda_x^2 h_x N_d - 19200 \alpha_{b,x} M_{1d,x}\right) M_{d,tot,x}$$
$$-3840 \alpha_{b,x} h_x N_d M_{1d,x} = 0$$

(15.43)

$$19200 \cdot M_{d,tot,x}^2$$
$$+(3840 \cdot 80 \cdot 2884.1 - 46.71^2 \cdot 80 \cdot 2884.1 - 19200 \cdot 0.9 \cdot 31393)\, M_{d,tot,x} \qquad (15.44)$$
$$-3840 \cdot 0.9 \cdot 80 \cdot 2884.1 \cdot 31393 = 0$$

$$1.92 \cdot 10^4 \cdot M_{d,tot,x}^2 - 1.6 \cdot 10^8 \cdot M_{d,tot,x} - 2.5 \cdot 10^{13} = 0 \qquad (15.45)$$

$$\boxed{M_{d,tot,x} = 40511 \text{ kNcm}} \qquad (15.46)$$

b) Sentido transversal (eixo y)

O momento fletor mínimo de primeira ordem na direção transversal é calculado a seguir.

$$M_{1d,min,y} = N_d\,(1.5 + 0.03h_y) = 2884.1(1.5 + 0.03 \cdot 80) = 11248 \text{ kNcm} \qquad (15.47)$$

Os momentos fletores locais de primeira ordem são inferiores aos mínimos na direção y, então adota-se:

$$M_{1d,y} = 6605 \text{ kNcm} < M_{1d,min,y} = 11248 \text{ kNcm} \rightarrow M_{1d,y} = 11248 \text{ kNcm} \qquad (15.48)$$

O índice de esbeltez na direção transversal é determinado como:

$$\boxed{\lambda_y = \frac{3.46\, l_{e,y}}{h_y} = \frac{3.46 \cdot 540}{80} = 23.4} \qquad (15.49)$$

Como $\lambda_{1,y} \geq 35$, então:

$$\boxed{\lambda_y = 23.4 \leq \lambda_{1,y} \geq 35} \qquad (15.50)$$

Portanto, a análise dos efeitos locais de segunda ordem na direção transversal pode ser ignorada de acordo com a NBR 6118 (ABNT, 2014), então:

$$\boxed{M_{d,tot,y} = M_{1d,y} = 11248 \text{ kNcm}} \qquad (15.51)$$

15.2   Dimensionamento das armaduras longitudinais

Os esforços finais na seção crítica para dimensionamento das armaduras longitudinais nos pilares estão ilustrados na Figura 15.8. Foi considerado que $d' = 6$ cm. Na continuidade são calculados os valores dos parâmetros adimensionais $\mu_{i,x}$ e $\mu_{i,y}$.

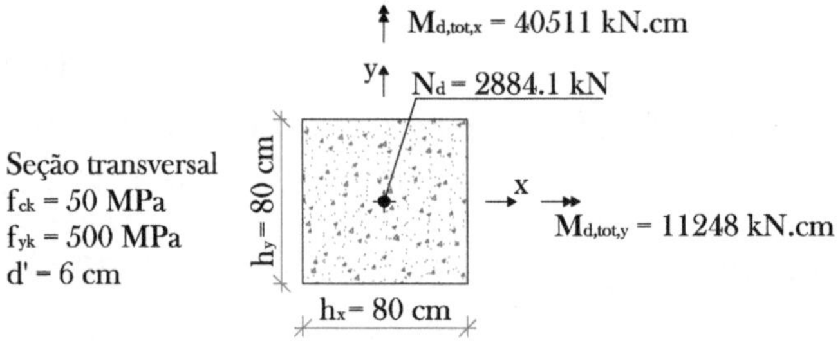

354   Pontes em concreto armado: análise e dimensionamento

Figura 15.8: Esforços finais na seção crítica dos pilares.

$$\mu_{i,x} = \frac{M_{d,tot,x}}{A_c h_x f_{cd}} = \frac{40511}{(80 \cdot 80) \cdot 80 \cdot 3.57} = 0.022 \tag{15.52}$$

$$\mu_{i,y} = \frac{M_{d,tot,y}}{A_c h_y f_{cd}} = \frac{11248}{(80 \cdot 80) \cdot 80 \cdot 3.57} = 0.006 \tag{15.53}$$

Na sequência, determinam-se os parâmetros Γ_x e Γy. Todavia, como $\frac{\mu_{i,x}}{\mu_{i,y}} > 1$, então é calculado Γx.

$$\Gamma_x = 0.94 + 0.84 \left(\frac{\mu_{i,x}}{\mu_{i,y}} \right)^{-1.1} = 0.94 + 0.84 \left(\frac{0.022}{0.006} \right)^{-1.1} = 1.22 \leq 1.05 \tag{15.54}$$

$$\Gamma_x = 1.22 \tag{15.55}$$

Portanto, considera-se $\alpha = 1.2$, uma vez que a seção é retangular.

$$\Gamma_y = \frac{1}{\sqrt[\alpha]{1 - \left(\frac{1}{\Gamma_x} \right)^{\alpha}}} \tag{15.56}$$

$$\Gamma_y = \frac{1}{\sqrt[1.2]{1 - \left(\frac{1}{1.22} \right)^{1.2}}} = 3.64 \tag{15.57}$$

Além disso, são obtidos os coeficientes ν, μ_x e μ_y para serem empregados nos ábacos.

$$\nu = \frac{N_d}{A_c f_{cd}} = \frac{2884.1}{(80 \cdot 80) \cdot 3.57} = 0.13 \tag{15.58}$$

$$\mu_x = \Gamma_x \mu_{i,x} = 1.22 \cdot 0.022 \approx 0.03 \tag{15.59}$$

$$\mu_y = \Gamma_y \mu_{i,y} = 3.64 \cdot 0.006 \approx 0.03 \tag{15.60}$$

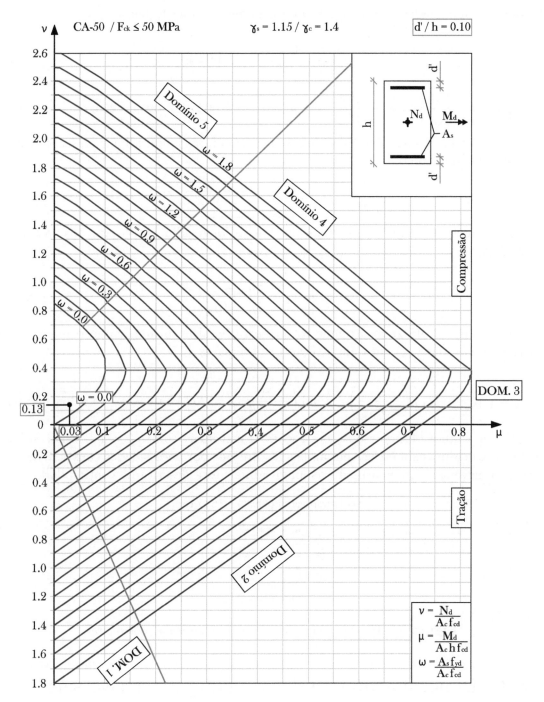

Figura 15.9: Aplicação do ábaco A-2 para determinação das armaduras nos pilares nas direções x e y.

A escolha dos ábacos depende da relação $\frac{d'}{h_x} = \frac{d'}{h_y} = 0.075 \approx 0.1$. Os resultados do ábaco escolhido estão descritos na Figura 15.9. Como os valores $\omega_x = \omega_y$ são nulos, então são empregadas as armaduras mínimas descritas na Equação (6.36).

$$A_{s,min} = \frac{0.15 N_d}{f_{yd}} \geq 0.004 A_c \qquad (15.61)$$

$$A_{s,min} = \frac{0.15 N_d}{f_{yd}} = \frac{0.15 \cdot 2884.1}{43.5} = 9.9 \text{ cm}^2 \geq 0.004 \cdot (80 \cdot 80) = 25.6 \text{ cm}^2 \qquad (15.62)$$

Dessa forma, a soma das áreas de aço das armaduras longitudinais na seção transversal é definida como:

$$\boxed{A_{s,x} + A_{s,y} = A_{s,min} = 25.6 \text{ cm}^2} \qquad (15.63)$$

Os diâmetros mínimos e máximos das barras longitudinais são expostos na Equação (6.38).

$$\phi_l = \begin{cases} \geq 10 \text{ mm} \\ \leq \frac{b}{8} = \frac{80}{8} = 10 \text{ cm} \end{cases} \qquad (15.64)$$

Portanto, foi utilizado o diâmetro da barra igual a 16 mm, então o número de barras necessárias (n_b) em toda a seção transversal é:

$$n_b = (A_{s,x} + A_{s,y}) \left(\frac{4}{\pi \phi_{adot}^2} \right) = 25.6 \left(\frac{4}{\pi \cdot 1.6^2} \right) = 12.73 \text{ barras} \rightarrow \boxed{16 \, \phi \, 16} \qquad (15.65)$$

É importante observar que, em seções transversais com $h_x = h_y$, é necessário colocar armaduras simétricas em ambas as direções por necessidades construtivas. A seção transversal com as armaduras longitudinais está descrita na continuidade.

Seção transversal (80x80) - (16 Ø 16)

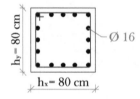

Figura 15.10: Detalhamento da seção transversal dos pilares.

15.3 Dimensionamento das armaduras transversais

Nesta situação os esforços cortantes nos pilares são desprezíveis quando comparados às dimensões da peça. Assim, foram adotadas as dimensões mínimas e o espaçamento máximo entre estribos preconizados pela NBR 6118 (ABNT, 2014).

$$\phi_t \geq \begin{cases} 5 \text{ mm} \\ \frac{\phi_l}{4} = \frac{16}{4} = 4 \text{ mm} \end{cases} \rightarrow \phi_t = 5 \text{ mm} \qquad (15.66)$$

$$s_{max} \leq \begin{cases} 20 \text{ cm} \\ b = 80 \text{ cm} \\ 12\phi_l = 12 \cdot 16 = 192 \text{ mm} \end{cases} \rightarrow s = 19 \text{ cm} \qquad (15.67)$$

Portanto, foi empregada a configuração $\boxed{\phi 5\ C/19}$.

15.4 Proteção contra a flambagem das barras

Os espaçamentos e_x e e_y entre os eixos das barras longitudinais para as direções x e y são dados por:

$$e_x = e_y = \frac{h_x - 2cob - \phi_l - 2\phi_t}{n_{b,face,x} - 1} = \frac{80 - 2\cdot 4 - 1.6 - 2\cdot 0.5}{5 - 1} = 17.35 \text{ cm} \qquad (15.68)$$

Sendo $n_{b,face,x}$ o número de barras longitudinais em uma face na direção x. Portanto, como cada estribo suplementar abrange uma largura de influência igual a $20\phi_t = 10$ cm para cada lado, então são necessários 3 estribos suplementares por direção, conforme apresentado na Figura 15.11.

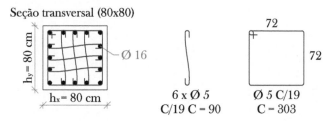

Figura 15.11: Detalhamento final da seção transversal dos pilares.

Referências e bibliografia recomendada

ABNT – ASSOCIAÇÃO BRASILEIRA DE NORMAS TÉCNICAS. *NBR 8681*. Ações e segurança nas estruturas – Procedimento. Rio de Janeiro, 2003a.

ABNT – ASSOCIAÇÃO BRASILEIRA DE NORMAS TÉCNICAS. *NBR 7187*. Projeto de pontes de concreto armado e de concreto protendido – Procedimento. Rio de Janeiro, 2003b.

ABNT – ASSOCIAÇÃO BRASILEIRA DE NORMAS TÉCNICAS. *NBR 6118*. Projeto de estruturas de concreto – Procedimento. Rio de Janeiro, 2014.

BASTOS, P. S. S. *Notas de Aula*. Estruturas de Concreto II. Departamento de Engenharia Civil, Faculdade de Engenharia, Universidade Estadual Paulista. Bauru, 2017.

CAMPOS FILHO, A. *Notas de Aula*. Dimensionamento de Seções Retangulares de Concreto Armado à Flexão Composta Normal. Departamento de Engenharia Civil, Escola de Engenharia, Universidade Federal do Rio Grande do Sul. Porto Alegre, 2014a.

CAMPOS FILHO, A. *Notas de Aula*. Dimensionamento e Verificação de Seções Poligonais de Concreto Armado Submetidas à Flexão Composta Oblíqua. Departamento de Engenharia Civil, Escola de Engenharia, Universidade Federal do Rio Grande do Sul. Porto Alegre, 2014b.

CARVALHO, R. C.; PINHEIRO, L. M. *Cálculo e Detalhamento de Estruturas Usuais de Concreto Armado*. Vol. 2. 2. ed. São Paulo: Pini, 2014.

VENTURINI, W. S.; ANDRADE, J. R. L.; RODRIGUES, R. O. *Dimensionamento de Peças Retangulares de Concreto Armado Solicitadas à Flexão Reta*. Escola de Engenharia de São Carlos, Universidade de São Paulo. São Carlos, 1987.

APÊNDICE A

Tabelas de flechas e rotações

Aqui são introduzidos alguns modelos estruturais de vigas com suas respectivas flechas e rotações a depender do módulo de elasticidade longitudinal E e do momento de inércia em relação ao eixo de flexão I. Para tal, consideram-se positivas as deflexões verticais (w) no sentido de cima para baixo $\downarrow$ (+) e as rotações (θ) no sentido horário $\circlearrowright$ (+).

A partir das equações na continuidade é possível determinar os deslocamentos verticais e as rotações para os modelos ilustrados a seguir.

$$\frac{d}{dx}w\left(x\right) = \theta(x) \tag{A.1}$$

$$\frac{d^4}{dx^4}w\left(x\right) = \frac{q(x)}{EI} \tag{A.2}$$

Em que:

$q(x)$ = função dos carregamentos externos ao longo do eixo x;

$\theta(x)$ = função dos ângulos de rotação em relação ao eixo longitudinal da peça ao longo do eixo x;

$w(x)$ = função dos deslocamentos verticais da peça ao longo do eixo x.

Por fim, são apresentados alguns modelos simplificados e, para casos gerais, devem ser utilizadas outras ferramentas para solução do problema.

360   Pontes em concreto armado: análise e dimensionamento

1-A

$$w(L) = \frac{qL^4}{8EI} \qquad\qquad \theta(L) = \frac{qL^3}{6EI}$$

1-B

$$w(L) = \frac{qa^3}{24EI}(4L - a) \qquad\qquad \theta(L) = \frac{qa^3}{6EI}$$

1-C

$$w(L) = \frac{q}{24EI}(3L^4 - 4a^3L + a^4) \qquad \theta(L) = \frac{q}{6EI}(L^3 - a^3)$$

1-D

$$w(L) = \frac{PL^3}{3EI} \qquad\qquad \theta(L) = \frac{PL^2}{2EI}$$

1-E

$$w(L) = \frac{Pa^2}{6EI}(3L - a) \qquad\qquad \theta(L) = \frac{Pa^2}{2EI}$$

2-A

$$w\left(\frac{L}{2}\right) = \frac{5qL^4}{384EI} \qquad\qquad \theta(0) = \frac{qL^3}{24EI}$$

2-B

$$w(a) = \frac{qa^3}{24LEI}(4L^2 + 3a^2 - 7La) \qquad \theta(0) = \frac{qa^2}{24LEI}(2L - a)^2$$
$$L = a + b \qquad\qquad\qquad\qquad\qquad L = a + b$$

2-C

$$w\left(\frac{L}{2}\right) = \frac{PL^3}{48EI} \qquad\qquad \theta(0) = \frac{PL^2}{16EI}$$

2-D

$$w(a) = \frac{Pba}{6LEI}(L^2 - b^2 - a^2) \qquad \theta(0) = \frac{Pab(a + 2b)}{6(a + b)EI}$$
$$L = a + b$$

2-E

$$w\left(\frac{L}{2}\right) = \frac{Pa}{24EI}(3L^2 - 4a^2) \qquad \theta(0) = \frac{Pa(L - a)}{2EI}$$

Sendo L o comprimento da viga.

APÊNDICE B

Tabelas de Leonhardt

Nesta seção são ilustradas as tabelas necessárias para determinação das linhas de influência para seções com três, quatro, cinco e seis longarinas por seção transversal. Além disso, as equações necessárias para utilização dessas tabelas estão descritas a seguir.

$$I_{eq,t} = K I_t \tag{B.1}$$

Sendo:

$I_{eq,t}$ = momento de inércia equivalente da transversina central;

I_t = momento de inércia da transversina central;

K = coeficiente de majoração do momento de inércia da transversina central.

Sendo o coeficiente K definido de acordo com a tabela na continuidade.

Tabela B.1: Obtenção do coeficiente de majoração do momento de inércia da transversina central a partir do número de transversinas intermediárias.

Nº de transversinas intermediárias	Coeficiente K
1 ou 2	1.0
3 ou 4	1.6
5 ou mais	2.0

Logo, determina-se o grau de rigidez da grelha. Este é um parâmetro que verifica a eficiência do conjunto de transversinas intermediárias na distribuição transversal dos carregamentos, ou seja, quanto maior o grau, maior é a distribuição de cargas.

$$\zeta = \frac{I_l}{I_{eq,t}} \left(\frac{L}{2\xi}\right)^3 \qquad (B.2)$$

Em que:

ζ = grau de rigidez da grelha;

I_l = momento de inércia das longarinas;

L = tamanho do vão das longarinas, consideradas simplesmente apoiadas.

A partir do grau de rigidez da grelha, obtêm-se os coeficientes de repartição transversal do tabuleiro. Estes são denominados r_{ji}, em que o índice j indica a longarina que se está avaliando, e i, o ponto onde está sendo aplicada a carga unitária. Uma vez obtidos os valores dos coeficientes r_{ji}, as linhas de influência e os esforços são obtidos de forma análoga ao método de Engesser-Courbon. A figura a seguir apresenta um exemplo de aplicação do método para uma ponte com quatro longarinas pelo método de Leonhardt.

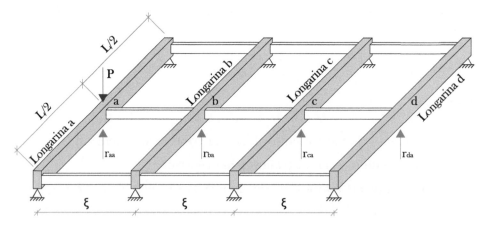

Figura B.1: Exemplo de aplicação do método de Leonhardt.

Estando a carga P no ponto a: r_{aa}, r_{ba}, r_{ca} e r_{da} são quinhões de carga P no ponto a que solicitam as longarinas a, b, c e d, respectivamente.

Por equilíbrio de forças, sabe-se que:

$$r_{aa} + r_{ba} + r_{ca} + r_{da} = 1 \qquad (B.3)$$

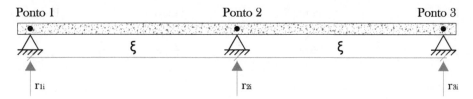

r_{ji} - Reação na longarina j para uma carga pontual unitária posicionada no Ponto i
$r_{21} = r_{23} = r_{32} = r_{12}$

Tabela 01 - 03 longarinas

ζ	$r_{11} = r_{33}$	$r_{12} = r_{32}$	$r_{13} = r_{31}$	r_{22}	ζ
0.1	0.978	0.044	-0.022	0.913	0.1
0.2	0.962	0.077	-0.039	0.846	0.2
0.3	0.948	0.104	-0.052	0.793	0.3
0.4	0.938	0.125	-0.063	0.75	0.4
0.5	0.929	0.143	-0.071	0.714	0.5
0.6	0.921	0.158	-0.079	0.684	0.6
0.7	0.915	0.170	-0.085	0.660	0.7
0.8	0.909	0.182	-0.091	0.636	0.8
0.9	0.905	0.191	-0.095	0.618	0.9
1.0	0.9	0.200	-0.100	0.600	1.0
1.5	0.885	0.231	-0.115	0.539	1.5
2.0	0.875	0.250	-0.125	0.500	2.0
2.5	0.868	0.263	-0.132	0.474	2.5
3.0	0.864	0.273	-0.136	0.455	3.0
3.5	0.860	0.280	-0.140	0.440	3.5
4.0	0.857	0.286	-0.143	0.429	4.0
4.5	0.855	0.290	-0.145	0.419	4.5
5.0	0.853	0.294	-0.147	0.412	5.0
6.0	0.850	0.300	-0.150	0.400	6.0
7.0	0.848	0.304	-0.152	0.392	7.0
8.0	0.846	0.308	-0.154	0.385	8.0
9.0	0.845	0.310	-0.155	0.379	9.0
10	0.844	0.313	-0.156	0.375	10
12	0.842	0.316	-0.158	0.368	12
14	0.841	0.318	-0.159	0.364	14
16	0.840	0.320	-0.160	0.360	16
18	0.839	0.321	-0.161	0.357	18
20	0.839	0.323	-0.161	0.355	20
25	0.838	0.325	-0.162	0.351	25
30	0.837	0.326	-0.163	0.348	30
35	0.836	0.327	-0.164	0.346	35
40	0.836	0.328	-0.164	0.344	40
50	0.836	0.329	-0.165	0.341	50
100	0.834	0.331	-0.166	0.338	100
∞	0.833	0.333	-0.167	0.333	∞

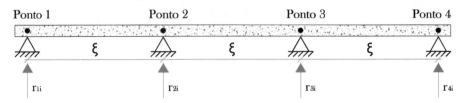

r_{ji} - Reação na longarina j para uma carga pontual unitária posicionada no Ponto i

$r_{21} = r_{34} = r_{43} = r_{12}$ $r_{32} = r_{23}$ $r_{31} = r_{24} = r_{42} = r_{13}$

Tabela 02 - 04 longarinas

ζ	$r_{11}=r_{44}$	$r_{12}=r_{43}$	$r_{13}=r_{42}$	$r_{14}=r_{41}$	$r_{22}=r_{33}$	$r_{23}=r_{32}$	ζ
0.1	0.978	0.047	-0.028	0.003	0.878	0.103	0.1
0.2	0.962	0.079	-0.042	0.002	0.802	0.162	0.2
0.3	0.948	0.102	-0.048	-0.002	0.748	0.198	0.3
0.4	0.937	0.120	-0.051	-0.006	0.708	0.223	0.4
0.5	0.927	0.135	-0.052	-0.010	0.677	0.240	0.5
0.6	0.918	0.148	-0.052	-0.015	0.652	0.252	0.6
0.7	0.910	0.160	-0.050	-0.020	0.630	0.260	0.7
0.8	0.903	0.170	-0.049	-0.024	0.612	0.267	0.8
0.9	0.896	0.178	-0.046	-0.029	0.596	0.271	0.9
1.0	0.890	0.187	-0.044	-0.033	0.582	0.275	1.0
1.2	0.879	0.201	-0.039	-0.041	0.559	0.279	1.2
1.4	0.869	0.213	-0.034	-0.049	0.540	0.281	1.4
1.6	0.860	0.224	-0.029	-0.056	0.524	0.281	1.6
1.8	0.852	0.233	-0.024	-0.062	0.510	0.281	1.8
2.0	0.845	0.242	-0.019	-0.068	0.498	0.280	2.0
2.4	0.833	0.256	-0.011	-0.078	0.478	0.278	2.4
2.8	0.823	0.268	-0.003	-0.087	0.462	0.274	2.8
3.0	0.818	0.273	0.000	-0.091	0.455	0.273	3.0
4.0	0.800	0.293	0.014	-0.107	0.428	0.265	4.0
5.0	0.786	0.308	0.025	-0.12	0.409	0.258	5.0
6.0	0.776	0.319	0.034	-0.129	0.395	0.252	6.0
7.0	0.768	0.328	0.040	-0.136	0.384	0.247	7.0
8.0	0.761	0.335	0.046	-0.142	0.376	0.243	8.0
9.0	0.756	0.341	0.051	-0.147	0.369	0.240	9.0
10	0.752	0.346	0.054	-0.152	0.363	0.237	10
12	0.744	0.353	0.061	-0.158	0.354	0.232	12
14	0.739	0.359	0.065	-0.163	0.347	0.229	14
16	0.735	0.364	0.069	-0.167	0.342	0.226	16
18	0.731	0.367	0.072	-0.170	0.338	0.223	18
20	0.729	0.370	0.074	-0.173	0.334	0.221	20
30	0.720	0.379	0.082	-0.181	0.324	0.215	30
40	0.715	0.384	0.086	-0.186	0.318	0.211	40
60	0.710	0.389	0.091	-0.190	0.312	0.208	50
100	0.706	0.393	0.094	-0.194	0.308	0.205	100
∞	0.700	0.400	0.100	-0.200	0.300	0.200	∞

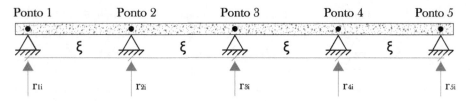

r$_{ji}$ - Reação na longarina j para uma carga pontual unitária posicionada no Ponto i

r$_{21}$ = r$_{45}$ = r$_{54}$ = r$_{12}$ r$_{25}$ = r$_{41}$ = r$_{14}$ = r$_{52}$ r$_{34}$ = r$_{32}$ = r$_{23}$ = r$_{43}$ r$_{35}$ = r$_{31}$ = r$_{13}$ = r$_{53}$

Tabela 03 - 05 longarinas

ζ	r_{11} =r_{55}	r_{12} =r_{54}	r_{13} =r_{53}	r_{14} =r_{52}	r_{15} =r_{51}	r_{22} =r_{44}	r_{23} =r_{43}	r_{24} =r_{42}	r_{33}
1.0	0.890	0.187	-0.044	-0.035	0.001	0.571	0.261	0.016	0.565
1.2	0.879	0.201	-0.039	-0.039	-0.001	0.546	0.266	0.026	0.546
1.4	0.869	0.212	-0.035	-0.043	-0.004	0.526	0.270	0.035	0.530
1.6	0.860	0.222	-0.030	-0.045	-0.007	0.509	0.272	0.042	0.517
1.8	0.852	0.230	-0.026	-0.047	-0.010	0.495	0.273	0.049	0.505
2.0	0.844	0.238	-0.021	-0.048	-0.013	0.483	0.274	0.054	0.495
2.2	0.837	0.244	-0.017	-0.049	-0.016	0.472	0.274	0.059	0.485
2.4	0.831	0.250	-0.012	-0.050	-0.019	0.463	0.274	0.063	0.477
2.6	0.825	0.256	-0.008	-0.050	-0.022	0.455	0.274	0.066	0.469
2.8	0.819	0.261	-0.004	-0.051	-0.025	0.447	0.273	0.070	0.461
3.0	0.814	0.265	0.000	-0.051	-0.028	0.441	0.273	0.072	0.455
4.0	0.791	0.283	0.018	-0.050	-0.042	0.416	0.269	0.082	0.426
5.0	0.773	0.297	0.033	-0.048	-0.055	0.399	0.265	0.088	0.404
6.0	0.758	0.307	0.046	-0.046	-0.065	0.386	0.261	0.092	0.386
7.0	0.746	0.315	0.057	-0.044	-0.075	0.377	0.257	0.095	0.371
8.0	0.736	0.322	0.067	-0.042	-0.083	0.369	0.254	0.097	0.359
9.0	0.726	0.328	0.075	-0.040	-0.090	0.363	0.251	0.098	0.348
10	0.719	0.333	0.083	-0.038	-0.096	0.358	0.248	0.099	0.339
12	0.705	0.341	0.095	-0.034	-0.107	0.350	0.243	0.100	0.323
14	0.695	0.347	0.105	-0.031	-0.116	0.344	0.239	0.101	0.311
16	0.686	0.352	0.114	-0.029	-0.123	0.339	0.236	0.101	0.301
18	0.679	0.356	0.121	-0.027	-0.129	0.336	0.233	0.102	0.293
20	0.673	0.360	0.127	-0.025	-0.135	0.333	0.231	0.102	0.286
25	0.661	0.366	0.138	-0.021	-0.145	0.327	0.226	0.102	0.272
30	0.653	0.371	0.147	-0.018	-0.152	0.323	0.223	0.102	0.262
35	0.647	0.375	0.153	-0.016	-0.158	0.320	0.220	0.102	0.254
40	0.642	0.378	0.158	-0.015	-0.163	0.318	0.218	0.102	0.248
45	0.637	0.380	0.162	-0.013	-0.166	0.316	0.216	0.102	0.244
50	0.634	0.382	0.165	-0.012	-0.169	0.314	0.215	0.102	0.240
60	0.629	0.384	0.171	-0.010	-0.174	0.312	0.213	0.102	0.234
80	0.622	0.388	0.177	-0.008	-0.180	0.309	0.210	0.101	0.226
100	0.618	0.390	0.182	-0.007	-0.184	0.307	0.208	0.101	0.221
250	0.608	0.396	0.192	-0.003	-0.193	0.303	0.203	0.100	0.209
∞	0.600	0.400	0.200	0.000	-0.200	0.300	0.200	0.100	0.200

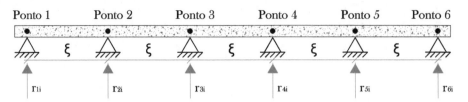

r_{ji} - Reação na longarina j para uma carga pontual unitária posicionada no Ponto i

$r_{21} = r_{56} = r_{65} = r_{12}$ $r_{26} = r_{62} = r_{51} = r_{15}$ $r_{32} = r_{45} = r_{54} = r_{23}$
$r_{36} = r_{63} = r_{41} = r_{14}$ $r_{31} = r_{46} = r_{64} = r_{13}$ $r_{35} = r_{53} = r_{42} = r_{24}$

Tabela 04 - 06 longarinas

ζ	r_{11} $=r_{66}$	r_{12} $=r_{65}$	r_{13} $=r_{64}$	r_{14} $=r_{63}$	r_{15} $=r_{62}$	r_{16} $=r_{61}$	r_{22} $=r_{55}$	r_{23} $=r_{54}$	r_{24} $=r_{53}$	r_{25} $=r_{52}$	r_{33} $=r_{44}$	r_{34} $=r_{43}$
1.0	0.890	0.187	-0.042	-0.034	-0.006	-0.04	0.571	0.259	0.014	-0.026	0.555	0.248
1.2	0.879	0.201	-0.038	-0.038	-0.009	0.005	0.546	0.264	0.024	-0.025	0.534	0.254
1.4	0.869	0.213	-0.033	-0.041	-0.012	0.005	0.525	0.266	0.032	-0.024	0.518	0.259
1.6	0.860	0.222	-0.029	-0.044	-0.015	0.005	0.508	0.267	0.039	-0.022	0.503	0.263
1.8	0.852	0.231	-0.024	-0.046	-0.017	0.005	0.493	0.268	0.046	-0.020	0.491	0.266
2.0	0.844	0.238	-0.020	-0.048	-0.020	0.005	0.480	0.267	0.052	-0.018	0.480	0.268
2.2	0.837	0.245	-0.015	-0.049	-0.022	0.003	0.469	0.267	0.057	-0.016	0.471	0.269
2.4	0.831	0.251	-0.011	-0.059	-0.024	0.003	0.460	0.267	0.061	-0.014	0.462	0.271
2.6	0.825	0.256	-0.007	-0.050	-0.026	0.003	0.451	0.266	0.065	-0.013	0.454	0.272
2.8	0.819	0.261	-0.004	-0.051	-0.028	0.002	0.443	0.266	0.069	-0.011	0.448	0.272
3.0	0.814	0.265	0.000	-0.051	-0.029	0.001	0.436	0.265	0.072	-0.009	0.441	0.273
4.0	0.791	0.282	0.017	-0.050	-0.036	-0.005	0.410	0.261	0.085	-0.002	0.414	0.273
5.0	0.773	0.295	0.031	-0.047	-0.040	-0.011	0.392	0.257	0.094	0.003	0.394	0.271
6.0	0.757	0.304	0.043	-0.043	-0.043	-0.018	0.379	0.253	0.100	0.008	0.379	0.268
7.0	0.744	0.311	0.054	-0.039	-0.045	-0.024	0.369	0.250	0.104	0.011	0.366	0.265
8.0	0.732	0.317	0.063	-0.035	-0.047	-0.030	0.361	0.248	0.108	0.014	0.355	0.262
9.0	0.722	0.322	0.071	-0.030	-0.048	-0.036	0.355	0.246	0.110	0.016	0.345	0.258
10	0.712	0.326	0.079	-0.026	-0.049	-0.042	0.350	0.244	0.112	0.018	0.337	0.255
12	0.697	0.332	0.092	-0.019	-0.050	-0.052	0.342	0.240	0.115	0.021	0.322	0.249
14	0.683	0.337	0.103	-0.012	-0.051	-0.061	0.336	0.237	0.118	0.023	0.311	0.243
16	0.672	0.341	0.113	-0.005	-0.052	-0.069	0.331	0.235	0.119	0.025	0.309	0.238
18	0.662	0.345	0.121	0.001	-0.052	-0.076	0.328	0.233	0.120	0.026	0.293	0.233
20	0.654	0.347	0.128	0.006	-0.052	-0.082	0.325	0.232	0.121	0.027	0.285	0.229
25	0.636	0.353	0.142	0.016	-0.052	-0.096	0.319	0.228	0.122	0.029	0.271	0.220
30	0.623	0.357	0.154	0.025	-0.052	-0.106	0.316	0.226	0.123	0.031	0.260	0.213
35	0.613	0.360	0.162	0.032	-0.052	-0.114	0.313	0.224	0.124	0.032	0.252	0.207
40	0.604	0.362	0.169	0.037	-0.052	-0.121	0.311	0.223	0.124	0.033	0.245	0.202
45	0.597	0.364	0.175	0.042	-0.052	-0.127	0.309	0.222	0.124	0.033	0.239	0.198
50	0.592	0.365	0.180	0.046	-0.051	-0.132	0.308	0.221	0.124	0.034	0.235	0.194
60	0.582	0.367	0.188	0.053	-0.051	-0.140	0.306	0.219	0.124	0.035	0.227	0.189
80	0.570	0.371	0.199	0.062	-0.050	-0.150	0.303	0.217	0.124	0.035	0.217	0.181
100	0.562	0.372	0.206	0.067	-0.050	-0.157	0.302	0.216	0.124	0.037	0.211	0.176
300	0.538	0.378	0.226	0.085	-0.049	-0.178	0.297	0.212	0.124	0.037	0.192	0.161
600	0.531	0.379	0.232	0.090	-0.048	-0.184	0.296	0.211	0.124	0.038	0.186	0.157
1000	0.528	0.380	0.235	0.092	-0.048	-0.187	0.296	0.210	0.124	0.038	0.184	0.155
∞	0.524	0.381	0.238	0.095	-0.048	-0.191	0.295	0.210	0.124	0.038	0.181	0.152

APÊNDICE C

Tabelas de Rüsch

Neste apêndice, são introduzidas algumas tabelas desenvolvidas por Rüsch para dimensionamento de lajes submetidas a cargas móveis, que podem ser utilizadas para o trem-tipo TB-450. Elas foram julgadas como as principais uma vez que a maior parte dos tabuleiros possui lajes unidirecionais. Posto isso, para leitura das tabelas são necessárias algumas equações, conforme exposto a seguir.

$$t = t' + 2e + h \tag{C.1}$$

Sendo:

t = lado da área equivalente de propagação de carga até a superfície média da laje;

b = largura de contato do pneu, definida como sendo 50 cm pela NBR 7188 (2013);

e = espessura da pavimentação;

h = espessura da laje;

t' = lado do quadrado de área equivalente de contato do pneu com o pavimento.

Então, o lado de área equivalente de contato do pneu é determinado a seguir.

$$t' = \sqrt{0.2b} = \sqrt{0.2 \cdot 0.5} = 0.316 \text{ m} \tag{C.2}$$

Para utilização das tabelas, é também imprescindível o uso do parâmetro descrito na continuidade.

$$a = 2 \text{ m} \tag{C.3}$$

Sendo a a distância perpendicular ao sentido do tráfego entre eixos de pneus.

Logo, as vinculações das lajes devem ser fixadas como apresentado na figura a seguir. Devem-se tomar cuidados especiais com essas considerações para atuação das cargas móveis, uma vez que deve ser empregada a situação mais crítica para a estrutura.

Figura C.1: Simbologia para os vínculos das lajes.

As dimensões da laje são definidas como:

l_x = menor dimensão em planta da laje considerada;

l_y = maior dimensão em planta da laje considerada.

Por fim, torna-se necessário efetuar correções do momentos fletores em lajes com vinculações contínuas para as cargas móveis e, posteriormente, empregar a compatibilização dos momentos fletores negativos. Dessa forma, emprega-se o fator α, que é determinado para vãos ($l_{x'}$) menores que 20 m:

$$\alpha = \alpha_0 \frac{1.2}{1 + 0.01 l_{x'}} \tag{C.4}$$

CORREÇÕES DOS MOMENTOS FLETORES PARA LAJES CONTÍNUAS

Vista superior das lajes

Modelo de apoio das placas isoladas		Marginal ou externa			Interna		
Valores para os pontos		A	1	B	B	2	C
Tipo de placa	$l_{y'}/l_{x'}$	$M_{A'}$	\multicolumn{5}{c}{Valores de α_0}
Placa vinculada nos quatro lados	≤ 0.8	$\dfrac{M_{B'}}{2}$	1.0	1.0	1.0	1.05	1.0
	1.0		1.05	0.96	0.96	1.13	1.0
	1.2		1.07	0.94	0.94	1.18	1.0
	∞	$M_{B'}/3$	1.1	0.92	0.92	1.23	1.0
Placa vinculada em dois lados opostos	∞	$\dfrac{M_{B'}}{3}$	1.1	0.92	0.92	1.23	1.0
	1.0		1.14	0.89	0.89	1.3	1.0
	0.5		1.22	0.82	0.82	1.45	1.0
	0.25	\multicolumn{6}{c}{Calculam-se como vigas contínuas}

EXEMPLO:

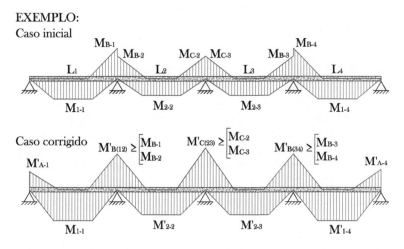

Observa-se que quando um tramo está em balanço, este é descartado nessa análise e as correções são efetuadas como o exemplo descrito no item 10.1.1.

370 Pontes em concreto armado: análise e dimensionamento

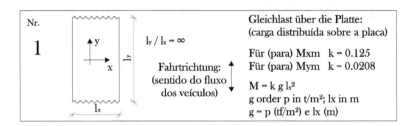

Brückenklasse 30t bis 60t

l_x/a	\multicolumn{4}{c|}{M_{xm} in Plattenmitte t/a}	\multicolumn{4}{c}{M_{ym} in Plattenmitte t/a}
	0.125	0.25	0.5	1.0	0.125	0.25	0.5	1.0
	\multicolumn{4}{c|}{Coef. M_L}	\multicolumn{4}{c}{Coef. M_L}
0.5	0.2	0.17	0.112	0.065	0.155	0.095	0.069	0.028
1.0	0.351	0.3	0.237	0.176	0.223	0.158	0.11	0.063
1.5	0.431	0.4	0.351	0.305	0.267	0.22	0.16	0.118
2.0	0.52	0.491	0.461	0.421	0.322	0.263	0.228	0.179
2.5	0.62	0.59	0.56	0.53	0.382	0.338	0.29	0.253
3.0	0.72	0.69	0.67	0.63	0.457	0.408	0.361	0.323
4.0	0.87	0.85	0.82	0.8	0.58	0.53	0.472	0.433
5.0	0.99	0.98	0.95	0.93	0.69	0.64	0.58	0.53
6.0	1.08	1.07	1.04	1.02	0.77	0.73	0.66	0.62
7.0	1.15	1.14	1.11	1.1	0.84	0.8	0.73	0.7
8.0	1.2	1.19	1.17	1.15	0.9	0.86	0.8	0.76
9.0	1.24	1.23	1.21	1.2	0.96	0.91	0.85	0.82
10.0	1.27	1.26	1.24	1.23	1.02	0.95	0.9	0.87

Distribuição dos momentos fletores:
(Cargas permanentes)

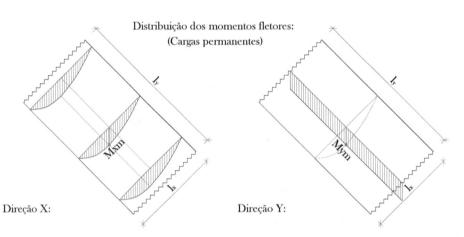

Direção X: Direção Y:

Tabelas de Rüsch

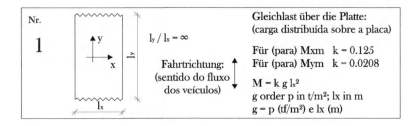

	Gleichlast um SLW von 1 t/m^2			
l_x/a	M_{xm} für alle Werte t/a		M_{ym} für alle Werte t/a	
	Coef. M_p	Coef. $M_{p'}$	Coef. M_p	Coef. $M_{p'}$
0.5	0	0	0	0
1.0	0	0.15	0	0.03
1.5	0.1	0.23	0.02	0.07
2.0	0.25	0.4	0.04	0.12
2.5	0.58	0.96	0.1	0.24
3.0	1	1.35	0.17	0.4
4.0	2.2	2.85	0.37	1.03
5.0	3.46	5.65	0.58	2.03
6.0	4.7	8	0.78	3.06
7.0	5.75	11.8	0.92	4.54
8.0	6.9	16.4	1.29	6.28
9.0	8	22.1	1.3	8.25
10.0	9.12	28.7	1.46	10.67

Distribuição dos momentos fletores:
(Cargas móveis)

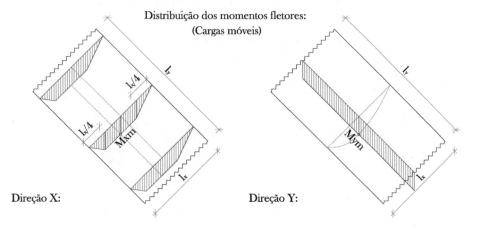

Direção X: Direção Y:

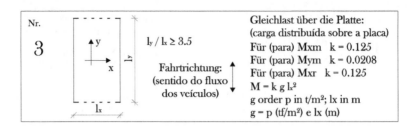

Brückenklasse 30t bis 60t

l_x/a	M_{xm} in Plattenmitte t/a				M_{ym} in Plattenmitte t/a				M_{xr} Mitte d. freien Randes t/a			
	0.125	0.25	0.5	1.0	0.125	0.25	0.5	1.0	0.125	0.25	0.5	1.0
	Coef. M_L				Coef. M_L				Coef. M_L			
0.5	0.2	0.17	0.112	0.065	0.155	0.095	0.069	0.028	0.44	0.34	0.23	0.06
1.0	0.351	0.3	0.237	0.176	0.223	0.158	0.11	0.063	0.71	0.465	0.325	0.15
1.5	0.431	0.4	0.351	0.305	0.267	0.22	0.16	0.118	0.89	0.64	0.48	0.41
2.0	0.52	0.491	0.461	0.421	0.322	0.263	0.228	0.179	1.1	0.87	0.7	0.59
2.5	0.62	0.59	0.56	0.53	0.382	0.338	0.29	0.253	1.29	1.12	0.93	0.78
3.0	0.72	0.69	0.67	0.63	0.457	0.408	0.361	0.323	1.46	1.36	1.17	1.0
4.0	0.87	0.85	0.82	0.8	0.58	0.53	0.472	0.433	1.77	1.76	1.58	1.38
5.0	0.99	0.98	0.95	0.93	0.69	0.64	0.58	0.53	2.03	2.03	1.94	1.67
6.0	1.08	1.07	1.04	1.02	0.77	0.73	0.66	0.62	2.26	2.26	2.24	1.89
7.0	1.15	1.14	1.11	1.1	0.84	0.8	0.73	0.7	2.43	2.43	2.43	2.07
8.0	1.2	1.19	1.17	1.15	0.9	0.86	0.8	0.76	2.56	2.56	2.56	2.21
9.0	1.24	1.23	1.21	1.2	0.96	0.91	0.85	0.82	2.65	2.65	2.65	2.29
10.0	1.27	1.26	1.24	1.23	1.02	0.95	0.9	0.87	2.7	2.7	2.7	2.33

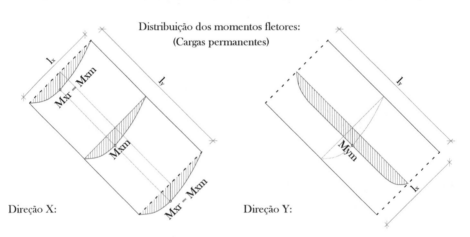

Distribuição dos momentos fletores:
(Cargas permanentes)

Direção X:

Direção Y:

l_x/a	\multicolumn{2}{c}{M_{xm} für alle Werte t/a}	\multicolumn{2}{c}{M_{ym} für alle Werte t/a}	\multicolumn{2}{c}{M_{xr} für alle Werte t/a}
	Coef. M_p	Coef. $M_{p'}$	Coef. M_p	Coef. $M_{p'}$	Coef. M_p	Coef. $M_{p'}$
0.5	0	0	0	0	0	0
1.0	0	0.15	0	0.03	0	0.05
1.5	0.1	0.23	0.02	0.07	0.1	0.2
2.0	0.25	0.4	0.04	0.12	0.2	0.3
2.5	0.58	0.96	0.1	0.24	0.28	0.54
3.0	1	1.35	0.17	0.4	0.4	1.3
4.0	2.2	2.85	0.37	1.03	0.9	3.2
5.0	3.46	5.65	0.58	2.03	1.8	6.42
6.0	4.7	8	0.78	3.06	2.9	11
7.0	5.75	11.8	0.92	4.54	4.1	16.3
8.0	6.9	16.4	1.29	6.28	5.5	22.5
9.0	8	22.1	1.3	8.25	7.1	29
10.0	9.12	28.7	1.46	10.67	9.05	35.6

Gleichlast um SLW von $1\ t/m^2$

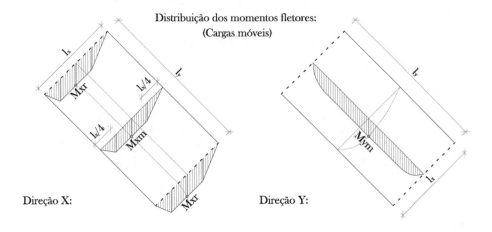

Distribuição dos momentos fletores:
(Cargas móveis)

Direção X: Direção Y:

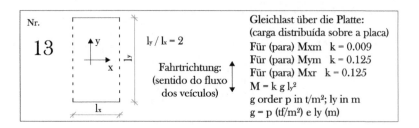

Brückenklasse 30t bis 60t

l_x/a	M_{xm} in Plattenmitte t/a				M_{ym} in Plattenmitte t/a				M_{yr} Mitte d. freien Randes t/a			
	0.125	0.25	0.5	1.0	0.125	0.25	0.5	1.0	0.125	0.25	0.5	1.0
	Coef. M_L				Coef. M_L				Coef. M_L			
0.5	0.065	0.044	0.023	0.018	0.47	0.4	0.28	0.2	0.61	0.4	0.21	0.12
1.0	0.151	0.095	0.061	0.045	0.84	0.72	0.64	0.54	0.78	0.61	0.56	0.48
1.5	0.217	0.152	0.103	0.072	1.4	1	0.93	0.8	1.04	0.83	0.77	0.76
2.0	0.24	0.211	0.15	0.099	1.7	1.3	1.22	1.04	1.55	1.31	1.02	1
2.5	0.314	0.264	0.194	0.129	1.94	1.57	1.48	1.28	1.93	1.72	1.36	1.22
3.0	0.364	0.315	0.238	0.172	2.3	1.84	1.75	1.54	2.2	2.04	1.75	1.52
4.0	0.445	0.398	0.264	0.248	2.56	2.21	2.12	1.96	2.64	2.5	2.31	2.05
5.0	0.51	0.457	0.37	0.319	2.7	2.47	2.37	2.28	2.96	2.84	2.68	2.45
6.0	0.57	0.51	0.426	0.381	2.82	2.64	2.54	2.46	3.22	3.1	2.94	2.73
7.0	0.61	0.58	0.471	0.432	2.9	2.77	2.67	2.59	3.42	3.3	3.15	2.95
8.0	0.65	0.62	0.51	0.485	2.9	2.87	2.76	2.68	3.58	3.46	3.3	3.11
9.0	0.67	0.65	0.55	0.53	2.94	2.9	2.81	2.73	3.7	3.58	3.42	3.23
10.0	0.7	0.67	0.58	0.56	2.96	2.93	2.84	2.74	3.81	3.68	3.51	3.32

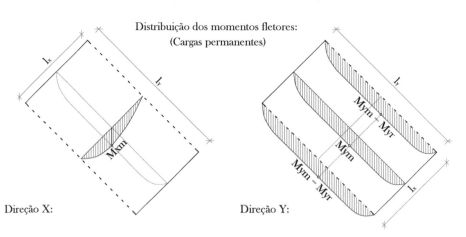

Distribuição dos momentos fletores:
(Cargas permanentes)

Direção X: Direção Y:

Tabelas de Rüsch

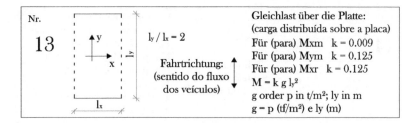

Nr. 13

$l_y / l_x = 2$

Fahrtrichtung: (sentido do fluxo dos veículos)

Gleichlast über die Platte: (carga distribuída sobre a placa)
Für (para) Mxm   k = 0.009
Für (para) Mym   k = 0.125
Für (para) Mxr   k = 0.125
$M = k\, g\, l_y^2$
g order p in t/m²; ly in m
g = p (tf/m²) e ly (m)

Gleichlast um SLW von 1 t/m^2

l_x/a	M_{xm} für alle Werte t/a		M_{ym} für alle Werte t/a		M_{yr} für alle Werte t/a	
	Coef. M_p	Coef. $M_{p'}$	Coef. M_p	Coef. $M_{p'}$	Coef. M_p	Coef. $M_{p'}$
0.5	0	0.05	0	0	0	0
1.0	0	0.1	0	0	0	0
1.5	0.01	0.01	0	0	0	0
2.0	0.01	0.02	0	0	0	0
2.5	0.01	0.03	0	0	0	0
3.0	0.02	0.03	0	0.4	0.1	0.5
4.0	0.07	0.16	0.45	2.1	0.6	2
5.0	0.15	0.36	1.17	4.99	1.24	4.27
6.0	0.3	0.71	2.1	9.1	2.1	7.7
7.0	0.53	1.21	3.2	14.7	3.3	13
8.0	0.81	1.76	4.5	20.9	4.6	18.7
9.0	1.29	2.38	5.8	27.5	6.2	25.4
10.0	1.71	3.02	7.13	34.75	8	32.4

Distribuição dos momentos fletores:
(Cargas móveis)

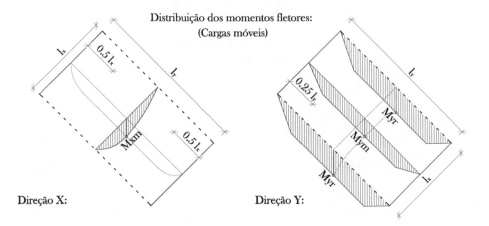

Direção X: Direção Y:

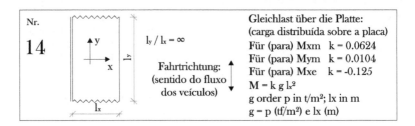

Brückenklasse 30t bis 60t

l_x/a	M_{xe} in Randmitte t/a				M_{xm} in Plattenmitte t/a				M_{ym} in Plattenmitte t/a			
	0.125	0.25	0.5	1.0	0.125	0.25	0.5	1.0	0.125	0.25	0.5	1.0
	Coef. M_L				Coef. M_L				Coef. M_L			
0.5	0.25	0.2	0.13	0.079	0.155	0.116	0.066	0.05	0.116	0.061	0.024	0.013
1.0	0.382	0.34	0.255	0.19	0.24	0.19	0.148	0.096	0.165	0.104	0.069	0.038
1.5	0.48	0.45	0.39	0.34	0.362	0.313	0.254	0.189	0.219	0.166	0.109	0.068
2.0	0.72	0.7	0.66	0.55	0.475	0.428	0.36	0.295	0.271	0.213	0.148	0.1
2.5	0.88	0.86	0.84	0.73	0.58	0.52	0.451	0.385	0.317	0.262	0.194	0.142
3.0	1	0.98	0.96	0.9	0.63	0.6	0.53	0.466	0.37	0.321	0.253	0.202
4.0	1.2	1.18	1.16	1.12	0.75	0.72	0.66	0.59	0.467	0.421	0.353	0.304
5.0	1.34	1.33	1.31	1.28	0.84	0.82	0.76	0.69	0.55	0.51	0.452	0.395
6.0	1.45	1.44	1.42	1.38	0.91	0.89	0.83	0.77	0.63	0.59	0.53	0.477
7.0	1.53	1.52	1.51	1.46	0.97	0.96	0.89	0.83	0.7	0.66	0.61	0.55
8.0	1.58	1.57	1.56	1.51	1.02	1.01	0.97	0.88	0.75	0.71	0.67	0.61
9.0	1.6	1.6	1.6	1.54	1.06	1.05	0.98	0.92	0.79	0.76	0.71	0.65
10.0	1.61	1.61	1.61	1.55	1.09	1.08	1.01	0.95	0.82	0.79	0.74	0.69

Distribuição dos momentos fletores:
(Cargas permanentes)

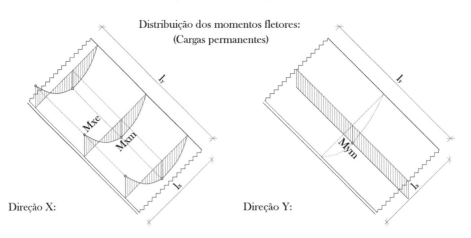

Direção X: Direção Y:

Tabelas de Rüsch

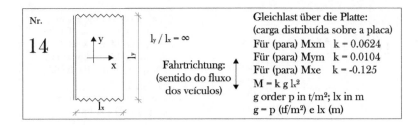

Nr. 14

$l_y / l_x = \infty$

Fahrtrichtung: (sentido do fluxo dos veículos)

Gleichlast über die Platte:
(carga distribuída sobre a placa)
Für (para) Mxm k = 0.0624
Für (para) Mym k = 0.0104
Für (para) Mxe k = -0.125
$M = k\, g\, l_x^2$
g order p in t/m²; lx in m
g = p (tf/m²) e lx (m)

Gleichlast um SLW von 1 t/m^2

l_x/a	M_{xe} für alle Werte t/a		M_{xm} für alle Werte t/a		M_{ym} für alle Werte t/a	
	Coef. M_p	Coef. $M_{p'}$	Coef. M_p	Coef. $M_{p'}$	Coef. M_p	Coef. $M_{p'}$
0.5	0	0.1	0	0	0	0
1.0	0	0.2	0.01	0	0	0.01
1.5	0.05	0.4	0.09	0	0.02	0.01
2.0	0.1	0.55	0.18	0.1	0.03	0.03
2.5	0.25	0.64	0.33	0.2	0.06	0.11
3.0	0.5	1.4	0.4	0.45	0.07	0.23
4.0	1.1	3.9	0.6	1.55	0.1	0.64
5.0	1.75	7.03	0.93	3.06	0.16	1.2
6.0	2.1	11.45	1.4	5.3	0.24	1.98
7.0	2.6	17.4	2.2	8.4	0.38	3.15
8.0	3	24.1	3.3	12.1	0.58	4.17
9.0	3.45	32.1	4.6	15.8	0.82	5.48
10.0	3.91	39.8	6	19.5	1.07	7.13

Distribuição dos momentos fletores:
(Cargas móveis)

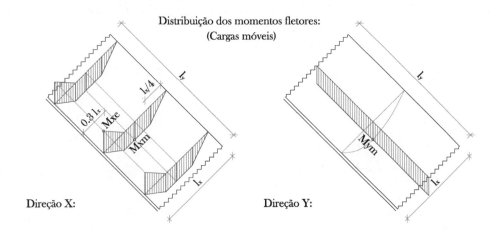

Direção X: Direção Y:

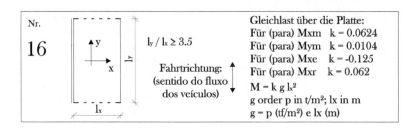

Brückenklasse 30t bis 60t

l_x/a	M_{xe} in Randmitte				M_{xm} in Plattenmitte				M_{ym} in Plattenmitte				M_{xr} Mitte d. freien Randes			
	t/a				t/a				t/a				t/a			
	0.125	0.25	0.5	1.0	0.125	0.25	0.5	1.0	0.125	0.25	0.5	1.0	0.125	0.25	0.5	1.0
	Coef. M_L				Coef. M_L				Coef. M_L				Coef. M_L			
0.5	0.25	0.2	0.13	0.079	0.16	0.12	0.07	0.05	0.12	0.06	0.02	0.01	0.3	0.22	0.13	0.1
1.0	0.38	0.34	0.26	0.19	0.24	0.19	0.15	0.1	0.17	0.1	0.07	0.04	0.46	0.37	0.28	0.18
1.5	0.48	0.45	0.39	0.34	0.36	0.31	0.25	0.19	0.22	0.17	0.11	0.07	0.7	0.60	0.49	0.36
2.0	0.72	0.7	0.66	0.55	0.48	0.43	0.36	0.3	0.27	0.21	0.15	0.1	0.91	0.82	0.69	0.57
2.5	0.88	0.86	0.84	0.73	0.58	0.52	0.45	0.39	0.38	0.26	0.19	0.14	1.11	0.1	0.87	0.74
3.0	1	0.98	0.96	0.9	0.63	0.6	0.53	0.47	0.37	0.32	0.25	0.2	1.21	1.15	1.02	0.9
4.0	1.2	1.18	1.16	1.12	0.75	0.72	0.66	0.59	0.47	0.42	0.35	0.30	1.44	1.38	1.27	1.13
5.0	1.34	1.33	1.31	1.28	0.84	0.82	0.76	0.69	0.55	0.51	0.45	0.4	1.61	1.57	1.46	1.33
6.0	1.45	1.44	1.42	1.38	0.91	0.89	0.83	0.77	0.63	0.59	0.53	0.48	1.75	1.71	1.59	1.48
7.0	1.53	1.52	1.51	1.46	0.97	0.96	0.89	0.83	0.7	0.66	0.61	0.55	1.86	1.84	1.71	1.59
8.0	1.58	1.57	1.56	1.51	1.02	1.01	0.97	0.88	0.75	0.71	0.67	0.61	1.96	1.94	1.86	1.69
9.0	1.6	1.6	1.6	1.54	1.06	1.05	0.98	0.92	0.79	0.76	0.71	0.65	2.04	2.02	1.88	1.77
10.0	1.61	1.61	1.61	1.55	1.09	1.08	1.01	0.95	0.82	0.79	0.74	0.69	2.09	2.07	1.94	1.82

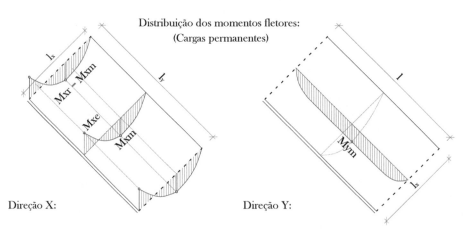

Distribuição dos momentos fletores:
(Cargas permanentes)

Direção X:

Direção Y:

l_x/a	\multicolumn{2}{c|}{M_{xe} für alle Werte t/a}	\multicolumn{2}{c|}{M_{xm} für alle Werte t/a}	\multicolumn{2}{c|}{M_{ym} für alle Werte t/a}	\multicolumn{2}{c}{M_{xr} für alle Werte t/a}
	Coef. M_p	Coef. $M_{p'}$	Coef. M_p	Coef. $M_{p'}$	Coef. M_p	Coef. $M_{p'}$	Coef. M_p	Coef. $M_{p'}$
0.5	0	0	0	0	0	0	0	0
1.0	0	0.2	0.01	0	0	0.01	0	0
1.5	0.05	0.4	0.09	0	0.02	0.01	0	0
2.0	0.1	0.55	0.18	0.1	0.03	0.03	0.35	0.19
2.5	0.25	0.64	0.33	0.2	0.06	0.11	0.63	0.38
3.0	0.5	1.4	0.4	0.45	0.07	0.23	0.77	0.86
4.0	1.1	3.9	0.6	1.55	0.1	0.64	1.15	2.98
5.0	1.75	7.03	0.93	3.06	0.16	1.2	1.79	5.88
6.0	2.1	11.45	1.4	5.3	0.24	1.98	2.67	10.18
7.0	2.6	17.4	2.2	5.4	0.38	3.15	4.22	10.37
8.0	3.0	24.1	3.3	12.1	0.58	4.17	6.34	23.23
9.0	3.45	32.1	4.6	15.8	0.82	5.48	8.83	30.34
10.0	3.91	39.8	6	19.5	1.07	7.13	11.52	37.44

Gleichlast um SLW von 1 t/m^2

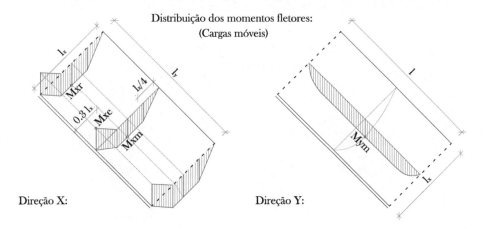

Distribuição dos momentos fletores:
(Cargas móveis)

Direção X: Direção Y:

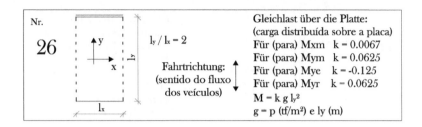

	Brückenklasse 30t bis 60t								Gleichlast um SLW von 1 t/m^2			
	M_{xm} in Plattenmitte				M_{ym} in Plattenmitte							
	t/a				t/a				M_{xm} für alle Werte t/a		M_{ym} für alle Werte t/a	
l_x/a	0.125	0.25	0.5	1.0	0.125	0.25	0.5	1.0	M_p	$M_{p'}$	M_p	$M_{p'}$
	Coef. M_L				Coef. M_L							
0.5	0.049	0.034	0.024	0.032	0.3	0.3	0.228	0.228	0	0	0	0
1.0	0.08	0.054	0.038	0.045	0.39	0.39	0.383	0.383	0	0	0	0
1.5	0.116	0.096	0.059	0.052	0.557	0.524	0.48	0.48	0	0	0	0.06
2.0	0.151	0.12	0.087	0.068	0.765	0.719	0.645	0.645	0	0.026	0	0.45
2.5	0.182	0.146	0.112	0.081	0.93	0.87	0.75	0.75	0	0.052	0	0.855
3.0	0.203	0.171	0.136	0.107	1.065	0.99	0.93	0.885	0.02	0.065	0.075	1.575
4.0	0.248	0.215	0.179	0.15	1.275	1.215	1.155	1.11	0.046	0.241	0.3	3.315
5.0	0.268	0.254	0.216	0.194	1.455	1.38	1.335	1.29	0.072	0.403	0.36	5.67
6.0	0.325	0.286	0.252	0.224	1.59	1.515	1.47	1.44	0.143	0.663	0.972	8.715
7.0	0.358	0.325	0.282	0.255	1.71	1.635	1.59	1.56	0.254	0.995	1.035	12.54
8.0	0.39	0.358	0.312	0.284	1.8	1.725	1.695	1.65	0.377	1.398	1.5	17.55
9.0	0.423	0.39	0.338	0.309	1.875	1.815	1.77	1.74	0.501	1.801	2.025	22.5
10.0	0.449	0.416	0.364	0.338	1.935	1.875	1.845	1.8	0.637	2.327	2.655	29.88

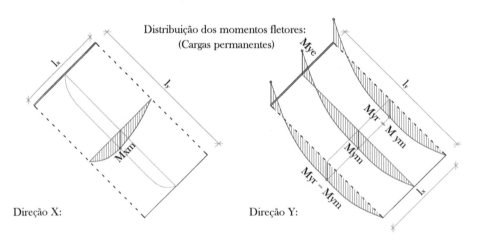

Distribuição dos momentos fletores:
(Cargas permanentes)

Direção X:

Direção Y:

Tabelas de Rüsch

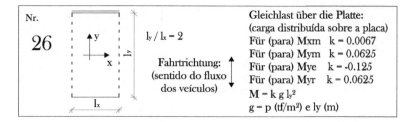

Nr. 26

$l_y/l_x = 2$

Fahrtrichtung:
(sentido do fluxo dos veículos)

Gleichlast über die Platte:
(carga distribuída sobre a placa)
Für (para) Mxm k = 0.0067
Für (para) Mym k = 0.0625
Für (para) Mye k = -0.125
Für (para) Myr k = 0.0625
$M = k \, g \, l_y^2$
$g = p \, (tf/m^2)$ e ly (m)

	Brückenklasse 30t bis 60t							Gleichlast um SLW von 1 t/m^2			
	M_{ye} in Randmitte				M_{yr} Mitte d. freien Randes				M_{ye} für alle Werte t/a		M_{yr} für alle Werte t/a	
	t/a				t/a							
l_x/a	0.125	0.25	0.5	1.0	0.125	0.25	0.5	1.0	M_p	$M_{p'}$	M_p	$M_{p'}$
	Coef. M_L				Coef. M_L							
0.5	0.63	0.548	0.383	0.345	0.288	0.216	0.132	0.054	0	0	0	0
1.0	0.698	0.653	0.533	0.465	0.556	0.432	0.3	0.156	0	0.15	0	0
1.5	1.035	1.005	0.825	0.675	0.816	0.672	0.504	0.312	0	0.3	0	0.024
2.0	1.44	1.44	1.26	1.035	1.056	0.912	0.744	0.502	0	0.75	0	0.096
2.5	1.77	1.77	1.605	1.41	1.296	1.14	1.008	0.708	0	1.5	0	0.228
3.0	2.01	2.01	1.92	1.74	1.512	1.332	1.2	0.912	0.15	2.625	0	0.504
4.0	2.4	2.355	2.22	2.22	1.944	1.728	1.608	1.272	0.548	5.85	0.24	0.72
5.0	2.64	2.64	2.64	2.55	2.304	2.088	1.968	1.62	1.905	8.745	0.456	2.832
6.0	2.82	2.82	2.82	2.775	2.592	2.4	2.256	1.908	3.3	14.4	0.84	4.86
7.0	2.94	2.94	2.94	2.925	2.832	2.652	2.496	2.184	4.65	21.75	1.38	7.776
8.0	3.015	3.015	3.015	3.015	3.024	2.856	2.688	2.4	6.6	31.95	2.028	11.28
9.0	3.06	3.06	3.06	3.06	3.132	3.012	2.82	2.592	8.1	41.25	2.7	15
10.0	3.075	3.075	3.075	3.075	3.18	3.108	2.904	2.724	10.02	54.6	3.468	20.16

Distribuição dos momentos fletores:
(Cargas móveis)

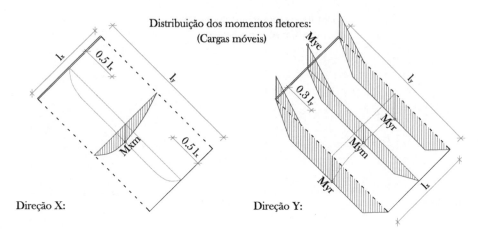

Direção X: Direção Y:

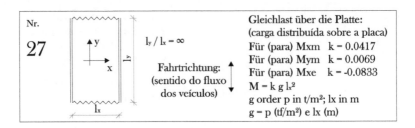

Brückenklasse 30t bis 60t

	M_{xe} in Randmitte				M_{xm} in Plattenmitte				M_{ym} in Plattenmitte			
	t/a				t/a				t/a			
l_x/a	0.125	0.25	0.5	1.0	0.125	0.25	0.5	1.0	0.125	0.25	0.5	1.0
	Coef. M_L				Coef. M_L				Coef. M_L			
0.5	0.25	0.19	0.12	0.05	0.118	0.083	0.041	0.02	0.097	0.051	0.031	0.008
1.0	0.32	0.26	0.18	0.09	0.171	0.129	0.078	0.061	0.149	0.091	0.051	0.023
1.5	0.42	0.4	0.34	0.25	0.266	0.216	0.175	0.12	0.187	0.134	0.080	0.038
2.0	0.58	0.56	0.51	0.4	0.332	0.29	0.25	0.195	0.215	0.168	0.096	0.064
2.5	0.72	0.7	0.66	0.55	0.399	0.357	0.318	0.264	0.248	0.198	0.137	0.096
3.0	0.85	0.84	0.8	0.78	0.452	0.415	0.37	0.33	0.287	0.239	0.179	0.141
4.0	1.06	1.06	1.01	0.98	0.56	0.52	0.485	0.44	0.361	0.315	0.262	0.222
5.0	1.21	1.21	1.18	1.14	0.65	0.62	0.58	0.53	0.430	0.389	0.338	0.295
6.0	1.32	1.32	1.3	1.26	0.74	0.71	0.67	0.63	0.498	0.457	0.412	0.370
7.0	1.41	1.41	1.4	1.36	0.82	0.79	0.75	0.7	0.56	0.52	0.479	0.433
8.0	1.47	1.47	1.47	1.44	0.87	0.85	0.81	0.76	0.61	0.58	0.54	0.49
9.0	1.52	1.52	1.52	1.5	0.91	0.89	0.85	0.8	0.66	0.63	0.59	0.54
10.0	1.54	1.54	1.54	1.53	0.94	0.91	0.87	0.82	0.71	0.67	0.63	0.58

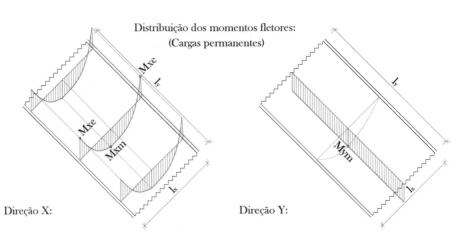

Distribuição dos momentos fletores:
(Cargas permanentes)

Direção X:

Direção Y:

Tabelas de Rüsch

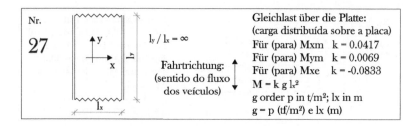

Nr. 27

$l_y / l_x = \infty$

Fahrtrichtung:
(sentido do fluxo dos veículos)

Gleichlast über die Platte:
(carga distribuída sobre a placa)
Für (para) Mxm   k = 0.0417
Für (para) Mym   k = 0.0069
Für (para) Mxe   k = -0.0833
$M = k \, g \, l_x^2$
g order p in t/m²; lx in m
g = p (tf/m²) e lx (m)

Gleichlast um SLW von 1 t/m^2

l_x/a	M_{xe} für alle Werte t/a		M_{xm} für alle Werte t/a		M_{ym} für alle Werte t/a	
	Coef. M_p	Coef. $M_{p'}$	Coef. M_p	Coef. $M_{p'}$	Coef. M_p	Coef. $M_{p'}$
0.5	0	0.1	0	0	0	0.01
1.0	0	0.28	0	0	0	0.01
1.5	0	0.35	0	0.05	0	0.03
2.0	0.03	0.35	0	0.1	0	0.05
2.5	0.08	0.37	0	0.27	0	0.13
3.0	0.2	0.8	0.3	0.53	0.05	0.24
4.0	0.55	2.2	0.8	1.11	0.13	0.57
5.0	1.0	4.25	1.25	1.79	0.21	0.83
6.0	1.4	7.6	1.65	2.9	0.28	1.33
7.0	2.0	11.8	2	4.5	0.33	2.03
8.0	2.4	16.2	2.4	6.3	0.42	2.89
9.0	3.0	21.6	2.75	8.4	0.48	3.82
10.0	3.5	26.3	3.12	10.55	0.56	4.85

Distribuição dos momentos fletores:
(Cargas móveis)

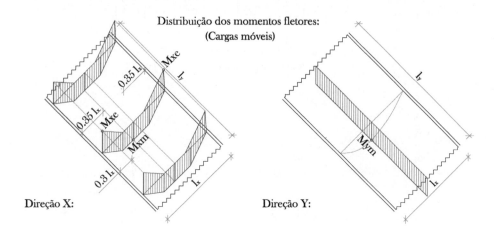

Direção X: Direção Y:

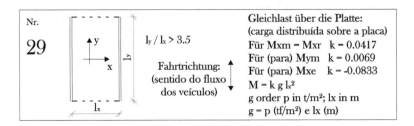

Brückenklasse 30t bis 60t

l_x/a	M_{xe} in Randmitte t/a				M_{xm} in Plattenmitte t/a				M_{ym} in Plattenmitte t/a				M_{xr} Mitte d. freien Randes t/a			
	0.125	0.25	0.5	1.0	0.125	0.25	0.5	1.0	0.125	0.25	0.5	1.0	0.125	0.25	0.5	1.0
	Coef. M_L				Coef. M_L				Coef. M_L				Coef. M_L			
0.5	0.25	0.19	0.12	0.05	0.12	0.08	0.04	0.02	0.1	0.05	0.03	0.01	0.23	0.16	0.08	0.04
1.0	0.32	0.26	0.18	0.09	0.17	0.13	0.08	0.06	0.15	0.09	0.05	0.02	0.37	0.25	0.15	0.12
1.5	0.42	0.4	0.34	0.25	0.27	0.22	0.18	0.12	0.19	0.13	0.08	0.04	0.52	0.42	0.35	0.24
2.0	0.58	0.56	0.51	0.4	0.33	0.29	0.25	0.2	0.22	0.17	0.1	0.06	0.65	0.57	0.49	0.38
2.5	0.72	0.7	0.66	0.55	0.4	0.36	0.32	0.26	0.25	0.2	0.14	0.1	0.79	0.7	0.63	0.52
3.0	0.85	0.84	0.8	0.78	0.45	0.42	0.37	0.33	0.29	0.24	0.18	0.14	0.89	0.82	0.73	0.65
4.0	1.06	1.06	1.01	0.98	0.56	0.52	0.49	0.44	0.36	0.32	0.26	0.22	1.1	1.02	0.96	0.87
5.0	1.21	1.21	1.18	1.14	0.65	0.62	0.58	0.53	0.43	0.39	0.34	0.3	1.28	1.22	1.14	1.04
6.0	1.32	1.32	1.3	1.26	0.74	0.71	0.67	0.63	0.5	0.46	0.41	0.37	1.46	1.4	1.32	1.24
7.0	1.41	1.41	1.4	1.36	0.82	0.79	0.75	0.7	0.56	0.52	0.48	0.43	1.62	1.56	1.48	1.38
8.0	1.47	1.47	1.47	1.44	0.87	0.85	0.81	0.76	0.61	0.58	0.54	0.49	1.71	1.67	1.6	1.5
9.0	1.52	1.52	1.52	1.5	0.91	0.89	0.85	0.8	0.66	0.63	0.59	0.54	1.79	1.75	1.68	1.58
10.0	1.54	1.54	1.54	1.53	0.94	0.91	0.87	0.82	0.71	0.67	0.63	0.58	1.85	1.79	1.71	1.62

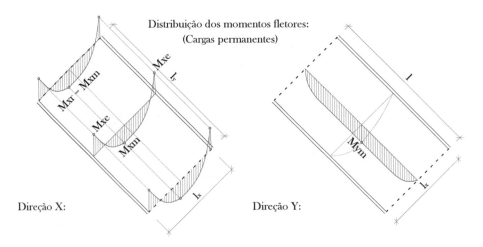

Distribuição dos momentos fletores:
(Cargas permanentes)

Direção X:

Direção Y:

Tabelas de Rüsch

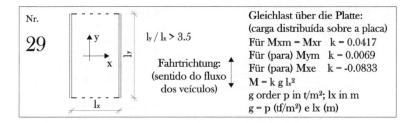

Nr. 29

$l_y / l_x > 3.5$

Fahrtrichtung:
(sentido do fluxo dos veículos)

Gleichlast über die Platte:
(carga distribuída sobre a placa)
Für Mxm = Mxr   k = 0.0417
Für (para) Mym   k = 0.0069
Für (para) Mxe   k = -0.0833
$M = k\,g\,l_x^2$
g order p in t/m²; lx in m
g = p (tf/m²) e lx (m)

Gleichlast um SLW von 1 t/m^2

l_x/a	M_{xe} für alle Werte t/a		M_{xm} für alle Werte t/a		M_{ym} für alle Werte t/a		M_{xr} für alle Werte t/a	
	Coef. M_p	Coef. $M_{p'}$	Coef. M_p	Coef. $M_{p'}$	Coef. M_p	Coef. $M_{p'}$	Coef. M_p	Coef. $M_{p'}$
0.5	0	0.1	0	0	0	0.01	0	0
1.0	0	0.28	0	0	0	0.01	0	0
1.5	0	0.35	0	0.05	0	0.03	0	0.1
2.0	0.03	0.35	0	0.1	0	0.05	0	0.2
2.5	0.08	0.37	0	0.27	0	0.13	0	0.53
3.0	0.2	0.8	0.3	0.53	0.05	0.24	0.59	1.04
4.0	0.55	2.2	0.8	1.11	0.13	0.57	1.58	2.19
5.0	1.0	4.25	1.25	1.79	0.21	0.83	2.46	3.53
6.0	1.4	7.6	1.65	2.9	0.28	1.33	3.25	5.71
7.0	2.0	11.8	2	4.5	0.33	2.03	3.94	8.87
8.0	2.4	16.2	2.4	6.3	0.42	2.89	4.73	12.41
9.0	3.0	21.6	2.75	8.4	0.48	3.82	5.42	16.55
10.0	3.5	26.3	3.12	10.55	0.56	4.85	6.15	20.78

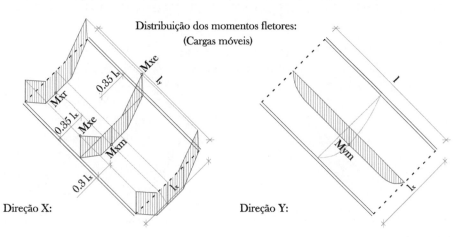

Distribuição dos momentos fletores:
(Cargas móveis)

Direção X: Direção Y:

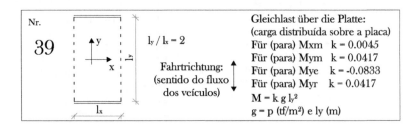

	Brückenklasse 30t bis 60t								Gleichlast um SLW von 1 t/m^2			
	M_{xm} in Plattenmitte				M_{ym} in Plattenmitte				M_{xm} für alle Werte t/a		M_{ym} für alle Werte t/a	
	t/a				t/a							
l_x/a	0.125	0.25	0.5	1.0	0.125	0.25	0.5	1.0	M_p	$M_{p'}$	M_p	$M_{p'}$
	Coef. M_L				Coef. M_L							
0.5	0.048	0.026	0.018	0.015	0.203	0.15	0.15	0.099	0	0	0	0.03
1.0	0.072	0.046	0.031	0.027	0.321	0.242	0.24	0.17	0	0.007	0	0.075
1.5	0.094	0.066	0.041	0.036	0.428	0.339	0.33	0.27	0	0.013	0	0.165
2.0	0.123	0.09	0.06	0.047	0.51	0.45	0.443	0.402	0	0.02	0	0.3
2.5	0.147	0.113	0.077	0.063	0.608	0.57	0.54	0.506	0	0.032	0	0.57
3.0	0.168	0.135	0.097	0.083	0.743	0.69	0.645	0.6	0.013	0.078	0	0.99
4.0	0.207	0.174	0.135	0.097	0.96	0.9	0.81	0.765	0.026	0.189	0.06	2.25
5.0	0.239	0.207	0.165	0.153	1.11	1.05	0.96	0.915	0.039	0.306	0.12	3.765
6.0	0.271	0.23	0.196	0.183	1.26	1.2	1.095	1.05	0.098	0.481	0.27	6.075
7.0	0.299	0.268	0.224	0.21	1.365	1.305	1.2	1.155	0.182	0.676	0.45	9
8.0	0.332	0.298	0.253	0.239	1.47	1.41	1.32	1.26	0.286	0.891	0.69	12.45
9.0	0.358	0.332	0.282	0.267	1.545	1.5	1.41	1.365	0.39	1.144	0.93	15.95
10.0	0.384	0.351	0.31	0.294	1.62	1.56	1.5	1.44	0.514	1.391	1.305	19.94

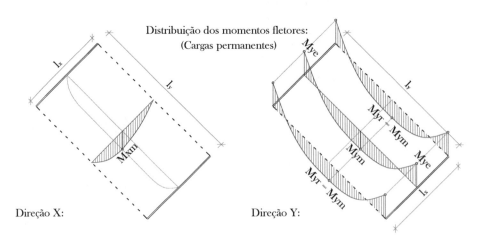

Distribuição dos momentos fletores:
(Cargas permanentes)

Direção X:

Direção Y:

Tabelas de Rüsch

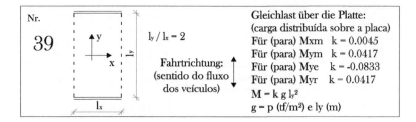

Nr. 39

$l_y / l_x = 2$

Fahrtrichtung: (sentido do fluxo dos veículos)

Gleichlast über die Platte:
(carga distribuída sobre a placa)
Für (para) Mxm k = 0.0045
Für (para) Mym k = 0.0417
Für (para) Mye k = -0.0833
Für (para) Myr k = 0.0417
$M = k\, g\, l_y^2$
$g = p\ (tf/m^2)$ e ly (m)

	Brückenklasse 30t bis 60t								Gleichlast um SLW von 1 t/m^2			
	M_{ye} in Randmitte				M_{yr} Mitte d. freien Randes				M_{ye} für alle Werte t/a		M_{yr} für alle Werte t/a	
	t/a				t/a							
l_x/a	0.125	0.25	0.5	1.0	0.125	0.25	0.5	1.0	M_p	$M_{p'}$	M_p	$M_{p'}$
	Coef. M_L				Coef. M_L							
0.5	0.345	0.327	0.24	0.24	0.408	0.264	0.168	0.168	0	0.03	0	0
1.0	0.513	0.45	0.405	0.405	0.546	0.384	0.276	0.276	0	0.12	0	0
1.5	0.78	0.6	0.533	0.525	0.66	0.528	0.408	0.36	0	0.3	0	0
2.0	1.095	0.855	0.765	0.75	0.816	0.732	0.6	0.504	0	0.6	0	0.024
2.5	1.335	1.125	1.065	1.05	1.008	0.948	0.792	0.648	0.015	0.9	0	0.048
3.0	1.56	1.455	1.425	1.395	1.296	1.152	1.088	0.888	0.03	1.575	0.096	0.18
4.0	1.845	1.83	1.815	1.77	1.716	1.536	1.368	1.236	0.375	3.15	0.18	0.78
5.0	2.055	2.055	2.055	2.025	2.04	1.812	1.644	1.5	0.84	5.595	0.288	1.632
6.0	2.22	2.205	2.205	2.175	2.304	2.088	1.896	1.752	1.5	9.3	0.648	3.144
7.0	2.34	2.325	2.31	2.295	2.508	2.292	2.112	1.944	2.7	14.7	1.14	5.076
8.0	2.445	2.415	2.415	2.4	2.676	2.484	2.304	2.136	3.9	21	1.704	7.272
9.0	2.52	2.505	2.49	2.49	2.82	2.652	2.448	2.28	5.325	27	2.232	9.72
10.0	2.565	2.565	2.565	2.55	2.916	2.796	2.592	2.4	6.78	34.77	2.772	12.78

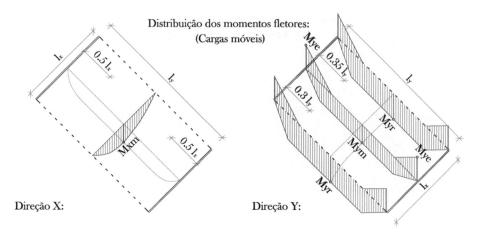

Distribuição dos momentos fletores:
(Cargas móveis)

Direção X: Direção Y:

	Brückenklasse 30t bis 60t								Gleichlast um SLW von 1 t/m^2			
	M_{xm} in Plattenmitte				M_{ym} in Plattenmitte				M_{xm} für alle Werte t/a		M_{ym} für alle Werte t/a	
	t/a				t/a							
l_x/a	0.125	0.25	0.5	1.0	0.125	0.25	0.5	1.0	M_p	$M_{p'}$	M_p	$M_{p'}$
	Coef. M_L				Coef. M_L							
0.5	0.118	0.083	0.041	0.02	0.097	0.051	0.031	0.008	0	0	0	0.01
1.0	0.171	0.129	0.078	0.061	0.149	0.091	0.051	0.023	0	0	0	0.01
1.5	0.266	0.216	0.175	0.12	0.187	0.134	0.08	0.038	0	0.05	0	0.03
2.0	0.332	0.29	0.25	0.195	0.215	0.168	0.096	0.064	0	0.1	0	0.05
2.5	0.399	0.357	0.318	0.264	0.248	0.198	0.137	0.096	0	0.27	0	0.13
3.0	0.452	0.415	0.37	0.33	0.287	0.239	0.179	0.141	0.3	0.53	0.05	0.24
4.0	0.56	0.52	0.485	0.44	0.361	0.315	0.262	0.222	0.8	1.11	0.13	0.57
5.0	0.65	0.62	0.58	0.53	0.43	0.389	0.338	0.295	1.25	1.79	0.21	0.28
6.0	0.74	0.71	0.67	0.63	0.498	0.457	0.412	0.37	1.65	2.9	0.28	1.33
7.0	0.82	0.79	0.75	0.7	0.56	0.52	0.479	0.433	2	4.5	0.33	2.03
8.0	0.87	0.85	0.81	0.76	0.61	0.58	0.54	0.49	2.4	6.3	0.42	2.89
9.0	0.91	0.89	0.85	0.8	0.66	0.63	0.59	0.54	2.75	8.4	0.48	3.82
10.0	0.94	0.91	0.87	0.82	0.71	0.67	0.63	0.58	3.12	10.55	0.56	4.85

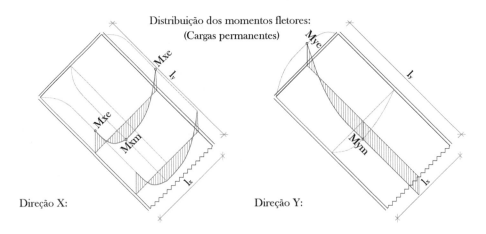

Distribuição dos momentos fletores:
(Cargas permanentes)

Direção X: Direção Y:

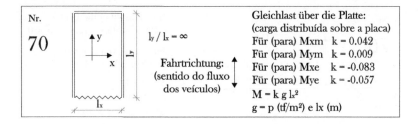

	Brückenklasse 30t bis 60t								Gleichlast um SLW von 1 t/m^2			
	M_{xe} in Randmitte				M_{ye} in Randmitte				M_{xe} für alle Werte t/a		M_{ye} für alle Werte t/a	
l_x/a	t/a				t/a							
	0.125	0.25	0.5	1.0	0.125	0.25	0.5	1.0	M_p	$M_{p'}$	M_p	$M_{p'}$
	Coef. M_L				Coef. M_L							
0.5	0.25	0.19	0.12	0.05	0.14	0.115	0.072	0.03	0	0.1	0	0.08
1.0	0.32	0.26	0.18	0.09	0.25	0.21	0.14	0.08	0	0.28	0	0.18
1.5	0.42	0.4	0.34	0.25	0.35	0.3	0.225	0.17	0	0.35	0	0.2
2.0	0.58	0.56	0.51	0.4	0.45	0.405	0.335	0.27	0.03	0.35	0	0.38
2.5	0.72	0.7	0.66	0.55	0.56	0.53	0.46	0.387	0.08	0.37	0	0.58
3.0	0.85	0.84	0.8	0.78	0.68	0.65	0.61	0.54	0.2	0.8	0.05	0.8
4.0	1.06	1.06	1.01	0.98	0.88	0.86	0.83	0.76	0.55	2.2	0.1	1.5
5.0	1.21	1.21	1.18	1.14	1.03	1.03	0.99	0.92	1	4.25	0.22	2.36
6.0	1.32	1.32	1.3	1.26	1.15	1.15	1.13	1.05	1.4	7.6	0.4	3.9
7.0	1.41	1.41	1.4	1.36	1.25	1.25	1.24	1.16	2	11.8	0.65	5.9
8.0	1.47	1.47	1.47	1.44	1.34	1.34	1.33	1.25	2.4	16.2	1	8.7
9.0	1.52	1.52	1.52	1.5	1.42	1.42	1.42	1.33	3	21.6	1.35	11.8
10.0	1.54	1.54	1.54	1.53	1.49	1.49	1.49	1.39	3.5	26.3	1.71	15.63

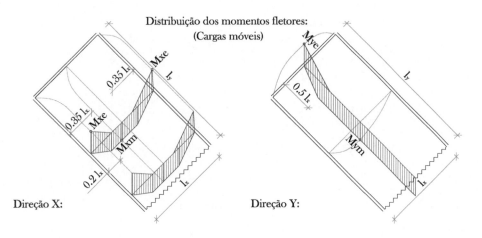

Distribuição dos momentos fletores:
(Cargas móveis)

Direção X: Direção Y:

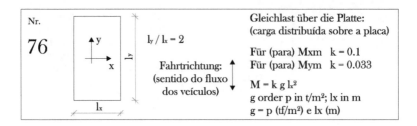

Nr.				Gleichlast über die Platte: (carga distribuída sobre a placa)
76		$l_y / l_x = 2$	Fahrtrichtung: (sentido do fluxo dos veículos)	Für (para) Mxm k = 0.1 Für (para) Mym k = 0.033 $M = k \, g \, l_x^2$ g order p in t/m²; lx in m g = p (tf/m²) e lx (m)

Brückenklasse 30t bis 60t

	M_{xm} in Plattenmitte				M_{ym} in Plattenmitte			
	t/a				t/a			
l_x/a	0.125	0.25	0.5	1.0	0.125	0.25	0.5	1.0
	Coef. M_L				Coef. M_L			
0.5	0.2	0.17	0.112	0.065	0.155	0.095	0.069	0.028
1.0	0.351	0.3	0.237	0.176	0.223	0.158	0.11	0.063
1.5	0.431	0.4	0.351	0.305	0.267	0.22	0.16	0.118
2.0	0.52	0.491	0.461	0.421	0.322	0.263	0.228	0.179
2.5	0.62	0.59	0.56	0.53	0.382	0.338	0.29	0.253
3.0	0.72	0.69	0.67	0.63	0.457	0.408	0.361	0.323
4.0	0.87	0.85	0.82	0.8	0.58	0.53	0.472	0.433
5.0	0.99	0.98	0.95	0.93	0.69	0.64	0.58	0.53
6.0	1.08	1.07	1.04	1.02	0.77	0.73	0.66	0.62
7.0	1.15	1.14	1.11	1.1	0.84	0.8	0.73	0.7
8.0	1.2	1.19	1.17	1.15	0.9	0.86	0.8	0.76
9.0	1.24	1.23	1.21	1.2	0.96	0.91	0.85	0.82
10.0	1.27	1.26	1.24	1.23	1.02	0.95	0.9	0.87

Distribuição dos momentos fletores:
(Cargas permanentes)

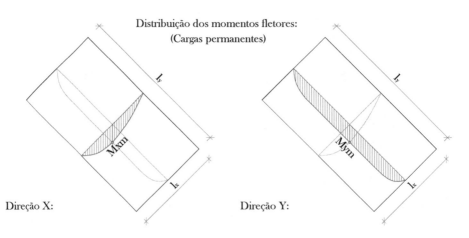

Direção X: Direção Y:

Tabelas de Rüsch

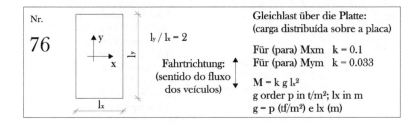

Nr. 76

$l_y / l_x = 2$

Fahrtrichtung:
(sentido do fluxo dos veículos)

Gleichlast über die Platte:
(carga distribuída sobre a placa)

Für (para) Mxm   k = 0.1
Für (para) Mym   k = 0.033

$M = k\, g\, l_x^2$
g order p in t/m²; lx in m
g = p (tf/m²) e lx (m)

Gleichlast um SLW von 1 t/m^2

l_x/a	M_{xm} für alle Werte t/a		M_{ym} für alle Werte t/a	
	Coef. M_p	Coef. $M_{p'}$	Coef. M_p	Coef. $M_{p'}$
0.5	0	0	0	0
1.0	0	0.15	0	0.03
1.5	0.1	0.23	0.02	0.07
2.0	0.25	0.4	0.04	0.12
2.5	0.58	0.96	0.1	0.24
3.0	1	1.35	0.17	0.4
4.0	2.2	2.85	0.37	1.03
5.0	3.46	5.65	0.58	2.03
6.0	4.7	8	0.78	3.06
7.0	5.75	11.8	0.92	4.54
8.0	6.9	16.4	1.29	6.28
9.0	8	22.1	1.3	8.25
10.0	9.12	28.7	1.46	10.67

Distribuição dos momentos fletores:
(Cargas móveis)

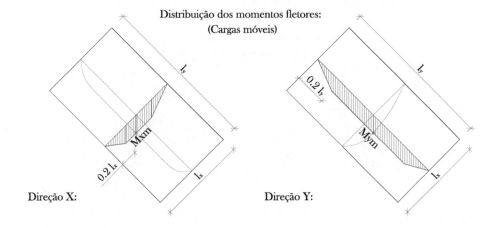

Direção X: Direção Y:

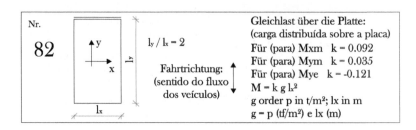

Brückenklasse 30t bis 60t

l_x/a	M_{xm} in Plattenmitte				M_{ym} in Plattenmitte				M_{ye} in Randmitte			
	t/a				t/a				t/a			
	0.125	0.25	0.5	1.0	0.125	0.25	0.5	1.0	0.125	0.25	0.5	1.0
	Coef. M_L				Coef. M_L				Coef. M_L			
0.5	0.2	0.17	0.112	0.065	0.155	0.095	0.069	0.028	0.32	0.255	0.16	0.16
1.0	0.351	0.3	0.237	0.176	0.223	0.158	0.11	0.063	0.405	0.365	0.28	0.19
1.5	0.431	0.4	0.351	0.305	0.267	0.22	0.16	0.118	0.55	0.53	0.47	0.37
2.0	0.52	0.491	0.461	0.421	0.322	0.263	0.228	0.179	0.72	0.7	0.66	0.57
2.5	0.62	0.59	0.56	0.53	0.382	0.338	0.29	0.253	0.85	0.85	0.82	0.74
3.0	0.72	0.69	0.67	0.63	0.457	0.408	0.361	0.323	0.99	0.99	0.82	0.74
4.0	0.87	0.85	0.82	0.8	0.58	0.53	0.472	0.433	1.2	1.2	1.19	1.13
5.0	0.99	0.98	0.95	0.93	0.69	0.64	0.58	0.53	1.36	1.36	1.36	1.3
6.0	1.08	1.07	1.04	1.02	0.77	0.73	0.66	0.62	1.48	1.48	1.48	1.42
7.0	1.15	1.14	1.11	1.1	0.84	0.8	0.73	0.7	1.56	1.56	1.56	1.51
8.0	1.2	1.19	1.17	1.15	0.9	0.86	0.8	0.76	1.62	1.62	1.62	1.58
9.0	1.24	1.23	1.21	1.2	0.96	0.91	0.85	0.82	1.66	1.66	1.66	1.63
10.0	1.27	1.26	1.24	1.23	1.02	0.95	0.9	0.87	1.67	1.67	1.67	1.67

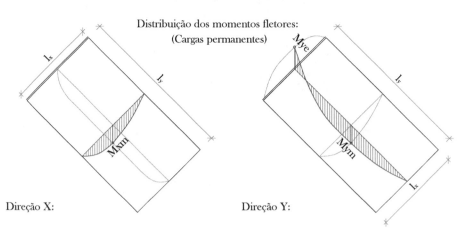

Tabelas de Rüsch 393

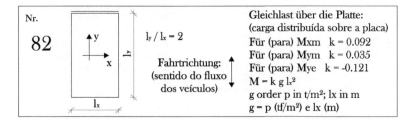

Nr. 82

$l_y / l_x = 2$

Fahrtrichtung: (sentido do fluxo dos veículos)

Gleichlast über die Platte:
(carga distribuída sobre a placa)
Für (para) Mxm k = 0.092
Für (para) Mym k = 0.035
Für (para) Mye k = -0.121
$M = k\, g\, l_x^2$
g order p in t/m²; lx in m
g = p (tf/m²) e lx (m)

Gleichlast um SLW von 1 t/m^2

l_x/a	M_{xm} für alle Werte t/a		M_{ym} für alle Werte t/a		M_{ye} für alle Werte t/a	
	Coef. M_p	Coef. $M_{p'}$	Coef. M_p	Coef. $M_{p'}$	Coef. M_p	Coef. $M_{p'}$
0.5	0	0	0	0	0	0
1.0	0	0.15	0	0.03	0	0.1
1.5	0.1	0.23	0.02	0.07	0.05	0.2
2.0	0.25	0.4	0.04	0.12	0.2	0.65
2.5	0.58	0.96	0.1	0.24	0.39	0.95
3.0	1	1.35	0.17	0.4	0.75	1.55
4.0	2.2	2.85	0.37	1.03	1.4	3.4
5.0	3.46	5.65	0.58	2.03	2.1	5.79
6.0	4.7	8	0.78	3.06	3	9.5
7.0	5.75	11.8	0.92	4.54	4.3	15
8.0	6.9	16.4	1.29	6.28	5.5	20.6
9.0	8	22.1	1.3	8.25	6.8	26.9
10.0	9.12	28.7	1.46	10.67	8.33	34.3

Distribuição dos momentos fletores:
(Cargas móveis)

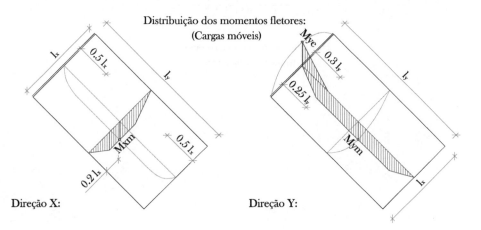

Direção X: Direção Y:

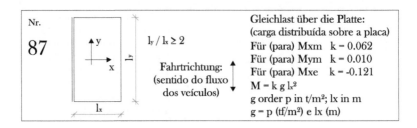

Brückenklasse 30t bis 60t

l_x/a	M_{xe} in Randmitte t/a				M_{xm} in Plattenmitte t/a				M_{ym} in Plattenmitte t/a			
	0.125	0.25	0.5	1.0	0.125	0.25	0.5	1.0	0.125	0.25	0.5	1.0
	Coef. M_L				Coef. M_L				Coef. M_L			
0.5	0.24	0.2	0.121	0.082	0.115	0.058	0.024	0.008	0.148	0.1	0.068	0.038
1.0	0.36	0.32	0.225	0.17	0.16	0.102	0.061	0.035	0.21	0.149	0.1	0.079
1.5	0.54	0.51	0.4	0.34	0.229	0.169	0.105	0.085	0.309	0.268	0.232	0.21
2.0	0.73	0.71	0.57	0.53	0.299	0.236	0.152	0.128	0.421	0.393	0.361	0.34
2.5	0.88	0.86	0.73	0.7	0.354	0.289	0.203	0.176	0.51	0.486	0.45	0.428
3.0	1.01	1	0.9	0.87	0.397	0.338	0.253	0.227	0.58	0.55	0.51	0.48
4.0	1.21	1.2	1.13	1.11	0.478	0.428	0.348	0.326	0.69	0.66	0.6	0.58
5.0	1.36	1.35	1.31	1.3	0.55	0.51	0.433	0.412	0.77	0.75	0.68	0.65
6.0	1.47	1.46	1.44	1.42	0.63	0.59	0.51	0.496	0.85	0.82	0.76	0.73
7.0	1.55	1.54	1.53	1.52	0.69	0.66	0.59	0.57	0.91	0.88	0.82	0.79
8.0	1.6	1.6	1.6	1.58	0.74	0.72	0.65	0.63	0.96	0.94	0.88	0.84
9.0	1.63	1.63	1.63	1.61	0.79	0.77	0.7	0.68	1	0.99	0.92	0.89
10.0	1.65	1.65	1.65	1.62	0.84	0.81	0.74	0.72	1.04	1.03	0.96	0.94

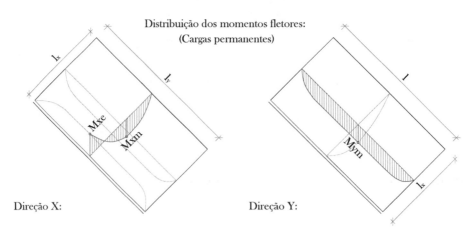

Distribuição dos momentos fletores:
(Cargas permanentes)

Direção X:

Direção Y:

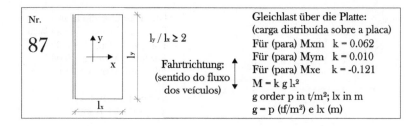

l_x/a	\multicolumn{2}{c	}{M_{xe} für alle Werte t/a}	\multicolumn{2}{c	}{M_{xm} für alle Werte t/a}	\multicolumn{2}{c}{M_{ym} für alle Werte t/a}
	Coef. M_p	Coef. $M_{p'}$	Coef. M_p	Coef. $M_{p'}$	Coef. M_p	Coef. $M_{p'}$
0.5	0	0.09	0	0	0	0
1.0	0	0.18	0	0	0	0
1.5	0.02	0.3	0	0.01	0	0.08
2.0	0.08	0.6	0	0.07	0	0.4
2.5	0.12	1.11	0	0.17	0	0.99
3.0	0.2	2	0	0.24	0	1.6
4.0	0.55	4.3	0.06	0.73	0.05	3.35
5.0	0.93	7	0.15	1.31	0.16	5.38
6.0	1.05	10.8	0.34	2.09	0.3	8.1
7.0	2.35	16	0.55	3.15	0.5	11.8
8.0	3.3	22.1	0.78	4.3	0.7	16
9.0	4.3	28.3	1.06	5.47	0.95	20.1
10.0	5.45	35.6	1.38	6.78	1.18	24.8

Distribuição dos momentos fletores:
(Cargas móveis)

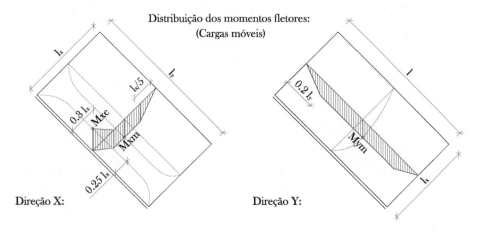

Direção X: Direção Y:

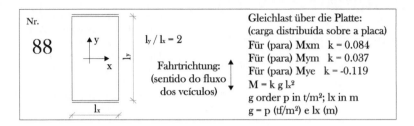

Brückenklasse 30t bis 60t

	M_{xm} in Plattenmitte				M_{ym} in Plattenmitte				M_{ye} in Randmitte			
	t/a				t/a				t/a			
l_x/a	0.125	0.25	0.5	1.0	0.125	0.25	0.5	1.0	0.125	0.25	0.5	1.0
	Coef. M_L				Coef. M_L				Coef. M_L			
0.5	0.2	0.17	0.112	0.065	0.155	0.095	0.069	0.028	0.32	0.255	0.16	0.16
1.0	0.351	0.3	0.237	0.176	0.223	0.158	0.11	0.063	0.405	0.365	0.28	0.19
1.5	0.431	0.4	0.351	0.305	0.267	0.22	0.16	0.118	0.55	0.53	0.47	0.37
2.0	0.52	0.491	0.461	0.421	0.322	0.263	0.228	0.179	0.72	0.7	0.66	0.57
2.5	0.62	0.59	0.56	0.53	0.382	0.338	0.29	0.253	0.85	0.85	0.82	0.74
3.0	0.72	0.69	0.67	0.63	0.457	0.408	0.361	0.323	0.99	0.99	0.82	0.74
4.0	0.87	0.85	0.82	0.8	0.58	0.53	0.472	0.433	1.2	1.2	1.19	1.13
5.0	0.99	0.98	0.95	0.93	0.69	0.64	0.58	0.53	1.36	1.36	1.36	1.3
6.0	1.08	1.07	1.04	1.02	0.77	0.73	0.66	0.62	1.48	1.48	1.48	1.42
7.0	1.15	1.14	1.11	1.1	0.84	0.8	0.73	0.7	1.56	1.56	1.56	1.51
8.0	1.2	1.19	1.17	1.15	0.9	0.86	0.8	0.76	1.62	1.62	1.62	1.58
9.0	1.24	1.23	1.21	1.2	0.96	0.91	0.85	0.82	1.66	1.66	1.66	1.63
10.0	1.27	1.26	1.24	1.23	1.02	0.95	0.9	0.87	1.67	1.67	1.67	1.67

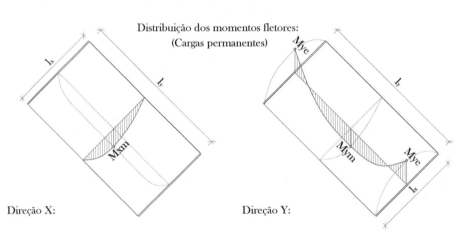

Distribuição dos momentos fletores:
(Cargas permanentes)

Direção X:

Direção Y:

l_x/a	\multicolumn{2}{c	}{M_{xm} für alle Werte t/a}	\multicolumn{2}{c	}{M_{ym} für alle Werte t/a}	\multicolumn{2}{c}{M_{ye} für alle Werte t/a}
	Coef. M_p	Coef. $M_{p'}$	Coef. M_p	Coef. $M_{p'}$	Coef. M_p	Coef. $M_{p'}$
0.5	0	0	0	0	0	0
1.0	0	0.15	0	0.03	0	0.1
1.5	0.1	0.23	0.02	0.07	0.05	0.2
2.0	0.25	0.4	0.04	0.12	0.2	0.65
2.5	0.58	0.96	0.1	0.24	0.39	0.95
3.0	1	1.35	0.17	0.4	0.75	1.55
4.0	2.2	2.85	0.37	1.03	1.4	3.4
5.0	3.46	5.65	0.58	2.03	2.1	5.79
6.0	4.7	8	0.78	3.06	3	9.5
7.0	5.75	11.8	0.92	4.54	4.3	15
8.0	6.9	16.4	1.29	6.28	5.5	20.6
9.0	8	22.1	1.3	8.25	6.8	26.9
10.0	9.12	28.7	1.46	10.67	8.33	34.3

Gleichlast um SLW von 1 t/m^2

Distribuição dos momentos fletores:
(Cargas móveis)

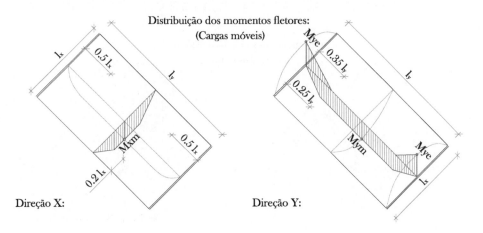

Direção X: Direção Y:

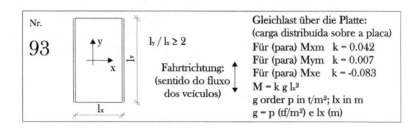

Brückenklasse 30t bis 60t

l_x/a	M_{xe} in Randmitte t/a				M_{xm} in Plattenmitte t/a				M_{ym} in Plattenmitte t/a			
	0.125	0.25	0.5	1.0	0.125	0.25	0.5	1.0	0.125	0.25	0.5	1.0
	Coef. M_L				Coef. M_L				Coef. M_L			
0.5	0.25	0.19	0.12	0.05	0.118	0.083	0.041	0.02	0.095	0.054	0.032	0.005
1.0	0.32	0.26	0.18	0.09	0.171	0.129	0.078	0.061	0.148	0.092	0.058	0.02
1.5	0.47	0.43	0.35	0.23	0.227	0.18	0.131	0.127	0.203	0.147	0.081	0.045
2.0	0.64	0.61	0.54	0.398	0.289	0.241	0.2	0.185	0.257	0.206	0.116	0.079
2.5	0.76	0.74	0.69	0.55	0.347	0.305	0.265	0.235	0.296	0.248	0.156	0.118
3.0	0.87	0.85	0.81	0.71	0.4	0.358	0.322	0.291	0.331	0.284	0.2	0.166
4.0	1.05	1.05	1.01	0.71	0.51	0.468	0.431	0.395	0.401	0.352	0.287	0.254
5.0	1.21	1.21	1.18	1.15	0.6	0.56	0.53	0.48	0.46	0.416	0.367	0.333
6.0	1.34	1.34	1.31	1.28	0.69	0.66	0.62	0.57	0.52	0.482	0.44	0.411
7.0	1.44	1.44	1.42	1.39	0.76	0.73	0.7	0.63	0.58	0.54	0.51	0.475
8.0	1.52	1.52	1.5	1.47	0.82	0.8	0.76	0.69	0.64	0.6	0.57	0.53
9.0	1.57	1.57	1.56	1.53	0.87	0.84	0.81	0.73	0.68	0.65	0.62	0.58
10.0	1.59	1.59	1.58	1.56	0.9	0.87	0.83	0.75	0.73	0.7	0.65	0.62

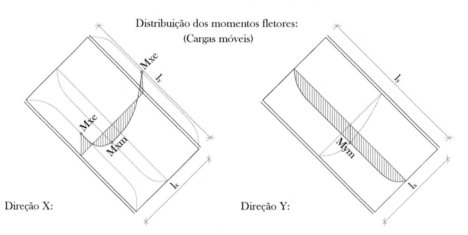

Distribuição dos momentos fletores:
(Cargas móveis)

Direção X:　　　　　　　　　　Direção Y:

Tabelas de Rüsch 399

Nr. 93

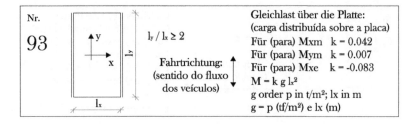

$l_y / l_x \geq 2$

Fahrtrichtung:
(sentido do fluxo dos veículos)

Gleichlast über die Platte:
(carga distribuída sobre a placa)
Für (para) Mxm k = 0.042
Für (para) Mym k = 0.007
Für (para) Mxe k = -0.083
$M = k \, g \, l_x^2$
g order p in t/m²; lx in m
g = p (tf/m²) e lx (m)

Gleichlast um SLW von 1 t/m^2

l_x/a	M_{xe} für alle Werte t/a		M_{xm} für alle Werte t/a		M_{ym} für alle Werte t/a	
	Coef. M_p	Coef. $M_{p'}$	Coef. M_p	Coef. $M_{p'}$	Coef. M_p	Coef. $M_{p'}$
0.5	0	0.05	0	0	0	0
1.0	0	0.1	0	0	0	0
1.5	0	0.35	0	0.005	0	0.02
2.0	0	0.8	0	0.2	0	0.05
2.5	0.01	1.45	0	0.45	0	0.11
3.0	0.05	2.1	0	0.85	0.02	0.22
4.0	0.1	3.4	0.05	1.72	0.08	0.45
5.0	0.33	4.7	0.14	2.84	0.18	0.74
6.0	0.8	7.0	0.26	4.5	0.32	1.17
7.0	1.4	10.3	0.4	6.9	0.54	1.78
8.0	2.1	15	0.56	9.4	0.8	2.37
9.0	3	20.4	0.7	12.2	1.04	3.13
10.0	3.74	25.9	0.9	15.85	1.28	3.96

Distribuição dos momentos fletores:
(Cargas móveis)

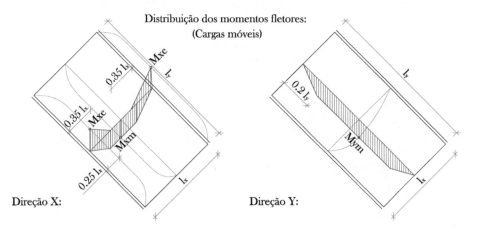

Direção X: Direção Y:

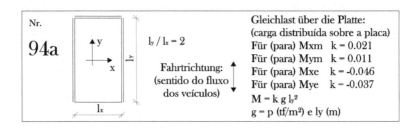

	Brückenklasse 30t bis 60t								Gleichlast um SLW von 1 t/m^2			
	M_{xm} in Plattenmitte				M_{ym} in Plattenmitte				M_{xm} für alle Werte t/a		M_{ym} für alle Werte t/a	
	t/a				t/a							
l_x/a	0.125	0.25	0.5	1.0	0.125	0.25	0.5	1.0	M_p	$M_{p'}$	M_p	$M_{p'}$
	Coef. M_L				Coef. M_L							
0.5	0.118	0.083	0.041	0.02	0.155	0.095	0.069	0.028	0	0	0	0
1.0	0.171	0.129	0.078	0.061	0.223	0.158	0.11	0.063	0	0	0	0.03
1.5	0.266	0.216	0.175	0.12	0.267	0.22	0.16	0.118	0	0.05	0.02	0.07
2.0	0.332	0.29	0.25	0.195	0.322	0.263	0.228	0.179	0	0.1	0.04	0.12
2.5	0.399	0.357	0.318	0.264	0.382	0.338	0.29	0.253	0	0.27	0.1	0.24
3.0	0.452	0.415	0.37	0.33	0.457	0.408	0.361	0.323	0.3	0.53	0.17	0.4
4.0	0.56	0.52	0.485	0.44	0.58	0.53	0.472	0.433	0.8	1.11	0.37	1.03
5.0	0.65	0.62	0.58	0.53	0.69	0.64	0.58	0.53	1.25	1.79	0.58	2.03
6.0	0.74	0.71	0.67	0.63	0.77	0.73	0.66	0.62	1.65	2.9	0.78	3.06
7.0	0.82	0.79	0.75	0.7	0.84	0.8	0.73	0.7	2	4.5	0.92	4.54
8.0	0.87	0.85	0.81	0.76	0.9	0.86	0.8	0.76	2.4	6.3	1.29	6.28
9.0	0.91	0.89	0.85	0.8	0.96	0.91	0.85	0.82	2.75	8.4	1.3	8.25
10.0	0.94	0.91	0.87	0.82	1.02	0.95	0.9	0.87	3.12	10.55	1.46	10.67

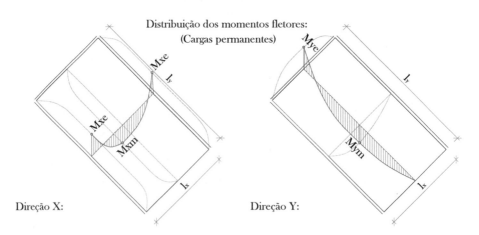

Distribuição dos momentos fletores:
(Cargas permanentes)

Direção X:

Direção Y:

Tabelas de Rüsch 401

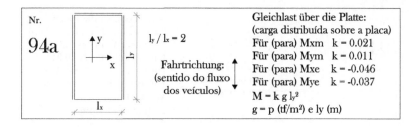

| | Nr. 94a | | $l_y/l_x = 2$ Fahrtrichtung: (sentido do fluxo dos veículos) | Gleichlast über die Platte: (carga distribuída sobre a placa) Für (para) Mxm k = 0.021 Für (para) Mym k = 0.011 Für (para) Mxe k = -0.046 Für (para) Mye k = -0.037 $M = k\, g\, l_y^2$ $g = p\ (tf/m^2)$ e ly (m) |

	Brückenklasse 30t bis 60t							Gleichlast um SLW von 1 t/m^2			
	M_{xe} in Randmitte				M_{ye} in Randmitte				M_{xe} für alle Werte t/a		M_{ye} für alle Werte t/a	
l_x/a	t/a				t/a							
	0.125	0.25	0.5	1.0	0.125	0.25	0.5	1.0	M_p	$M_{p'}$	M_p	$M_{p'}$
	Coef. M_L				Coef. M_L							
0.5	0.25	0.19	0.12	0.05	0.32	0.255	0.16	0.16	0	0.1	0	0
1.0	0.32	0.26	0.18	0.09	0.405	0.365	0.28	0.19	0	0.28	0	0.1
1.5	0.42	0.4	0.34	0.25	0.55	0.53	0.47	0.37	0	0.35	0.05	0.2
2.0	0.58	0.56	0.51	0.4	0.72	0.7	0.66	0.57	0.03	0.35	0.2	0.65
2.5	0.72	0.7	0.66	0.55	0.85	0.85	0.82	0.74	0.08	0.37	0.39	0.95
3.0	0.85	0.84	0.8	0.78	0.99	0.99	0.96	0.89	0.2	0.8	0.75	1.55
4.0	1.06	1.06	1.01	0.98	1.2	1.2	1.19	1.13	0.55	2.2	1.4	3.4
5.0	1.21	1.21	1.18	1.14	1.36	1.36	1.36	1.3	1	4.25	2.1	5.79
6.0	1.32	1.32	1.3	1.26	1.48	1.48	1.48	1.42	1.4	7.6	3	9.5
7.0	1.41	1.41	1.4	1.36	1.56	1.56	1.56	1.51	2	11.8	4.3	15
8.0	1.47	1.47	1.47	1.44	1.62	1.62	1.62	1.58	2.4	16.2	5.5	20.6
9.0	1.52	1.52	1.52	1.5	1.66	1.66	1.66	1.63	3	21.6	6.8	26.9
10.0	1.54	1.54	1.54	1.53	1.67	1.67	1.67	1.67	3.5	26.3	8.33	34.3

Distribuição dos momentos fletores:
(Cargas móveis)

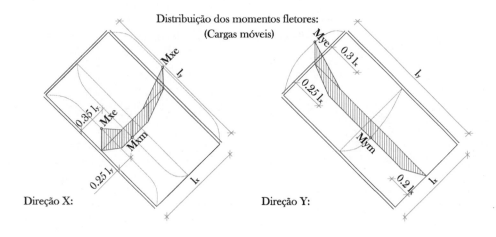

Direção X: Direção Y:

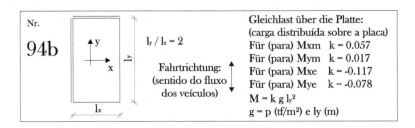

	Brückenklasse 30t bis 60t								Gleichlast um SLW von 1 t/m^2			
	M_{xm} in Plattenmitte				M_{ym} in Plattenmitte							
	t/a				t/a				M_{xm} für alle Werte t/a		M_{ym} für alle Werte t/a	
l_x/a	0.125	0.25	0.5	1.0	0.125	0.25	0.5	1.0				
	Coef. M_L				Coef. M_L				M_p	$M_{p'}$	M_p	$M_{p'}$
0.5	0.155	0.116	0.066	0.05	0.155	0.095	0.069	0.028	0	0	0	0
1.0	0.24	0.19	0.148	0.096	0.223	0.158	0.11	0.063	0.01	0	0	0.03
1.5	0.362	0.313	0.254	0.189	0.267	0.22	0.16	0.118	0.09	0	0.02	0.07
2.0	0.475	0.428	0.36	0.295	0.322	0.263	0.228	0.179	0.18	0.1	0.04	0.12
2.5	0.58	0.52	0.451	0.385	0.382	0.338	0.29	0.253	0.33	0.2	0.1	0.24
3.0	0.63	0.6	0.53	0.466	0.457	0.408	0.361	0.323	0.4	0.45	0.17	0.4
4.0	0.75	0.72	0.66	0.59	0.58	0.53	0.472	0.433	0.6	1.55	0.37	1.03
5.0	0.84	0.82	0.76	0.69	0.69	0.64	0.58	0.53	0.93	3.06	0.58	2.03
6.0	0.91	0.89	0.83	0.77	0.77	0.73	0.66	0.62	1.4	5.3	0.78	3.06
7.0	0.97	0.96	0.89	0.83	0.84	0.8	0.73	0.7	2.2	8.4	0.92	4.54
8.0	1.02	1.01	0.97	0.88	0.9	0.86	0.8	0.76	3.3	12.1	1.29	6.28
9.0	1.06	1.05	0.98	0.92	0.96	0.91	0.85	0.82	4.6	15.8	1.3	8.25
10.0	1.09	1.08	1.01	0.95	1.02	0.95	0.9	0.87	6	19.5	1.46	10.67

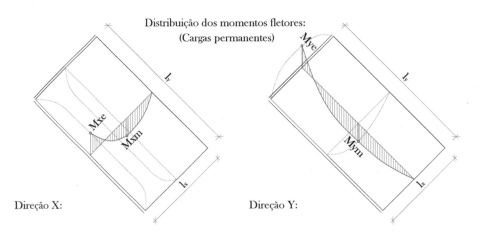

Distribuição dos momentos fletores:
(Cargas permanentes)

Direção X: Direção Y:

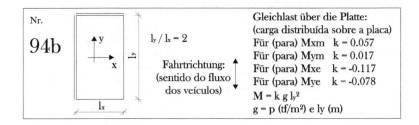

	Brückenklasse 30t bis 60t								Gleichlast um SLW von 1 t/m^2			
	M_{xe} in Randmitte				M_{ye} in Randmitte				M_{xe} für alle Werte t/a		M_{ye} für alle Werte t/a	
l_x/a	t/a				t/a							
	0.125	0.25	0.5	1.0	0.125	0.25	0.5	1.0				
	Coef. M_L				Coef. M_L				M_p	$M_{p'}$	M_p	$M_{p'}$
0.5	0.25	0.2	0.13	0.079	0.32	0.255	0.16	0.16	0	0.1	0	0
1.0	0.382	0.34	0.255	0.19	0.405	0.365	0.28	0.19	0	0.2	0	0.1
1.5	0.48	0.45	0.39	0.34	0.55	0.53	0.47	0.37	0.05	0.4	0.05	0.2
2.0	0.72	0.7	0.66	0.55	0.72	0.7	0.66	0.57	0.1	0.55	0.2	0.65
2.5	0.88	0.86	0.84	0.73	0.85	0.85	0.82	0.74	0.25	0.64	0.39	0.95
3.0	1	0.98	0.96	0.9	0.99	0.99	0.96	0.89	0.5	1.4	0.75	1.55
4.0	1.2	1.18	1.16	1.12	1.2	1.2	1.19	1.13	1.1	3.9	1.4	3.4
5.0	1.34	1.33	1.31	1.28	1.36	1.36	1.36	1.3	1.75	7.03	2.1	5.79
6.0	1.45	1.44	1.42	1.38	1.48	1.48	1.48	1.42	2.1	11.45	3	9.5
7.0	1.53	1.52	1.51	1.46	1.56	1.56	1.56	1.51	2.6	17.4	4.3	15
8.0	1.58	1.57	1.56	1.51	1.62	1.62	1.62	1.58	3	24.1	5.5	20.6
9.0	1.6	1.6	1.6	1.54	1.66	1.66	1.66	1.63	3.45	32.1	6.8	26.9
10.0	1.61	1.61	1.61	1.55	1.67	1.67	1.67	1.67	3.91	39.8	8.33	34.3

Distribuição dos momentos fletores:
(Cargas móveis)

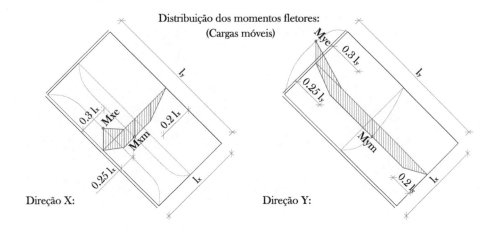

Direção X: Direção Y:

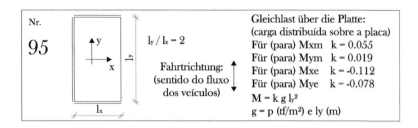

	Brückenklasse 30t bis 60t								Gleichlast um SLW von 1 t/m^2			
	M_{xm} in Plattenmitte				M_{ym} in Plattenmitte							
	t/a				t/a				M_{xm} für alle Werte t/a		M_{ym} für alle Werte t/a	
l_x/a	0.125	0.25	0.5	1.0	0.125	0.25	0.5	1.0				
	Coef. M_L				Coef. M_L				M_p	$M_{p'}$	M_p	$M_{p'}$
0.5	0.155	0.116	0.066	0.05	0.155	0.095	0.069	0.028	0	0	0	0
1.0	0.24	0.19	0.148	0.096	0.223	0.158	0.11	0.063	0.01	0	0	0.03
1.5	0.362	0.313	0.254	0.189	0.267	0.22	0.16	0.118	0.09	0	0.02	0.07
2.0	0.475	0.428	0.36	0.295	0.322	0.263	0.228	0.179	0.18	0.1	0.04	0.12
2.5	0.58	0.52	0.451	0.385	0.382	0.338	0.29	0.253	0.33	0.2	0.1	0.24
3.0	0.63	0.6	0.53	0.466	0.457	0.408	0.361	0.323	0.4	0.45	0.17	0.4
4.0	0.75	0.72	0.66	0.59	0.58	0.53	0.472	0.433	0.6	1.55	0.37	1.03
5.0	0.84	0.82	0.76	0.69	0.69	0.64	0.58	0.53	0.93	3.06	0.58	2.03
6.0	0.91	0.89	0.83	0.77	0.77	0.73	0.66	0.62	1.4	5.3	0.78	3.06
7.0	0.97	0.96	0.89	0.83	0.84	0.8	0.73	0.7	2.2	8.4	0.92	4.54
8.0	1.02	1.01	0.97	0.88	0.9	0.86	0.8	0.76	3.3	12.1	1.29	6.28
9.0	1.06	1.05	0.98	0.92	0.96	0.91	0.85	0.82	4.6	15.8	1.3	8.25
10.0	1.09	1.08	1.01	0.95	1.02	0.95	0.9	0.87	6	19.5	1.46	10.67

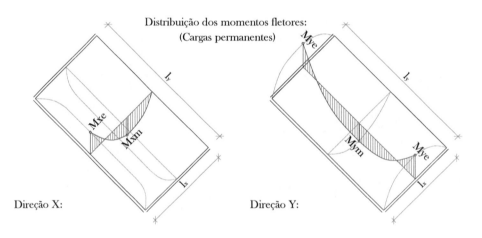

Distribuição dos momentos fletores:
(Cargas permanentes)

Direção X: Direção Y:

Tabelas de Rüsch 405

Nr. 95

$l_y / l_x = 2$

Fahrtrichtung:
(sentido do fluxo dos veículos)

Gleichlast über die Platte:
(carga distribuída sobre a placa)
Für (para) Mxm k = 0.055
Für (para) Mym k = 0.019
Für (para) Mxe k = -0.112
Für (para) Mye k = -0.078
$M = k \, g \, l_y^2$
$g = p \, (tf/m^2)$ e ly (m)

	Brückenklasse 30t bis 60t								Gleichlast um SLW von 1 t/m^2			
	M_{xe} in Randmitte				M_{ye} in Randmitte				M_{xe} für alle Werte t/a		M_{ye} für alle Werte t/a	
	t/a				t/a							
l_x/a	0.125	0.25	0.5	1.0	0.125	0.25	0.5	1.0	M_p	$M_{p'}$	M_p	$M_{p'}$
	Coef. M_L				Coef. M_L							
0.5	0.25	0.2	0.13	0.079	0.32	0.255	0.16	0.16	0	0.1	0	0
1.0	0.382	0.34	0.255	0.19	0.405	0.365	0.28	0.19	0	0.2	0	0.1
1.5	0.48	0.45	0.39	0.34	0.55	0.53	0.47	0.37	0.05	0.4	0.05	0.2
2.0	0.72	0.7	0.66	0.55	0.72	0.7	0.66	0.57	0.1	0.55	0.2	0.65
2.5	0.88	0.86	0.84	0.73	0.85	0.85	0.82	0.74	0.25	0.64	0.39	0.95
3.0	1	0.98	0.96	0.9	0.99	0.99	0.96	0.89	0.5	1.4	0.75	1.55
4.0	1.2	1.18	1.16	1.12	1.2	1.2	1.19	1.13	1.1	3.9	1.4	3.4
5.0	1.34	1.33	1.31	1.28	1.36	1.36	1.36	1.3	1.75	7.03	2.1	5.79
6.0	1.45	1.44	1.42	1.38	1.48	1.48	1.48	1.42	2.1	11.45	3	9.5
7.0	1.53	1.52	1.51	1.46	1.56	1.56	1.56	1.51	2.6	17.4	4.3	15
8.0	1.58	1.57	1.56	1.51	1.62	1.62	1.62	1.58	3	24.1	5.5	20.6
9.0	1.6	1.6	1.6	1.54	1.66	1.66	1.66	1.63	3.45	32.1	6.8	26.9
10.0	1.61	1.61	1.61	1.55	1.67	1.67	1.67	1.67	3.91	39.8	8.33	34.3

Distribuição dos momentos fletores:
(Cargas móveis)

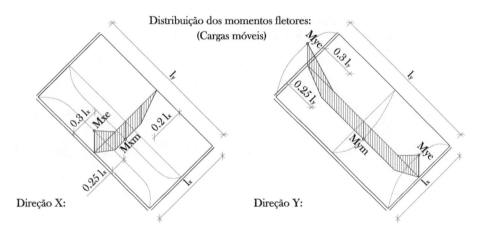

Direção X: Direção Y:

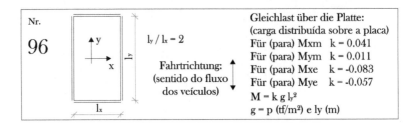

	Brückenklasse 30t bis 60t								Gleichlast um SLW von 1 t/m^2			
	M_{xm} in Plattenmitte				M_{ym} in Plattenmitte				M_{xm} für alle Werte t/a		M_{ym} für alle Werte t/a	
	t/a				t/a							
l_x/a	0.125	0.25	0.5	1.0	0.125	0.25	0.5	1.0	M_p	$M_{p'}$	M_p	$M_{p'}$
	Coef. M_L				Coef. M_L							
0.5	0.118	0.083	0.041	0.02	0.155	0.095	0.069	0.028	0	0	0	0
1.0	0.171	0.129	0.078	0.061	0.223	0.158	0.11	0.063	0	0	0	0.03
1.5	0.266	0.216	0.175	0.12	0.267	0.22	0.16	0.118	0	0.05	0.02	0.07
2.0	0.332	0.29	0.25	0.195	0.322	0.263	0.228	0.179	0	0.1	0.04	0.12
2.5	0.399	0.357	0.318	0.264	0.382	0.338	0.29	0.253	0	0.27	0.1	0.24
3.0	0.452	0.415	0.37	0.33	0.457	0.408	0.361	0.323	0.3	0.53	0.17	0.4
4.0	0.56	0.52	0.485	0.44	0.58	0.53	0.472	0.433	0.8	1.11	0.37	1.03
5.0	0.65	0.62	0.58	0.53	0.69	0.64	0.58	0.53	1.25	1.79	0.58	2.03
6.0	0.74	0.71	0.67	0.63	0.77	0.73	0.66	0.62	1.65	2.9	0.78	3.06
7.0	0.82	0.79	0.75	0.7	0.84	0.8	0.73	0.7	2	4.5	0.92	4.54
8.0	0.87	0.85	0.81	0.76	0.9	0.86	0.8	0.76	2.4	6.3	1.29	6.28
9.0	0.91	0.89	0.85	0.8	0.96	0.91	0.85	0.82	2.75	8.4	1.3	8.25
10.0	0.94	0.91	0.87	0.82	1.02	0.95	0.9	0.87	3.12	10.55	1.46	10.67

Distribuição dos momentos fletores:
(Cargas permanentes)

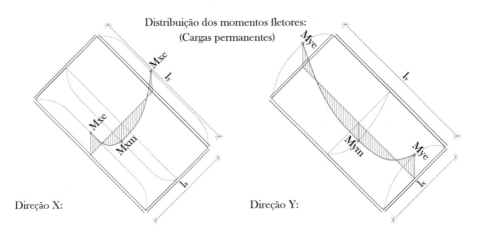

Direção X: Direção Y:

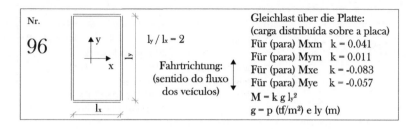

	Brückenklasse 30t bis 60t								Gleichlast um SLW von 1 t/m^2			
	M_{xe} in Randmitte				M_{ye} in Randmitte				M_{xe} für alle Werte t/a		M_{ye} für alle Werte t/a	
	t/a				t/a							
l_x/a	0.125	0.25	0.5	1.0	0.125	0.25	0.5	1.0	M_p	$M_{p'}$	M_p	$M_{p'}$
	Coef. M_L				Coef. M_L							
0.5	0.25	0.19	0.12	0.05	0.32	0.255	0.16	0.16	0	0.1	0	0
1.0	0.32	0.26	0.18	0.09	0.405	0.365	0.28	0.19	0	0.28	0	0.1
1.5	0.42	0.4	0.34	0.25	0.55	0.53	0.47	0.37	0	0.35	0.05	0.2
2.0	0.58	0.56	0.51	0.4	0.72	0.7	0.66	0.57	0.03	0.35	0.2	0.65
2.5	0.72	0.7	0.66	0.55	0.85	0.85	0.82	0.74	0.08	0.37	0.39	0.95
3.0	0.85	0.84	0.8	0.78	0.99	0.99	0.96	0.89	0.2	0.8	0.75	1.55
4.0	1.06	1.06	1.01	0.98	1.2	1.2	1.19	1.13	0.55	2.2	1.4	3.4
5.0	1.21	1.21	1.18	1.14	1.36	1.36	1.36	1.3	1	4.25	2.1	5.79
6.0	1.32	1.32	1.3	1.26	1.48	1.48	1.48	1.42	1.4	7.6	3	9.5
7.0	1.41	1.41	1.4	1.36	1.56	1.56	1.56	1.51	2	11.8	4.3	15
8.0	1.47	1.47	1.47	1.44	1.62	1.62	1.62	1.58	2.4	16.2	5.5	20.6
9.0	1.52	1.52	1.52	1.5	1.66	1.66	1.66	1.63	3	21.6	6.8	26.9
10.0	1.54	1.54	1.54	1.53	1.67	1.67	1.67	1.67	3.5	26.3	8.33	34.3

Distribuição dos momentos fletores:
(Cargas móveis)

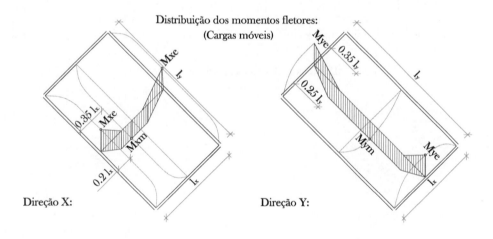

Direção X: Direção Y:

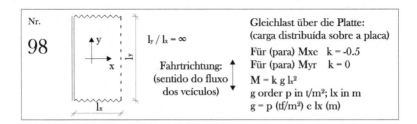

	\multicolumn{4}{c	}{Brückenklasse 30t bis 60t (classe da ponte entre 30 tf e 60 tf)}				\multicolumn{4}{c	}{Gleichlast um SLW von 1 t/m^2 (carga q de 1 tf/m^2 para um veículo SLW)}			
	\multicolumn{4}{c	}{M_{xe} in Randmitte (M_{xe} na borda engastada)}	\multicolumn{4}{c	}{M_{yr} Mitte d. freien Randes (M_{yr} na borda livre)}	\multicolumn{2}{c	}{M_{xe} für alle Werte t/a (qualquer valor de t/a)}		\multicolumn{2}{c	}{M_{yr} für alle Werte t/a (qualquer valor de t/a)}	
l_x/a	\multicolumn{4}{c	}{t/a}	\multicolumn{4}{c	}{t/a}				
	0.125	0.25	0.5	1.0	0.125	0.25	0.5	1.0				
	\multicolumn{4}{c	}{Coef. M_L}	\multicolumn{4}{c	}{Coef. M_L}	Coef. M_p	Coef. $M_{p'}$	Coef. M_p	Coef. $M_{p'}$
0.125	0.11	0.1	0.1	0.004	0.17	0.1	0.06	0.01	0	0	0	0
0.25	0.23	0.23	0.2	0.1	0.27	0.18	0.1	0.01	0	0	0	0
0.375	0.38	0.37	0.33	0.18	0.34	0.23	0.13	0.02	0	0	0	0
0.5	0.52	0.51	0.46	0.28	0.39	0.27	0.15	0.04	0	0	0	0
0.625	0.7	0.67	0.6	0.433	0.43	0.29	0.16	0.05	0	0	0	0
0.75	0.9	0.87	0.8	0.63	0.44	0.3	0.16	0.08	0	0	0	0
1	1.24	1.18	1.10	0.95	0.5	0.36	0.22	0.14	0.05	0	0	0
1.25	1.5	1.44	1.34	1.22	0.58	0.45	0.31	0.22	0.23	0	0	0
1.5	1.72	1.66	1.57	1.45	0.68	0.54	0.42	0.31	0.38	0.08	0	0.04
1.75	1.9	1.85	1.76	1.66	0.79	0.66	0.55	0.42	0.7	0.3	0	0.06
2	2.04	2.0	1.93	1.84	0.91	0.78	0.69	0.53	1.24	0.66	0	0.08
2.25	2.18	2.15	2.1	1.87	1.04	0.91	0.84	0.65	1.98	1.2	0	0.1
2.5	2.29	2.29	2.23	2.18	1.17	1.04	0.9	0.77	3.24	1.9	0	0.15

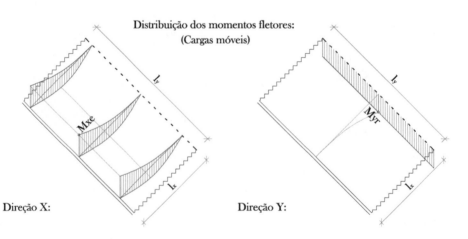

Distribuição dos momentos fletores:
(Cargas móveis)

Direção X: Direção Y:

APÊNDICE D

Tabelas de flexão composta normal

Neste apêndice, são introduzidas algumas tabelas para dimensionamento de seções transversais submetidas à flexão composta normal desenvolvidas por Venturini et al. (1987), que podem ser utilizadas para o cálculo de pilares de concreto armado com classe de resistência até C50. Elas foram julgadas como as principais uma vez que pode ser aplicado o diagrama de envoltória de flexão composta normal oblíqua definido pela NBR 6118 (2014). A figura a seguir ilustra um esquema para utilização dos ábacos.

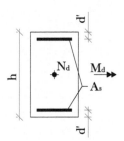

Figura D.1: Esquema para utilização dos ábacos.

Posto isso, para leitura das tabelas são necessárias algumas equações, conforme exposto a seguir.

$$\nu = \frac{N_d}{A_c f_{cd}} \tag{D.1}$$

410 Pontes em concreto armado: análise e dimensionamento

Sendo:

ν = parâmetro de compressão adimensional utilizado nos ábacos;

N_d = força normal de cálculo atuante na seção transversal;

A_c = área da seção transversal;

f_{cd} = resistência à compressão de cálculo do concreto.

Então:

$$\mu = \frac{M_d}{A_c h f_{cd}} \tag{D.2}$$

$$A_s = \frac{\omega A_c f_{cd}}{f_{yd}} \tag{D.3}$$

Em que:

μ = parâmetro de flexão adimensional utilizado nos ábacos;

A_s = área de ação necessária na seção transversal para resistir ao momento fletor de cálculo M_d e à força normal N_d;

ω = parâmetro obtido nos ábacos para determinação da área de aço A_s;

f_{yd} = tensão de escoamento de cálculo das armaduras.

Tabelas de flexão composta normal

ÁBACO A-1

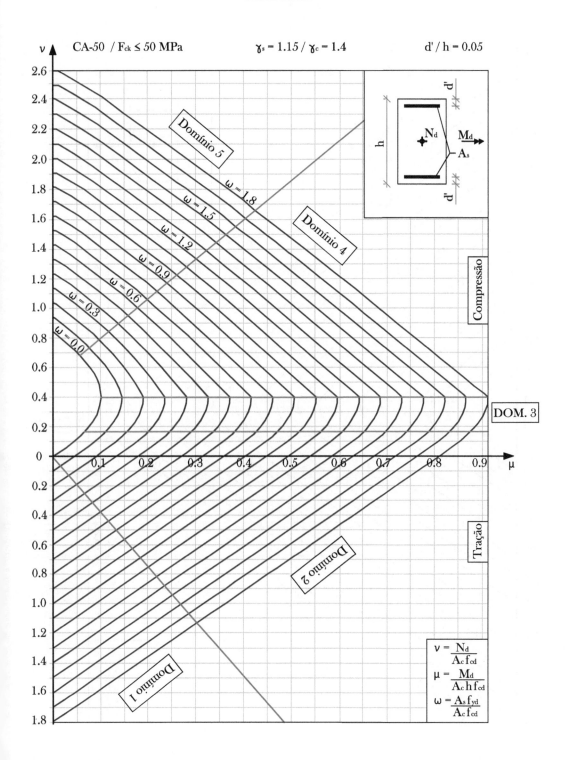

ÁBACO A-2

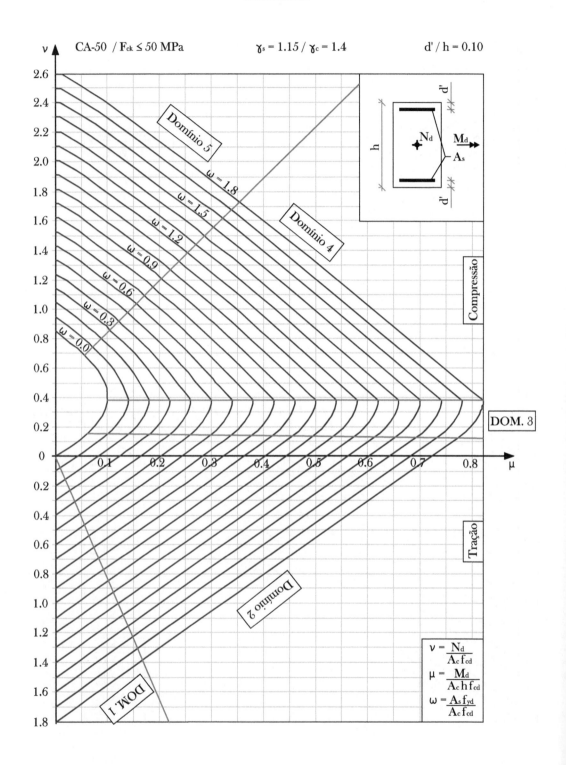

ÁBACO A-3

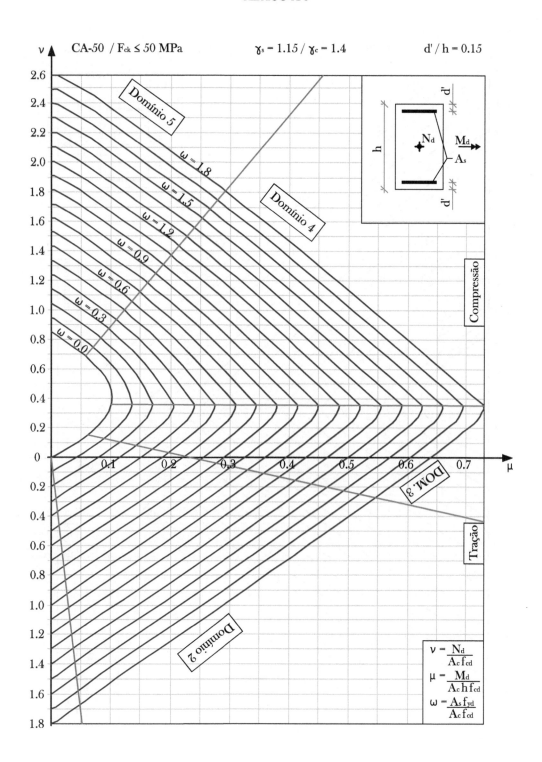

ÁBACO A-4

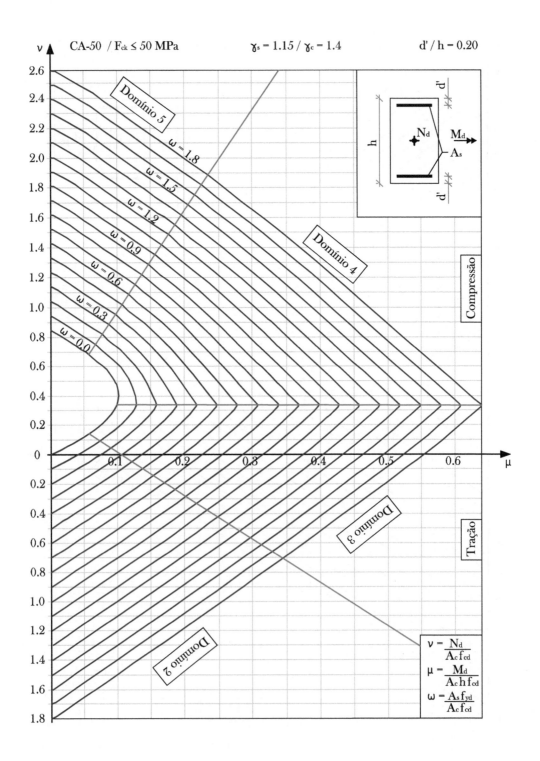

Tabelas de flexão composta normal 415

ÁBACO A-5

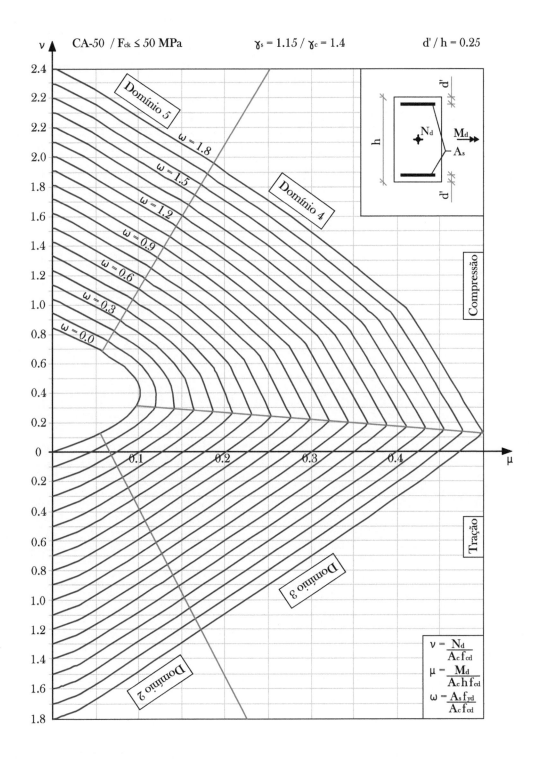

APÊNDICE E

Linhas de influência de longarinas isostáticas

Este apêndice ilustra três casos usuais de modelos estruturais de longarinas isostáticas, sendo: (a) biapoiado, (b) apoiado em uma extremidade e em balanço na outra e (c) dois balanços simétricos com apoios simples. Portanto, são apresentados casos usuais das linhas de influência para os esforços cortantes nos apoios e para os momentos fletores nos apoios e nos meios do vãos. Por fim, são determinados os esforços máximos nos pontos de análise para as reações de apoio nas longarinas, obtidas de acordo com a NBR 7187 (2003). Com a determinação dos valores máximos nas seções transversais de interesse é possível traçar os diagramas de envoltórias de esforços para efeitos de dimensionamento.

As reações de apoio são logradas por meio das linhas de influência descritas no primeiro capítulo e dependem da quantidade de longarinas no tabuleiro. Então, cabe ao leitor compreender as informações detalhadas nos capítulos anteriores antes do emprego dos resultados descritos nesta seção.

Destaca-se que, nas situações em que as longarinas forem contínuas e hiperestáticas, não é possível utilizar estes dados. Para elas, sugere-se a leitura de Buchaim (2010).

E-1: LINHAS DE INFLUÊNCIA E ESFORÇOS MÁXIMOS

Esforço cortante no apoio (L > 4.5 m)

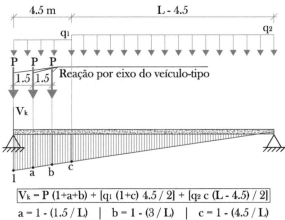

$V_k = P(1+a+b) + [q_1(1+c)\,4.5/2] + [q_2\,c\,(L-4.5)/2]$

$a = 1 - (1.5/L)$ | $b = 1 - (3/L)$ | $c = 1 - (4.5/L)$

Momento fletor no meio do vão (L > 6 m)

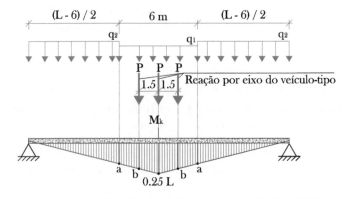

$M_k = P(2b+0.25L) + [q_1(6a) + 3\,q_1(0.25L-a)] + [q_2\,a\,(L-6)/2]$

$a = (L-6)/4$ | $b = (L-3)/4$

E-2: LINHAS DE INFLUÊNCIA E ESFORÇOS MÁXIMOS

Esforço cortante a esquerda do apoio ($L_b > 4.5$m)

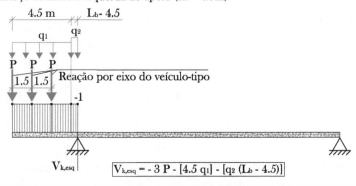

$$V_{k,esq} = -3P - [4.5\,q_1] - [q_2\,(L_b - 4.5)]$$

Esforço cortante a direita do apoio ($L_b > 1.5$m e $L_c > 4.5$m)

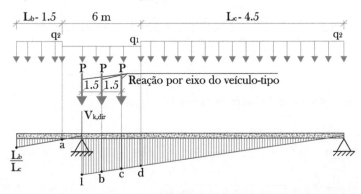

$$V_{k,dir} = P\,(1+b+c) + [0.75\,a\,q_1 + 2.25\,q_1\,(1+d)] + [q_2\,(a+L_b/L_c)\,(L_b-1.5)/2 + q_2\,d\,(L_c - 4.5)/2]$$

$a = (L_b - 1.5)/L_c$ | $b = 1 - (1.5/L_c)$ | $c = 1 - (3/L_c)$ | $d = 1 - (4.5/L_c)$

Momento fletor no apoio ($L_b > 4.5$m)

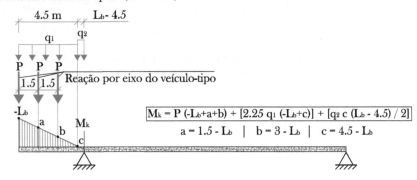

$$M_k = P\,(-L_b+a+b) + [2.25\,q_1\,(-L_b+c)] + [q_2\,c\,(L_b - 4.5)/2]$$

$a = 1.5 - L_b$ | $b = 3 - L_b$ | $c = 4.5 - L_b$

E-2: LINHAS DE INFLUÊNCIA E ESFORÇOS MÁXIMOS

Momento fletor positivo no meio do vão ($L_c > 6m$)

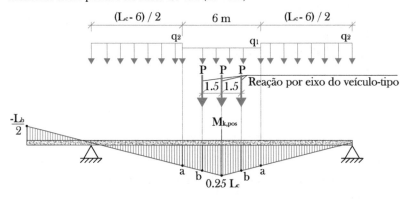

$$M_{k,pos} = P\,(2b+0.25L_c) + [q_1\,(6a) + 3\,q_1\,(0.25L_c - a)] + [q_2\,a\,(L_c - 6)\,/\,2]$$
$$a = (L_c - 6)\,/\,4 \quad | \quad b = (L_c - 3)\,/\,4$$

Momento fletor negativo no meio do vão ($L_b > 4.5m$)

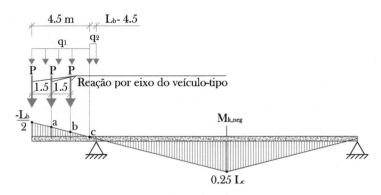

$$M_{k,neg} = P\,(-0.5\,L_b + a + b) + [2.25\,q_1\,(-0.5\,L_b + c)] + [q_2\,c\,(L_b - 4.5)\,/\,2]$$
$$a = (1.5 - L_b)\,/\,2 \quad | \quad b = (3 - L_b)\,/\,2 \quad | \quad c = (4.5 - L_b)\,/\,2$$

E-3: LINHAS DE INFLUÊNCIA E ESFORÇOS MÁXIMOS

Esforço cortante a esquerda do apoio (L_b > 4.5m)

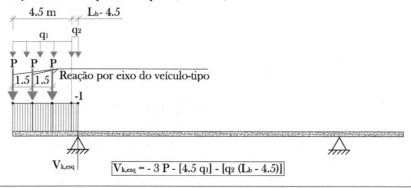

$$V_{k,esq} = -3P - [4.5 q_1] - [q_2 (L_b - 4.5)]$$

Esforço cortante positivo a direita do apoio (L_b > 1.5m e L_c > 4.5m)

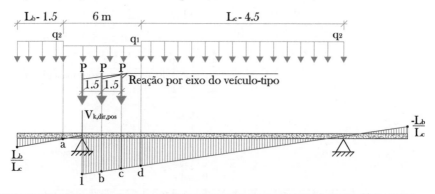

$$V_{k,dir,pos} = P(1+b+c) + [0.75 a q_1 + 2.25 q_1 (1+d)] + [q_2 (a+L_b/L_c)(L_b-1.5)/2 + q_2 d (L_c - 4.5)/2]$$
$$a = (L_b - 1.5)/L_c \quad | \quad b = 1 - (1.5/L_c) \quad | \quad c = 1 - (3/L_c) \quad | \quad d = 1 - (4.5/L_c)$$

Esforço cortante negativo a direita do apoio (L_b > 4.5m)

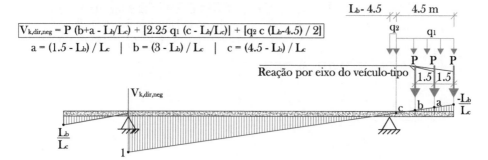

$$V_{k,dir,neg} = P(b+a - L_b/L_c) + [2.25 q_1 (c - L_b/L_c)] + [q_2 c (L_b-4.5)/2]$$
$$a = (1.5 - L_b)/L_c \quad | \quad b = (3 - L_b)/L_c \quad | \quad c = (4.5 - L_b)/L_c$$

E-3: LINHAS DE INFLUÊNCIA E ESFORÇOS MÁXIMOS

Momento fletor no apoio ($L_b > 4.5m$)

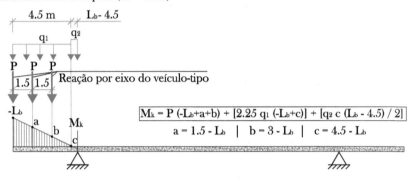

$$M_k = P(-L_b+a+b) + [2.25\, q_1\, (-L_b+c)] + [q_2\, c\, (L_b - 4.5)/2]$$
$$a = 1.5 - L_b \quad | \quad b = 3 - L_b \quad | \quad c = 4.5 - L_b$$

Momento fletor positivo no meio do vão ($L_c > 6m$)

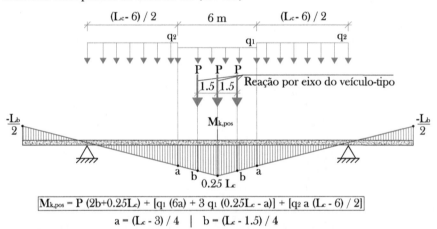

$$M_{k,pos} = P(2b+0.25L_c) + [q_1(6a) + 3\, q_1\, (0.25L_c - a)] + [q_2\, a\, (L_c - 6)/2]$$
$$a = (L_c - 3)/4 \quad | \quad b = (L_c - 1.5)/4$$

Momento fletor negativo no meio do vão ($L_b > 4.5m$)

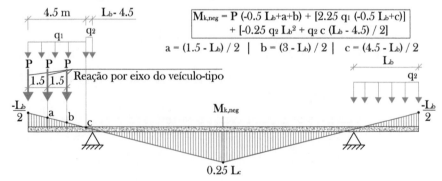

$$M_{k,neg} = P(-0.5\,L_b+a+b) + [2.25\, q_1\, (-0.5\,L_b+c)] + [-0.25\, q_2\, L_b^2 + q_2\, c\, (L_b - 4.5)/2]$$
$$a = (1.5 - L_b)/2 \quad | \quad b = (3 - L_b)/2 \quad | \quad c = (4.5 - L_b)/2$$

APÊNDICE F

Lajes com continuidade

Neste apêndice é ilustrada e detalhada a obtenção dos momentos fletores para um tabuleiro com transversinas acopladas, ou seja, são criadas lajes com continuidades que exigem correções nos momentos fletores e compatibilizações. As defensas são do tipo New Jersey.

As ações permanentes utilizadas são as mesmas do Capítulo 9, ou seja: (a) peso próprio das lajes: 6.25 kN/m^2, (b) peso próprio da pavimentação: 3.9 kN/m^2 e (c) peso próprio das defensas: 8.5 kN/m. O peso próprio das transversinas não é considerado no dimensionamento das lajes, uma vez que estas servem de apoio para as lajes.

Todavia, para determinação das cargas móveis, o coeficiente de impacto vertical (CIV) é diferente do calculado no Capítulo 9. O comprimento do vão é igual a 27 m.

$$CIV = 1 + 1.06 \left(\frac{20}{Liv + 50} \right) = 1 + 1.06 \left(\frac{20}{27 + 50} \right) = 1.28 \leq 1.35 \qquad \text{(F.1)}$$

Os coeficientes de número de faixas (CNF) e impacto adicional (CIA) já haviam sido determinados anteriormente nas Equações (9.11) e (9.12) e são iguais 1 e 1.25, respectivamente. Logo:

$$Q = P\ CIV\ CNF\ CIA = 75 \cdot 1.28 \cdot 1 \cdot 1.25 = 120\ \text{kN} \qquad \text{(F.2)}$$

$$q = p\ CIV\ CNF\ CIA = 5 \cdot 1.28 \cdot 1 \cdot 1.25 = 8\ \text{kN/m}^2 \qquad \text{(F.3)}$$

424 Pontes em concreto armado: análise e dimensionamento

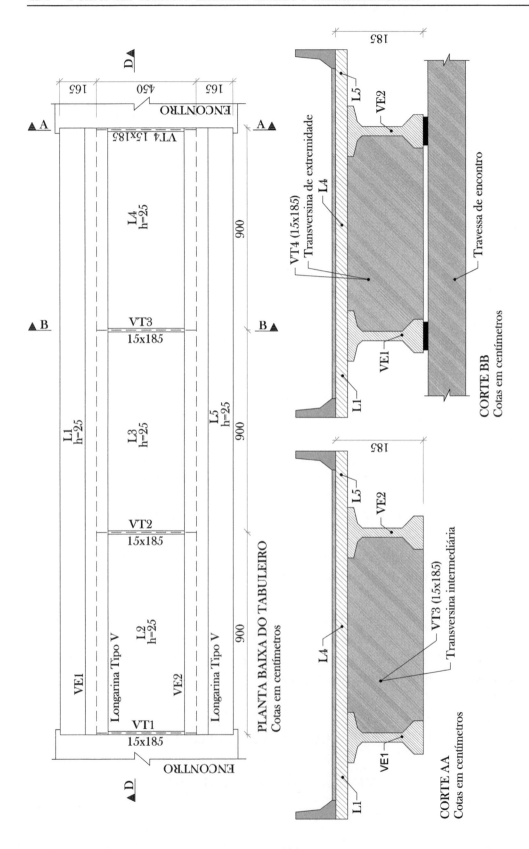

Lajes com continuidade 425

VINCULAÇÕES E ESCOLHA DAS TABELAS

LAJES L1 = L5

$\dfrac{l_y}{l_x} = \dfrac{2700}{165} = 16.36 \approx \infty \longrightarrow$ **TABELA 98**

Distribuição dos momentos fletores:
(Cargas móveis)

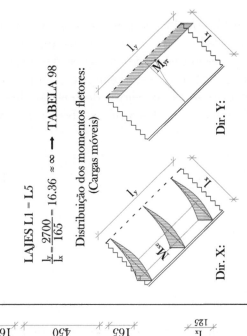

Dir. X: Dir. Y:

LAJES L2 = L4

$\dfrac{l_y}{l_x} = \dfrac{900}{450} = 2 \longrightarrow$ **TABELA 82**

Distribuição dos momentos fletores:
(Cargas móveis)

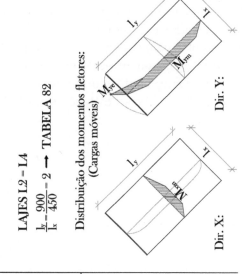

Dir. X: Dir. Y:

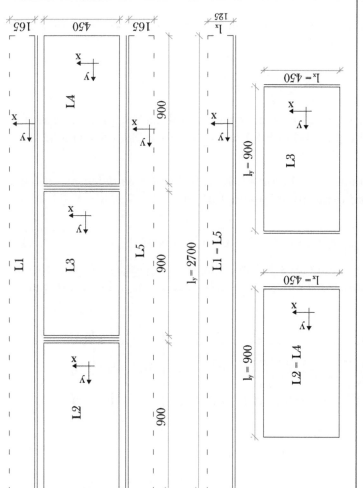

LAJE L3

$\dfrac{l_y}{l_x} = \dfrac{900}{450} = 2 \longrightarrow$ **TABELA 88**

Distribuição dos momentos fletores:
(Cargas móveis)

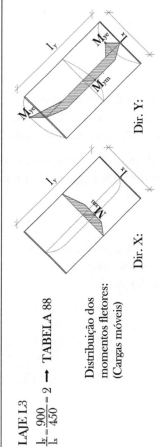

Dir. X: Dir. Y:

426   Pontes em concreto armado: análise e dimensionamento

É importante observar que o tabuleiro é biapoiado nas por meio dos encontros. Além disso, todas as transversinas estão acopladas. As figuras anteriores ilustram a planta baixa e os cortes do tabuleiro e apresentam as vinculações das lajes, as relações entre comprimentos e a escolha das tabelas com os momentos a serem obtidos para cada laje. Saliente-se que as lajes centrais não são consideradas engastadas nas de extremidade, conforme explanado no Capítulo 10. Os valores necessários para utilização das tabelas de Rüsch são:

$$\frac{t}{a} = \frac{0.73}{2} = 0.37 \tag{F.4}$$

$$\frac{l_x}{a} = \frac{l_x}{2} \tag{F.5}$$

Para as lajes L1 e L5:

$$\frac{l_x}{a} = \frac{1.25}{2} = 0.625 \tag{F.6}$$

Destaca-se que as larguras das defensas foram descontadas no cálculo de l_x. Enquanto isso, para as lajes L2, L3 e L4:

$$\frac{l_x}{a} = \frac{4.5}{2} = 2.25 \tag{F.7}$$

Para o cálculo das lajes L1 e L5 foi empregada a Tabela 98, para as lajes L2 e L4 foi utilizada a Tabela 82 e para laje L3 foi usada a Tabela 88, conforme pode ser observado na continuidade.

Para determinação dos momentos fletores nas lajes devidos às defensas, utiliza-se o modelo da Figura 10.6 com o vão livre igual a 1.65 m.

$$M_{xe,def} = q_{def}\, l = 8.5 \cdot 1.65 = 14 \text{ kNm} \tag{F.8}$$

Para a determinação dos momentos fletores devidos às cargas móveis, torna-se necessário interpolar os valores dos coeficientes M_L, M_p e $M_{p'}$. Portanto, para as lajes L1 e L5:

l_x/a	M_{xe} t/a			M_{yr} t/a			M_{xe}		M_{yr}	
	0.25	0.37	0.5	0.25	0.37	0.5	M_p	$M_{p'}$	M_p	$M_{p'}$
	Coef. M_L			Coef. M_L						
0.625	0.67	**0.64**	0.6	0.29	**0.23**	0.16	**0**	**0**	**0**	**0**

$$M = M_L\, Q + (M_p + M_{p'})\, q \tag{F.9}$$

Lajes com continuidade 427

$$\boxed{M_{xe} = -0.64 \cdot 120 - (0+0)\,8 = -76.8 \text{ kNm/m}} \tag{F.10}$$

$$\boxed{M_{yr} = 0.23 \cdot 120 + (0+0)\,8 = 27.6 \text{ kNm/m}} \tag{F.11}$$

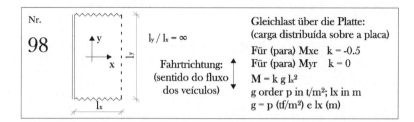

Nr. 98

$l_y/l_x = \infty$

Fahrtrichtung: (sentido do fluxo dos veículos)

Gleichlast über die Platte: (carga distribuída sobre a placa)
Für (para) Mxe k = -0.5
Für (para) Myr k = 0
$M = k\,g\,l_x^2$
g order p in t/m²; lx in m
g = p (tf/m²) e lx (m)

	M_{xe} in Randmitte (M_{xe} na borda engastada)				M_{yr} Mitte d. freien Randes (M_{yr} na borda livre)				M_{xe} für alle Werte t/a (qualquer valor de t/a)		M_{yr} für alle Werte t/a (qualquer valor de t/a)	
l_x/a	t/a				t/a							
	0.125	0.25	0.5	1.0	0.125	0.25	0.5	1.0	Coef. M_p	Coef. $M_{p'}$	Coef. M_p	Coef. $M_{p'}$
	Coef. M_L				Coef. M_L							
0.125	0.11	0.1	0.1	0.004	0.17	0.1	0.06	0.01	0	0	0	0
0.25	0.23	0.23	0.2	0.1	0.27	0.18	0.1	0.01	0	0	0	0
0.375	0.38	0.37	0.33	0.18	0.34	0.23	0.13	0.02	0	0	0	0
0.5	0.52	0.51	0.46	0.28	0.39	0.27	0.15	0.04	0	0	0	0
0.625	0.7	**0.67**	**0.6**	0.433	0.43	**0.29**	**0.16**	0.05	**0**	**0**	**0**	**0**
0.75	0.9	0.87	0.8	0.63	0.44	0.3	0.16	0.08	0	0	0	0
1	1.24	1.18	1.10	0.95	0.5	0.36	0.22	0.14	0.05	0	0	0
1.25	1.5	1.44	1.34	1.22	0.58	0.45	0.31	0.22	0.23	0	0	0
1.5	1.72	1.66	1.57	1.45	0.68	0.54	0.42	0.31	0.38	0.08	0	0.04
1.75	1.9	1.85	1.76	1.66	0.79	0.66	0.55	0.42	0.7	0.3	0	0.06
2	2.04	2.0	1.93	1.84	0.91	0.78	0.69	0.53	1.24	0.66	0	0.08
2.25	2.18	2.15	2.1	1.87	1.04	0.91	0.84	0.65	1.98	1.2	0	0.1
2.5	2.29	2.29	2.23	2.18	1.17	1.04	0.9	0.77	3.24	1.9	0	0.15

Brückenklasse 30t bis 60t (classe da ponte entre 30tf e 60tf)

Gleichlast um SLW von 1 t/m^2 (carga q de 1 tf/m^2 para um veículo SLW)

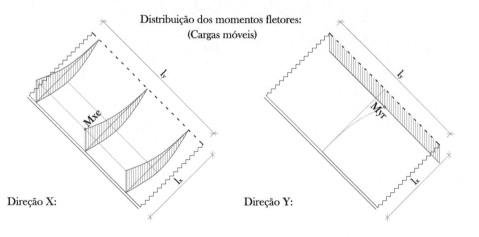

Distribuição dos momentos fletores: (Cargas móveis)

Direção X: Direção Y:

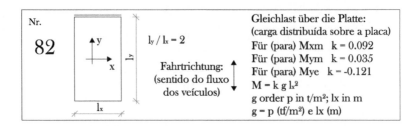

	M_{xm} in Plattenmitte				M_{ym} in Plattenmitte				M_{ye} in Randmitte			
	t/a				t/a				t/a			
l_x/a	0.125	0.25	0.5	1.0	0.125	0.25	0.5	1.0	0.125	0.25	0.5	1.0
	Coef. M_L				Coef. M_L				Coef. M_L			
0.5	0.2	0.17	0.112	0.065	0.155	0.095	0.069	0.028	0.32	0.255	0.16	0.16
1.0	0.351	0.3	0.237	0.176	0.223	0.158	0.11	0.063	0.405	0.365	0.28	0.19
1.5	0.431	0.4	0.351	0.305	0.267	0.22	0.16	0.118	0.55	0.53	0.47	0.37
2.0	0.52	**0.491**	**0.461**	0.421	0.322	**0.263**	**0.228**	0.179	0.72	**0.7**	**0.66**	0.57
2.5	0.62	**0.59**	**0.56**	0.53	0.382	**0.338**	**0.29**	0.253	0.85	**0.85**	**0.82**	0.74
3.0	0.72	0.69	0.67	0.63	0.457	0.408	0.361	0.323	0.99	0.99	0.82	0.74
4.0	0.87	0.85	0.82	0.8	0.58	0.53	0.472	0.433	1.2	1.2	1.19	1.13
5.0	0.99	0.98	0.95	0.93	0.69	0.64	0.58	0.53	1.36	1.36	1.36	1.3
6.0	1.08	1.07	1.04	1.02	0.77	0.73	0.66	0.62	1.48	1.48	1.48	1.42
7.0	1.15	1.14	1.11	1.1	0.84	0.8	0.73	0.7	1.56	1.56	1.56	1.51
8.0	1.2	1.19	1.17	1.15	0.9	0.86	0.8	0.76	1.62	1.62	1.62	1.58
9.0	1.24	1.23	1.21	1.2	0.96	0.91	0.85	0.82	1.66	1.66	1.66	1.63
10.0	1.27	1.26	1.24	1.23	1.02	0.95	0.9	0.87	1.67	1.67	1.67	1.67

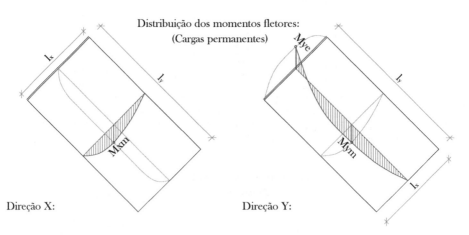

Lajes com continuidade 429

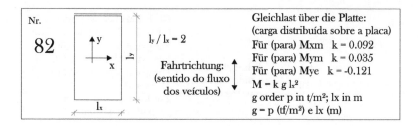

Nr. 82

$l_y / l_x = 2$

Fahrtrichtung:
(sentido do fluxo dos veículos)

Gleichlast über die Platte:
(carga distribuída sobre a placa)
Für (para) Mxm   k = 0.092
Für (para) Mym   k = 0.035
Für (para) Mye   k = -0.121
$M = k \, g \, l_x^2$
g order p in t/m²; lx in m
g = p (tf/m²) e lx (m)

Gleichlast um SLW von 1 t/m^2

l_x/a	M_{xm} für alle Werte t/a		M_{ym} für alle Werte t/a		M_{ye} für alle Werte t/a	
	Coef. M_p	Coef. $M_{p'}$	Coef. M_p	Coef. $M_{p'}$	Coef. M_p	Coef. $M_{p'}$
0.5	0	0	0	0	0	0
1.0	0	0.15	0	0.03	0	0.1
1.5	0.1	0.23	0.02	0.07	0.05	0.2
2.0	**0.25**	**0.4**	**0.04**	**0.12**	**0.2**	**0.65**
2.5	**0.58**	**0.96**	**0.1**	**0.24**	**0.39**	**0.95**
3.0	1	1.35	0.17	0.4	0.75	1.55
4.0	2.2	2.85	0.37	1.03	1.4	3.4
5.0	3.46	5.65	0.58	2.03	2.1	5.79
6.0	4.7	8	0.78	3.06	3	9.5
7.0	5.75	11.8	0.92	4.54	4.3	15
8.0	6.9	16.4	1.29	6.28	5.5	20.6
9.0	8	22.1	1.3	8.25	6.8	26.9
10.0	9.12	28.7	1.46	10.67	8.33	34.3

Distribuição dos momentos fletores:
(Cargas móveis)

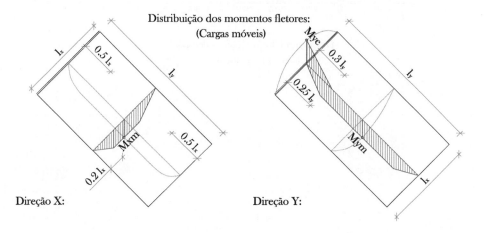

Direção X: Direção Y:

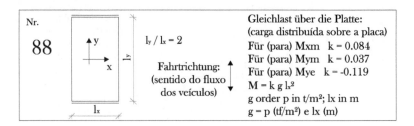

Brückenklasse 30t bis 60t

l_x/a	M_{xm} in Plattenmitte t/a				M_{ym} in Plattenmitte t/a				M_{ye} in Randmitte t/a			
	0.125	0.25	0.5	1.0	0.125	0.25	0.5	1.0	0.125	0.25	0.5	1.0
	Coef. M_L				Coef. M_L				Coef. M_L			
0.5	0.2	0.17	0.112	0.065	0.155	0.095	0.069	0.028	0.32	0.255	0.16	0.16
1.0	0.351	0.3	0.237	0.176	0.223	0.158	0.11	0.063	0.405	0.365	0.28	0.19
1.5	0.431	0.4	0.351	0.305	0.267	0.22	0.16	0.118	0.55	0.53	0.47	0.37
2.0	0.52	**0.491**	**0.461**	0.421	0.322	**0.263**	**0.228**	0.179	0.72	**0.7**	**0.66**	0.57
2.5	0.62	**0.59**	**0.56**	0.53	0.382	**0.338**	**0.29**	0.253	0.85	**0.85**	**0.82**	0.74
3.0	0.72	0.69	0.67	0.63	0.457	0.408	0.361	0.323	0.99	0.99	0.82	0.74
4.0	0.87	0.85	0.82	0.8	0.58	0.53	0.472	0.433	1.2	1.2	1.19	1.13
5.0	0.99	0.98	0.95	0.93	0.69	0.64	0.58	0.53	1.36	1.36	1.36	1.3
6.0	1.08	1.07	1.04	1.02	0.77	0.73	0.66	0.62	1.48	1.48	1.48	1.42
7.0	1.15	1.14	1.11	1.1	0.84	0.8	0.73	0.7	1.56	1.56	1.56	1.51
8.0	1.2	1.19	1.17	1.15	0.9	0.86	0.8	0.76	1.62	1.62	1.62	1.58
9.0	1.24	1.23	1.21	1.2	0.96	0.91	0.85	0.82	1.66	1.66	1.66	1.63
10.0	1.27	1.26	1.24	1.23	1.02	0.95	0.9	0.87	1.67	1.67	1.67	1.67

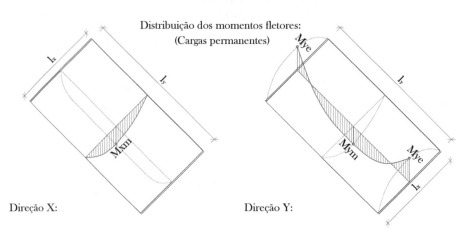

Distribuição dos momentos fletores:
(Cargas permanentes)

Direção X: Direção Y:

Lajes com continuidade 431

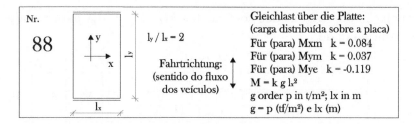

| Nr. 88 | $l_y/l_x = 2$ Fahrtrichtung: (sentido do fluxo dos veículos) | Gleichlast über die Platte: (carga distribuída sobre a placa) Für (para) Mxm k = 0.084 Für (para) Mym k = 0.037 Für (para) Mye k = -0.119 $M = k\,g\,l_x^2$ g order p in t/m²; lx in m g = p (tf/m²) e lx (m) |

Gleichlast um SLW von 1 t/m^2

l_x/a	M_{xm} für alle Werte t/a		M_{ym} für alle Werte t/a		M_{ye} für alle Werte t/a	
	Coef. M_p	Coef. $M_{p'}$	Coef. M_p	Coef. $M_{p'}$	Coef. M_p	Coef. $M_{p'}$
0.5	0	0	0	0	0	0
1.0	0	0.15	0	0.03	0	0.1
1.5	0.1	0.23	0.02	0.07	0.05	0.2
2.0	**0.25**	**0.4**	**0.04**	**0.12**	**0.2**	**0.65**
2.5	**0.58**	**0.96**	**0.1**	**0.24**	**0.39**	**0.95**
3.0	1	1.35	0.17	0.4	0.75	1.55
4.0	2.2	2.85	0.37	1.03	1.4	3.4
5.0	3.46	5.65	0.58	2.03	2.1	5.79
6.0	4.7	8	0.78	3.06	3	9.5
7.0	5.75	11.8	0.92	4.54	4.3	15
8.0	6.9	16.4	1.29	6.28	5.5	20.6
9.0	8	22.1	1.3	8.25	6.8	26.9
10.0	9.12	28.7	1.46	10.67	8.33	34.3

Distribuição dos momentos fletores:
(Cargas móveis)

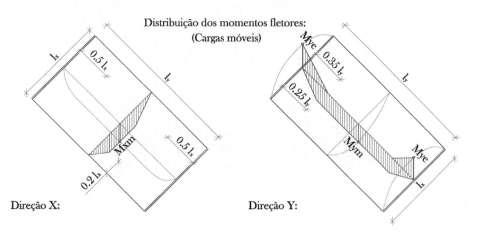

Direção X: Direção Y:

432   Pontes em concreto armado: análise e dimensionamento

A interpolação dos valores dos coeficientes M_L, M_p e $M_{p'}$ para as lajes L1 e L5 é descrita na continuidade.

l_x/a	M_{xe} t/a			M_{yr} t/a			M_{xe}		M_{yr}	
	0.25	0.37	0.5	0.25	0.37	0.5	M_p	$M_{p'}$	M_p	$M_{p'}$
	Coef. M_L			Coef. M_L						
0.625	0.67	**0.64**	0.6	0.29	**0.23**	0.16	**0**	**0**	**0**	**0**

Logo:

$$\boxed{M_{xe} = -0.64 \cdot 120 - (0+0)\,8 = -76.8 \text{ kNm/m}}$$ (F.12)

$$\boxed{M_{yr} = 0.23 \cdot 120 + (0+0)\,8 = 27.6 \text{ kNm/m}}$$ (F.13)

Para as lajes L2, L3 e L4:

l_x/a	M_{xm} t/a			M_{ym} t/a			M_{ye} t/a		
	0.25	0.37	0.5	0.25	0.37	0.5	0.25	0.37	0.5
	Coef. M_L			Coef. M_L			Coef. M_L		
2	0.49		0.46	0.26		0.23	0.7		0.66
2.25	0.54	**0.53**	0.51	0.3	**0.28**	0.26	0.78	**0.76**	0.74
2.5	0.59		0.56	0.34		0.29	0.85		0.82

l_x/a	M_{xm}		M_{ym}		M_{ye}	
	M_p	$M_{p'}$	M_p	$M_{p'}$	M_p	$M_{p'}$
2	0.25	0.4	0.04	0.12	0.2	0.65
2.25	**0.42**	**0.68**	**0.07**	**0.18**	**0.3**	**0.8**
2.5	0.58	0.96	0.1	0.24	0.39	0.95

Então:

$$\boxed{M_{xm} = 0.53 \cdot 120 + (0.42+0.68)\,8 = 72.4 \text{ kNm/m}}$$ (F.14)

$$\boxed{M_{ym} = 0.28 \cdot 120 + (0.07+0.18)\,8 = 35.6 \text{ kNm/m}}$$ (F.15)

$$\boxed{M_{ye} = -0.76 \cdot 120 - (0.3+0.8)\,8 = -100 \text{ kNm/m}}$$ (F.16)

A tabela a seguir ilustra o resumo dos momentos fletores em cada laje obtidos para as cargas permanentes.

Nº da laje	Tipo de carga	l_x (m)	\multicolumn{2}{c	}{M_{xe}}	\multicolumn{2}{c	}{M_{xm}}	\multicolumn{2}{c	}{M_{ym}}	\multicolumn{2}{c	}{M_{ye}}
			k	M	k	M	k	M	k	M
L1 = L5	PPL	1.65	-0.5	-8.51	-	-	-	-	-	-
	PAV	1.25	-0.5	-3.05	-	-	-	-	-	-
	DEF	-	-	-14	-	-	-	-	-	-
L2 = L4	PPL	4.5	-	-	0.092	11.64	0.035	4.43	-0.121	-15.31
	PAV	4.5	-	-	0.092	7.27	0.035	2.76	-0.121	-9.56
	DEF	-	-	-14	-	-14	-	-	-	-
L3	PPL	4.5	-	-	0.084	10.63	0.037	4.68	-0.119	-15.06
	PAV	4.5	-	-	0.084	6.63	0.037	2.92	-0.119	-9.4
	DEF	-	-	-14	-	-14	-	-	-	-

A figura na continuidade ilustra a compatibilização dos momentos fletores na direção y, considerando a soma dos momentos fletores gerados pelos pesos próprios das lajes e da pavimentação.

RESULTADOS DOS MOMENTOS FLETORES NA DIREÇÃO Y DEVIDO ÀS CARGAS PERMANENTES

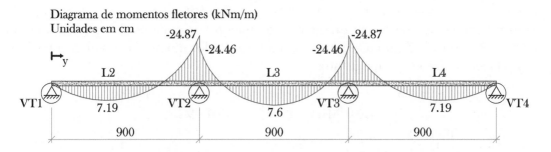

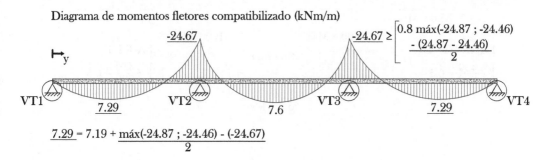

A compatibilização dos momentos fletores acontece em virtude das descontinuidades dos momentos negativos nos apoios. Dessa forma, o tramo que possui os momentos negativos máximos deve ter os picos negativos reduzidos e os positivos aumentados, conforme ilustrado anteriormente.

O resumo dos momentos fletores nas lajes do tabuleiro é descrito na tabela a seguir.

Nº da laje	Tipo de carga	Momentos fletores (kNm/m)				
		M_{xe}	M_{yr}	M_{xm}	M_{ym}	M_{ye}
L1 = L5	PPL+PAV	-11.56	-	-	-	-
	DEF	-14	-	-	-	-
	MOV	-76.8	27.6	-	-	-
L2 = L4	PPL+PAV	-	-	18.91	7.29	-24.67
	DEF	-14	-	-14	-	-
	MOV	-	-	72.4	35.6	-100
L3	PPL+PAV	-	-	17.26	7.6	-24.67
	DEF	-14	-	-14	-	-
	MOV	-	-	72.4	35.6	-100

Como há continuidade na direção x para as lajes L2, L3 e L4, torna-se necessário corrigir os momentos fletores. Assim, as lajes devem ser tratadas separadamente para utilização das tabelas descritas nos apêndices. É importante observar que essas correções servem para considerar a amplificação dos efeitos das cargas móveis quando estão posicionadas nos locais que gerem os maiores momentos fletores na laje em análise. Portanto, a figura a seguir ilustra a posição dos momentos a serem corrigidos e as relações entre os comprimentos.

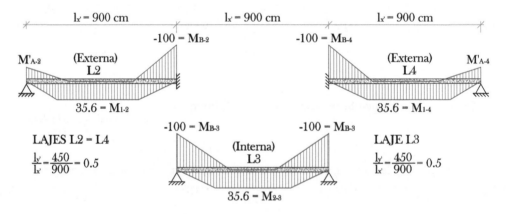

Lajes com continuidade 435

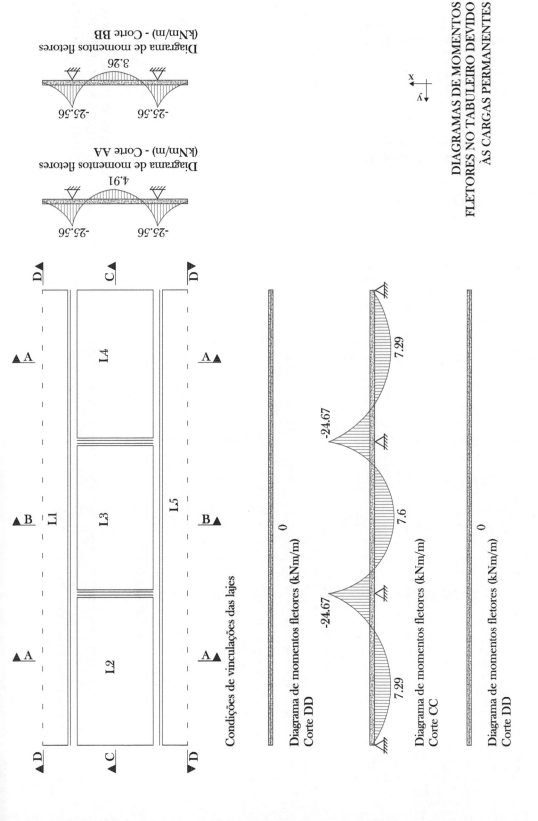

DIAGRAMAS DE MOMENTOS FLETORES NO TABULEIRO DEVIDO ÀS CARGAS PERMANENTES

436 Pontes em concreto armado: análise e dimensionamento

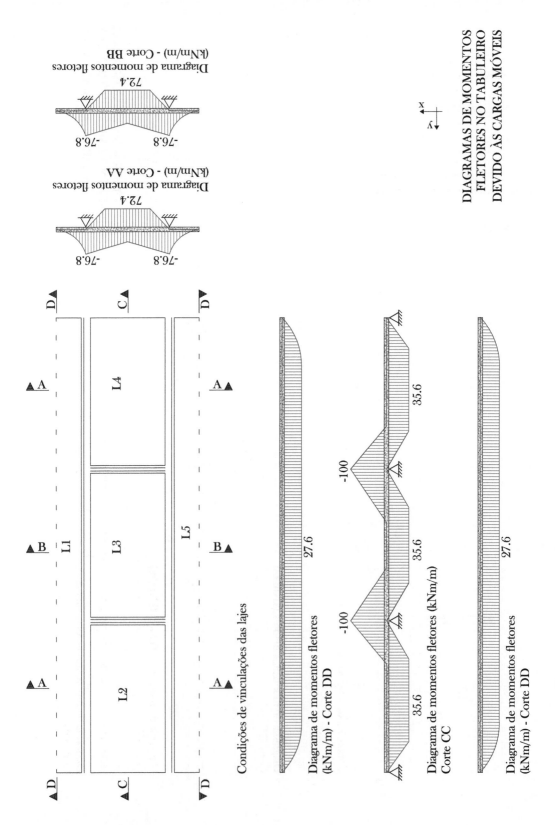

Portanto, com a tabela de correções é possível lograr os valores de α para cada momento fletor.

CORREÇÕES DOS MOMENTOS FLETORES PARA LAJES CONTÍNUAS

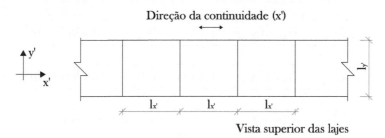

Vista superior das lajes

Modelo de apoio das placas isoladas		Marginal ou externa			Interna		
Valores para os pontos		A	1	B	B	2	C
Tipo de placa	$l_{y'}/l_{x'}$	$M_{A'}$	\multicolumn{5}{c}{Valores de α_0}
Placa vinculada nos quatro lados	≤ 0.8		1.0	1.0	1.0	1.05	1.0
	1.0	$\dfrac{M_{B'}}{2}$	1.05	0.96	0.96	1.13	1.0
	1.2		1.07	0.94	0.94	1.18	1.0
	∞	$M_{B'}/3$	1.1	0.92	0.92	1.23	1.0
Placa vinculada em dois lados opostos	∞	$\dfrac{M_{B'}}{3}$	1.1	0.92	0.92	1.23	1.0
	1.0		1.14	0.89	0.89	1.3	1.0
	0.5		1.22	0.82	0.82	1.45	1.0
	0.25	\multicolumn{6}{c}{Calculam-se como vigas contínuas}

Fator α para vãos ($l_{x'}$) menores que 20 m:

$$\alpha = \alpha_0 \frac{1.2}{1 + 0.01 l_{x'}} \qquad (F.17)$$

Então, calculam-se os valores de α para cada momento fletor a ser corrigido.

$$\alpha_1 = \alpha_{01} \frac{1.2}{1 + 0.01 l_{x'}} = 1 \frac{1.2}{1 + 0.01 \cdot 4.5} = 1.15 \qquad (F.18)$$

$$\alpha_B = \alpha_{0B} \frac{1.2}{1 + 0.01 l_{x'}} = 1 \frac{1.2}{1 + 0.01 \cdot 4.5} = 1.15 \qquad (F.19)$$

$$\alpha_2 = \alpha_{02} \frac{1.2}{1 + 0.01 l_{x'}} = 1.05 \frac{1.2}{1 + 0.01 \cdot 4.5} = 1.21 \qquad (F.20)$$

Assim, calculam-se os momentos fletores finais na direção da continuidade.

$$M'_{1-2} = \alpha_1 \, M_{1-2} = 1.15 \cdot 35.6 = 40.94 \text{ kNm/m} \tag{F.21}$$

$$M'_{B-2} = \alpha_B \, M_{B-2} = 1.15 \cdot (-100) = -115 \text{ kNm/m} \tag{F.22}$$

$$M'_{B-3} = \alpha_B \, M_{B-3} = 1.15 \cdot (-100) = -115 \text{ kNm/m} \tag{F.23}$$

$$M'_{2-3} = \alpha_2 \, M_{2-3} = 1.21 \cdot 35.6 = 43.08 \text{ kNm/m} \tag{F.24}$$

$$M'_{B-4} = M'_{B-2} = -115 \text{ kNm/m} \tag{F.25}$$

$$M'_{1-4} = M'_{1-2} = 40.94 \text{ kNm/m} \tag{F.26}$$

Por fim, determinam-se os momentos fletores nas ligações das lajes com as transversinas de extremidade.

$$M'_{A-2} = \frac{M'_{B-2}}{2} = \frac{-115}{2} = -57.5 \text{ kNm/m} \tag{F.27}$$

$$M'_{A-4} = M'_{A-2} = -57.5 \text{ kNm/m} \tag{F.28}$$

Portanto, é possível observar na continuidade a disposição final dos momentos fletores no tabuleiro devidos às cargas móveis com as respectivas correções.

Diagrama de momentos fletores corrigidos na direção da continuidade (kNm/m)

Lajes com continuidade 439

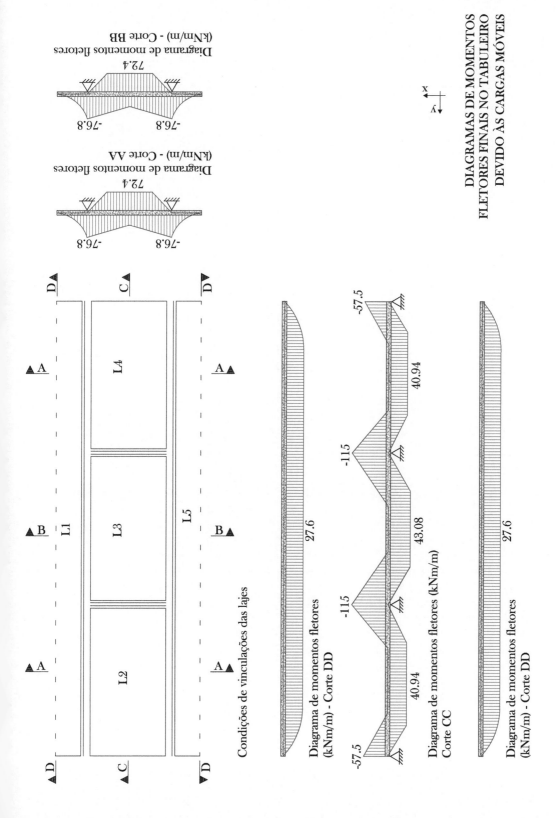

APÊNDICE G

Transversinas acopladas ao tabuleiro

Este apêndice tem como objetivo ilustrar os modelos para obtenção dos esforços em transversinas quando estão acopladas ao tabuleiro. Nessa condição, parte dos esforços é transferida diretamente da laje às transversinas. Portanto, é necessário utilizar o método de repartição de cargas por meio de áreas de influência, conforme ilustrado nas figuras a seguir.

Todavia, quando se deseja obter os esforços gerados a partir das cargas móveis, o uso das áreas de influência torna-se difícil analiticamente. Assim, nesse processo é assumido simplificadamente que as transversinas recebem todo o carregamento devido às cargas móveis, gerando resultados mais conservadores. Por fim, o modelo define que as lajes são biapoiadas e apoiadas em transversinas no sentido longitudinal da ponte. Obtêm-se assim as linhas de influência para as reações de apoio nas transversinas. Por fim, as transversinas são consideradas apoiadas nas longarinas para obtenção dos esforços cortantes e dos momentos fletores por meio das linhas de influência no sentido transversal da ponte.

Nota-se que, na elaboração dos diagramas de momentos fletores, devem-se empregar acréscimos desses esforços nas extremidades, uma vez que a configuração deformada da transversina quando as cargas móveis são excêntricas gera esforços adicionais. Ao final são ilustradas as envoltórias finais dos esforços cortantes e dos momentos fletores nas transversinas.

441

442 Pontes em concreto armado: análise e dimensionamento

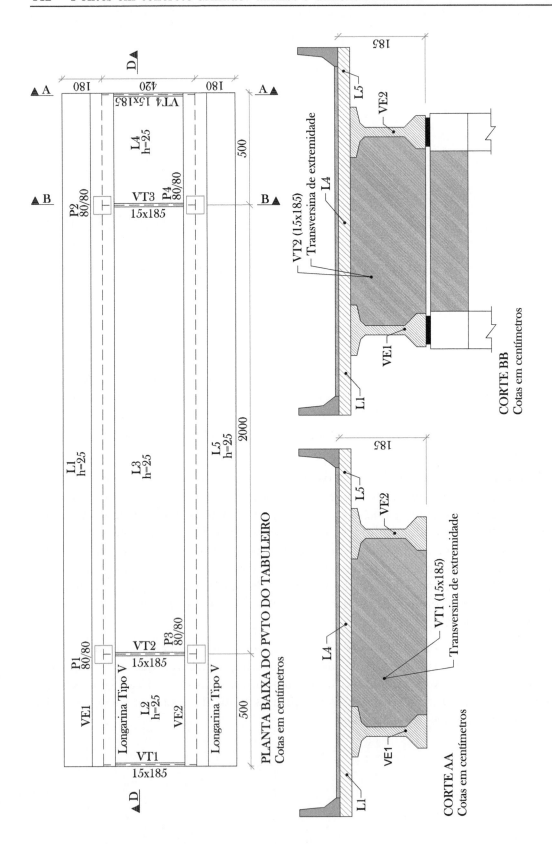

Transversinas acopladas ao tabuleiro 443

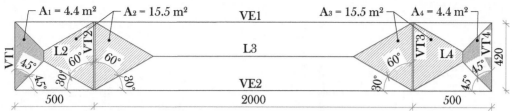

ÁREAS DE INFLUÊNCIA DAS TRANSVERSINAS PARA CARGAS PERMANENTES
Cotas em cm

ESFORÇOS DEVIDO ÀS CARGAS PERMANENTES NA VT1=VT4

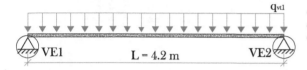

$q_{vt1,ppl} = q_{ppl} A_1 / L = 6.25 (4.4) / 4.2 = 6.6$ kN/m
$q_{vt1,pav} = q_{pav} A_1 / L = 3.9 (4.4) / 4.2 = 4.1$ kN/m
$q_{vt1,trans} = \gamma_c A_c = 25 (0.28) = 7$ kN/m

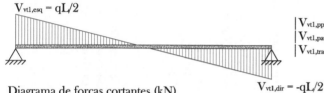

$|V_{vt1,ppl}| = q_{vt1,ppl} L / 2 = 6.6 (2.1) = 13.9$ kN
$|V_{vt1,pav}| = q_{vt1,pav} L / 2 = 4.1 (2.1) = 8.6$ kN
$|V_{vt1,trans}| = q_{vt1,trans} L / 2 = 7 (2.1) = 14.7$ kN

Diagrama de forças cortantes (kN) $V_{vt1,dir} = -qL/2$

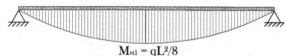

$|M_{vt1,ppl}| = q_{vt1,ppl} L^2 / 8 = 14.6$ kN.m
$|M_{vt1,pav}| = q_{vt1,pav} L^2 / 8 = 9$ kN.m
$|M_{vt1,trans}| = q_{vt1,trans} L^2 / 8 = 15.4$ kN.m

$M_{vt1} = qL^2/8$
Diagrama de momentos fletores (kN.m)

ESFORÇOS DEVIDO ÀS CARGAS PERMANENTES NA VT2=VT3

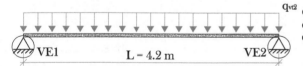

$q_{vt2,ppl} = q_{ppl} A_2 / L = 6.25 (15.5) / 4.2 = 23.1$ kN/m
$q_{vt2,pav} = q_{pav} A_2 / L = 3.9 (15.5) / 4.2 = 14.4$ kN/m
$q_{vt2,trans} = \gamma_c A_c = 25 (0.28) = 7$ kN/m

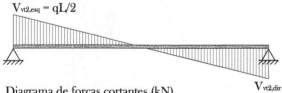

$|V_{vt2,ppl}| = q_{vt2,ppl} L / 2 = 23.1 (2.1) = 48.5$ kN
$|V_{vt2,pav}| = q_{vt2,pav} L / 2 = 14.4 (2.1) = 30.2$ kN
$|V_{vt2,trans}| = q_{vt2,trans} L / 2 = 7 (2.1) = 14.7$ kN

Diagrama de forças cortantes (kN) $V_{vt2,dir} = -qL/2$

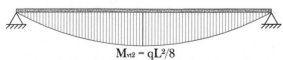

$|M_{vt2,ppl}| = q_{vt2,ppl} L^2 / 8 = 50.9$ kN.m
$|M_{vt2,pav}| = q_{vt2,pav} L^2 / 8 = 31.8$ kN.m
$|M_{vt2,trans}| = q_{vt2,trans} L^2 / 8 = 15.4$ kN.m

$M_{vt2} = qL^2/8$
Diagrama de momentos fletores (kN.m)

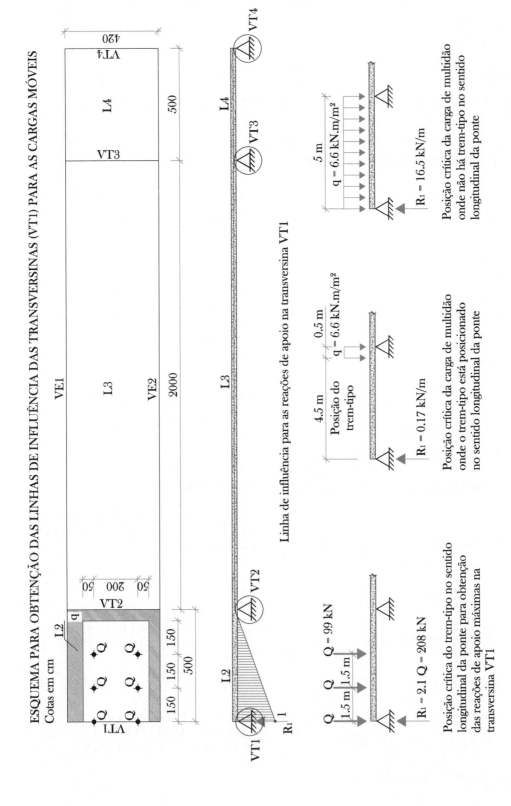

MODELO PARA OBTENÇÃO DOS ESFORÇOS NA TRANSVERSINA VT1=VT4

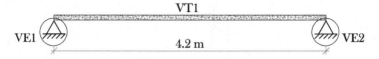

Linha de influência do esforço cortante no apoio e diagrama de esforço cortante

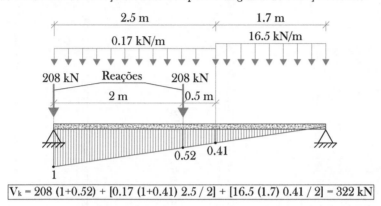

$V_k = 208\,(1+0.52) + [0.17\,(1+0.41)\,2.5\,/\,2] + [16.5\,(1.7)\,0.41\,/\,2] = 322$ kN

Linha de influência do momento fletor no meio do vão e diagrama de momento fletor

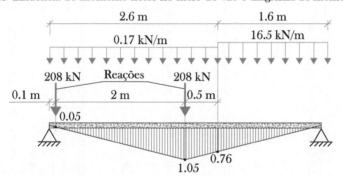

$M_k = 208\,(1.05+0.05) + [0.17\,(1.05)\,2.1\,/\,2] + [0.17\,(1.05+0.76)\,0.5\,/\,2] + [16.5\,(0.76)\,1.6\,/\,2] = 239$ kN.m

Envoltórias dos diagramas da transversina VT1=VT4 devido às cargas móveis

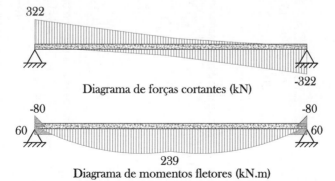

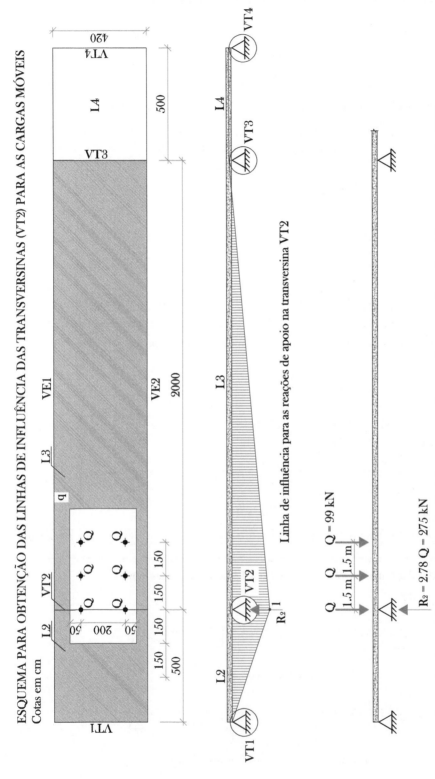

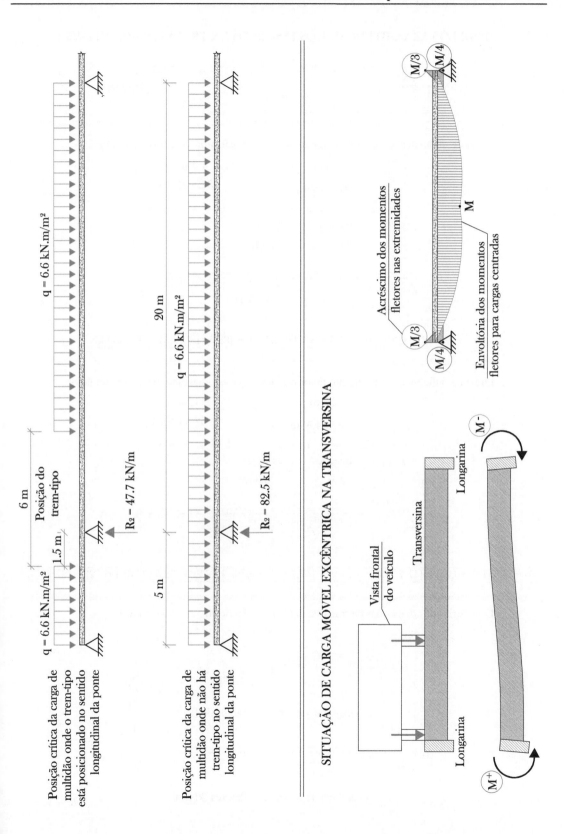

MODELO PARA OBTENÇÃO DOS ESFORÇOS NA TRANSVERSINA VT2=VT3

Linha de influência do esforço cortante no apoio e diagrama de esforço cortante

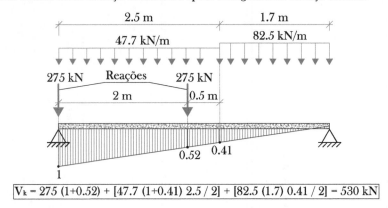

$V_k = 275 (1+0.52) + [47.7 (1+0.41) 2.5 / 2] + [82.5 (1.7) 0.41 / 2] = 530$ kN

Linha de influência do momento fletor no meio do vão e diagrama de momento fletor

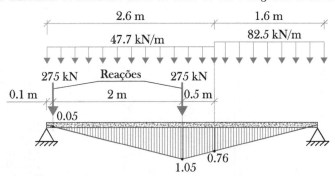

$M_k = 275 (1.05+0.05) + [47.7 (1.05) 2.1 / 2] + [47.7 (1.05+0.76) 0.5 / 2] + [82.5 (0.76) 1.6 / 2] = 427$ kN.m

Envoltórias dos diagramas da transversina VT2=VT3 devido às cargas móveis

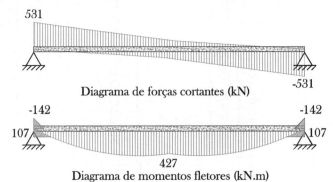

ENVOLTÓRIAS DEVIDO AO ESTADO LIMITE ÚLTIMO - RUPTURA

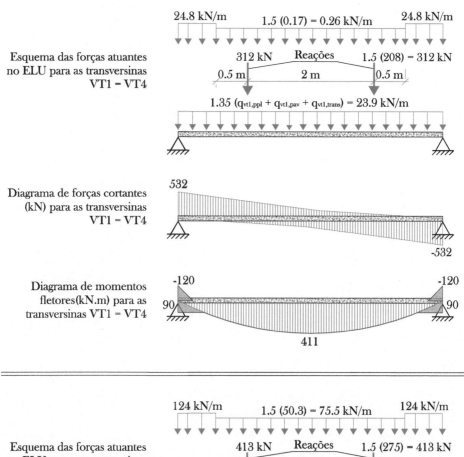

Esquema das forças atuantes no ELU para as transversinas VT1 - VT4

Diagrama de forças cortantes (kN) para as transversinas VT1 - VT4

Diagrama de momentos fletores(kN.m) para as transversinas VT1 - VT4

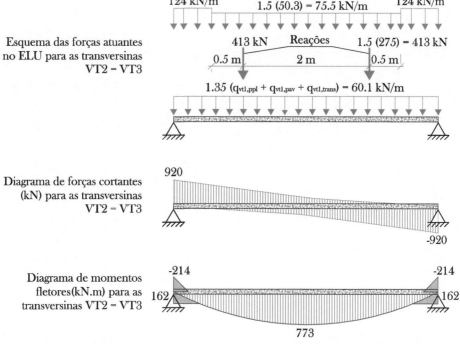

Esquema das forças atuantes no ELU para as transversinas VT2 - VT3

Diagrama de forças cortantes (kN) para as transversinas VT2 - VT3

Diagrama de momentos fletores(kN.m) para as transversinas VT2 - VT3

ANEXO i

Exercícios propostos

Capítulo 1

Exercício 1.1: Dadas as seções transversais da Figura i, determine as linhas de influência das reações de apoio nas longarinas para os métodos: (a) das longarinas indeslocáveis, (b) de Engesser-Courbon e (c) de Leonhardt. Para tal, considere o vão como biapoiado com comprimento igual a 25 m. Por fim, existe uma transversina intermediária com largura igual a 15 cm e altura igual a 60 cm.

Exercício 1.2: Para os modelos da questão anterior, determine as linhas de influência dos esforços cortantes e dos momentos fletores para as longarinas das extremidades. Destaca-se que é utilizado o mesmo raciocínio das reações de apoio, ou seja, adota-se uma carga unitária P ao longo de cada longarina.

Exercício 1.3: Após a obtenção dos resultados da questão anterior, determine os esforços cortantes e os momentos fletores máximos para as longarinas das extremidades causados pelas cargas móveis. Assim, adote o trem-tipo TB-450 e despreze os coeficientes de impacto vertical, de número de faixas e de impacto adicional.

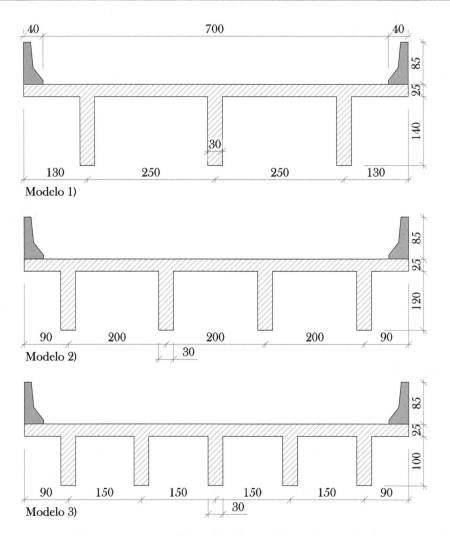

Figura i: Modelos para os Exercícios 1.1, 1.2 e 1.3, sendo as unidades expressas em centímetros.

Capítulo 2

Exercício 2.1: Dada uma seção transversal retangular com dimensões de 20 cm x 50 cm, sendo a distância do centro de gravidade das armaduras longitudinais tracionadas à borda tracionada (d') igual a 5 cm. A resistência característica à compressão do concreto (f_{ck}) é igual a 30 MPa e o aço empregado é o CA-50. Portanto, calcule a área de aço das armaduras longitudinais e transversais e verifique as diagonais de compressão. Observação: considere armaduras duplas quando o limite de ductilidade for superior ao limite estabelecido pela NBR 6118 (ABNT, 2014).

a) $M_d = 20$ tfm e $V_{Sd} = 32$ tf;

b) $M_d = 32$ tfm e $V_{Sd} = 45$ tf;

c) $M_d = 50$ kNm e $V_{Sd} = 50$ kN;

d) $M_d = 500$ kNm e $V_{Sd} = 800$ kN.

Exercício 2.2: Dada uma seção transversal T com dimensões: a) largura colaborante da mesa igual a 80 cm, b) altura da mesa igual a 12 cm, c) largura da alma igual a 20 cm e d) altura total igual a 50 cm, sendo a distância do centro de gravidade das armaduras longitudinais tracionadas à borda tracionada (d') igual a 5 cm. A resistência característica à compressão do concreto (f_{ck}) é igual a 30 MPa e o aço empregado é o CA-50. Portanto, calcule a área de aço das armaduras longitudinais e transversais e verifique as diagonais de compressão. Observação: considere armaduras duplas quando o limite de ductilidade for superior ao limite estabelecido pela NBR 6118 (ABNT, 2014).

a) $M_d = 50$ tfm e $V_{Sd} = 32$ tf;

b) $M_d = 70$ tfm e $V_{Sd} = 45$ tf;

c) $M_d = 800$ kNm e $V_{Sd} = 50$ kN;

d) $M_d = 1000$ kNm e $V_{Sd} = 800$ kN.

Exercício 2.3: Dados os modelos na continuidade, detalhe as seções transversais (armaduras transversais e longitudinais de tração, compressão e pele) para os pontos com esforços cortantes e momentos fletores máximos. Considere f_{ck} igual a 40 MPa, aço CA-50, d' igual a 5 cm, carga distribuída de cálculo q igual a 24 tf/m (já possui os coeficientes de majoração para o estado-limite último embutidos) e comprimento L igual a 5 m.

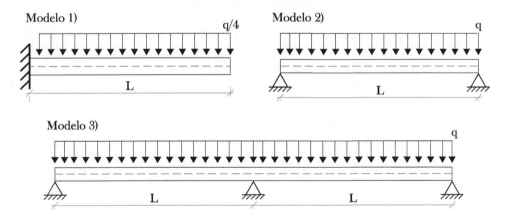

Figura ii: Modelos para os Exercícios 2.3, 3.2, 4.1 e 5.2.

454   Pontes em concreto armado: análise e dimensionamento

Faça o cálculo para cada condição descrita a seguir:

a) seção retangular com dimensões iguais a 15 cm x 80 cm;

b) seção T com largura da mesa igual a 70 cm, altura da mesa igual a
8 cm, largura da alma igual a 15 cm e altura total igual a 60 cm;

c) seção T com largura da mesa igual a 70 cm, altura da mesa igual a
12 cm, largura da alma igual a 15 cm e altura total igual a 60 cm.

Capítulo 3

Exercício 3.1: Verifique a ruptura das armaduras longitudinais e transversais e
o esmagamento do concreto devidos à fadiga para os casos a seguir. Adote f_{ck} igual
a 40 MPa, d' igual a 10 cm, aço CA-50 dobrado ($D \geq 25\phi$), diâmetro das armaduras
longitudinais igual a 20 mm, $A_s = 30$ cm^2 e $\frac{A_{sw}}{s} = 18$ cm^2/m.

a) Seção retangular com dimensões iguais a 20 cm x 70 cm;

b) seção T com largura da mesa igual a 70 cm, altura da mesa igual a
8 cm, largura da alma igual a 20 cm e altura total igual a 60 cm;

c) seção T com largura da mesa igual a 70 cm, altura da mesa igual a
12 cm, largura da alma igual a 20 cm e altura total igual a 60 cm.

Em que:

$$M_{d,min,freq} = 25 \ \text{tfm}$$

$$M_{d,max,freq} = 50 \ \text{tfm}$$

$$V_{Sd,min,freq} = 65 \ \text{tf}$$

$$V_{Sd,max,freq} = 52 \ \text{tf}$$

Exercício 3.2: Verifique os modelos do Exercício 2.3 para ruptura das armaduras
longitudinais e transversais e esmagamento do concreto devidos à fadiga, empregando
a área de aço calculada para cada seção transversal (letras a, b e c). Considere que,
para as combinações frequentes para verificação de fadiga, as cargas distribuídas q
mínimas são iguais a 6 tf/m e as máximas são iguais a 12 tf/m.

Capítulo 4

Exercício 4.1: Verifique as condições de formação de fissuras, abertura de fissuras, flecha elástica imediata no estádio I e no estádio II e flecha diferida no tempo para os modelos 1 e 2 da Figura ii. Adote f_{ck} igual a 40 MPa, d' igual a 5 cm, cobrimento igual a 3 cm e aço CA-50. Determine os valores para cada seção transversal detalhada na Figura iii.

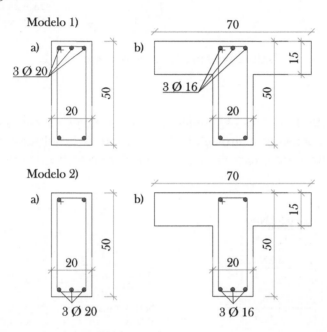

Figura iii: Detalhamento das seções transversais para os Exercícios 4.1 e 5.2, sendo as unidades expressas em centímetros.

Sendo as cargas características devidas às cargas permanentes iguais a 1.5 tf/m e as devidas às cargas móveis iguais a 2.5 tf/m. Além disso, utilize os coeficientes de ponderação descritos no item 7.5.3.

Capítulo 5

Exercício 5.1: Encontre os momentos fletores finais de segunda ordem (efeitos globais + locais) para os modelos 1 e 2 da Figura iv. Para tal, utilize os métodos γ_z e P-Delta (adote $e_{lim} = 10^{-3}$) nos efeitos globais e os métodos pilar-padrão com curvatura aproximada e rigez κ aproximada nos locais. Compare os resultados.

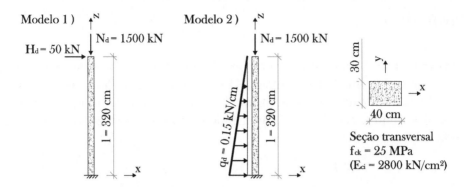

Figura iv: Modelos para o Exercício 5.1.

Exercício 5.2: Encontre os momentos fletores finais de segunda ordem (Figura v) considerando apenas os efeitos globais. Compare os resultados obtidos pelos métodos γ_z e P-Delta (adote $e_{lim} = 10^{-3}$). Considere o efeito de diafragma rígido nos pavimentos.

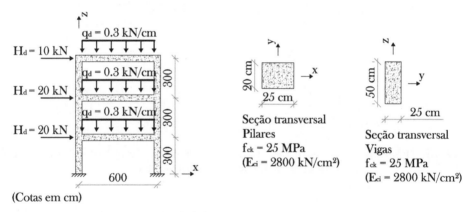

Figura v: Modelo para o Exercício 5.2.

Exercício 5.3: Repita o procedimento do Exercício 5.1 para o dimensionamento dos momentos fletores finais de segunda ordem dos pilares da ponte descrita na Figura vi. Todavia, utilize os métodos P-Delta (adote $e_{lim} = 10^{-3}$) e pilar-padrão com rigidez κ aproximada. Note que existem esforços horizontais em ambos os sentidos x e y.

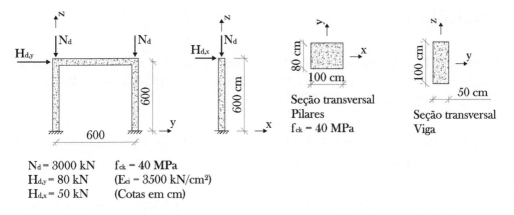

N_d = 3000 kN f_{ck} = 40 MPa
$H_{d,y}$ = 80 kN   (E_{ci} = 3500 kN/cm²)
$H_{d,x}$ = 50 kN   (Cotas em cm)

Figura vi: Modelo para o Exercício 5.3.

Capítulo 6

Exercício 6.1: Dimensione e detalhe a seção transversal exposta na Figura vii, considerando todos os requisitos de detalhamento descritos na NBR 6118 (ABNT, 2014). Adote o aço como CA-50.

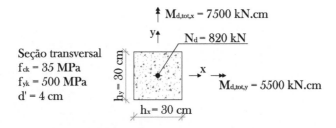

Figura vii: Modelo para o Exercício 6.1.

Exercício 6.2: Dimensione o pilar dos modelos 1 e 2 do Exercício 5.1. Para tal, considere inicialmente apenas a flexão composta normal e na continuidade, a partir dos momentos fletores mínimos na direção y, dimensione-o novamente empregando as simplificações da flexão composta oblíqua. Adote o aço como CA-50.

Exercício 6.3: Dimensione e detalhe os pilares do Exercício 5.3. Adote o aço como CA-50.

458   Pontes em concreto armado: análise e dimensionamento

Capítulo 7

Exercício 7.1: Verifique os aparelhos de apoio com dureza Shore 60 considerando que: $N_g = 800$ kN, $N_q = 1150$ kN, $H_g = 65$ kN, $H_q = 105$ kN, $\theta_g = 0.001$ rad e $\theta_q = 0.002$ rad. Adote as seguintes condições:

a) aparelho de apoio simples com dimensões de 60 cm x 60 cm x 10 cm;

b) aparelho de apoio simples com diâmetro igual a 60 cm e altura igual a 8 cm;

c) aparelho de apoio fretado com dimensões de 50 cm x 60 cm x 9 cm, cobrimento horizontal igual a 2.5 cm e vertical igual a 4 cm, com 4 chapas de aço com espessura de 5 mm e tensão de escoamento de 250 MPa.

Exercício 7.2: Utilize os resultados obtidos no Exercício 4.1 e dimensione os aparelhos de apoio consultando a Tabela 1.5.

ANEXO ii

Projetos propostos

Caso 1: Dado o projeto a seguir, considere as seguintes informações: $f_{ck} = 45$ MPa, aço CA-50, classe de agressividade III, espessura da pavimentação igual a 10 cm, trem-tipo TB-450 e implementação da ponte em São Paulo/SP.

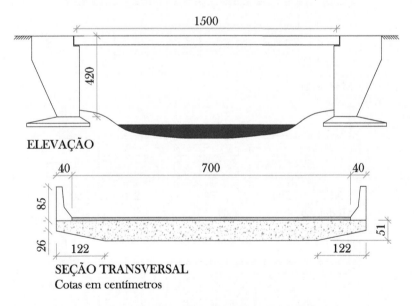

Figura I: Elevação e seção transversal da ponte para o caso 1.

Posto isso, dimensione: (a) as ações e as combinações que atuam na ponte, (b) a laje do tabuleiro e (c) o número, o tipo e as dimensões (a critério do projetista) dos aparelhos de apoio.

As verificações devem conter os estados-limite últimos de ruptura das peças e fadiga e os estados-limite de serviço de formação e abertura de fissuras, flechas elásticas imediatas nos estádios I e II e flechas diferidas no tempo.

Caso 2: Dado o projeto a seguir, considere as seguintes informações: $f_{ck} = 50$ MPa, aço CA-50, classe de agressividade IV, espessura da pavimentação igual a 12 cm, trem-tipo TB-450 e implementação da ponte em Recife/PE.

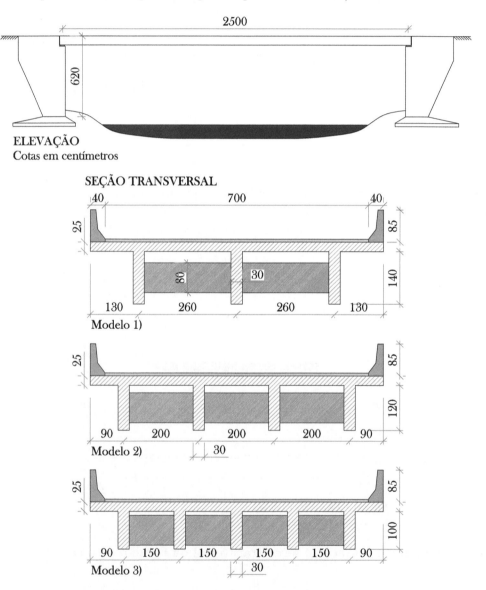

Figura II: Elevação e seções transversais da ponte para o caso 2.

Projetos propostos   461

Além disso, adote que as transversinas possuem largura igual a 25 cm, sendo presentes transversinas de apoio em todos os modelos, e que no modelo 1 existem duas transversinas intermediárias, e nos modelos 2 e 3, uma transversina intermediária, as quais são igualmente espaçadas em todos os modelos.

Com isso, dimensione e detalhe o projeto seguindo os mesmo procedimentos dos capítulos da Parte II. Para o modelo 1, as linhas de influência devem ser determinadas a partir do método das longarinas indeslocáveis; para o modelo 2, a partir do método de Engesser-Courbon; e para o modelo 3, a partir do método de Leonhardt.

Caso 3: De acordo com os dados fornecidos na tabela a seguir, elabore o projeto estrutural da ponte para cada modelo, determine os esforços e as combinações, dimensione e detalhe lajes, longarinas e transversinas. Em todos os casos, adote uma transversina intermediária e duas transversinas de apoio com dimensões a sua escolha.

Nº do modelo	Comprimento do vão (m)	Nº de faixas	Nº de longarinas	Largura do tabuleiro (m)	Geometria das longarinas
1	15	2	2	7.8	I
2	20	3	4	11.3	Retangular
3	24	4	6	14.8	Retangular
4	28	2	2	7.8	I
5	30	3	4	11.3	Retangular
6	35	4	6	14.8	Retangular
7	40	2	2	7.8	I
8	42	3	4	11.3	Retangular

Tabela I: Dados dos modelos para elaboração do projeto estrutural da ponte para o caso 3.

Assim, a ponte será em concreto armado com o sistema estrutural de ponte em viga. Os demais dados são de livre escolha, porém devem ser coerentes e os elementos estruturais devem ser dimensionados para que não haja ruptura. Destaca-se que não é necessário dimensionar carregamentos horizontais, aparelhos de apoio e pilares. Os vãos podem ser considerados como biapoiados nas extremidades.